Thomas Frey | Martin Bossert

Signal- und Systemtheorie

Systemtheorie
von N. Fliege

Einführung in die Systemtheorie
von B. Girod, R. Rabenstein und A. Stenger

Information und Kommunikation
von M. Hufschmid

Nachrichtenübertragung
von K. D. Kammeyer

Digitale Signalverarbeitung
von K. D. Kammeyer und K. Kroschel

Grundlagen der Informationstechnik
von M. Meyer

Kommunikationstechnik
von M. Meyer

Signalverarbeitung
von M. Meyer

Digitale Kommunikationssysteme 1 und 2
von R. Nocker

Signale und Systeme
von R. Scheithauer

Digitale Sprachsignalverarbeitung
von P. Vary, U. Heute und W. Hess

Mobilfunknetze und ihre Protokolle 1 und 2
von B. Walke

Grundlagen der Kommunikationstechnik
von H. Weidenfeller

Information und Codierung
von M. Werner

Digitale Signalverarbeitung mit MATLAB®
von M. Werner

www.viewegteubner.de

Thomas Frey | Martin Bossert

Signal- und Systemtheorie

2., korrigierte Auflage

Mit 117 Abbildungen, 26 Tabellen,
64 Aufgaben mit Lösungen und 84 Beispielen

STUDIUM

**VIEWEG+
TEUBNER**

Bibliografische Information der Deutschen Nationalbibliothek
Die Deutsche Nationalbibliothek verzeichnet diese Publikation in der
Deutschen Nationalbibliografie; detaillierte bibliografische Daten sind im Internet über
<http://dnb.d-nb.de> abrufbar.

Dr.-Ing. Thomas Frey, geb. 1967, studierte von 1988 bis 1993 an der TU Karlsruhe Elektrotechnik und promovierte im Anschluß in der Abteilung Informationstechnik an der Universität Ulm. Seit 1999 ist er Systemingenieur und Algorithmenentwickler im Mobilfunkbereich bei Nokia Siemens Networks.

Prof. Dr.-Ing. Martin Bossert, geb. 1955, hat das Studium der Elektrotechnik an der TU Karlsruhe 1981 abgeschlossen und promovierte 1987 an der TH Darmstadt. Nach einem einjährigen Forschungsaufenthalt an der Universität Linkoeping, Schweden arbeitete er bei der Firma AEG Mobile Communication in Ulm. Seit 1993 ist er Professor an der Universität Ulm. Er ist Autor von mehreren Lehrbüchern und seine Forschungsinteressen liegen auf dem Gebiet der zuverlässigen und sicheren Datenübertragung.

1. Auflage 2004
2., korrigierte Auflage 2008

Alle Rechte vorbehalten
© Vieweg+Teubner | GWV Fachverlage GmbH, Wiesbaden 2008

Lektorat: Harald Wollstadt | Ellen Klabunde

Vieweg+Teubner ist Teil der Fachverlagsgruppe Springer Science+Business Media.
www.viewegteubner.de

Umschlaggestaltung: KünkelLopka Medienentwicklung, Heidelberg

Gedruckt auf säurefreiem und chlorfrei gebleichtem Papier.

ISBN 978-3-8351-0249-1

Vorwort

Die Systemtheorie ist die Grundlage vieler Gebiete der Elektro- und Informationstechnik, etwa der Nachrichtentechnik, der Regelungstechnik, der digitalen Signalverarbeitung und der Hochfrequenztechnik, um nur einige zu nennen. Sie erweist sich als ein mächtiges Werkzeug des Ingenieurs sowohl zur Analyse als auch zur Synthese von Systemen und ermöglicht ein Verständnis durch Abstraktion auf wesentliche Eigenschaften und Zusammenhänge. Die elegante Theorie der linearen zeitinvarianten Systeme hat nicht nur die vielfältige Kommunikations- und Medienwelt ermöglicht, sondern hat auch Einzug in nahezu alle Bereiche von Gebrauchsgegenständen gehalten, wobei inzwischen die digitalen Systeme gegenüber den analogen dominieren.

Das vorliegende Buch ist eine elementare Einführung in die Signal- und Systemtheorie, wie sie von Studierenden der Fachrichtungen Elektrotechnik, Informationstechnik und Informatik im Grundstudium benötigt wird. Es ist in seiner Didaktik auf die Denk- und Vorgehensweise von Ingenieuren ausgerichtet. Definitionen werden zunächst anhand plausibler einfacher Beispiele motiviert, aus ihnen wird die mathematische Beschreibung und die Lösungsmethode hergeleitet. Auf eine streng mathematische Beweisführung wird dabei zugunsten von Beispielen, Plausibilitätsbetrachtungen und Hinweisen auf Zusammenhänge verzichtet. Außerdem enthält das Buch viele Zusammenfassungen, Übersichten und Tabellen in kompakter, übersichtlicher Darstellung sowohl im Text als auch im Anhang. Es ist daher auch gut zum Nachschlagen und als Formelsammlung geeignet. Die benötigten Kenntnisse in höherer Mathematik sind im Anhang zusammengestellt.

Zunächst werden diskrete Systeme behandelt, da diese leichter nachvollziehbar sind, sei es von 'Hand' oder mit Hilfe eines Rechners. Der Leser kann sich dabei ganz auf die Systemtheorie konzentrieren. Die Notwendigkeit der z-Transformation wird anhand eines einfachen Beispiels verdeutlicht und damit die abstrakte Denkweise im transformierten und nicht-transformierten Bereich aufgezeigt. Nach einer kurzen Behandlung der mathematischen Grundlagen der Distributionen werden die kontinuierlichen Systeme beschrieben und die wesentlichen Ideen der Systemtheorie wiederholt. Als Transformationen werden hier Fourier- und Laplace-Transformation behandelt. Die Beziehung zwischen diskreter und analoger 'Welt' erläutert das Abtasttheorem. Es werden die diskreten Fouriertransformationen eingeführt und die Zusammenhänge zu den anderen Transformationen aufgezeigt. Die aufgenommenen Aufgaben mit Lösungen sind so ausgewählt, daß sie den Stoff veranschaulichen und vertiefen; teilweise werden auch interessante ergänzende Themen behandelt.

Dieses Buch basiert auf der Vorlesung 'Signale und Systeme', die seit dem Wintersemester 1993/94 an der Universität Ulm für Studierende der Fachrichtung Elektrotechnik, Informationstechnik und Informatik im dritten Semester gehalten wird. Die Vorlesung deckt inhaltlich die elementaren Grundlagen der kontinuierlichen und diskreten Systeme und stochastischen Signale, und der Systemtheorie ab, und führt in die systemtheoretischen Aspekte von Netzwerken ein. Das Buch wurde in LaTeX und die Bilder mit xfig erstellt, bei Funktionenverläufen mit Unterstützung durch Matlab.

Unser Dank geht zunächst an die zahlreichen Studierenden, die durch Fragen, Kommentare und Anregungen zum vorhandenen Manuskript und zur ersten Buchversion beigetragen haben und die wir leider nicht namentlich aufführen können.

Besonderer Dank gilt den wissenschaftlichen Mitarbeitern der Abteilung Telekommunikationstechnik und Angewandte Informationstheorie für ihre Mithilfe, vor allem für die wichtigen Diskussionsbeiträge über Inhalt und Darstellung des Stoffes.

Über Anmerkungen und Anregungen, oder aber auch Kritik und Hinweise auf Fehler würden wir uns freuen. Hierfür haben wir eine Internetseite unter

```
http://tait.e-technik.uni-ulm.de/buecher/signal_und_systemtheorie
```

eingerichtet, auf der zusätzlich auch Links auf kostenlose Rechnertools und weitere Informationen zu finden sind.

Ulm, im Juli 2004

Thomas Frey   Martin Bossert

Vorwort zur 2. Auflage

Die vorliegende zweite Auflage wurde ergänzt um eine Kurzeinführung in die Programme Matlab und Octave im Hinblick auf den Einsatz für systemtheoretische Problemstellungen. Diese Rechnertools sind inzwischen weitverbreitet und stellen ein wichtiges Hilfsmittel des Ingenieurs dar. Im Rahmen dieses Buches können und sollen sie helfen, die Inhalte besser zu veranschaulichen und damit ein tieferes Verständnis zu erreichen.

Ulm, im Juni 2008

Thomas Frey   Martin Bossert

Inhaltsverzeichnis

1   Einleitung

Die Begriffe Signal und System werden vielfach und oft unterschiedlich genutzt. Deshalb wollen wir zunächst festlegen, was wir in diesem Buch im Rahmen der Systemtheorie darunter verstehen wollen.

Ganz allgemein stellt ein *System* eine mehr oder weniger komplexe Anordnung aus allen, insbesondere jedoch technischen, Bereichen des Lebens dar, welche auf äußere Anregungen oder Einflüsse in bestimmter Weise Reaktionen zeigt. So reagiert ein System 'Auto' auf Anregungen wie Lenkeinschlag und Gaspedalstellung, sowie auf äußere Einflüsse oder Störungen wie Fahrbahnunebenheiten mit einem zeitabhängigen Orts- und Geschwindigkeitsverlauf. Die Finanzmärkte reagieren auf Informationen der Unternehmen und Analysten, sowie die wirtschaftliche Situation mit variierenden Börsenkursen. Ein elektrisches Netzwerk reagiert auf das Anlegen einer Spannung am Eingang mit einem zeitlichen Verlauf der Ausgangsspannung. Ein digitales Filter reagiert auf eine Eingangszahlenfolge mit einer Ausgangszahlenfolge.

Die Systemtheorie beschäftigt sich mit der mathematischen Beschreibung und Berechnung von solchen Systemen. Hierzu befreit man die Anregungen oder Reaktionen von ihren physikalischen Einheiten und beschreibt sie mathematisch als Funktionen unabhängiger Variablen, meistens der Zeit, aber auch des Ortes etc. Die Anregungen oder Einflüsse werden als *Eingangssignale*, die Reaktionen als *Ausgangssignale* bezeichnet. Das System wird in gleicher Weise abstrahiert und als mathematisches Modell, beispielsweise eine Differentialgleichung, beschrieben.

Komplexe Systeme wie Auto oder Finanzmarkt sind im allgemeinen nur sehr schwer und unvollständig zu erfassen. Das Problem stellt hier die Modellbildung dar, bei der die vielen Eingangs- und Ausgangsgrößen und ihre Beziehungen zueinander nicht bekannt oder nicht quantifizierbar sind. Im Rahmen der Systemtheorie beschränken wir uns auf einfachere Systeme, wie elektrische Netzwerke oder digitale Filter. Dabei treten als Problemstellungen die *Systemanalyse* (z.B. Übertragungsverhalten einer Telefonleitung) und die *Systemsynthese* (z.B. Filterentwurf) auf.

1.1   Signale

Unter *Signal* verstehen wir allgemein eine abstrakte Beschreibung einer veränderlichen Größe. Die unabhängige Variable ist dabei in den meisten Fällen die Zeit, d.h. das Signal beschreibt den *zeitlichen* Verlauf der Größe. Wir unterscheiden zwischen einer *kontinuierlichen* und *diskreten* (diskontinuierlichen) Zeitvariable. So stellt z.B. ein Sprachsignal bzw. der dadurch an einem Mikrophon hervorgerufene Spannungsverlauf ein *zeitkontinuierliches Signal* dar, während es sich beim täglichen Börsenschlußkurs einer Aktie um ein *zeitdiskretes Signal* handelt. Zeitkontinuierliche Signale werden mathematisch durch Funktionen, zeitdiskrete Signale durch Folgen beschrieben.

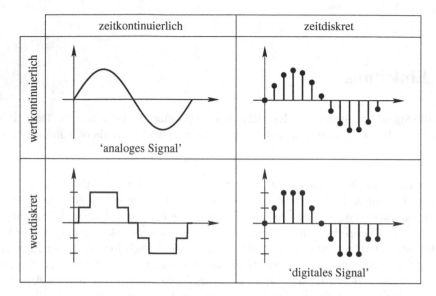

Bild 1.1: Übersicht kontinuierliche und diskrete Signale

Damit kommen wir zu folgenden Definitionen:

Kontinuierliches Signal:
Ein (zeit-) kontinuierliches Signal wird durch eine reelle oder komplexe Funktion $x(t) \in \mathbb{R}\,(\mathbb{C})$ einer reellen Veränderlichen $t \in \mathbb{R}$ dargestellt. Der Wertebereich ist $\mathbb{R}\,(\mathbb{C})$ und der Definitionsbereich ist $\mathbb{R}$.

Diskretes Signal:
Ein (zeit-) diskretes Signal wird durch eine Folge reeller oder komplexer Zahlen $x[k] \in \mathbb{R}\,(\mathbb{C})$, $k \in \mathbb{Z}$ dargestellt. Der Wertebereich ist $\mathbb{R}\,(\mathbb{C})$ und der Definitionsbereich ist $\mathbb{Z}$.

Neben dem Definitionsbereich kann auch der Wertebereich eines Signals kontinuierlich oder diskret sein. So ist in obigem Beispiel das Sprachsignal wertkontinuierlich, und der Aktienkurs wertdiskret, da dieser nur mit einer bestimmten Anzahl Nachkommastellen angeben wird. Insgesamt ergeben sich die vier Fälle, die in Bild 1.1 dargestellt sind. Praktische Bedeutung haben die *analogen* Signale, die sowohl zeit- als auch wertkontinuierlich sind, und die *digitalen* Signale, die sowohl zeit- als auch wertdiskret sind.

Für die systemtheoretische Beschreibung und Behandlung ist die Unterscheidung in kontinuierliche und diskrete Signale, d.h. Funktionen und Folgen, von zentraler Bedeutung. Die beiden Fälle führen auf unterschiedliche Beschreibungsformen und Lösungsansätze, wie wir im Verlauf des Buches sehen werden. Tabelle 1.1 faßt diese und weitere Einteilungsmerkmale für Signale zusammen. Die Begriffe Zeitbegrenzung und Wertbeschränkung bedürfen keiner weiteren Erläuterung. Die Eigenschaft Energie- bzw. Leistungssignal wird in Abschnitt 2.3.1 behandelt. Ferner unterscheidet man zwischen deterministischen und stochastischen Signalen. Ein Signal heißt *deterministisch*, wenn der Signalverlauf für alle Zeiten bekannt ist und durch eine mathematische

Definitionsbereich	(zeit-) kontinuierlich zeitbegrenzt	(zeit-) diskret, diskontinuierlich nicht zeitbegrenzt
Wertebereich	wertkontinuierlich (wert-) beschränkt	wertdiskret, amplitudendiskret nicht beschränkt
Weitere Eigenschaften	Energiesignal deterministisch	Leistungssignal stochastisch

Tabelle 1.1: Klassifizierung von Signalen

Vorschrift oder Tabelle beschrieben werden kann. Bei einem *stochastischen* oder *zufälligen* Signal ist der exakte Signalverlauf nicht angebbar, sondern lediglich statistische Signaleigenschaften, wie Mittelwert oder Dichtefunktion. Stochastische Signale sind beispielsweise Sprache oder Rauschen und spielen vor allem in der Nachrichtenübertragung eine wichtige Rolle. Dieses Buch behandelt ausschließlich die klassische Systemtheorie, die sich auf deterministische Signale beschränkt.

1.2 Systeme

Unter *System* verstehen wir allgemein eine abstrahierte Anordnung, die mehrere Signale zueinander in Beziehung setzt. Dies entspricht der Abbildung eines oder mehrerer Eingangssignale auf ein oder mehrere Ausgangssignale; wir beschränken uns jedoch auf den Fall mit jeweils einem Ein- und Ausgangssignal. Entsprechend den Signalen unterscheiden wir zwischen *kontinuierlichen* und *diskreten* Systemen. Ein elektrisches Netzwerk aus Widerständen, Kondensatoren und Spulen ist ein Beispiel für ein *kontinuierliches System*, ein digitales Filter ein Beispiel für ein *diskretes System*. Damit kommen wir zur Definition:

System:

Ein (zeit-) kontinuierliches System ist eine Abbildung $\mathcal{H}$, die einem zeitkontinuierlichem Eingangssignal ein zeitkontinuierliches Ausgangssignal zuordnet:

$$y(t) = \mathcal{H}\{x(t)\} .$$

Ein (zeit-) diskretes System ist eine Abbildung $\mathcal{H}$, die einem zeitdiskreten Eingangssignal ein zeitdiskretes Ausgangssignal zuordnet:

$$y[k] = \mathcal{H}\{x[k]\} .$$

Bild 1.2 zeigt die entsprechende schematische Darstellung. Bei der mathematischen Beschreibungsform handelt es sich im allgemeinen um Differentialgleichungen für kontinuierliche, und um Differenzengleichungen für diskrete Systeme. Man beachte, daß es sich hierbei um eine abstrakte Systembeschreibung unabhängig von der Realisierung handelt. So können unterschiedliche Realisierungen (aber auch unterschiedliche Problemstellungen) auf dieselbe mathematische Systembeschreibung führen.

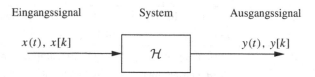

Bild 1.2: System mit Eingangs- und Ausgangssignal

Kommen wir nun zu den Eigenschaften von Systemen. Die wichtigste ist dabei die Linearität:

Lineares System:

Bei einem linearen System ist die Antwort auf eine Linearkombination von Eingangssignalen gleich der entsprechenden Linearkombination der einzelnen Systemantworten

$$\mathcal{H}\left\{a_1\,x_1(t) + a_2\,x_2(t)\right\} = a_1\,\mathcal{H}\left\{x_1(t)\right\} + a_2\,\mathcal{H}\left\{x_2(t)\right\}, \quad a_1, a_2 \in \mathbb{R}\,(\mathbb{C}).$$

Diese Gleichung bezeichnet man auch als *Überlagerungssatz* oder *Superpositionsprinzip* und ist in Bild 1.3 graphisch dargestellt.[1] Diese Eigenschaft ist von sehr großer und weitreichender Bedeutung, denn kennt man bei einem linearen System die Antwort zweier Signale, so kennt man damit auch die Antwort aller Linearkombinationen dieser Signale. Umgekehrt kann man komplizierte Signale als Linearkombination einfacherer Signale darstellen, diese dann getrennt behandeln und die Teilergebnisse wieder zum Gesamtergebnis kombinieren. Diese Vorgehensweise werden wir im Laufe diese Buches immer wieder anwenden.

Die zweite wichtige Systemeigenschaft ist die Zeitinvarianz:

Zeitinvariantes System:

Reagiert ein System auf ein verzögertes Eingangssignal mit einem entsprechend verzögerten Ausgangssignal, so bezeichnet man das System als *zeitinvariant:*

$$y(t - t_0) = \mathcal{H}\left\{x(t - t_0)\right\}.$$

Die Eigenschaft der Zeitinvarianz besagt, daß die Antwort eines Systems auf ein bestimmtes Eingangssignal unabhängig vom Anregungszeitpunkt ist, d.h. daß sich die Systemeigenschaften zeitlich nicht ändern.

Systeme, die sowohl linear, als auch zeitinvariant sind, spielen in der Systemtheorie die zentrale Rolle. Diese beiden Eigenschaften sind die Voraussetzung zum Aufbau einer einfachen, aber mächtigen Systemtheorie, wie wir sie in diesem Buch behandeln werden. Wir definieren daher

---

LTI-System:

Ein System, das sowohl *linear* als auch *zeitinvariant* ist, heißt *LTI-System* (Linear Time-Invariant System).

---

1 Multiplikationen werden als Dreiecke und Summationen als Kreise symbolisiert.

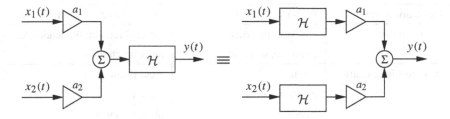

Bild 1.3: Superpositionsprinzip bei linearem System $\mathcal{H}$

Ohne die beiden Eigenschaften der Linearität und Zeitinvarianz wäre sowohl die Analyse als auch die Synthese von Systemen sehr viel komplizierter oder überhaupt nicht möglich. Daher versucht man bei praktischen Anwendungen, bei denen diese Voraussetzungen nicht oder nur teilweise zutreffen, durch Einschränkungen oder Näherungen diese Eigenschaften so weit wie möglich zu erreichen, um dann die Theorie der LTI-Systeme anwenden zu können. So führt man bei Nichtlinearitäten (z.B. in einem Regelkreis) oft eine Linearisierung um den Arbeitspunkt durch (z.B. über eine Taylor-Entwicklung). Ebenso betrachtet man bei zeitvarianten Systemen (z.B. Mobilfunkkanal) Zeiträume, in denen das System quasi zeitinvariant ist.

Neben diesen beiden zentralen Systemeigenschaften gibt es noch eine Reihe weiterer Kriterien zur Systemklassifizierung. Tabelle 1.2 faßt diese wieder zusammen. So bezeichnet man ein System als *kausal*, wenn die Wirkung nicht vor der Ursache eintritt:

Kausales System:

Hängt das Ausgangssignal zu einem bestimmten Zeitpunkt t_0 nur von dem Verlauf des Eingangssignals bis einschließlich zu diesem Zeitpunkt ab, so bezeichnet man das System als *kausal*:

$$y(t_0) = \mathcal{H}\{x(t \leq t_0)\} .$$

Das klingt zunächst trivial, da alle realen Systeme diesem Naturgesetz gehorchen. Allerdings führen einige wichtige Idealisierungen in der Systemtheorie auf nichtkausale Systeme. Häufig ist es dann einfacher, mit diesen nichtkausalen Systemen zu rechnen. Durch die Einführung einer künstlichen Verzögerung ist bei einem zeitbegrenzten nichtkausalen Anteil auch eine Realisierung möglich.

Eine besonders bei der Realisierung von Systemen wichtige Eigenschaft ist die *Stabilität*, die gewährleistet, daß bei einem beschränkten Eingangssignal das Ausgangssignal nicht über alle Grenzen anwachsen kann:

Stabiles System:

Reagiert ein System auf ein beschränktes Eingangssignal mit einem beschränkten Ausgangssignal, bezeichnet man das System als *stabil*:

$$|x(t)| < \infty \quad \Rightarrow \quad |\mathcal{H}\{x(t)\}| < \infty .$$

Definitionsbereich	(zeit-) kontinuierlich	(zeit-) diskret, diskontinuierlich
Wertebereich	wertkontinuierlich	wertdiskret, amplitudendiskret
	(wert-) beschränkt	nicht beschränkt
Weitere Eigenschaften	linear	nicht linear
	zeitinvariant	zeitvariant
	kausal	nicht kausal
	stabil	nicht stabil
	dynamisch (mit Gedächtnis)	statisch (gedächtnislos)
	deterministisch	stochastisch

Tabelle 1.4: Klassifizierung von Systemen

Diese Stabilitätsdefinition bezeichnet man auch als *BIBO-Stabilität*, wobei sich 'BIBO' aus dem Englischen von 'Bounded Input - Bounded Output' ableitet. Es ist offensichtlich, daß in der Praxis nur stabile Systeme einsetzbar sind. Bei jedem Systementwurf ist daher die Stabilität zu überprüfen und sicherzustellen. Typische Beispiele hierfür sind der Filter- und Reglerentwurf.

Hängt die Systemantwort zu einem bestimmten Zeitpunkt nur von dem Wert des Eingangssignals zum gleichen Zeitpunkt ab, spricht man von einem *statischen* oder *gedächtnislosen* System. Haben jedoch auch Eingangswerte zu anderen Zeitpunkten Einfluß auf den Ausgangswert, bezeichnet man es als *dynamisches* System oder System mit Gedächtnis.

Bei zeitvarianten Systemen kann man wieder eine Unterscheidung in *deterministische* und *stochastische* Systeme treffen. Ein Beispiel für ein stochastisches System ist der zeitvariante Mobilfunkkanal, dessen Übertragungseigenschaften sich, aufgrund der vielen zeitveränderlichen Einfluß- und Störfaktoren, in einer nicht vorhersagbaren Weise ändern.

1.3   Zusammenfassung und Buchübersicht

In diesem Kapitel haben wir eine allgemeine Beschreibung und Klassifizierung von Signalen und Systemen eingeführt. Die Einteilung in *diskrete* und *kontinuierliche* Signale und Systeme ist für die systemtheoretische Beschreibung und Behandlung von zentraler Bedeutung. Wir haben den Begriff des *linearen zeitinvarianten* Systems, kurz LTI-System, definiert. Diese beiden Eigenschaften bilden die Voraussetzung einer einfachen, aber mächtigen Systemtheorie, wie wir sie in diesem Buch behandeln werden.

Wir beginnen im zweiten Kapitel mit der Einführung systemtheoretisch bedeutender Signale und der Beschreibung elementarer Signaloperationen und -eigenschaften.

In den ersten beiden Abschnitten des dritten Kapitels wird die wesentliche Idee und Vorgehensweise der Systemtheorie vorgestellt. Dies wird anhand der diskreten LTI-Systeme durchgeführt, da diese mathematisch einfach handhabbar sind, und daher der Systemgedanke leichter zu erfassen ist. Den Ausgangspunkt bilden zwei Beispiele, die zunächst auf die allgemeine Systembeschreibungsform, und dann auf den allgemeinen Lösungsansatz, die z-Transformation führen.

Es folgt eine ausführliche Behandlung und Diskussion der Systemeigenschaften im Zeitbereich und Bildbereich. Das zentrale Hilfsmittel, die z-Transformation wird im vierten Kapitel genauer studiert, wobei wichtige Rechenregeln und Korrespondenzen hergeleitet werden.

Die beiden folgenden Kapitel fünf und sechs behandeln in entsprechender Weise die kontinuierlichen LTI-Systeme. Nach dem einleitenden Beispiel wird mit der Einführung der Distributionen die benötigte Mathematik komplettiert und anschließend mit der Definition der Laplace-Transformation das entsprechende Systemwerkzeug zur Verfügung gestellt. Der Diskussion der beiden Darstellungs- und Berechnungsformen Zeit- und Bildbereich folgt die Beschreibung zweier typischer Anwendungsgebiete der Systemtheorie: Die Regelungstechnik ist ein klassisches Einsatzbeispiel der Laplace-Transformation, das nachrichtentechnische Beispiel motiviert die dazu verwandte Fourier-Transformation. Kapitel sechs befäßt sich anschließend im Detail mit diesen beiden Transformationen.

Die Beschreibung und Analyse von Systemen im Frequenzbereich ist Inhalt des siebten Kapitels. Im Vordergrund steht dabei die Diskussion des Begriffes Frequenzgang mit den Darstellungsformen Bodediagramm und Ortskurve. Ein Abschnitt über Filter rundet dieses Kapitel ab.

Das achte Kapitel komplettiert schließlich die Systemtheorie, indem es den Zusammenhang zwischen den diskreten und kontinuierlichen Signalen und Systemen herstellt. Das Abtasttheorem definiert dabei die Bedingung für die Äquivalenz der beiden 'Welten' und legt damit die systemtheoretische Grundlage der digitalen Signalverarbeitung analoger Signale. Mit der zeitdiskreten und diskreten Fourier-Transformation wird die Frequenzbereichsbeschreibung diskreter Signale eingeführt. Eine abschließende Übersicht verdeutlicht nochmals die Zusammenhänge aller in diesem Buch behandelten Transformationen.

Am Ende jedes Kapitels befinden sich Aufgaben, die gemeinsam mit den Beispielen im Text helfen sollen, den Stoff zu vertiefen. Die Lösungen dazu finden sich im Kapitel neun.

Im Anhang B findet sich als 'Formelsammlung' eine kompakte Zusammenfassung der wichtigsten Formeln und Notationen, sowie für jede Transformation eine Zusammenstellung der Definitionen, Rechenregeln und wichtiger Korrespondenzen.

Zum Abschluß noch ein paar kurze Hinweise zum Gebrauch dieses Buches:

Eine schnelle Einführung in die Systemtheorie erhält man bereits mit den Abschnitten 3.1 und 3.2 anhand der diskreten Systeme. Eine Komplettierung dieses 'Kompaktkurses' ergibt sich mit den entsprechenden Abschnitten 5.1 und 5.3 für kontinuierliche Systeme.

Ein Lehrbuch darf und sollte auch mehrfach gelesen werden, weshalb auch Verweise nach hinten zu finden sind. Bei einem zweiten Durchgang, der Prüfungsvorbereitung oder beim Nachschlagen helfen diese Bezüge, Verbindungen und Zusammenhänge besser zu erkennen und tragen damit zu einem tieferen Verständnis der Systemtheorie bei.

Des weiteren finden sich im Text immer wieder eingerückte, kleingedruckte Absätze, die ergänzende Informationen enthalten, aber für das weitere Verständnis nicht unbedingt notwendig sind.

2 Signale

Im letzten Kapitel haben wir den Begriff des Signals eingeführt. Wir haben zwischen kontinuierlichen Signalen, die durch Funktionen, und diskreten Signalen, die durch Folgen dargestellt werden, unterschieden. In diesem Kapitel wollen wir einige elementare Operationen und Eigenschaften von Signalen diskutieren. Die Beschreibung erfolgt im allgemeinen anhand kontinuierlicher Signale, ist jedoch auch in entsprechender Form für diskrete Signale gültig.

2.1 Elementare Operationen und Eigenschaften

2.1.1 Verschiebung, Spiegelung, Skalierung

Die zeitliche Verschiebung von Signalen (siehe Bild 2.1) wird mathematisch wie folgt dargestellt:

Zeitliche Verschiebung:

$x(t - t_0)$ ist das um t_0 verschobene Signal $x(t)$. Dabei handelt es sich um eine

$$\text{Verschiebung nach} \begin{cases} \text{links} & \text{(Voreilung)} & \text{für} & t_0 < 0 \\ \text{rechts} & \text{(Verzögerung)} & \text{für} & t_0 > 0. \end{cases}$$

Die zeitliche Spiegelung von Signalen wird wie folgt beschrieben:

Zeitliche Spiegelung:

$x(t_0 - t)$ ist das an der vertikalen Achse $t = \frac{t_0}{2}$ gespiegelte Signal $x(t)$.

Für $t_0 = 0$ ergibt sich der Spezialfall der Spiegelung an der Ordinatenachse, der *Zeitumkehr* oder *Zeitinversion*. Der Signalpunkt auf der Spiegelachse $t = t_0/2$ ist dabei Fixpunkt dieser Operation (siehe Bild 2.2).

Die zeitliche Skalierung von Signalen (siehe Bild 2.3) wird beschrieben durch:

Zeitliche Skalierung:

Die Abszissenskalierung $x(at)$, $a > 0$ eines Signals bewirkt eine

$$\text{zeitliche} \begin{cases} \text{Dehnung} & \text{für} & a < 1 \\ \text{Stauchung} & \text{für} & a > 1. \end{cases}$$

Man beachte, daß die Skalierungsoperation nicht direkt auf diskrete Signale übertragbar ist. Nur im Fall $a \in \mathbb{Z}$ ergibt sich direkt eine Lösung; hier besteht die neue Folge $x[ak]$ aus jedem a-ten

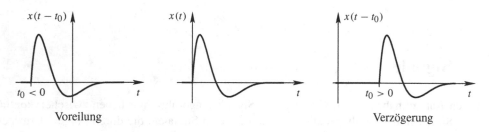

Voreilung   Verzögerung

Bild 2.1: Beispiel zur zeitlichen Verschiebung

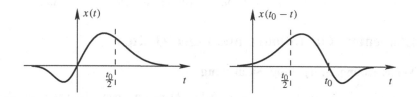

Bild 2.2: Beispiel zur zeitlichen Spiegelung

Wert der Ursprungsfolge. Man bezeichnet dies als *Dezimation* der Folge $x[k]$ um den Dezimationsfaktor a.

Der umgekehrte Fall mit $1/a \in \mathbb{Z}$ ist die *Interpolation*. Hier hat man jedoch das Problem, daß neue Werte zwischen den ursprünglichen Werten (Stützstellen) einzufügen sind. Dies läßt sich dadurch lösen, daß dem diskreten Signal ein entsprechendes kontinuierliches Signal zugeordnet wird. Dieses liefert dann die erforderlichen Zwischenwerte, womit auch beliebige $a \in \mathbb{R}$ möglich sind. Die hierfür erforderlichen Grundlagen werden im achten Kapitel behandelt.

2.1.2   Komplexe Signale

Obwohl physikalisch gesehen keine *komplexen* Signale existieren, spielt die komplexe Darstellung in der Systemtheorie eine wichtige Rolle. In vielen Fällen ermöglicht die komplexe Signaldarstellung eine kompakte und elegante Schreibweise (gleichzeitige Darstellung von Betrag und Phase) und führt zu rechentechnischen Vereinfachungen. Dies wird beispielsweise bei der komplexen Wechselstromrechnung (siehe Abschnitt 5.6.2) ausgenutzt.

Eine Beschreibungsform (und technische Realisierungsmöglichkeit) komplexer Signale ist die getrennte Darstellung nach Real- und Imaginärteil über zwei reelle Signale:

$$x(t) = x_{\mathrm{R}}(t) + j\, x_{\mathrm{I}}(t) = \mathrm{Re}\,\{x(t)\} + j\, \mathrm{Im}\,\{x(t)\} \,. \tag{2.1}$$

Real- und Imaginärteil lassen sich über die Beziehungen

$$x_{\mathrm{R}}(t) = \tfrac{1}{2}\,[x(t) + x^*(t)] \quad \text{bzw.} \quad x_{\mathrm{I}}(t) = \tfrac{1}{2j}\,[x(t) - x^*(t)] \tag{2.2}$$

berechnen, wobei $x^*(t) = x_{\mathrm{R}}(t) - j\, x_{\mathrm{I}}(t)$ die *konjugiert komplexe* Funktion bezeichnet.

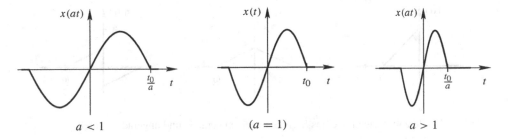

Bild 2.3: Beispiel zur Skalierung

Insbesondere zur graphischen Darstellung oder bei Berechnungen verwendet man auch die *Polardarstellung* komplexer Signale, d.h. die Aufteilung nach *Betrag* und *Phase*:

$$x(t) \;=\; \underbrace{|x(t)|}_{\text{Betrag}} \cdot \underbrace{e^{j \sphericalangle x(t)}}_{\text{Phase}} \;.$$ (2.3)

Als Bezeichnung für die Phase (Winkel, Argument) einer komplexen Zahl bzw. eines komplexen Signals verwenden wir das Symbol '$\sphericalangle$'. Eine Zusammenfassung elementarer Rechenregeln zu komplexen Zahlen ist in Anhang A.1 angegeben.

2.1.3 Gerade und ungerade Signale

Signalen lassen sich die Symmetrieeigenschaften gerade und ungerade zuordnen:

Ein Signal heißt

    gerade,   wenn gilt: $x(t) \;=\; x(-t)$

    ungerade,   wenn gilt: $x(t) \;=\; -x(-t)$.

Gerade Signale bezeichnet man auch als *achsensymmetrisch* und ungerade Signale als *punktsymmetrisch*, wobei im ersten Falle die Ordinatenachse die Symmetrieachse und im zweiten Falle der Ursprung den Symmetriepunkt darstellt.

Jedes beliebige Signal $x(t)$ läßt sich in einen geraden Anteil $x_g(t)$ und einen ungeraden Anteil $x_u(t)$ zerlegen:

$$x(t) \;=\; x_g(t) + x_u(t) \,,$$ (2.4)

wobei sich die Anteile über

$$x_g(t) \;=\; \tfrac{1}{2}\,[x(t) + x(-t)] \quad \text{und} \quad x_u(t) \;=\; \tfrac{1}{2}\,[x(t) - x(-t)]$$ (2.5)

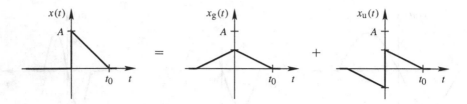

Bild 2.4: Zerlegung eines Signals in seinen geraden und ungeraden Anteil

berechnen lassen. Bild 2.4 zeigt hierzu ein Beispiel. Zur Vereinfachung von Gleichungen und Berechnungen verwendet man die Eigenschaften:

$$\int_{-T}^{T} x_u(t)\, dt = 0 \quad \text{und} \quad \int_{-T}^{T} x_g(t)\, dt = 2 \int_{0}^{T} x_g(t)\, dt . \tag{2.6}$$

Für komplexe Signale ist zusätzlich folgende Definition sinnvoll:

Ein Signal heißt

konjugiert gerade,   wenn gilt: $x(t) = x^*(-t)$

konjugiert ungerade,   wenn gilt: $x(t) = -x^*(-t) .$

Auch hier gilt entsprechend Gleichung (2.4)

$$x(t) = x_{g^*}(t) + x_{u^*}(t) . \tag{2.7}$$

In diesem Fall berechnen sich die Anteile zu:

$$x_{g^*}(t) = \tfrac{1}{2}[x(t) + x^*(-t)] \quad \text{und} \quad x_{u^*}(t) = \tfrac{1}{2}[x(t) - x^*(-t)] . \tag{2.8}$$

Die Darstellung des konjugiert geraden Anteils $x_{g^*}(t)$ nach seinem Real- und Imaginärteil liefert:

$$\begin{aligned} x_{g^*}(t) &= \tfrac{1}{2}[x_R(t) + j \cdot x_I(t) + x_R(-t) - j \cdot x_I(-t)] \\ &= \underbrace{\tfrac{1}{2}[x_R(t) + x_R(-t)]}_{\operatorname{Re}\{x_{g^*}(t)\}} + j \cdot \underbrace{\tfrac{1}{2}[x_I(t) - x_I(-t)]}_{\operatorname{Im}\{x_{g^*}(t)\}} . \end{aligned} \tag{2.9}$$

Mit Gleichung (2.5) ergibt sich hieraus, daß der Realteil von $x_{g^*}(t)$ *gerade*, der Imaginärteil aber *ungerade* ist. Umgekehrt gilt für den konjugiert ungeraden Anteil:

$$x_{u^*}(t) = \underbrace{\tfrac{1}{2}[x_R(t) - x_R(-t)]}_{\operatorname{Re}\{x_{u^*}(t)\}} + j \cdot \underbrace{\tfrac{1}{2}[x_I(t) + x_I(-t)]}_{\operatorname{Im}\{x_{u^*}(t)\}}, \tag{2.10}$$

$x(t)$	$y(t)$	$x(t) \pm y(t)$	$x(t) \cdot y(t)$, $x(t)/y(t)$	$x(y(t))$
gerade	gerade	gerade	gerade	gerade
gerade	ungerade	—	ungerade	gerade
ungerade	gerade			
ungerade	ungerade	ungerade	gerade	ungerade

Tabelle 2.1: Symmetrieeigenschaften bei der Verknüpfung von Funktionen

d.h. der Realteil von $x_{u*}(t)$ ist *ungerade*, während der Imaginärteil *gerade* ist. Daraus folgt entsprechend Beziehung (2.6), daß

$$\int_{-T}^{T} x_{u*}(t)\, dt \quad \text{rein imaginär} \quad \text{und} \quad \int_{-T}^{t} x_{g*}(t)\, dt \quad \text{rein reell} \quad \text{ist.}$$

Bei der Verknüpfung zweier Funktionen gelten für die Symmetrieeigenschaften die Regeln nach Tabelle 2.1.

2.1.4 Periodische Signale

Eine weitere Signaleigenschaft ist die *Periodizität*:

Ein (zeitkontinuierliches) Signal heißt

periodisch, wenn gilt: $\quad x(t) = x(t + n\,T_p)$, $\quad n \in \mathbb{Z}$, $\quad T_p > 0$.

Das Zeitintervall T_p, mit dem das Signal periodisch ist, bezeichnet man als *Periodendauer*.

Man beachte, daß periodische Signale stets Leistungssignale darstellen, sieht man von dem trivialen Fall $x(t) = 0$ ab. Eine allgemeine Beschreibungsform periodischer Signale werden wir in Abschnitt 5.4.4 einführen.

Die Periodizitätseigenschaft läßt sich auch auf zeitdiskrete Signale übertragen, wobei in diesem Fall die Periodendauer N_p eine natürliche Zahl sein muß:

$$x[k] = x[k + n\,N_p], \quad n \in \mathbb{Z}, \quad N_p \in \mathbb{N}.$$

Bei Rechnungen mit periodischen zeitdiskreten Signalen ist es oft sinnvoll die Periodizität durch eine modulo-Operation des Argumentes

$$(k)_{N_p} = k \bmod N_p$$

darzustellen. Die oben dargestellte Periodizitätseigenschaft läßt sich damit wie folgt formulieren:

$$x[k] = x[\,(k)_{N_p}\,].$$

2.1.5   Zeitbegrenzte, kausale und beschränkte Signale

Bezüglich ihrer zeitlichen Ausdehnung lassen sich Signale wie folgt einteilen:

Ein Signal heißt

zeitbegrenzt,   wenn es nur eine endliche Zeit andauert, d.h. außerhalb eines endlichen Intervalls verschwindet:

$$x(t) = 0 \quad \text{für} \quad t < t_1 \text{ und } t > t_2$$

einseitig,   wenn es in *eine* 'Richtung' unendlich andauert. Dabei unterscheidet man zwischen

linksseitig,   wenn das Signal im (negativen) Unendlichen beginnt und bis zu einem endlichen Zeitpunkt andauert:

$$x(t) = 0 \quad \text{für} \quad t > t_0 \, , \quad \text{und}$$

rechtsseitig,   wenn das Signal zu einem endlichen Zeitpunkt beginnt und bis ins (positive) Unendliche andauert:

$$x(t) = 0 \quad \text{für} \quad t < t_0$$

zweiseitig,   wenn das Signal nach *beiden* 'Seiten' ins Unendliche andauert, d.h. weder einseitig noch zeitbegrenzt ist.

Bezüglich des Zeitpunktes $t = 0$ definiert man:

Ein Signal heißt

kausal,   wenn gilt: $x(t) = 0$ für $t < 0$
antikausal,   wenn gilt: $x(t) = 0$ für $t > 0$.

Ist die Kausalitätsbedingung nicht erfüllt bezeichnet man das Signal als *nichtkausal*. Man beachte, daß nichtkausal und antikausal unterschiedliche Eigenschaften sind.

Für kausale Signale gilt zwischen geradem und ungeradem Anteil die Beziehung

$$x_g(t) = x_u(t) \cdot \text{sgn}(t) \qquad \text{bzw.} \qquad x_{g*}(t) = x_{u*}(t) \cdot \text{sgn}(t) \, , \tag{2.11}$$

wobei $\text{sgn}(t)$ die Signumfunktion (siehe Abschnitt 2.2.1.3) darstellt. Dies ergibt sich aus der Eigenschaft, daß ein kausales Signal für negative Zeiten verschwindet, d.h.

$$x(t) = x_g(t) + x_u(t) = 0 \qquad \Rightarrow \qquad x_g(t) = -x_u(t) \quad \text{für} \quad t < 0 .$$

Für positive Zeiten folgt mit den Symmetrieeigenschaften gerade und ungerade dann

$$x_g(t) = x_u(t) \quad \text{für} \quad t > 0 .$$

Bezüglich des Wertebereiches eines Signals definiert man:

Ein Signal heißt

    (wert-) **beschränkt,**   wenn gilt: $|x(t)| < M_x < \infty$.

Eine in vielen Fällen vorteilhafte Beschreibungsart für zeitbegrenzte diskrete Signale ist die Darstellung als Vektoren. Das auf $[\, k_1,\ k_2\,]$ zeitbegrenzte Signal läßt sich über den Vektor

$$x = [\ x[k_1]\ \ x[k_1 + 1]\ \ldots\ x[k_2]\ ]$$

der Länge $N = k_2 - k_1 + 1$ darstellen. Oft wählt man die Darstellung so, daß die erste Vektorkomponente dem Nullzeitpunkt $k = 0$ entspricht, wofür man eventuell das Signal erweitert.

Diese Beschreibungsform ermöglicht mit Hilfe der Matrizenrechnung eine kompakte analytische Darstellung von Signaloperationen oder Systemverhalten. Außerdem eignet sich diese Darstellungsart gut für die numerische Berechnung auf Digitalrechnern (z.B. mit der vektororientierten Programmiersprache Matlab).

2.2   Spezielle Signale

2.2.1   Sprungförmige Signale

Die Klasse der sprungförmigen Signale ist von elementarer systemtheoretischer Bedeutung. Sie werden beispielsweise zur Darstellung von Schaltvorgängen benötigt oder dienen als elementare Signale zum Testen und Beschreiben von Systemen. Hierbei unterscheiden sich diskrete und kontinuierliche Signale etwas bezüglich ihrer mathematischen Darstellung, so daß wir hierfür eine getrennte Beschreibung vornehmen.

2.2.1.1   Impulsfolge

Ein elementares, zeitdiskretes Signal stellt der Impuls zum Zeitpunkt null dar:

Impulsfolge, zeitdiskreter Dirac-Impuls:

$$\delta[k] = \begin{cases} 1, & k = 0 \\ 0, & k \neq 0. \end{cases} \qquad\qquad (2.12)$$

Weitere gebräuchliche Bezeichnung: $\delta_0[k]$.

Bild 2.5 zeigt die graphische Darstellung der Impulsfolge. Dieses Signal spielt in der Systemtheorie eine fundamentale Rolle, insbesondere beim 'Testen' von Systemen. Zudem ist es das Neutralelement der wichtigen Faltungsoperation, die wir im nächsten Kapitel kennenlernen werden. Ferner besitzt die Impulsfolge die *Abtast- oder Ausblendeigenschaft*:

$$x[k] \cdot \delta[k - k_0] = x[k_0] \cdot \delta[k - k_0], \qquad\qquad (2.13)$$

Bild 2.5: Impulsfolge $\delta[k]$ und periodische Impulsfolge $\text{Ш}_N[k]$

mit der sich alle Werte einer Folge bis auf *einen* ausblenden lassen. Daraus folgt:

$$\sum_{k=-\infty}^{\infty} x[k] \cdot \delta[k - k_0] = x[k_0] \,. \tag{2.14}$$

Man beachte, daß $x[k_0]$ einen einzelnen, skalaren Zahlenwert darstellt, während $x[k]$ eine Folge von Werten, d.h. ein diskretes Signal darstellt.

Bei manchen Berechnungen erweist sich die Darstellung eines Signals in der Form

$$x[k] = \sum_{k_0=-\infty}^{\infty} x[k_0] \cdot \delta[k - k_0] \tag{2.15}$$

als hilfreich. Das Signal wird hier als Summe gewichteter und zeitverschobener Dirac-Impulse, d.h. elementarer Signale, dargestellt.

Insbesonders bei der Darstellung periodischer Signale (siehe Abschnitt 3.3.4) verwendet man die

---

Periodische Impulsfolge:

$$\text{Ш}_N[k] = \sum_{n=-\infty}^{\infty} \delta[k - nN] = \delta[\,(k)_N\,] \,. \tag{2.16}$$

Dieses Signal bezeichnet man auch als Scha-Folge[1] und ist ebenfalls in Bild 2.5 dargestellt.

Das kontinuierliche Pendant zur Impulsfolge können wir an dieser Stelle noch nicht einführen, da es sich hierbei um keine gewöhnliche Funktion handelt. Es wird in Abschnitt 5.2.2.1 behandelt, nachdem wir die mathematischen Voraussetzungen geschaffen haben.

2.2.1.2   Sprungfolge und Sprungfunktion

Neben der Impulsfolge stellt die Sprungfolge ebenfalls ein elementares und häufig benötigtes Signal der Systemtheorie dar:

---

1 Aufgrund der Ähnlichkeit des Signals mit dem kyrillischen Buchstaben Ш (gesprochen: 'scha') hat man diese Bezeichnung gewählt.

Bild 2.6: Sprungfunktion $\varepsilon(t)$ und Rampenfunktion $\rho_T(t)$

Sprungfolge / Sprungfunktion:

diskret: $\qquad \varepsilon[k] = \begin{cases} 1, & k \geq 0 \\ 0, & k < 0 \end{cases}$ $\hfill$ (2.17)

kontinuierlich: $\qquad \varepsilon(t) = \begin{cases} 1, & t > 0 \\ 0, & t < 0. \end{cases}$ $\hfill$ (2.18)

Weitere Bezeichnungen: $\sigma[k]$ oder $\delta_{-1}[k]$ bzw. $\sigma(t)$ oder $\delta_{-1}(t)$.

Für $t - 0$ ist die Sprungfunktion nicht definiert. Es bietet sich jedoch an, diesen Punkt zu 0.5 zu wählen (vergleiche Aufgabe 2.4).

Die Sprungfolge ist mit der Impulsfolge über folgende Beziehung verknüpft:

$$\varepsilon[k] = \sum_{i=-\infty}^{k} \delta(i) \qquad \text{bzw.} \qquad \delta[k] = \varepsilon[k] - \varepsilon[k-1]. \tag{2.19}$$

Dies kann als 'diskrete Integration' bzw. 'diskrete Ableitung' verstanden werden. Man vergleiche hierzu die entsprechende Beziehung (5.18) auf Seite 114 im Kontinuierlichen.

Die linear gewichtete Sprungfunktion bezeichnet man als **Rampenfunktion**

$$\rho(t) = t \cdot \varepsilon(t) \qquad \text{bzw.} \qquad \rho_T(t) = \rho\left(\tfrac{t}{T}\right) = \tfrac{t}{T} \cdot \varepsilon(t) \tag{2.20}$$

und ist zusammen mit der Sprungfunktion in Bild 2.6 dargestellt.

Die Sprungfunktion wird, vor allem in der Regelungstechnik, als Testsignal verwendet, um z.B. Einschaltvorgänge zu beschreiben. Wir werden sie im folgenden auch benutzen, um den nichtkausalen (und oft störenden) Anteil von Signalen auszublenden. So stellen wir beispielsweise die kausale Exponentialfunktion mittels $x(t) = e^{-at} \cdot \varepsilon(t)$ dar. Außerdem benutzt man die Sprung- und Rampenfunktion gerne zur Darstellung stückweise konstanter oder linearer Funktionen.

Beispiel 2.1:   **Darstellung einer stückweise linearen Funktion**

Das Signal

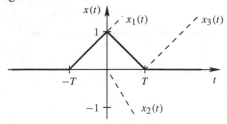

(Dreieckimpuls $\Lambda_T(t)$, siehe nächster Abschnitt) läßt sich als Summe von drei linearen Funktionen $x_i(t)$, d.h. skalierte und zeitverschobene Rampenfunktionen darstellen:

$$x(t) = x_1(t) + x_2(t) + x_3(t) = \rho\left(\tfrac{t+T}{T}\right) - 2\rho\left(\tfrac{t}{T}\right) + \rho\left(\tfrac{t-T}{T}\right)$$
$$= \rho_T(t+1) - 2\rho_T(t) + \rho_T(t-1).$$

Man vergleiche auch die Darstellung des Rechteckimpulses nach Gleichung (2.29).   ∎

Man beachte, daß eine (positive) Zeitskalierung bei der Sprungfunktion keine Änderung des Signals bedeutet, d.h. es gilt

$$\varepsilon(t) = \varepsilon(at) = \varepsilon\left(\tfrac{t}{T}\right), \quad a, T > 0.$$

2.2.1.3 Signumfolge und Signumfunktion

Die Signum- oder Vorzeichen-Folge bzw. -Funktion ist definiert zu:

Signumfolge / Signumfunktion:

diskret: $\text{sgn}[k] = \begin{cases} 1, & k > 0 \\ 0, & k = 0 \\ -1, & k < 0 \end{cases}$ (2.21)

kontinuierlich: $\text{sgn}(t) = \begin{cases} 1, & t > 0 \\ -1, & t < 0. \end{cases}$ (2.22)

Wie schon die Sprungfunktion $\varepsilon(t)$ ist auch die Signumfunktion an der Stelle $t = 0$ nicht definiert. Entsprechenderweise wählt man hier diesen Punkt zu null. Dann gilt für alle Werte von $x(t)$:

$$x(t) = \text{sgn}(x(t)) \cdot |x(t)| \quad \text{bzw.} \quad |x(t)| = \text{sgn}(x(t)) \cdot x(t).$$ (2.23)

Die Signumfunktion läßt sich über die Sprungfunktion wie folgt darstellen:

$$\text{sgn}(t) = \varepsilon(t) - \varepsilon(-t) \quad \text{oder} \quad \text{sgn}(t) = 2 \cdot \varepsilon(t) - 1.$$ (2.24)

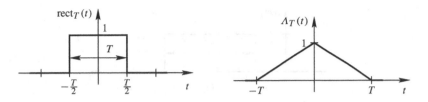

Bild 2.7: Rechteckimpuls $\mathrm{rect}_T(t)$ und Dreieckimpuls $\Lambda_T(t)$

Im Diskreten lauten die entsprechenden Beziehungen

$$\mathrm{sgn}[k] = \varepsilon[k] - \varepsilon[-k-1] \quad \text{und} \quad \mathrm{sgn}[k] = 2 \cdot \varepsilon[k] - 1 - \delta[k]. \qquad (2.25)$$

2.2.1.4 Rechteck- und Dreieckimpuls

Im Kontinuierlichen sind Rechteck- und Dreieckimpuls, die auch als Rechteck- und Dreieckfunktion bezeichnet werden, weitere wichtige Signale und sind wie folgt definiert:

$$
\textbf{Rechteckimpuls:} \quad \mathrm{rect}_T(t) = \begin{cases} 1, & |t| < \frac{T}{2} \\ 0, & |t| > \frac{T}{2} \end{cases} \qquad (2.26)
$$

$$
\textbf{Dreieckimpuls:} \quad \Lambda_T(t) = \begin{cases} 1 - |\frac{t}{T}|, & |t| < T \\ 0, & |t| \geq T. \end{cases} \qquad (2.27)
$$

Bild 2.7 stellt die Signale jeweils graphisch dar. Man beachte, daß der Rechteckimpuls $\mathrm{rect}_T(t)$ die Dauer T besitzt und somit von $-T/2$ bis $T/2$ reicht, während der Dreieckimpuls $\Lambda_T(t)$ von $-T$ bis T reicht.[2]

Für $T = 1$ kann der Parameterindex entfallen, womit man die 'Grundfunktionen' $\mathrm{rect}(t)$ und $\Lambda(t)$ erhält. Zur parametrisierten Darstellung gilt folgender Zusammenhang:

$$\mathrm{rect}\left(\tfrac{t}{T}\right) = \mathrm{rect}_T(t) \quad \text{bzw.} \quad \Lambda\left(\tfrac{t}{T}\right) = \Lambda_T(t). \qquad (2.28)$$

In manchen Fällen ist die Darstellung des Rechteckimpulses über die Sprungfunktion hilfreich:

$$\mathrm{rect}_T(t) = \varepsilon\left(t + \tfrac{T}{2}\right) - \varepsilon\left(t - \tfrac{T}{2}\right). \qquad (2.29)$$

Einen in der allgemeinen Form $\mathrm{rect}_T(t - t_0)$ gegebenen Rechteckimpuls analysiert man am einfachsten, indem man das Argument gleich $\pm T/2$, d.h. gleich den Sprungstellen setzt und nach der Laufvariablen auflöst:

$$t - t_0 \overset{!}{=} \pm \tfrac{T}{2} \quad \Rightarrow \quad t = t_0 \pm \tfrac{T}{2}.$$

---

2 Diese Definitionen sind in der Form sinnvoll, wie wir im sechsten Kapitel bei der Fourier-Transformation sehen werden.

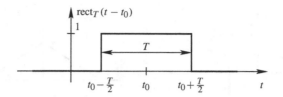

Bild 2.8: Rechteckimpuls in allgemeiner Form

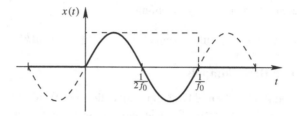

Bild 2.9: Darstellung einer Sinusperiode mit Hilfe des Rechteckimpulses

Der Rechteckimpuls dauert daher von $t_1 = t_0 - \frac{T}{2}$ bis $t_2 = t_0 + \frac{T}{2}$, vergleiche Bild 2.8.

Der Rechteckimpuls kann zur Zeitbegrenzung von Funktionen beziehungsweise zum 'Ausschneiden' bestimmter Funktionsanteile verwendet werden.

Beispiel 2.2:   Darstellung einer Schwingungsperiode
Die erste Periode der Sinusfunktion läßt sich mit Hilfe des Rechteckimpulses wie folgt darstellen (siehe Bild 2.9):

$$x(t) = \sin(2\pi f_0 t) \cdot \mathrm{rect}_{\frac{1}{f_0}}\left(t - \frac{1}{2f_0}\right) = \sin(2\pi f_0 t) \cdot \mathrm{rect}\left(f_0 t - \frac{1}{2}\right).$$

■

Im Diskreten definiert man den Rechteckimpuls vom Nullpunkt beginnend und nicht symmetrisch dazu, um Probleme bei der Halbierung der diskreten Länge zu entgehen:

Diskreter Rechteckimpuls:

$$\mathrm{rect}_N[k] = \begin{cases} 1, & 0 \le k \le N-1 \\ 0, & \text{sonst.} \end{cases} \qquad (2.30)$$

Eine weitere Bezeichnung hierfür ist Rechteckfolge. Bild 2.10 zeigt den Verlauf graphisch. Es gelten folgende Zusammenhänge:

$$\mathrm{rect}_N[k] = \varepsilon[k] - \varepsilon[k-N] = \sum_{i=0}^{N-1} \delta[k-i]. \qquad (2.31)$$

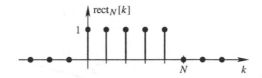

Bild 2.10: Diskreter Rechteckimpuls

2.2.2 Exponentialfunktion

Exponentialfunktionen und Exponentialfolgen haben in der Systemtheorie eine herausragende Bedeutung, wie wir im Verlauf dieses Buches sehen werden. So ergibt sich beispielsweise in vielen Fällen die Systemantwort als Summe von Exponentialfunktionen bzw. Exponentialfolgen.

Exponentialfunktion: $x(t) = A \cdot e^{\alpha t} = A \cdot a^t$ (2.32)

$$\text{mit } \alpha = \ln a = \ln |a| + j \cdot \sphericalangle a.$$

Den Parameter A bezeichnet man als *Amplitude* und den Parameter α als *Dämpfungsfaktor*.

Die Exponentialfunktion ist $\begin{cases} \text{abklingend} & \text{für} \quad \mathrm{Re}\{\alpha\} < 0 \\ \text{aufklingend} & \text{für} \quad \mathrm{Re}\{\alpha\} > 0. \end{cases}$

Die Parameter A und α, und damit die Exponentialfunktion, sind im allgemeinen komplex (siehe hierzu nächster Abschnitt). Für reelle Werte von A und α ist die Exponentialfunktion reell. Bild 2.11 zeigt als Beispiele eine ab- und eine aufklingende Exponentialfunktion. Für $\alpha = 0$ erhält man den Spezialfall einer konstanten Funktion.

Die Tangente an die Funktion hat im Punkt $x(0) = A$ die Steigung

$$x'(0) = \frac{d}{dt} x(t)\big|_{t=0} = A \cdot \alpha\, e^{\alpha t}\big|_{t=0} = A\alpha$$

und schneidet die Abszisse bei $t = -\frac{1}{\alpha}$. An dieser Stelle ist der Funktionswert auf $e^{-1} \approx 37\%$ des Wertes bei $t = 0$ abgefallen.

In der Regel stellt man eine abklingende Exponentialfunktion in der Form

$$x(t) = e^{-\frac{t}{T}}$$

dar, wobei man hierbei $T = -\frac{1}{\alpha}$ als *Zeitkonstante* der Exponentialfunktion bezeichnet.

> Bei den Exponentialfunktionen handelt es sich um die *Eigenfunktionen* von LTI-Systemen. Dies begründet ihre große systemtheoretische Bedeutung und zeigt sich dadurch, daß sich die Systemantwort in der Regel als Summe von Exponentialfunktionen ergibt. Dies ist uns bereits aus der Mathematik bekannt, wo zur Lösung von linearen Differentialgleichungen (der Beschreibungsform kontinuierlicher LTI-Systeme, siehe Abschnitt 5.1) der Ansatz über eine Summe von Exponentialfunktionen gewählt wird. Die gleiche Rolle spielen Exponentialfolgen bei diskreten LTI-Systemen, die mittels Differenzengleichungen beschrieben werden (siehe Abschnitt 3.1). Wir werden das Thema der Eigenfunktionen in den Abschnitten 3.4.5 für diskrete und 5.5.4 für kontinuierliche Systeme behandeln.

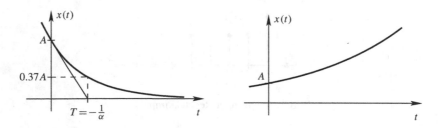

Bild 2.11: Abklingende und aufklingende reelle Exponentialfunktion

2.2.3   Schwingungen

2.2.3.1   Komplexe Exponentialfunktion

Für komplexe Werte von α erhält man die *komplexen Exponentialfunktionen*. Zerlegt man den *komplexen Dämpfungsfaktor* α in seinen Real- und Imaginärteil

$$\alpha = \sigma + j \cdot \omega_0$$

erhält man mit der *komplexen Amplitude* $A = |A| \cdot e^{j\varphi_0}$:

$$x(t) = A \cdot e^{\sigma t} \cdot e^{j\omega_0 t} = \underbrace{|A| \cdot e^{\sigma t}}_{\text{Einhüllende}} \cdot \underbrace{e^{j(\omega_0 t + \varphi_0)}}_{\substack{\text{komplexe} \\ \text{Schwingung}}} \ . \tag{2.33}$$

Das Signal setzt sich zusammen aus der *Einhüllenden*, einer reellen Exponentialfunktion mit Dämpfungsfaktor σ, und dem *komplexen Schwingungsanteil* mit Betrag eins und dem Frequenzparameter ω_0. In Abhängigkeit des Dämpfungsfaktors σ bezeichnet man das Signal

- für $\sigma = \mathrm{Re}\{\alpha\} < 0$ als *abklingende* Schwingung,
- für $\sigma = \mathrm{Re}\{\alpha\} = 0$ als *stationäre* oder *harmonische* Schwingung, und
- für $\sigma = \mathrm{Re}\{\alpha\} > 0$ als *aufklingende* Schwingung.

Die *Nullphase* φ_0 des Schwingungsanteils entspricht dem Argument der komplexen Amplitude A. Schlägt man die Nullphase der Einhüllenden zu, spricht man von der *komplexen Einhüllenden*:

$$A(t) = |A| \cdot e^{\sigma t} \cdot e^{j\varphi_0} = A \cdot e^{\sigma t} . \tag{2.34}$$

Bei der komplexen Schwingung ohne Nullphase handelt es sich um eine konjugiert gerade Funktion, da

$$e^{j\omega_0 t} = \left(e^{j\omega_0(-t)} \right)^*$$

gilt. Den Frequenzparameter

$$\omega_0 = 2\pi f_0 = \frac{2\pi}{T_{\mathrm{p}}} \tag{2.35}$$

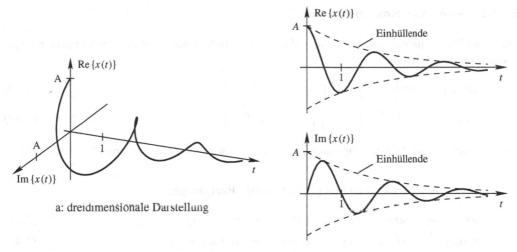

a: dreidimensionale Darstellung

b: Darstellung nach Real- und Imaginärteil

Bild 2.12: Komplexe Exponentialfunktion

bezeichnet man als *Kreisfrequenz*. Die Größe f_0 ist die *Frequenz*[3] in Hz, d.h. die Anzahl der Schwingungsperioden pro Sekunde. Der reziproke Wert T_p ist die *Periodendauer*.

Im Diskreten verwendet man zur Darstellung die *diskrete Kreisfrequenz*

$$\Omega_0 = \frac{2\pi}{N_p} .$$
(2.36)

Diese entspricht der auf die Abtastrate f_a (bzw. das Abtastintervall T) normierten Kreisfrequenz (siehe Abschnitt 8.2.1):

$$\Omega_0 = \frac{\omega_0}{f_a} = T \cdot \omega_0 = 2\pi \frac{T}{T_p} .$$
(2.37)

Mit Hilfe der *Eulerschen Gleichung*

$$e^{j\omega_0 t} = \cos(\omega_0 t) + j\sin(\omega_0 t)$$
(2.38)

läßt sich die komplexe Exponentialfunktion (2.33) auch schreiben zu:

$$x(t) = A \cdot e^{\sigma t} \cdot \left[\cos(\omega_0 t) + j\sin(\omega_0 t)\right] = |A| \cdot e^{\sigma t} \cdot \left[\cos(\omega_0 t + \varphi_0) + j\sin(\omega_0 t + \varphi_0)\right],$$

woraus die Zerlegung in Real- und Imaginärteil ersichtlich ist. Bild 2.12 zeigt als Beispiel die komplexe Exponentialfunktion $x(t) = A e^{(-0.5+j\pi)t}$, sowohl in einer dreidimensionalen, als auch in getrennter Darstellung nach Real- und Imaginärteil.

---

3 Zur Unterscheidung von der später eingeführten Frequenz*variablen* f verwenden wir hier für den Frequenz-*parameter* die Bezeichnung f_0.

2.2.3.2 Sinus- und Kosinusfunktion

Sinus- und Kosinusfunktion lassen sich über die Eulersche Gleichung aus der komplexen Exponentialfunktion ableiten:

$$\cos(\omega_0 t) = \text{Re}\left\{ e^{j\omega_0 t} \right\} = \tfrac{1}{2} \left[e^{j\omega_0 t} + e^{-j\omega_0 t} \right] \tag{2.39}$$

$$\sin(\omega_0 t) = \text{Im}\left\{ e^{j\omega_0 t} \right\} = \tfrac{1}{2j} \left[e^{j\omega_0 t} - e^{-j\omega_0 t} \right]. \tag{2.40}$$

Dabei haben wir zur Darstellung des Real- bzw. Imaginärteils die Beziehung (2.2) verwendet.

Für die Sinus- und Kosinusfunktion gelten folgende Beziehungen:

$$\sin(\omega_0 t) = -\sin(-\omega_0 t) \qquad \cos(\omega_0 t) = \cos(-\omega_0 t) \tag{2.41}$$

$$\sin(\omega_0 t) = \cos\left(\omega_0 t - \tfrac{\pi}{2}\right) \qquad \cos(\omega_0 t) = \sin\left(\omega_0 t + \tfrac{\pi}{2}\right). \tag{2.42}$$

Die Sinusfunktion ist ungerade und die Kosinusfunktion gerade. Beide Funktionen lassen sich über einen geeigneten Nullphasenwinkel ineinander überführen. Weitere Eigenschaften und Beziehungen, sowie spezielle Funktionswerte sind in Anhang A.8 zusammengefaßt.

2.2.3.3 si-Funktion

Eine aus der Sinusfunktion abgeleitete Funktion ist die *si-Funktion*,[4] die wie folgt definiert ist:

$$\text{si}(t) = \frac{\sin(t)}{t}. \tag{2.43}$$

Man beachte, daß die si-Funktion an der Stelle null den Wert eins annimmt, was mit der Regel von l'Hospital oder der Reihenentwicklung der Sinusfunktion gezeigt werden kann. Die si-Funktion ist zeitlich unbegrenzt und klingt mit der Einhüllenden $1/t$ ab, da die Sinusfunktion auf Betrag eins beschränkt ist. Der Funktionsverlauf ist in Bild 2.13 skizziert, das erste Minimum liegt bei $t \approx \pm 1.43\pi$ (Bedingung $\tan(t) = t$) und beträgt ≈ -0.2172.

Zur si-Funktion existiert keine Stammfunktion. Das Integral über die gesamte Funktion, sowie über das Quadrat der Funktion, beträgt jeweils π:

$$\int_{-\infty}^{\infty} \text{si}(t)\, dt = \pi \qquad \text{bzw.} \qquad \int_{-\infty}^{\infty} \text{si}^2(t)\, dt = \pi. \tag{2.44}$$

Dies entspricht genau der Fläche des Dreiecks, das durch das Hauptmaximum und den beiden ersten Nullstellen bei $\pm\pi$ aufgespannt wird. Diese Merkregel gilt im übrigen auch bei beliebigen Skalierungen.

---

4 Manchmal verwendet man auch die *sinc-Funktion*, die mit der si-Funktion über $\text{sinc}(x) = \text{si}(\pi x)$ zusammenhängt.

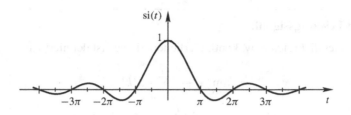

Bild 2.13: si-Funktion

2.3 Weitere Eigenschaften und Verknüpfungen

2.3.1 Energie und Leistung

Signale lassen sich in Energie- und Leistungssignale einteilen (vergleiche Tabelle 1.1). Hierzu definieren wir

---

Energie und Energiesignal:

Die *Energie* eines diskreten bzw. kontinuierlichen Signals ist definiert zu:

$$\text{diskret:} \qquad E_x = \sum_{k=-\infty}^{\infty} |x[k]|^2 \qquad\qquad (2.45)$$

$$\text{kontinuierlich:} \qquad E_x = \int_{-\infty}^{\infty} |x(t)|^2 \, dt \,. \qquad\qquad (2.46)$$

Ein Signal wird *Energiesignal* genannt, wenn gilt: $\quad E_x < \infty$.

Jedes zeit- und gleichzeitig wertbeschränkte Signal ist ein Energiesignal. Beispiel hierfür ist der Rechteck- oder Dreieckimpuls aus Abschnitt 2.2. Jedoch auch zeitlich (oder wert-) unbeschränkte Signale können Energiesignale sein, wie folgendes Beispiel zeigt:

Beispiel 2.3: **Energie der zweiseitigen Exponentialfunktion**
Die Energie der zweiseitigen Exponentialfunktion $x(t) = e^{-|at|}$ berechnet sich zu:

$$E_x = \int_{-\infty}^{\infty} \left| e^{-|at|} \right|^2 dt \underset{(2.6)}{=} 2 \int_0^{\infty} \left| e^{-|a|t} \right|^2 dt = 2 \int_0^{\infty} e^{-2|a|t} \, dt = 2 \left[\frac{1}{-2|a|} e^{-2|a|t} \right]_0^{\infty} = \frac{1}{|a|} \,. \qquad \blacksquare$$

Aus mathematischer Sicht handelt es sich bei den Energiesignalen um die Klasse der quadratisch integrierbaren Funktionen. Aus diesem Grund ist mit diesen Funktionen angenehm zu rechnen, da in der Regel keine Probleme bezüglich der Konvergenz auftreten.

Bei einigen Signalen, wie z.B. der konstanten Funktion $x(t) = c$, konvergiert die Summe bzw. das Integral nicht, d.h. die Energie ist unendlich. Um auch solche Funktionen in ähnlicher Weise charakterisieren zu können, führt man den aus der Physik bekannten Begriff der Leistung, d.h. der zeitbezogenen Energie ein:

Leistung und Leistungssignal:

Die *Leistung* eines diskreten bzw. kontinuierlichen Signals ist definiert zu:

diskret:
$$P_x = \lim_{n \to \infty} \frac{1}{2n+1} \sum_{k=-n}^{n} |x[k]|^2 \qquad (2.47)$$

kontinuierlich:
$$P_x = \lim_{T \to \infty} \frac{1}{2T} \int_{-T}^{T} |x(t)|^2 \, dt . \qquad (2.48)$$

Bei **periodischen** Signalen genügt die Betrachtung einer Periode N_p bzw. T_p (bei beliebigen Startzeitpunkt k_0 bzw. t_0):

diskret:
$$P_x = \frac{1}{N_\mathrm{p}} \sum_{k=k_0}^{k_0+N_\mathrm{p}-1} |x[k]|^2 \qquad (2.49)$$

kontinuierlich:
$$P_x = \frac{1}{T_\mathrm{p}} \int_{t_0}^{t_0+T_\mathrm{p}} |x(t)|^2 \, dt . \qquad (2.50)$$

Ein Signal wird *Leistungssignal* genannt, wenn gilt: $0 < P_x < \infty$.

Bei Leistungssignalen handelt es sich in der Regel um zeitlich unbegrenzte und im Unendlichen nicht verschwindende Signale. Beispiele hierfür sind die konstante Funktion $x(t) = c$ (Leistung $P_x = c^2$) oder die Dauerschwingung $x(t) = \sin(\omega_0 t)$ mit $P_x = 0.5$.

Leistungssignale besitzen stets unendliche Energie; umgekehrt ist die Leistung von Energiesignalen stets null. Man beachte, daß es auch Signale mit unendlich großer Leistung gibt, die jedoch nur theoretischer Natur sind (z.B. aufklingende Exponentialfunktion).

2.3.2   Skalarprodukt und Orthogonalität

Aus der Mathematik sind uns die Begriffe Skalarprodukt und Orthogonalität für Vektoren bekannt, welche nun auf Signale erweitert werden sollen. Die allgemeine Definition des Skalarproduktes für komplexe Vektoren lautet

$$\langle \boldsymbol{x}, \boldsymbol{y} \rangle = \sum_i x_i^* \cdot y_i , \qquad (2.51)$$

wobei wir mit x_i, y_i die jeweiligen Vektorkomponenten bezeichnet haben. In kompakter Matrix-schreibweise geschrieben ergibt sich für

Zeilenvektoren $\langle \boldsymbol{x}, \boldsymbol{y} \rangle = \boldsymbol{x}^* \cdot \boldsymbol{y}^T$ und für

Spaltenvektoren $\langle \boldsymbol{x}, \boldsymbol{y} \rangle = \boldsymbol{x}^H \cdot \boldsymbol{y}$,

wobei das hochgestellte T den *transponierten*, und das hochgestellte H den *hermiteschen*, d.h. konjugiert komplex transponierten Vektor bezeichnet.

Für eine als Vektor dargestellte zeitbegrenzte Folge (siehe Abschnitt 2.1.5) ist damit das Skalarprodukt bereits definiert. Die Erweiterung für allgemeine Signale führt auf folgende Definition:

Skalarprodukt und Orthogonalität:

Das *Skalarprodukt* zweier Energiesignale x und y ist definiert zu:

diskret: $\qquad\qquad \langle x[k], y[k] \rangle = \sum_{k=-\infty}^{\infty} x^*[k] \cdot y[k]$ $\qquad\qquad$ (2.52)

kontinuierlich: $\qquad \langle x(t), y(t) \rangle = \int_{-\infty}^{\infty} x^*(t) \cdot y(t)\, dt$. $\qquad\qquad$ (2.53)

Zwei Signale x und y sind *orthogonal* zueinander, wenn ihr Skalarprodukt *null* ist. Man schreibt dafür auch $x \perp y$.

Der Spezialfall $y = x$, d.h. das Skalarprodukt mit sich selbst hat in der Vektorrechnung die Bedeutung der (quadrierten) Länge des Vektors. Bei Signalen repräsentiert dieser Wert die Signalenergie, d.h.

$$E_x = \langle x, x \rangle , \qquad\qquad (2.54)$$

was direkt aus einem Vergleich mit der Energiedefinition folgt.

Für Leistungssignale konvergiert obige Definition des Skalarproduktes nicht. Wir verweisen hier auf die Definition der Kreuzkorrelationsfunktion im nächsten Abschnitt, die mit dem Skalarprodukt in engem Zusammenhang steht. Dort werden wir die Definition entsprechend der Leistungsdefinition aus dem letzten Abschnitt erweitern.

> Orthogonale Signale spielen in der Nachrichtentechnik eine bedeutende Rolle, da man beispielsweise eine Überlagerung solcher Signale wieder einfach und ohne gegenseitige Beeinflussung trennen kann. Dadurch lassen sich auf einem Medium mehrere verschiedene Signale unabhängig voneinander übertragen, wie z.B. beim Rundfunk. Hier nutzt man die Orthogonalität zwischen Signalen unterschiedlicher Frequenz (siehe Aufgabe 2.8).

2.3.3 Korrelation deterministischer Signale

Die Korrelation stellt, grob gesprochen, ein Maß für die Ähnlichkeit zweier Signale dar. Sie spielt daher eine wichtige Rolle bei stochastischen Signalen, man definiert sie jedoch auch für deterministische Signale.

Für Energiesignale ist die Korrelationsfunktion definiert als Skalarprodukt, wobei die Signale über einen Parameter zeitlich gegeneinander verschoben werden:

Kreuzkorrelationsfunktion für Energiesignale:

diskret: $\qquad \varphi_{xy}^E(\kappa) = \langle x[k], y[k+\kappa] \rangle = \sum_{k=-\infty}^{\infty} x^*[k] \cdot y[k+\kappa]$ $\qquad$ (2.55)

kontinuierlich: $\qquad \varphi_{xy}^E(\tau) = \langle x(t), y(t+\tau) \rangle = \int_{-\infty}^{\infty} x^*(t) \cdot y(t+\tau)\, dt$. $\qquad$ (2.56)

Zur Bezeichnung der Korrelationsfunktionen verwendet man in der Regel den Buchstaben φ. Der Index trägt die Bezeichnungen der beiden Signale, und das hochgestellte ^{E} kennzeichnet die Definition bezüglich deterministischer Energiesignale. Bei der Korrelationsfunktion handelt es sich um kein physikalisches Signal, weswegen man in der Regel die Laufvariable τ für die *Zeitdifferenz* anstelle t für die (absolute) Zeit verwendet. Im Diskreten verwendet man κ.

Berechnet man die Korrelation zwischen zwei *verschiedenen* Funktionen $x(t) \neq y(t)$, so spricht man von der *Kreuzkorrelationsfunktion* (KKF). Im Falle *gleicher* Funktionen bezeichnet man sie als *Autokorrelationsfunktion* (AKF):

Autokorrelationsfunktion für Energiesignale

diskret: $\varphi_{xx}^E(\kappa) = \langle x[k], x[k+\kappa] \rangle = \sum_{k=-\infty}^{\infty} x^*[k] \cdot x[k+\kappa]$ (2.57)

kontinuierlich: $\varphi_{xx}^E(\tau) = \langle x(t), x(t+\tau) \rangle = \int_{-\infty}^{\infty} x^*(t) \cdot x(t+\tau)\, dt$.   (2.58)

Beispiel 2.4:   Korrelationsfunktion des Rechteckimpulses

Wir berechnen die Autokorrelationsfunktion des Rechteckimpulses $x(t) = \text{rect}_T(t)$:

$$\varphi_{xx}^E(\tau) = \int_{-\infty}^{\infty} x^*(t) \cdot x(t+\tau)\, dt = \int_{-\infty}^{\infty} \text{rect}_T(t) \cdot \text{rect}_T(t+\tau)\, dt .$$

Die Auswertung des Integrals erfolgt am besten anschaulich anhand Bild 2.14. Für $\tau > T$ bzw. $\tau < -T$ überlappen sich die Rechteckimpulse nicht und das Integral ist null. Für $0 < \tau < T$ gilt:

$$\varphi_{xx}^E(\tau) = \int_{-T/2}^{T/2-\tau} dt = \Big[\, t \,\Big]_{-T/2}^{T/2-\tau} = T - \tau .$$

Für $\tau < 0$ ergibt sich aus Symmetriegründen ein entsprechender Verlauf, d.h. wir erhalten

$$\varphi_{xx}^E(\tau) = \begin{cases} T - |\tau|, & |\tau| < T \\ 0, & |\tau| \geq T \end{cases} = T \cdot \Lambda_T(\tau) .$$

Die Autokorrelationsfunktion des Rechteckimpulses $\text{rect}_T(t)$ ist also der skalierte Dreieckimpuls $T \cdot \Lambda_T(\tau)$. Dieser weist für $\tau = 0$ sein Maximum auf, d.h. der Rechteckimpuls besitzt für die Zeitverschiebung null die größte Ähnlichkeit mit sich selbst.

Diese Eigenschaft macht man sich beispielsweise beim Radar zu Nutze, das im einfachsten Fall durch das Aussenden eines Rechteckimpulses $x(t)$ realisiert werden kann. Man empfängt das am Objekt reflektierte Signal

$$y(t) = c \cdot x(t - t_0) ,$$

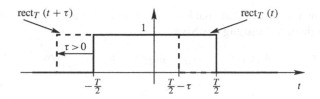

Bild 2.14: Berechnung der Korrelationsfunktion des Rechteckimpulses

das über die Laufzeit t_0 die Information über die Entfernung enthält. Im Empfänger führt man die Kreuzkorrelation zwischen Sende- und Empfangssignal durch, die sich zu

$$\varphi_{ry}^E(\tau) = \Lambda_T(\tau - t_0)$$

ergibt. Man detektiert das Maximum, welches sich bei $\tau = t_0$ befindet und erhält darüber die Information über die Entfernung des Objektes. Für solche Anwendungen eignen sich also Signale mit impulsförmigen Korrelationseigenschaften, da diese besonders einfach und genau zu detektieren sind (siehe hierzu auch Aufgabe 2.6). ∎

Für Leistungssignale konvergieren die obigen Ausdrücke nicht, so daß die Definition entsprechend der Leistungsdefinition angepaßt wird:

Kreuzkorrelationsfunktion für Leistungssignale

diskret:
$$\varphi_{xy}^L(\kappa) = \lim_{n\to\infty} \frac{1}{2n+1} \sum_{k=-n}^{n} x^*[k] \cdot y[k+\kappa] \tag{2.59}$$

kontinuierlich:
$$\varphi_{xy}^L(\tau) = \lim_{T\to\infty} \frac{1}{2T} \int_{-T}^{T} x^*(\iota) \cdot y(\iota + \iota)\, d\iota . \tag{2.60}$$

Bei **periodischen** Signalen[5] erfolgt die Berechnung wieder anhand einer Periode:

diskret:
$$\varphi_{xy}^L(\kappa) = \frac{1}{N_{\rm p}} \sum_{k=k_0}^{k_0+N_{\rm p}-1} x^*[k] \cdot y[k+\kappa] \tag{2.61}$$

kontinuierlich:
$$\varphi_{xy}^L(\tau) = \frac{1}{T_{\rm p}} \int_{t_0}^{t_0+T_{\rm p}} x^*(t) \cdot y(t+\tau)\, dt . \tag{2.62}$$

Man kennzeichnet diese Definition der Korrelationsfunktion durch ein hochgestelltes ^{L} für deterministisches Leistungssignal. Die Autokorrelierte φ_{xx}^L ergibt sich entsprechend für $y = x$.

Aus den Definitionen folgen unmittelbar folgende Eigenschaften für Korrelationsfunktionen:

$$\varphi_{yx}(\tau) = \varphi_{xy}^*(-\tau) \qquad \text{bzw.} \qquad \varphi_{xx}(\tau) = \varphi_{xx}^*(-\tau) . \tag{2.63}$$

---

5 Beide Signale x und y müssen hierzu die *gleiche* Periode $N_{\rm p}$ bzw. $T_{\rm p}$ aufweisen.

Die Autokorrelationsfunktion ist also eine konjugiert gerade Funktion. Ihr Wert an der Stelle null entspricht der Energie bzw. Leistung des Signals:

$$\text{Energie:} \quad E_x = \varphi_{xx}^E(0) \qquad \text{Leistung:} \quad P_x = \varphi_{xx}^L(0) \tag{2.64}$$

und es gilt jeweils

$$\varphi_{xx}(0) \geq |\varphi_{xx}(\tau)|, \tag{2.65}$$

d.h. der Wert an der Stelle null ist ein absolutes Funktionsmaximum.

2.4   Zusammenfassung

In diesem Kapitel haben wir in allgemeiner Form elementare Signaleigenschaften wie Symmetrie, Periodizität und Kausalität behandelt, sowie die Begriffe Energie und Leistung, Orthogonalität und Korrelation für deterministische Signale definiert. Wir haben die für die Systemtheorie wichtigen Signale eingeführt, zu denen sprungförmige Signale und Impulse, Exponentialfunktionen und Schwingungen gehören.

2.5   Aufgaben

Aufgabe 2.1:

Charakterisieren Sie folgende Signale bezüglich der Eigenschaften gerade/ungerade, links-/rechts-/zweiseitig, kausal/antikausal und Energie-/Leistungssignal und berechnen Sie jeweils die Energie bzw. Leistung:

a) Impulsfolge $\delta[k]$

b) Sprungfolgen $\varepsilon[k]$, $\varepsilon[-k]$ und $\varepsilon[1-k]$

c) Signumfolge $\text{sgn}[k]$

d) Rechteckimpuls $\text{rect}_T(t)$

e) Dreieckimpuls $\Lambda_T(t)$

f) si-Funktion $\text{si}(t)$

g) Exponentialfolge $e^{ak}\,\varepsilon[k]$, $a \in \mathbb{C}$

Aufgabe 2.2:

Bestimmen Sie Real- und Imaginärteil, sowie den konjugiert geraden und ungeraden Anteil des Signals

$$x(t) = \frac{1}{1+jt}.$$

Aufgabe 2.3:

Zerlegen Sie die Signale

$$x(t) = \cos(\omega_0 t + \varphi_0) \quad \text{und} \quad y(t) = e^{j(\omega_0 t + \varphi_0)}$$

in ihren (konjugiert) geraden und ungeraden Anteil.

Aufgabe 2.4:

Wie muß die Sprungfunktion an der Stelle $t = 0$ definiert sein, damit der nach Gleichung (2.29) auf Seite 19 dargestellte Rechteckimpuls eine *gerade* Funktion ist?

Aufgabe 2.5:

Stellen Sie folgende Signale mit Hilfe von Sprung- und Rampenfunktionen dar:

a)

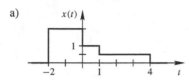

b)

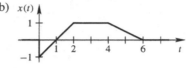

Aufgabe 2.6:

Berechnen Sie die Autokorrelationsfunktion der Folge

$$x[k] = \begin{bmatrix} 1 & 1 & 1 & -1 & -1 & 1 & -1 \end{bmatrix}.$$

Vergleichen Sie diese mit der Autokorrelationsfunktion der 'All-Einsen'-Folge gleicher Länge.

Aufgabe 2.7:

Berechnen Sie die Kreuzkorrelationsfunktion der beiden Signale

$$x(t) = \cos(\omega_0 t) \quad \text{und} \quad y(t) = \sin(\omega_0 t).$$

Aufgabe 2.8:

Zeigen Sie anhand der Signale

$$x(t) = \sin(\omega_1 t) \quad \text{und} \quad y(t) = \sin(\omega_2 t) \quad \text{mit} \quad \omega_1 \neq \omega_2,$$

daß Signale unterschiedlicher (Kreis-) Frequenz orthogonal zueinander sind.

Aufgabe 2.9:

Bestimmen Sie allgemein die Autokorrelationsfunktion $\varphi_{zz}(\tau)$ der komplexen Funktion

$$z(t) = x(t) + jy(t)$$

nach Real- und Imaginärteil.

3 Diskrete LTI-Systeme

Im ersten Kapitel haben wir die systemtheoretisch fundamentale Einteilung in diskrete und kontinuierliche Systeme vorgenommen und mit der Linearität und der Zeitinvarianz die für den Aufbau der Systemtheorie grundlegenden Voraussetzungen definiert. In diesem Kapitel wollen wir nun die diskreten LTI-Systeme behandeln.

3.1 Allgemeine Beschreibungsform und Lösungsansatz

Bevor wir mit der Theorie starten, wollen wir die Problemstellung anhand zweier einfacher Beispiele motivieren. Dies führt uns zunächst auf die allgemeine Beschreibungsform diskreter LTI-Systeme, den linearen Differenzengleichungen. Anschließend werden wir anhand der Problemstellungen aus den Beispielen einen allgemeinen Lösungsansatz herleiten.

Beispiel 3.1: **Sparbuch**

Wir fassen ein Sparbuch mit festem Zinssatz p als System $\mathcal{H}$ auf, wobei wir das Guthaben einmal pro Jahr $k \in \mathbb{Z}$ betrachten. Einzahlungen werden durch das Eingangssignal $x[k]$ und das Guthaben durch das Ausgangssignal $y[k]$ beschrieben. Das Guthaben im Jahr k ergibt sich aus dem Guthaben und den Zinsen des letzten Jahres $k - 1$ und den Einzahlungen des laufenden Jahres k zu

$$y[k] = (1 + p) \cdot y[k - 1] + x[k]. \tag{3.1}$$

Wir betrachten nun den Fall einer einmaligen Einzahlung der Höhe x_0 im Jahr null, was formal als eine 'Anregung' des Systems mit dem Eingangssignal

$$x[k] = x_0 \, \delta[k] \tag{3.2}$$

aufgefaßt werden kann. $\delta[k]$ stellt dabei die auf Seite 15 definierte Impulsfolge dar. Ausgehend von dem Startwert $y[0] = x_0$ läßt sich dann das Guthaben im Jahr k wie folgt angeben:

$$
\begin{aligned}
1.\,\text{Jahr}: \quad y[1] &= (1 + p)\, y[0] &= (1 + p)\, x_0 \\
2.\,\text{Jahr}: \quad y[2] &= (1 + p)\, y[1] &= (1 + p)^2\, x_0 \\
3.\,\text{Jahr}: \quad y[3] &= (1 + p)\, y[2] &= (1 + p)^3\, x_0 \\
\quad \vdots \qquad \quad &\quad\vdots &\quad\vdots \\
k.\,\text{Jahr}: \quad y[k] &= (1 + p)\, y[k - 1] &= (1 + p)^k\, x_0 .
\end{aligned}
$$

Für das Guthaben im k-ten Jahr, d.h. für das Ausgangssignal $y[k]$ erhält man die *geschlossene Lösung*:

$$y[k] = \mathcal{H}\{x[k]\} = \mathcal{H}\{x_0 \, \delta_0[k]\} = (1 + p)^k\, x_0 \,, \quad k \geq 0 \,. \qquad \blacksquare$$

Dabei haben wir das System ab dem Zeitpunkt $k = 0$ betrachtet und vorausgesetzt, daß das Guthaben zu diesem Zeitpunkt null ist. Bei der formalen Berechnung des Ausgangssignals über Gleichung (3.1) können wir das berücksichtigen, indem wir $y[-1] = 0$ setzen. Allgemein formuliert man diese Voraussetzung eines *in Ruhe befindlichen* oder *entspannten* Systems im negativen Unendlichen:

$$y[k_0] = 0, \quad k_0 \to -\infty. \tag{3.3}$$

In diesem Fall gilt die Berechnungsgleichung für alle $k \in \mathbb{Z}$, und wir erhalten das für alle k definierte Ausgangssignal:

$$y[k] = (1 + p)^k x_0 \cdot \varepsilon[k]. \tag{3.4}$$

Bei diesem einfachen Beispiel war es möglich, das Ausgangssignal sofort analytisch anzugeben. Dies stellt jedoch einen Spezialfall dar, der bei vielen Problemen leider nicht zutrifft, wie wir beim nächsten Beispiel sehen werden.

Beispiel 3.2:   Fibonacci-Zahlen

In einem Buch aus dem Jahre 1202 beschreibt Fibonacci folgendes Problem: Ein im Monat null geborenes Hasenpaar erzeugt vom zweiten Monat seiner Existenz an jeden Monat ein weiteres Paar; selbiges gilt für die Nachkommen. Kein Hase stirbt im betrachteten Zeitraum.

Damit ergibt sich folgende Population:

Monat	k	0	1	2	3	4	5	6	$\ldots$
Geborene Paare				1	1	2	3	5	$\ldots$
Zahl der Paare	$y[k]$	1	1	2	3	5	8	13	$\ldots$

Die formale Regel hierfür lautet

$$y[k] = y[k-1] + y[k-2],$$

d.h. die aktuelle Population $y[k]$ ergibt sich aus der vorherigen Population $y[k-1]$ und den Neugeborenen, deren Anzahl durch die Population vor zwei Monaten $y[k-2]$ bestimmt ist. Zur vollständigen Problembeschreibung müssen wir noch das Einbringen des ersten Hasenpaares in das System berücksichtigen, was mit Hilfe des Eingangssignals $x[k] = \delta[k]$ geschehen kann:

$$y[k] = y[k-1] + y[k-2] + x[k]. \tag{3.5}$$

Man überzeuge sich durch Einsetzen der ersten Werte, daß diese Gleichung das Fibonacci-Problem korrekt beschreibt, sofern man wieder Bedingung (3.3) voraussetzt. Wir stellen allerdings fest, daß sich das Ausgangssignal für dieses System zwar rekursiv berechnen läßt, aber eine geschlossene Lösung wie im Falle des Sparbuch-Beispiels nicht angebbar ist.   ∎

Die Problembeschreibungen aus den beiden Beispielen nach Gleichungen (3.1) und (3.5) führen uns direkt auf die allgemeine Beschreibungsform diskreter LTI-Systeme, die

---

Lineare Differenzengleichung mit konstanten Koeffizienten

$$y[k] \; = \; - \sum_{i=1}^{n} \tilde{a}_i \, y[k-i] \; + \; \sum_{l=0}^{m} \tilde{b}_l \, x[k-l] \,. \tag{3.6}$$

Die Systemeigenschaft der Zeitinvarianz zeigt sich in den konstanten Koeffizienten $\tilde{a}_i$ und $\tilde{b}_i$. Kausalität ergibt sich, wenn der Laufindex l, wie hier in dieser Definition, keine negativen Werte umfaßt, und damit keine zukünftigen Eingangswerte in der Differenzengleichung auftauchen.

Der Wert n entspricht der *Ordnung* der Differenzengleichung,[1] welche sich auch in kompakter Form darstellen läßt zu

$$\sum_{i=0}^{n} \tilde{a}_i \, y[k-i] \; = \; \sum_{l=0}^{m} \tilde{b}_l \, x[k-l] \,, \quad \tilde{a}_0 \neq 0 \,. \tag{3.7}$$

Generell läßt sich jedes in Differenzengleichungsform gegebene System durch die rekursive Auswertung der Definitionsgleichung berechnen. Diese Lösungsmöglichkeit ist in erster Linie für die numerische Berechnung mit Hilfe von Digitalrechnern interessant. Allerdings beschränkt sich diese Methode auf die Betrachtung des Systemverhaltens für ein konkret gegebenes Eingangssignal, so daß sich damit keine allgemeine Systemanalyse durchführen läßt.

Wir wollen nun eine Methode einführen, die uns für den allgemeinen Fall eine geschlossene Lösung liefert. Dabei werden wir die Herleitung anhand der beiden Beispiele durchführen und anschließend die Methode verallgemeinern.

Als Ausgangspunkt dient uns die Differenzengleichung (3.1) des Sparbuch-Beispiels, bei der wir zur kompakteren Darstellung die Konstante $c = 1 + p$ einführen:

$$y[k] \; = \; c \, y[k-1] \; + \; x[k] \,. \tag{3.8}$$

Wir multiplizieren nun die linke und rechte Seite der Gleichung mit z^{-k} und summieren über alle k von minus bis plus unendlich auf, was mathematisch zulässig ist:

$$\begin{aligned}
y[k] \quad &= \quad c \quad\; y[k-1] \quad + \quad\; x[k] \\
\sum_{k=-\infty}^{\infty} y[k] \cdot z^{-k} \quad &= \quad c \sum_{k=-\infty}^{\infty} y[k-1] \cdot z^{-k} \quad + \quad \sum_{k=-\infty}^{\infty} x[k] \cdot z^{-k} \,.
\end{aligned} \tag{3.9}$$

Für die eingeführten Summen schreiben wir abkürzend

$$Y(z) := \sum_{k=-\infty}^{\infty} y[k] \, z^{-k} \quad \text{bzw.} \quad X(z) := \sum_{k=-\infty}^{\infty} x[k] \, z^{-k} \,. \tag{3.10}$$

---

1 Die Ordnung des damit beschriebenen Systems ist jedoch $N = \max\{n \,, m\}$, siehe Abschnitt 3.4.1.

Das Eingangssignal ist nach Gleichung (3.2) gegeben, so daß wir den rechten Ausdruck mit Hilfe der Ausblendeigenschaft der Impulsfolge (2.14) direkt berechnen können:

$$X(z) = \sum_{k=-\infty}^{\infty} x_0 \cdot \delta[k] \cdot z^{-k} = x_0.$$

Beim mittleren Term in (3.9) führen wir die Variablensubstitution $k' = k - 1$ durch und erhalten

$$\sum_{k=-\infty}^{\infty} y[k-1]z^{-k} = \sum_{k'=-\infty}^{\infty} y[k']z^{-k'-1} = z^{-1} \sum_{k'=-\infty}^{\infty} y[k']z^{-k'} = \tfrac{1}{z} \cdot Y(z). \qquad (3.11)$$

Damit können wir Gleichung (3.9) schreiben als

$$Y(z) = c \cdot \tfrac{1}{z} \cdot Y(z) + X(z).$$

Aus der Differenzengleichung (3.8) haben wir damit eine algebraische Gleichung erhalten, die wir nun nach dem 'Ausgangssignal' $Y(z)$ auflösen können:

$$Y(z) = \frac{X(z)}{1 - \frac{c}{z}} = \frac{z}{z - c} \cdot X(z) = \frac{x_0 \cdot z}{z - c}. \qquad (3.12)$$

Mit Hilfe der Summenformel der geometrischen Reihe

$$\sum_{i=0}^{\infty} q^i = \frac{1}{1 - q}, \qquad |q| < 1$$

läßt sich nun $Y(z)$ zu

$$Y(z) = \frac{x_0 \cdot z}{z - c} = \frac{x_0}{1 - \frac{c}{z}} = x_0 \cdot \sum_{k=0}^{\infty} \left(\frac{c}{z}\right)^k = x_0 \cdot \sum_{k=0}^{\infty} c^k z^{-k}, \qquad \left|\frac{c}{z}\right| < 1 \qquad (3.13)$$

darstellen,[2] was, verglichen mit der Definition (3.10), auf eine geschlossene Lösung für das gesuchte Signal

$$y[k] = \begin{cases} c^k x_0, & k \geq 0 \\ 0, & k < 0 \end{cases} = (1 + p)^k x_0 \cdot \varepsilon[k]$$

führt und mit der bekannten Lösung (3.4) identisch ist.

Fassen wir an dieser Stelle den Lösungsweg nochmals zusammen:

1. Multiplikation der rekursiven Systemgleichung mit z^{-k} und Summation über alle k,

2. Einführung der Abkürzung $Y(z)$ nach Gleichung (3.10) und Anwendung der 'Verschiebungsregel' (3.11),

---

2 Die Bedingung $|c/z| < 1$ soll uns an dieser Stelle nicht weiter stören. Sie führt später auf den Begriff des Konvergenzgebietes, der in Abschnitt 4.1 behandelt wird.

3. Auflösen der algebraischen Gleichung nach $Y(z)$,

4. Darstellung von $Y(z)$ als unendliche Reihe in z^{-1}. Der Koeffizientenvergleich mit Gleichung (3.10) ergibt die gesuchte Folge $y[k]$.

Diese Methode läßt sich auch direkt zur Lösung des Fibonacci-Problems verwenden, zu dem wir die geschlossene Lösung noch nicht kennen. Wir starten wieder mit der Differenzengleichung

$$y[k] = y[k-1] + y[k-2] + x[k].$$

Wir wenden darauf Gleichung (3.10) und die 'Verschiebungsregel' an, die entsprechend (3.11) in allgemeiner Form

$$\sum_{k=-\infty}^{\infty} y[k-k_0] z^{-k} = z^{-k_0} \sum_{k'=-\infty}^{\infty} y[k'] z^{k'} = z^{k_0} Y(z)$$

lautet. Wir erhalten damit

$$Y(z) = z^{-1} Y(z) + z^{-2} Y(z) + X(z),$$

wobei $X(z) = 1$ aufgrund $x[k] = \delta[k]$ gilt. Die Auflösung dieser Gleichung nach $Y(z)$ ergibt:

$$Y(z) = \frac{X(z)}{1 - z^{-1} - z^{-2}} = \frac{z^2}{z^2 - z - 1} \cdot X(z) = \frac{z^2}{z^2 - z - 1}. \tag{3.14}$$

Um $Y(z)$ in eine ähnliche Form wie (3.12) zu bekommen und damit als Folge darstellen zu können, führen wir mit $\widetilde{Y}(z) = Y(z)/z$ eine *Partialbruchzerlegung* (siehe Anhang A.5) durch:

$$\widetilde{Y}(z) = \frac{Y(z)}{z} = \frac{z}{z^2 - z - 1} = \frac{A}{z - a} + \frac{B}{z - b}.$$

Die Konstanten a und b sind die Pole der Funktion $\widetilde{Y}(z)$, die man als Nullstellen des Nennerpolynoms berechnet. Die Lösung der quadratischen Gleichung $z^2 - z - 1 = 0$ ergibt

$$z_{1/2} = \frac{1}{2} \pm \sqrt{\frac{1}{4} + 1}, \quad \text{d.h.} \quad a = \frac{1}{2}\left(1 + \sqrt{5}\right) \quad \text{und} \quad b = \frac{1}{2}\left(1 - \sqrt{5}\right).$$

Die Berechnung der Konstanten A und B kann entweder über Koeffizientenvergleich oder über die Residuen (siehe Beispiel A.5) erfolgen. Wir wählen die zweite Methode und erhalten:

$$A = \text{Res}\left\{\widetilde{Y}(z); a\right\} = (z - a)\, \widetilde{Y}(z)\Big|_{z=a} = \frac{z}{z-b}\Big|_{z=a} = \frac{a}{a-b} = \frac{1}{2}\frac{1+\sqrt{5}}{\sqrt{5}} = \frac{1}{2}\left(1 + \frac{1}{\sqrt{5}}\right),$$

$$B = \text{Res}\left\{\widetilde{Y}(z); b\right\} = (z - b)\, \widetilde{Y}(z)\Big|_{z=b} = \frac{1}{2}\left(1 - \frac{1}{\sqrt{5}}\right).$$

Damit ergibt sich für $Y(z)$ die Darstellung

$$Y(z) = \frac{A z}{z - a} + \frac{B z}{z - b},$$

wobei die beiden Terme jeweils von der Form (3.12) sind und wir damit über Gleichung (3.13) die zugehörigen Zeitfolgen

$$A \cdot a^k \cdot \varepsilon[k] \qquad \text{bzw.} \qquad B \cdot b^k \cdot \varepsilon[k]$$

angeben können. Somit ergibt sich die geschlossene Lösung des Fibonacci-Problems zu

$$y[k] = \left[A\,a^k + B\,b^k \right] \cdot \varepsilon[k] = \left[\tfrac{1}{2} \left(1 + \tfrac{1}{\sqrt{5}} \right) \left(\tfrac{1+\sqrt{5}}{2} \right)^k + \tfrac{1}{2} \left(1 - \tfrac{1}{\sqrt{5}} \right) \left(\tfrac{1-\sqrt{5}}{2} \right)^k \right] \cdot \varepsilon[k].$$

Mit Hilfe der beschriebenen Vorgehensweise ist es also allgemein möglich, von der rekursiven Problembeschreibung zu einer geschlossenen Problemlösung zu kommen. Diese Methode bezeichnet man als *z-Transformation* und ist aus der Mathematik als Hilfsmittel zur Lösung von Differenzengleichungen bekannt.

3.2   Berechnung der Systemantwort mittels z-Transformation

Im letzten Abschnitt haben wir mit der z-Transformation eine allgemeine Methode zur Lösung von linearen Differenzengleichungen und damit zur Bestimmung des Ausgangssignals von diskreten LTI-Systemen kennengelernt. Die wichtigsten Punkte haben wir im folgenden nochmals kurz zusammengestellt, eine ausführliche Behandlung der z-Transformation folgt im nächsten Kapitel.

Elementare Eigenschaften der z-Transformation:

Definition:
$$X(z) = \mathcal{Z}\{x[k]\} = \sum_{k=-\infty}^{\infty} x[k]\,z^{-k}, \quad z \in \mathbb{C} \qquad (3.15)$$

Korrespondenzen:

Impulsfolge:
$$\mathcal{Z}\{\delta[k]\} = 1 \qquad (3.16)$$

Kausale Exponentialfolge:
$$\mathcal{Z}\{a^k \cdot \varepsilon[k]\} = \frac{z}{z-a} \qquad (3.17)$$

Verschiebungsregel:
$$\mathcal{Z}\{x[k-k_0]\} = z^{-k_0} \cdot \mathcal{Z}\{x[k]\} \qquad (3.18)$$

Die z-Transformation stellt die Abbildung einer Folge aus dem *Zeitbereich* (Originalbereich) in den z-*Bereich* oder *Bildbereich* dar. Die Beziehung zwischen Original- und Bildfunktion bezeichnet man als *Korrespondenz*. Zur abkürzenden Schreibweise verwendet man das Hantelsymbol:

$$x[k] \quad \circ\!\!-\!\!\bullet \quad X(z) \qquad \text{bzw.} \qquad X(z) \quad \bullet\!\!-\!\!\circ \quad x[k].$$

In den folgenden Kapiteln werden wir weitere Transformationen kennenlernen und hierfür auch die Darstellungsweise mittels Hantelsymbol verwenden. Falls die verwendete Transformation nicht eindeutig aus dem Kontext hervorgeht und daher Verwechslungsgefahr besteht, fügt man das Symbol des entsprechenden Transformationstyps hinzu:

$$x[k] \quad \circ\!\!-\!\!\bullet \quad X(z) \qquad \text{bzw.} \qquad X(z) \quad \bullet\!\!-\!\!\circ \quad x[k]\,.$$

Eine Übersicht über die verwendeten Transformationsbezeichnungen ist auf Seite 351 zu finden.

Bis jetzt haben wir das System jeweils nur mit einer einmaligen Anregung zum Zeitpunkt null betrachtet. Allerdings war bei der Berechnung des Ausgangssignals nach Gleichung (3.12) bzw. (3.14) der allgemeine Fall mit beliebigem Eingangssignal in Form von $X(z)$ bereits enthalten. Durch das Einsetzen der entsprechenden z-Transformierten läßt sich die Systemantwort bei beliebigem Eingangssignal bestimmen.

Die Berechnungsgleichung ist (hier am Beispiel des Sparbuches) von der Form

$$Y(z) \;=\; \underbrace{\frac{z}{z-c}}_{\text{System}} \cdot \underbrace{X(z)}_{\text{Eingang}} \tag{3.19}$$

$\underbrace{}_{\text{Ausgang}}$

und läßt sich in drei Anteile zerlegen, die das Eingangssignal, das System und das Ausgangssignal repräsentieren. Löst man die Gleichung nach dem Systemanteil auf, ergibt sich

$$H(z) \;:=\; \frac{Y(z)}{X(z)} \;=\; \frac{z}{z-c}\,. \tag{3.20}$$

Diese Funktion wird *Systemfunktion* oder *Übertragungsfunktion* genannt. Sie stellt die Systembeschreibung im z-transformierten Bereich dar und ist äquivalent zu der Beschreibung mit Differenzengleichungen im Zeitbereich. Über die Systemfunktion läßt sich im z-Bereich zu jedem Eingangssignal das zugehörige Ausgangssignal über die Beziehung

$$Y(z) \;=\; H(z) \cdot X(z) \tag{3.21}$$

in geschlossener Form angeben. Man bezeichnet diese Gleichung als *Systemgleichung*.

Beispiel 3.3:   Sparbuch mit Kontobewegungen

Wir berechnen den Guthabenverlauf auf dem Sparbuch bei abwechslungsweiser Einzahlung und Abhebung eines bestimmen Betrages. Das Eingangssignal läßt sich mit

$$x[k] \;=\; x_0\,(-1)^k\,\varepsilon[k]$$

beschreiben, d.h. in jedem geraden Jahr findet eine Einzahlung, in jedem ungeraden Jahr eine Abhebung des Betrags x_0 statt. Die zugehörige z-Transformierte ergibt sich mit Hilfe der Korrespondenz (3.17) für $a = -1$, die Systemfunktion haben wir in Beispiel 3.1 bzw. in Gleichung (3.20) bestimmt:

$$X(z) \;=\; x_0\,\frac{z}{z+1} \qquad \text{und} \qquad H(z) \;=\; \frac{z}{z-c}\,.$$

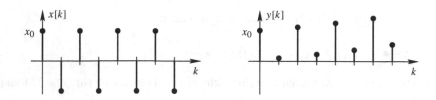

Bild 3.1: Eingangs- und Ausgangssignal zu Beispiel 3.3

Die z-Transformierte des Ausgangssignals lautet damit:

$$Y(z) = H(z) \cdot X(z) = x_0 \, \frac{z}{z+1} \cdot \frac{z}{z-c} = x_0 \, \frac{z^2}{(z+1)(z-c)} \, .$$

Wir führen wieder die Partialbruchzerlegung von $\widetilde{Y}(z) = \frac{Y(z)}{z}$ durch:

$$\widetilde{Y}(z) = \frac{Y(z)}{z} = x_0 \, \frac{z}{(z+1)(z-c)} = x_0 \left(\frac{A}{z+1} + \frac{B}{z-c} \right) ,$$

wobei wir A und B wieder über den Residuensatz berechnen:

$$A = \text{Res}\left\{ \widetilde{Y}(z) ; -1 \right\} = \left. \frac{z}{z-c} \right|_{z=-1} = \frac{1}{1+c} , \quad B = \text{Res}\left\{ \widetilde{Y}(z) ; c \right\} = \left. \frac{z}{z+1} \right|_{z=c} = \frac{c}{c+1} \, .$$

Damit erhalten wir

$$Y(z) = x_0 \left(\frac{A\,z}{z+1} + \frac{B\,z}{z-c} \right) = x_0 \, \frac{1}{1+c} \cdot \left(\frac{z}{z+1} + c \cdot \frac{z}{z-c} \right)$$

und durch die gliedweise Rücktransformation mit der Beziehung (3.17)

$$y[k] = x_0 \, \frac{1}{1+c} \cdot \left[(-1)^k + c \cdot c^k \right] \cdot \varepsilon[k] = x_0 \, \frac{(-1)^k + c^{k+1}}{1+c} \cdot \varepsilon[k] \, .$$

Die Verläufe von Eingangs- und Ausgangssignal sind in Bild 3.1 für $c = 1.1$ dargestellt.   ∎

Wir wollen nun den allgemeinen Fall eines beliebigen diskreten LTI-Systems betrachten. Die z-Transformation der linearen Differenzengleichung (3.7) von Seite 35 ergibt mit Definition (3.15) und Verschiebungsregel (3.18)

$$\sum_{i=0}^{n} \tilde{a}_i \, y[k-i] = \sum_{i=0}^{m} \tilde{b}_i \, x[k-i]$$

$$\sum_{i=0}^{n} \tilde{a}_i \cdot z^{-i} \, Y(z) = \sum_{i=0}^{m} \tilde{b}_i \cdot z^{-i} \, X(z) \tag{3.22}$$

und überführt damit die Differenzengleichung in eine algebraische Gleichung. Diese können wir nach dem gesuchten Ausgangssignal auflösen, womit wir die Systemgleichung in allgemeiner

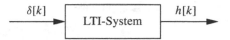

Bild 3.2: Systemidentifikation mit Hilfe der Impulsfolge

Form erhalten:

$$Y(z) = \frac{\sum\limits_{i=0}^{m} \tilde{b}_i \cdot z^{-i}}{\sum\limits_{i=0}^{n} \tilde{a}_i \cdot z^{-i}} \cdot X(z) = H(z) \cdot X(z). \tag{3.23}$$

Die Beschreibung im z-transformierten Bereich ist äquivalent zu der Beschreibung im Zeitbereich über die Differenzengleichung und stellt das System durch die Systemfunktion

$$H(z) := \frac{Y(z)}{X(z)} = \frac{\sum\limits_{i=0}^{m} \tilde{b}_i \cdot z^{-i}}{\sum\limits_{i=0}^{n} \tilde{a}_i \cdot z^{-i}} = \frac{\tilde{b}_0 + \tilde{b}_1 z^{-1} + \cdots + \tilde{b}_m z^{-m}}{\tilde{a}_0 + \tilde{a}_1 z^{-1} + \cdots + \tilde{a}_n z^{-n}} \tag{3.24}$$

eindeutig dar.

Wir wollen nun die Frage klären, welche Bedeutung die in den Zeitbereich zurücktransformierte Systemfunktion hat. Wir setzen dazu in die Systemgleichung $X(z) = 1$ ein, was nach (3.16) dem Eingangssignal $x[k] = \delta[k]$ entspricht. $Y(z)$ ist dann identisch mit der Systemfunktion $H(z)$, so daß für das Ausgangssignal $y[k] = h[k]$ gilt mit

$$h[k] = \mathcal{H}\{\delta[k]\} \quad \circ\!\!-\!\!\bullet \quad H(z). \tag{3.25}$$

Bei Anregung eines Systems mit der *Impulsfolge* $\delta[k]$ erhält man daher als Ausgangssignal die Rücktransformierte der Systemfunktion. Man bezeichnet deswegen die zur Systemfunktion $H(z)$ korrespondierende Folge $h[k]$ als *Impulsantwort* des Systems.

Umgekehrt kann man die Impulsfolge auch als 'Testsignal' zur Identifikation unbekannter Systeme verwenden (siehe Bild 3.2). Durch diesen einzigen Test erhält man als Ausgangssignal die Impulsantwort des Systems beziehungsweise nach deren z-Transformation die Systemfunktion. Damit ist jedes LTI-System vollständig beschrieben, wie wir in Abschnitt 3.4 sehen werden.

Neben der Impulsantwort hat die *Sprungantwort*, d.h. die Systemantwort auf die Sprungfolge $\varepsilon[k]$ am Eingang, ebenfalls eine wichtige Bedeutung. Das Sprungsignal benutzt man insbesondere im Kontinuierlichen ebenfalls zum 'Testen' von Systemen (vergleiche Seite 120).

Bild 3.3 faßt die Vorgehensweise und Ergebnisse dieses Abschnittes graphisch zusammen. Ausgangspunkt ist die Systembeschreibung im Zeitbereich über eine lineare Differenzengleichung. Im allgemeinen ist daraus die Lösung nicht direkt, sondern nur rekursiv angebbar. Daher wählen wir den 'Umweg' über die z-Transformation, mit deren Hilfe sich die Differenzengleichung

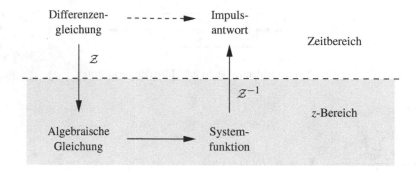

Bild 3.3: Zusammenhang der Systembeschreibungen im Zeit- und Bildbereich

in eine algebraische Gleichung überführen läßt. Deren Lösung liefert uns die Systemfunktion, beziehungsweise bei gegebenem Eingangssignal über die Systemgleichung die z-Transformierte des Ausgangssignals. Die Rücktransformation ergibt die Impulsantwort beziehungsweise das Ausgangssignal des Systems.

> Diese Vorgehensweise über den 'Umweg Transformation' ist vergleichbar mit dem Logarithmieren von Zahlen zur einfacheren Multiplikation (Rechenschieber): Mit der 'Transformation Logarithmus' überführt man die 'Operation Multiplikation' in die einfachere 'Operation Addition' im transformierten Bereich. Das Resultat dieser Operation überführt man durch die 'Rücktransformation' wieder in den Originalbereich (siehe Bild 3.16 auf Seite 68).

3.3   Lösung im Zeitbereich: Diskrete Faltung

3.3.1   Herleitung und Definition

Im letzten Abschnitt haben wir gesehen, wie sich im z-Bereich mit Hilfe der Systemgleichung das Ausgangssignal aus der Systemfunktion und dem Eingangssignal berechnen läßt. Wir wollen nun untersuchen, wie der zur Systemgleichung äquivalente Zusammenhang zwischen Eingangs- und Ausgangssignal im Zeitbereich lautet, d.h. welcher Operation im Zeitbereich die Multiplikation im z-Bereich entspricht.

Dazu gehen wir von der Systemgleichung (3.21) von Seite 39 aus und schreiben die z-Transformierten aus:

$$Y(z) \; = \; H(z) \cdot X(z) \; = \; \sum_{i=-\infty}^{\infty} h[i]\, z^{-i} \cdot \sum_{l=-\infty}^{\infty} x[l]\, z^{-l} \, ,$$

wobei $h[k]$ nach Gleichung (3.25) die Impulsantwort des Systems darstellt.

$$x[k] \longrightarrow \boxed{h[k]} \longrightarrow y[k] \qquad \circ\!\!-\!\!\bullet \qquad X(z) \longrightarrow \boxed{H(z)} \longrightarrow Y(z)$$

$$y[k] = h[k] * x[k] \qquad\qquad\qquad Y(z) = H(z) \cdot X(z)$$

Bild 3.4: Systembeschreibung im Zeit- und Bildbereich

Durch Umformung dieser Gleichung erhält man:

$$
\begin{aligned}
Y(z) &= \sum_{i=-\infty}^{\infty} h[i]\, z^{-i} \cdot \sum_{l=-\infty}^{\infty} x[l]\, z^{-l} = \sum_{i=-\infty}^{\infty} \sum_{l=-\infty}^{\infty} h[i]\, x[l] \cdot z^{-(i+l)} \\
&\underset{k=i+l}{=} \sum_{i=-\infty}^{\infty} \sum_{k=-\infty}^{\infty} h[i]\, x[k-i] \cdot z^{-k} = \sum_{k=-\infty}^{\infty} \underbrace{\sum_{i=-\infty}^{\infty} h[i]\, x[k-i]}_{y[k]} \cdot z^{-k} \,,
\end{aligned}
$$

was uns über den Koeffizientenvergleich mit der Definition der z-Transformation die Beziehung

$$y[k] = \sum_{i=-\infty}^{\infty} h[i]\, x[k-i]$$

liefert. Diese Operation bezeichnet man als *diskrete Faltung*,[3] weitere gebräuchliche Bezeichnungen sind *Faltungsprodukt* oder *Faltungssumme*. Zur Darstellung verwendet man den Faltungsoperator '$*$'.

Diskrete Faltung:

$$y[k] = h[k] * x[k] = \sum_{i=-\infty}^{\infty} h[i] \cdot x[k-i]. \qquad\qquad (3.26)$$

Man beachte, daß die Faltungssumme im allgemeinen nur dann konvergiert, wenn mindestens eines der beiden Signale ein Energiesignal ist. Bei stabilen Systemen ist dies immer erfüllt, da dort die Impulsantwort stets ein Energiesignal ist, siehe Abschnitt 3.4.2.3.

Die Beziehung zwischen Eingangs- und Ausgangssignal, die im z-Bereich über die Systemgleichung beschrieben wird, ist im Zeitbereich also über die diskrete Faltung des Eingangssignals mit der Impulsantwort des Systems darstellbar. Die Operation der diskreten Faltung stellt daher das Zeitbereichsäquivalent zur Multiplikation im z-Bereich dar. Die beiden Darstellungs- und Berechnungsformen sind vollkommen gleichwertig und über die z-Transformation eindeutig miteinander verknüpft (siehe Bild 3.4).

---

3 Manchmal verwendet man den Zusatz *aperiodisch*, um eine Verwechslung mit der *periodischen* Faltung nach Abschnitt 3.3.5 auszuschließen.

Bild 3.5: Vertauschbarkeit von System und Signal

Beispiel 3.4:   Sparbuchberechnung durch Faltung

Wir berechnen Beispiel 3.3 nun im Zeitbereich durch explizite Anwendung der Faltungsoperation. Dazu bestimmen wir zunächst aus der Systemfunktion über die mittlerweile bekannte Korrespondenz (3.17) die Impulsantwort:

$$H(z) = \frac{z}{z-c} \quad \bullet\!\!-\!\!\circ \quad h[k] = c^k \cdot \varepsilon[k].$$

Mit dem Eingangssignal $x[k] = (-1)^k \varepsilon[k]$ ergibt sich das Ausgangssignal über die Beziehung der diskreten Faltung (3.26) zu

$$y[k] = h[k] * x[k] = \sum_{i=-\infty}^{\infty} h[i]\,x[k-i] = \sum_{i=-\infty}^{\infty} c^i\,\varepsilon[i] \cdot x_0\,(-1)^{k-i}\,\varepsilon[k-i]$$

$$= x_0 \sum_{i=0}^{k} c^i\,(-1)^{k-i} = x_0\,(-1)^k \sum_{i=0}^{k}(-c)^i \underset{\underset{(A.77)}{\uparrow}}{=} x_0\,(-1)^k\,\frac{1-(-c)^{k+1}}{1+c} = x_0\,\frac{(-1)^k+c^{k+1}}{1+c}.$$

Der Vergleich mit dem Ergebnis von Seite 40 zeigt, daß die Lösungen identisch sind. Die Berechnung im z-Bereich kann jedoch anhand eines festen Schemas und rechentechnisch meist einfacher durchgeführt werden. ∎

3.3.2   Eigenschaften und anschauliche Deutung

Da die diskrete Faltung die äquivalente Operation zur Multiplikation im z-Bereich darstellt, gelten hierfür die von der Multiplikation bekannten Regeln und Eigenschaften:

Eigenschaften der Faltung:

Kommutativität:	$x[k] * h[k]$	$=$	$h[k] * x[k]$	(3.27)
Assoziativität:	$x[k] * (h[k] * g[k])$	$=$	$(x[k] * h[k]) * g[k]$	(3.28)
Distributivität:	$x[k] * (h[k] + g[k])$	$=$	$x[k] * h[k] + x[k] * g[k]$	(3.29)
Neutralelement:	$\delta[k] * x[k]$	$=$	$x[k]$	(3.30)

Diese Eigenschaften ergeben sich auch direkt durch Einsetzen in die Definitionsgleichung (3.26). So führt die Indextransformation $l = k - i$ direkt auf die *Kommutativität*. Daraus ergibt sich als Konsequenz, daß Impulsantwort und Erregung, d.h. System und Signal, vertauschbar sind, wie dies in Bild 3.5 graphisch dargestellt ist.

Formuliert man die Eigenschaft der Distributivität mit

$$x[k] * \big[a \cdot h[k] + b \cdot g[k]\big] = a \cdot x[k] * h[k] + b \cdot x[k] * g[k]$$

etwas allgemeiner, entspricht dies der Definition der Linearität. Die Faltung stellt daher eine *lineare* Operation dar. Dies ist auch direkt aus der Definitionsgleichung (3.26) ersichtlich, da diese nur lineare Operationen enthält.

Das *Neutralelement* der diskreten Faltung stellt die Impulsfolge $\delta[k]$ dar, zu der im z-Bereich mit der Konstanten eins das Neutralelement der Multiplikation gehört. Einen weiteren wichtigen Fall stellt die Faltung mit einer zeitverschobenen Impulsfolge dar, die das entsprechend zeitverschobene Eingangssignal als Ergebnis liefert:

$$x[k] * \delta[k - k_0] = x[k - k_0]. \tag{3.31}$$

Diese Eigenschaft sollte nicht mit der Ausblendeigenschaft der Impulsfolge (siehe Seite 15) verwechselt werden, bei der Signal und Impulsfolge *multipliziert* werden:

$$x[k] \cdot \delta[k - k_0] = x[k_0] \cdot \delta[k - k_0]. \tag{3.32}$$

Eine anschauliche Deutung und Interpretation der Faltung erhält man durch Darstellung des Eingangssignals nach Gleichung (2.15) von Seite 16 zu:

$$x[k] = \sum_{k_0=-\infty}^{\infty} x[k_0] \; \delta[k - k_0], \tag{3.33}$$

d.h. wir zerlegen das Eingangssignal in die Teilsignale

$$x_{k_0}[k] = x[k_0] \cdot \delta[k - k_0]. \tag{3.34}$$

Jedes Teilsignal stellt für sich eine gewichtete und zeitlich verschobene Impulsfolge dar, auf die das System aufgrund der Linearität und Zeitinvarianz mit dem Teilsignal

$$y_{k_0}[k] = x[k_0] \cdot h[k - k_0] \tag{3.35}$$

am Ausgang reagiert. Das gesamte Ausgangssignal erhält man aufgrund der Linearität durch Superposition der einzelnen Teilsignale zu

$$y[k] = \sum_{k_0=-\infty}^{\infty} y_{k_0}[k] = \sum_{k_0=-\infty}^{\infty} x[k_0] \cdot h[k - k_0], \tag{3.36}$$

was identisch mit der Definitionsgleichung (3.26) ist. Bild 3.6 verdeutlicht diese Darstellung der Faltungsoperation anhand eines Beispiels graphisch.

Fassen wir die obigen Überlegungen in formaler Systemdarstellung zusammen, so läßt sich damit zeigen, daß sich jedes diskrete LTI-System mit Hilfe der Impulsantwort eindeutig beschreiben

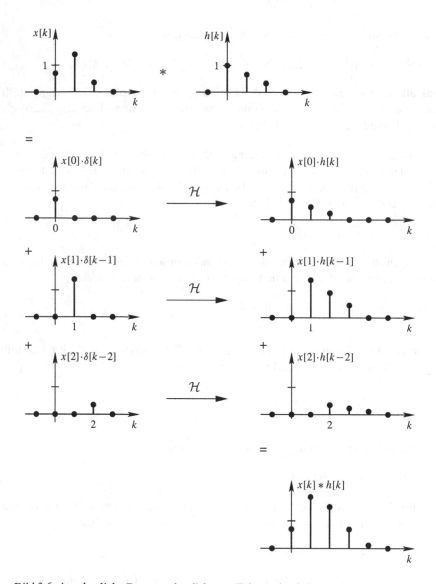

Bild 3.6: Anschauliche Deutung der diskreten Faltung durch Superposition

läßt. Dazu gehen wir von der allgemeinen Systembeschreibung aus und wenden nacheinander die Eigenschaften Linearität und Zeitinvarianz an:

$$y[k] = \mathcal{H}\{x[k]\} = \mathcal{H}\left\{\sum_{i=-\infty}^{\infty} x[i]\,\delta[k-i]\right\}$$

$$= \underset{\substack{\uparrow \\ \text{Linearität}}}{\sum_{i=-\infty}^{\infty}} x[i]\,\mathcal{H}\{\delta[k-i]\} = \underset{\substack{\uparrow \\ \text{Zeitinvarianz}}}{\sum_{i=-\infty}^{\infty}} x[i]\,h[k-i] = x[k] * h[k]. \tag{3.37}$$

Damit ist gezeigt, daß jedes diskrete LTI-System im Zeitbereich eindeutig durch Impulsantwort und Faltungsoperation beschrieben ist. Aufgrund der Äquivalenz von Zeit- und z-Bereich gilt somit die folgende Aussage: Ein diskretes LTI-System ist eindeutig über seine Impulsantwort $h[k]$ oder seine Sytemfunktion $H(z)$ beschrieben.

Die Sichtweise der Faltung als Überlagerung von gewichteten und verschobenen Elementarlösungen können wir uns bei der numerischen Berechnung des Faltungsproduktes von zeitbegrenzten Signalen zunutze machen: Betrachten wir die Koeffizienten der Zeitfolgen als Ziffern einer Zahl, so liefert die schriftliche Multiplikation ohne Übertrag der beiden Zahlen das Faltungsprodukt der beiden Zeitfolgen. Das folgende Beispiel verdeutlicht dieses Verfahren:

Beispiel 3.5:   **Faltungsberechnung durch schriftliche Multiplikation**

Wir berechnen die diskrete Faltung von

$$x[k] = 2 \cdot \delta[k] + 4 \cdot \delta[k-1] + \delta[k-2] \quad \text{mit} \quad h[k] = 3 \cdot \delta[k] + 2 \cdot \delta[k-1] + \delta[k-2]$$

mit Hilfe der schriftlichen Multiplikation ohne Übertrag.

Wir schreiben dazu die Folgen $x[k]$ und $h[k]$ als Zahlen und führen wie gewohnt die schriftliche Multiplikation durch, wobei wir keine Überträge berücksichtigen:

2	4	1	·	3	2	1
			6	12	3	
				4	8	2
					2	4	1
		6	16	13	6	1

Das Ergebnis interpretieren wir wieder als Folge und erhalten:

$$y[k] = x[k] * h[k] = 6 \cdot \delta[k] + 16 \cdot \delta[k-1] + 13 \cdot \delta[k-2] + 6 \cdot \delta[k-3] + \delta[k-4].$$

Man vergleiche den Lösungsweg und das Ergebnis mit dem Beispiel von Bild 3.6, das bis auf die Skalierung der Signale (Faktor 3 bei $x[k]$, $h[k]$ und damit Faktor 9 bei $y[k]$) identisch ist. ∎

Diese Methode der Multiplikation ohne Übertrag läßt sich auch bei der Multiplikation von Polynomen anwenden. In diesem Fall entsprechen die Koeffizienten der Polynome den Ziffern der Zahlen.

Beispiel 3.6:   **Polynommultiplikation**

Wir multiplizieren die Polynome

$$f(x) = 2 + 4x + x^2 \quad \text{und} \quad g(x) = 3 + 2x + x^2$$

mit Hilfe der schriftlichen Multiplikation ohne Übertrag:

$$
\begin{array}{l}
(2 + 4x + x^2) \cdot (3 + 2x + x^2) \\
\hline
\quad 6 + 12x + 3x^2 \\
\quad\quad\quad\; 4x + 8x^2 + 2x^3 \\
\quad\quad\quad\quad\quad\quad\; 2x^2 + 4x^3 + x^4 \\
\hline
\quad 6 + 16x + 13x^2 + 6x^3 + x^4 \,.
\end{array}
$$

∎

Erinnern wir uns, daß die z-Transformierte als Polynom in z^{-1} mit den Koeffizienten der Zeitfolge definiert war, dann erkennen wir, daß sich hier der Kreis zur Darstellung im z-Bereich wieder schließt. Vergleichen wir die Beispiele 3.5 und 3.6, so sehen wir, daß

$$x[k] \quad \circ\!\!-\!\!\bullet \quad X(z) = f(z^{-1}) \quad \text{und} \quad h[k] \quad \circ\!\!-\!\!\bullet \quad H(z) = g(z^{-1})$$

gilt, woraus

$$x[k] * h[k] \quad \circ\!\!-\!\!\bullet \quad X(z) \cdot H(z) = f(z^{-1}) \cdot g(z^{-1})$$

folgt.

Man beachte, daß sich bei der Multiplikation zweier Polynome deren Grade addieren, d.h. die maximale Potenz des Ergebnispolynoms ist gleich der Summe der maximalen Potenzen der beiden Ausgangspolynome (siehe Beispiel 3.6, bei dem $4 = 2 + 2$ gilt). Dies gilt entsprechend für die minimalen Potenzen ($0 = 0 + 0$) und ist sowohl für positive als auch negative Potenzen gültig. Da die Potenz in der Polynomdarstellung (z-Transformierte) direkt der Verzögerung des entsprechenden Zeitanteils entspricht, können wir damit auf einfache Weise eine Aussage über die zeitliche Ausdehnung des Faltungsproduktes zweier zeitbegrenzter Folgen machen: Bezeichnen wir den Zeitindex des Beginns des Signals $x[k]$ mit $k_{\min}^{(x)}$ und das Ende mit $k_{\max}^{(x)}$, so beträgt die zeitliche Ausdehnung (Länge) des Signals

$$N_x = k_{\max}^{(x)} - k_{\min}^{(x)} + 1\,.$$

Für das Faltungsprodukt $y[k] = x[k] * h[k]$ gilt dann:

$$k_{\min}^{(y)} = k_{\min}^{(x)} + k_{\min}^{(h)} \quad \text{und} \quad k_{\max}^{(y)} = k_{\max}^{(x)} + k_{\max}^{(h)}\,,$$

woraus

$$N_y = N_x + N_h - 1$$

folgt (vergleiche Beispiel 3.5). Die Faltung zweier zeitbegrenzter Folgen ergibt also wieder eine zeitbegrenzte Folge, deren Länge der Summe der Längen der Ursprungsfolgen minus eins entspricht.

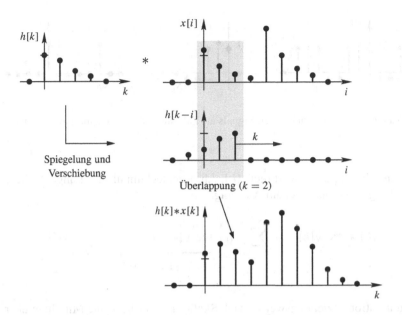

Bild 3.7: Anschauliche Deutung der Definition der diskreten Faltung

Neben der Deutung der Faltung über die Superposition verschobener Impulsfolgen kann die Faltungsoperation auch direkt anhand der Definition interpretiert und dargestellt werden. Wir gehen dazu von der Darstellung

$$y[k] = x[k] * h[k] = \sum_{i=-\infty}^{\infty} x[i] \cdot h[k-i]$$

aus. Der Term $h[k-i]$ stellt dabei die an der Ordinatenachse $i = 0$ gespiegelte und um k nach rechts verschobene Impulsantwort dar. Dieses Signal ist mit dem Eingangssignal $x[i]$ zu multiplizieren und anschließend über den Zeitindex i zu summieren. Der sich ergebende skalare Wert stellt das Ausgangssignal zum Zeitpunkt k dar.

Das komplette Aussgangssignal erhält man also, indem man die Impulsantwort zeitlich spiegelt und 'über das Eingangssignal schiebt', wobei die 'Größe des Überlappungsbereiches' der 'Höhe des Ausgangswertes' entspricht. Bild 3.7 verdeutlicht diesen Sachverhalt graphisch. Man erkennt, wie das Ausgangssignal steigt, sobald sich die beiden Signale signifikant, d.h. mit großen Werten überlappen.

3.3.3 Darstellung von Mittelungsvorgängen

Mittelungsvorgänge spielen bei der Verarbeitung von Signalen eine wichtige Rolle, man denke beispielsweise an die Mittelung von Meßwerten zur Reduzierung von Meßfehlern. Systemtheoretisch lassen sich diese Operationen mit Hilfe von diskreten Rechteckimpulsen beschreiben.

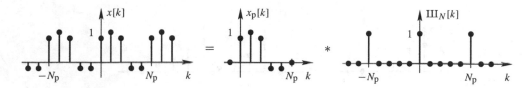

Bild 3.8: Darstellung eines periodischen Signals als Faltung einer Periode mit periodischer Impulsfolge

Ein System mit der Impulsantwort $\text{rect}_N[k]$, d.h. Rechteckimpuls der Länge N, liefert als Reaktion auf das Eingangssignal $x[k]$ am Ausgang

$$y[k] = x[k] * \text{rect}_N[k] = \sum_{i=-\infty}^{\infty} x[i] \underbrace{\text{rect}_N[k-i]}_{\substack{=0 \text{ für } i < k-(N-1) \\ i > k}} = \sum_{i=k-(N-1)}^{k} x[i], \tag{3.38}$$

d.h. eine Summation beziehungsweise (nach Skalierung mit $1/N$) eine Mittelung über die letzten N Werte, ausgehend vom aktuellen Zeitpunkt. Da sich zu jedem Zeitpunkt k jeweils ein aktueller Mittelwert ergibt, spricht man von einem *gleitenden Mittelwert* (englisch: *moving average*), im Gegensatz zu einer *block*weisen Mittelung, die für N Signalwerte nur *einen* Mittelwert liefert.

Für $N \to \infty$ geht der Rechteckimpuls in eine Sprungfolge über. In diesem Fall erhält man

$$y[k] = x[k] * \varepsilon[k] = \sum_{i=-\infty}^{\infty} x[i]\,\varepsilon[k-i] = \sum_{i=-\infty}^{k} x[i], \tag{3.39}$$

also eine Summation über die Signalwerte bis zum aktuellen Zeitpunkt. Ein System mit dieser Impulsantwort realisiert daher einen Summierer oder 'diskreten Integrator'.

3.3.4   Darstellung periodischer Signale

Periodische Signale lassen sich über die Faltung einer Signalperiode mit der periodischen Impulsfolge darstellen (siehe Bild 3.8):

$$x[k] = x_\text{p}[k] * \text{III}_{N_\text{p}}[k] = \sum_{i=-\infty}^{\infty} x_\text{p}[k - i N_\text{p}]. \tag{3.40}$$

Dabei ist N_p die Periodendauer und $x_\text{p}[k]$ die Grundperiode (beziehungsweise eine beliebige Signalperiode)

$$x_\text{p}[k] = \begin{cases} x[k] & 0 \le k \le N_\text{p} - 1 \\ 0 & \text{sonst}. \end{cases} \tag{3.41}$$

3.3.5   Diskrete periodische Faltung

Die Faltungssumme konvergiert im allgemeinen nur dann, wenn mindestens eines der beiden beteiligten Signale ein Energiesignal ist, was jedoch bei der Berechnung von Systemantworten praktisch immer der Fall ist. Bei zwei Leistungssignalen divergiert die Faltungssumme in der Regel, da über das Produkt der beiden Signale und damit (im allgemeinen) über ein Leistungssignal summiert wird.

Handelt es sich um zwei *periodische* Leistungssignale mit gleicher Periodendauer N_p, ist auch das Produkt innerhalb der Faltungssumme periodisch. Da die ganze Information hier in *einer* Periode enthalten ist, genügt es, die Summation nur über eine Periode auszuführen (vergleiche Definition der Leistung periodischer Signale nach Abschnitt 2.3.1):

$$x[k] * y[k] = \sum_{i=0}^{N_p-1} x[i] \cdot y[k-i] = \sum_{i=0}^{N_p-1} x[i] \cdot y[(k-i)_{N_p}]$$

Im rechten Ausdruck wurde die Periodizität des Signals mit Hilfe der modulo-Operation auf das Zeitargument dargestellt (siehe Abschnitt 2.1.4). Von Vorteil ist, daß sich die Operation damit stets auf die Grundperiode des Signals bezieht, womit die Periodizität implizit beschrieben ist.

Dies führt uns auf die Definition:

Diskrete periodische Faltung:

$$x[k] \circledast y[k] = \sum_{i=0}^{N_p-1} x[i] \cdot y[(k-i)_{N_p}].$$ (3.42)

Eine weitere Bezeichnung hierfür ist diskrete *zyklische* Faltung. Zur Unterscheidung von der Definition der 'normalen' *aperiodischen* Faltung verwendet man das Symbol '$\circledast$'.

Formal kann die diskrete periodische Faltung auf jedes $[0, N_p-1]$-zeitbeschränkte Signal angewandt werden und ist nicht auf periodische Signale beschränkt. Wir werden bei der diskreten Fourier-Transformation in Abschnitt 8.2.3 hierauf zurückkommen.

3.3.6   Zusammenhang mit der Korrelation

Die Korrelationsfunktion für deterministische Energiesignale läßt sich mit Hilfe der Faltungsoperation wie folgt darstellen:

$$\varphi_{xy}^E[k] = x^*[-k] * y[k].$$ (3.43)

Zum Beweis schreiben wir die Faltungssumme aus, was uns nach einer Variablentransformation direkt auf die Definition der Korrelation für Energiesignale aus Abschnitt 2.3.3 führt:

$$x^*[-k] * y[k] = \sum_{i=-\infty}^{\infty} x^*[-i] \cdot y[k-i] \underset{\underset{l=-i}{\uparrow}}{=} \sum_{l=-\infty}^{\infty} x^*[l] \cdot y[k+l].$$

Entsprechend läßt sich die Korrelationsfunktion für deterministische *periodische* Leistungssignale mit Hilfe der periodischen Faltung darstellen:

$$\varphi_{xy}^{L}[k] = \frac{1}{N_{\mathrm{p}}} \cdot x^{*}[-k] \circledast y[k].$$ (3.44)

3.4   Darstellungsformen und Eigenschaften

Wir haben gesehen, wie sich diskrete LTI-Systeme formal beschreiben und berechnen lassen. Wir wollen nun die Darstellungsformen nochmals allgemein zusammenfassen und anschließend spezielle Systemeigenschaften behandeln.

3.4.1   Systemfunktion und Impulsantwort

Eine zentrale Rolle in der Theorie der LTI-Systeme spielt die Systemfunktion (Übertragungsfunktion), die wir in Abschnitt 3.2 eingeführt haben, sowie deren Zeitbereichspendant, die Impulsantwort. Anhand Bild 3.3 von Seite 42 mache man sich nochmals den Zusammenhang mit der allgemeinen Beschreibungsform, der linearen Differenzengleichung klar.

Die z-Transformation dieser Zeitbereichsbeschreibung

$$\sum_{i=0}^{n} \tilde{a}_i \, y[k-i] = \sum_{i=0}^{m} \tilde{b}_i \, x[k-i], \quad \tilde{a}_0 \neq 0$$ (3.45)

führt nach dem Auflösen der erhaltenen algebraischen Gleichung nach dem systembeschreibenden Ausdruck (vergleiche Seite 41) auf die Systemfunktion

$$H(z) = \frac{Y(z)}{X(z)} = \frac{\displaystyle\sum_{i=0}^{m} \tilde{b}_i \cdot z^{-i}}{\displaystyle\sum_{i=0}^{n} \tilde{a}_i \cdot z^{-i}} = \frac{\tilde{b}_0 + \tilde{b}_1 \, z^{-1} + \cdots + \tilde{b}_m \, z^{-m}}{\tilde{a}_0 + \tilde{a}_1 \, z^{-1} + \cdots + \tilde{a}_n \, z^{-n}}.$$ (3.46)

Hierbei handelt es sich um eine rationale Funktion in z^{-1}, die wir durch Erweitern von Zähler und Nenner um den Faktor z^{N}, mit

$$N = \max\{m, n\},$$ (3.47)

in eine rationale Funktion in z überführen können:

$$H(z) = \frac{z^{N} \cdot \displaystyle\sum_{i=0}^{m} \tilde{b}_i \cdot z^{-i}}{z^{N} \cdot \displaystyle\sum_{i=0}^{n} \tilde{a}_i \cdot z^{-i}} = \frac{\tilde{b}_0 \, z^{N} + \tilde{b}_1 \, z^{N-1} + \cdots + \tilde{b}_m \, z^{N-m}}{\tilde{a}_0 \, z^{N} + \tilde{a}_1 \, z^{N-1} + \cdots + \tilde{a}_n \, z^{N-n}}.$$ (3.48)

Führen wir mit

$$a_i = \tilde{a}_{N-i}, \quad a_N = \tilde{a}_0 \neq 0 \quad \text{und} \quad b_i = \tilde{b}_{N-i}$$ (3.49)

eine neue Koeffizientennumerierung ein, so erhalten wir die Darstellung der Systemfunktion als rationale Funktion der Variablen z:

$$H(z) = \frac{\sum\limits_{i=0}^{M} b_i \cdot z^i}{\sum\limits_{i=0}^{N} a_i \cdot z^i} = \frac{b_0 + b_1 \cdot z^1 + \cdots + b_M \cdot z^M}{a_0 + a_1 \cdot z^1 + \cdots + a_N \cdot z^N}, \quad a_N \neq 0. \tag{3.50}$$

Dabei gilt $M \leq N$, d.h. der Zählergrad M entspricht maximal dem Nennergrad N, was unmittelbar aus Gleichung (3.48) mit der Bedingung $a_N = \tilde{a}_0 \neq 0$ folgt. In vielen Fällen ist der Koeffizient $b_N = \tilde{b}_0$ ebenfalls ungleich null, nämlich dann, wenn das unverzögerte Eingangssignal $x[k]$ direkt in der Differenzengleichung auftritt. Man spricht dann von einem System mit *Durchgriff* und es gilt $M = N$. Für $M < N$ enthält das System eine Verzögerung, man vergleiche dazu die Systemdarstellung im Blockdiagramm nach Bild 3.12 auf Seite 63.

Allgemein gilt, daß der Gradunterschied $M - N$ zwischen Zähler- und Nennerpolynom den Startzeitpunkt der Impulsantwort $h[k]$ im Zeitbereich bestimmt. Die Entwicklung von $H(z)$ über Polynomdivision liefert

$$H(z) = \frac{b_M z^M + \ldots}{a_N z^N + \ldots} = c_{M-N} \cdot z^{M-N} + c_{M-N-1} \cdot z^{M-N-1} + \ldots \overset{!}{=} \sum_k h[k] \cdot z^{-k},$$

woraus man durch Koeffizientenvergleich abliest, daß die Impulsantwort zum Zeitpunkt

$$k = -(M - N) = N - M \quad \text{mit dem Koeffizienten} \quad c_{M-N} = \frac{b_M}{a_N}$$

startet (vergleiche Anfangswertsatz in Abschnitt 4.2.8). Die Bedingung $M \leq N$ entspricht daher der Kausalität.

Wie wir sehen, führen lineare Differenzengleichungen stets auf *rationale* Systemfunktionen $H(z)$. Die Darstellungsform nach Gleichung (3.50) bezeichnet man dabei als **Polynomdarstellung** der Systemfunktion.

Den Nennergrad N der Systemfunktion bezeichnet man als *Systemordnung*. Die Systemordnung entspricht der bei einer Realisierung benötigten minimalen Anzahl von Speicherelementen (vergleiche Blockdiagramme, Abschnitt 3.4.3). Ein System der Ordnung null enthält keine Speicherelemente und ist somit gedächtnislos (statisch). In diesem Fall ist Zählergrad gleich Nennergrad gleich null, d.h. die Systemfunktion besteht aus einer Konstanten ($H(z) = c$).

Beispiel 3.7: **Systemfunktionen und -eigenschaften**

Wir betrachten das über die Differenzengleichung $y[k] = 3\,y[k-1] + 2\,x[k]$ beschriebene System. Die z-Transformation der Gleichung liefert

$$y[k] - 3\,y[k-1] = 2\,x[k] \quad \circ\!\!-\!\!\bullet \quad Y(z)\left[1 - 3\,z^{-1}\right] = 2\,X(z),$$

woraus sich die Systemfunktion zu

$$H(z) = \frac{Y(z)}{X(z)} = \frac{2}{1-3\,z^{-1}} = \frac{2z}{z-3}$$

berechnet. Aus $n = 1$ und $m = 0$ ergibt sich eine Systemordnung von $N = 1$. Es gilt $M = N$, d.h. das System ist kausal und die Impulsantwort startet bei $k = 0$ mit $b_1/a_1 = 2 = h[0]$. Man beachte, daß in diesem Fall der Koeffizient $b_0 = 0$ ist.

Das System

$$y[k] = 3\,x[k] + 2\,x[k-1] + x[k-2] \quad \circ\!\!-\!\!\bullet \quad Y(z) = \left[3 + 2\,z^{-1} + z^{-2}\right] X(z)$$

besitzt die Systemfunktion

$$H(z) = \frac{Y(z)}{X(z)} = 3 + 2\,z^{-1} + z^{-2} = \frac{3z^2 + 2z + 1}{z^2}.$$

Hier ist $n = 0$ und $m = 2$ und die Systemordnung ist $N = 2$ und die Impulsantwort startet mit $h[0] = 3$. In diesem Falle sind die beiden Koeffizienten a_0 und a_1 null. ∎

Wir fassen zusammen:

Den Quotienten der z-Transformierten von Ausgangs- und Eingangssignal bezeichnet man als

System- oder Übertragungsfunktion: $H(z) := \dfrac{Y(z)}{X(z)}.$ (3.51)

Für kausale diskrete LTI-Systeme ist dies eine rationale Funktion in z und die **Systemordnung** entspricht dem Nennergrad, der größer oder gleich dem Zählergrad ist.

Bei gegebener Systemfunktion berechnet sich die Systemantwort über die

Systemgleichung: $Y(z) = H(z) \cdot X(z).$ (3.52)

Für reellwertige Systeme sind die Koeffizienten der Systemfunktion stets reell, so daß es sich bei $H(z)$ um eine *reelle* Funktion handelt (siehe Anhang A.2). Die Variable z ist jedoch komplex, was eine einfache Beschreibung und Analyse des Systemverhaltens ermöglicht, da dieses hauptsächlich durch die Lage der Polstellen (= Nullstellen des Nennerpolynoms) der Systemfunktion innerhalb der komplexen z-Ebene bestimmt wird.

In diesem Fall bietet sich die **Produktdarstellung** der Systemfunktion an, d.h. die Darstellung des Zähler- und Nennerpolynoms in Produktform nach dem Fundamentalsatz der Algebra (siehe Anhang A.2):

$$H(z) = \frac{\sum\limits_{i=0}^{M} b_i \cdot z^i}{\sum\limits_{i=0}^{N} a_i \cdot z^i} = \frac{b_M \prod\limits_{i=1}^{M} (z - \beta_i)}{a_N \prod\limits_{i=1}^{N} (z - \alpha_i)} = \frac{b_M\,(z-\beta_1)\cdot(z-\beta_2)\cdots(z-\beta_M)}{a_N\,(z-\alpha_1)\cdot(z-\alpha_2)\cdots(z-\alpha_N)}.$$ (3.53)

In dieser Darstellungsart lassen sich einfach die Null- und Polstellen (β_i bzw. α_i) der Systemfunktion direkt ablesen. Bei reellen Koeffizienten a_i, b_i sind die Pole und Nullstellen entweder reell oder treten als konjugiert komplexe Paare auf.

Die dritte Darstellungsart der Systemfunktion ist die **Partialbruchdarstellung**, die man in der speziellen Form

$$H(z) = \sum_i \frac{r_i \cdot z}{z - \alpha_i} + \sum_i \sum_{l=1}^{\mu_i} \frac{\tilde{r}_{i,l} \cdot z}{(z - \tilde{\alpha}_i)^l} \tag{3.54}$$

durch Partialbruchzerlegung von $H(z)/z$ erhält und die vor allem zur Rücktransformation in den Zeitbereich verwendet wird (vergleiche Lösung des Fibonacci-Beispiels auf Seite 37 sowie Abschnitt 4.3.1). Einfache Pole sind dabei mit α_i und mehrfache Pole (Vielfachheit μ_i) mit $\tilde{\alpha}_i$ bezeichnet. Mittels elementarer Korrespondenzen (siehe Seite 341) läßt sich aus dieser Darstellung das korrespondierende Zeitsignal, d.h. in unserem Falle die Impulsantwort, bestimmen:

Die Rücktransformierte der Systemfunktion bezeichnet man als

Impulsantwort: $\quad h[k] \quad \circ\!\!-\!\!\bullet \quad H(z)$. $\hfill (3.55)$

Für kausale Systeme ist die Impulsantwort ein kausales Signal.

Bei gegebener Impulsantwort berechnet sich die Systemantwort über die

Faltung: $\quad y[k] = h[k] * x[k] = \sum_{i=-\infty}^{\infty} h[i]\, x[k-i]$. $\hfill (3.56)$

Für reellwertige Systeme, d.h. reelle Systemfunktionen, ist die Impulsantwort stets ein reelles Signal.

Komplexwertige Systeme behandelt man über die getrennte Darstellung nach Real- und Imaginärteil

$$h[k] = h_R[k] + j\, h_I[k].$$

Mit dem komplexen Eingangssignal $x[k] = x_R[k] + j\, x_I[k]$ erhält man das Ausgangssignal

$$y[k] = h[k] * x[k] = (h_R[k] + j\, h_I[k]) * (x_R[k] + j\, x_I[k])$$

$$= \underbrace{h_R[k] * x_R[k] - h_I[k] * x_I[k]}_{y_R[k]} + j\, \underbrace{(h_I[k] * x_R[k] + h_R[k] * x_I[k])}_{y_I[k]}.$$

Die komplexe Faltung läßt sich also durch vier reelle Faltungen darstellen (vergleiche komplexe Multiplikation).

Zum Abschluß dieses Abschnittes betrachten wir die *Reihenschaltung* zweier Systeme. Die Darstellung im z-Bereich nach Bild 3.9 führt uns auf

$$Y(z) = H_2(z) \cdot X_2(z) = H_2(z) \cdot Y_1(z) = H_2(z) \cdot H_1(z) \cdot X(z)$$

Gesamtsystem $H_{\text{ges}}(z)$

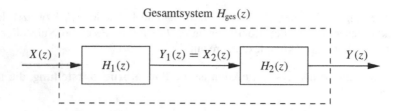

Bild 3.9: Reihenschaltung zweier Systeme

und damit auf die resultierende Übertragungsfunktion bzw. Impulsantwort

$$H_{\text{ges}}(z) \;=\; H_1(z) \cdot H_2(z) \quad \bullet\!\!-\!\!\circ \quad h_{\text{ges}}[k] \;=\; h_1[k] * h_2[k]. \tag{3.57}$$

Für $H_2(z) = 1/H_1(z)$ ergibt sich als resultierende Übertragungsfunktion $H_{\text{ges}} = 1$, d.h. das Ausgangssignal entspricht dem Eingangssignal. In diesem Fall 'kompensiert' das zweite System gerade das erste System (*Entfaltung*). Man bezeichnet es daher als *inverses System*:

$$H_{\text{inv}}(z) \;=\; \frac{1}{H(z)}. \tag{3.58}$$

Mit Hilfe des inversen Systems kann man beispielsweise ungewollte Systemeinflüsse rückgängig machen, man denke z.B. an den Equalizer bei einer Musikanlage.

3.4.2   Pol-Nullstellen-Diagramm und Stabilität

Eine gebräuchliche Darstellungsform der Systemfunktion ist das *Pol-Nullstellen-Diagramm* in der komplexen z-Ebene, da sich damit die systemcharakterisierende Lage der Polstellen auf einen Blick erfassen und sich hieraus die Stabilität des Systems feststellen läßt.

Wir gehen dazu von der Produktdarstellung (3.53) der Systemfunktion aus. Die Nullstellen des Zählerpolynoms (Nullstellen der Systemfunktion) werden als Kreise (o) in die komplexe z-Ebene eingetragen. Ebenso verfährt man mit den Nullstellen des Nennerpolynoms (Pole der Systemfunktion), die als Kreuze (×) in die komplexe z-Ebene eingetragen werden. Bei mehrfachen Polen oder Nullstellen schreibt man die Vielfachheit in Klammern dazu.

Beispiel 3.8:   Pol-Nullstellen-Diagramm
Wir wollen das Pol-Nullstellen-Diagramm der Systemfunktion

$$H(z) \;=\; \frac{z^4 - z^3 - 2z - 4}{z^4 - z^3 + 0.5z^2}$$

angeben. Hierzu ist diese in Polynomform gegebene Funktion zunächst in die Produktform zu überführen, wofür die Nullstellen des Zähler- und Nennerpolynoms zu bestimmen sind. Die prinzipielle Vorgehensweise hierfür wird in Anhang A.3 am Beispiel des Zählerpolynoms erläutert; das Ergebnis lautet:

$$z_1 = -1 = \beta_1, \quad z_2 = 2 = \beta_2, \quad z_{3/4} = \pm j\sqrt{2} = \beta_{3/4}.$$

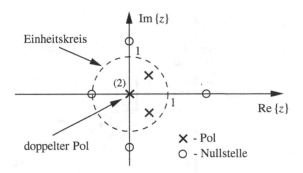

Bild 3.10: Pol-Nullstellen-Diagramm zu Beispiel 3.8

Im Nennerpolynom erkennt man direkt die doppelte Nullstelle bei $z = 0 = \alpha_{1/2}$. Durch Ausklammern dieser Nullstelle erhält man das Polynom $z^2 - z + 0.5$, dessen Nullstellen wir über die quadratische Gleichung zu

$$z_{1/2} = \tfrac{1}{2} \pm \sqrt{\tfrac{1}{4} - \tfrac{1}{2}} = \tfrac{1}{2}(1 \pm j) = \alpha_{3/4}$$

bestimmen können. Damit erhalten wir die Systemfunktion in der Produktdarstellung

$$H(z) = \frac{b_M \cdot \prod\limits_{i=1}^{4} (z - \beta_i)}{a_N \cdot \prod\limits_{i=1}^{4} (z - \alpha_i)} = \frac{(z+1)\,(z-2)\,(z + j\sqrt{2})\,(z - j\sqrt{2})}{z^2\,(z - 0.5(1 + j))\,(z - 0.5(1 - j))},$$

womit sich das Pol-Nullstellen-Diagramm gemäß Bild 3.10 ergibt. ∎

3.4.2.1 Anschauliche Deutung der Systemfunktion

Wir hatten bereits erwähnt, daß die Lage der Polstellen der Systemfunktion das Systemverhalten maßgeblich beeinflusst, was wir nun im folgenden zeigen wollen.

Wir gehen von der Partialbruchdarstellung der Systemfunktion nach Gleichung (3.54) aus, wobei wir uns hier auf den Fall *einfacher* Pole beschränken. Die Systemfunktion besteht somit aus der gewichteten Summe von Termen der Form $\frac{z}{z-\alpha_i}$, denen im Zeitbereich Exponentialfolgen entsprechen:

$$H(z) = \sum_i r_i \cdot \frac{z}{z - \alpha_i} \qquad \bullet\!\!-\!\!\circ \qquad h[k] = \sum_i r_i \cdot \alpha_i^k \cdot \varepsilon[k] \,. \tag{3.59}$$

Die Impulsantwort des Systems setzt sich somit als Summe von Exponentialfolgen zusammen, deren Basen α_i durch die *Pole* der Systemfunktion gegeben sind.

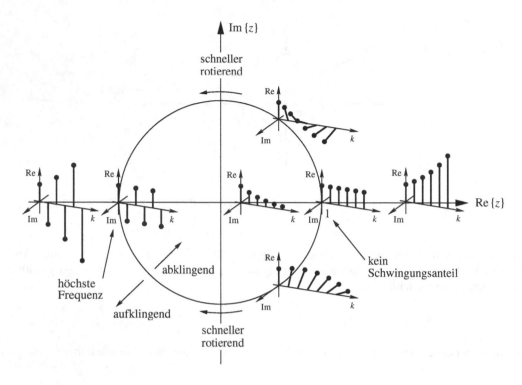

Bild 3.11: Anschauliche Deutung der Pollage innerhalb der komplexen z-Ebene (nach [10])

Zur anschaulichen Deutung der Pollage bringen wir die einzelnen Exponentialterme jeweils auf die Form

$$\alpha_i^k \; = \; |\alpha_i|^k \; \cdot \; e^{jk\sphericalangle\alpha_i} \; = \; e^{\widetilde{\alpha}_i k} \; = \; e^{(\sigma_i + j\Omega_i)\,k} \; = \; \underbrace{e^{\sigma_i k}}_{\text{Einhüllende}} \; \cdot \; \underbrace{e^{j\Omega_i k}}_{\text{Schwingung}} \; . \tag{3.60}$$

Die Beziehungen der Pollage zu Dämpfungsfaktor und Kreisfrequenz lauten

$$\sigma_i \; = \; \ln|\alpha_i| \qquad \text{und} \qquad \Omega_i \; = \; \sphericalangle\alpha_i \; .$$

Aus dieser Darstellung sehen wir, daß die *Einhüllende* des Zeitsignals durch den *Betrag* der Polstelle und der *Schwingungsanteil* durch die *Phase* der Polstelle bestimmt wird. Damit gelangt man zu folgender Interpretation der Lage der Polstellen innerhalb der komplexen z-Ebene:

- zu Polen *innerhalb* des Einheitskreises, d.h. $|\alpha_i| < 1$ bzw. $\sigma_i = \text{Re}\{\widetilde{\alpha}_i\} < 0$, gehören *abklingende* Zeitfolgen,

- zu Polen *auf* dem Einheitskreis, d.h. $|\alpha_i| = 1$ bzw. $\sigma_i = \text{Re}\{\widetilde{\alpha}_i\} = 0$, gehören Zeitfolgen mit *konstantem Betrag*, und

- zu Polen *außerhalb* des Einheitskreises, d.h. $|\alpha_i| > 1$ bzw. $\sigma_i = \text{Re}\{\widetilde{\alpha}_i\} > 0$, gehören *aufklingende* Zeitfolgen.

Einen Sonderfall nehmen Pole im Ursprung, d.h. $\alpha_i = 0$, ein, die zu *zeitlich begrenzten* Zeitsignalen (verschobenen Impulsfolgen) gehören.

Bezüglich der Phasenlage von Polstellen gilt:

- zu Polen auf der positiven reellen Achse, d.h. $\sphericalangle \alpha_i = \Omega_i = 0$, gehören Zeitfolgen *ohne* Schwingungsanteil (Schwingungen der Frequenz null),
- zu Polen mit von null verschiedenem Imaginärteil, d.h. $\sphericalangle \alpha_i = \Omega_i \neq \{0, \pi\}$, gehören Zeitfolgen mit *komplexem* Schwingungsanteil, dessen Frequenz proportional zur Phase des Pols ist, wobei für $0 < \sphericalangle \alpha_i < \pi$ bzw. $-\pi < \sphericalangle \alpha_i < 0$ die komplexe Schwingung mathematisch positiv bzw. negativ dreht. Bei reellen Systemfunktionen treten die komplexen Pole stets konjugiert komplex gepaart auf, was in der Summe wieder zu reellen Schwingungen führt, da sich die Imaginärteile gegenseitig aufheben,
- zu Polen auf der negativen reellen Achse, d.h. $\sphericalangle \alpha_i = \Omega_i = \pi$, gehören Zeitfolgen mit reellem Schwingungsanteil maximaler Frequenz.

Bild 3.11 veranschaulicht graphisch die Bedeutung der Lage der Polstellen innerhalb der komplexen z-Ebene. Wir erkennen damit die Bedeutung des Pol-Nullstellen-Diagramms zur Charakterisierung von Systemen, da deren grundlegendes Verhalten maßgeblich durch die Pollage bestimmt wird. Eine wichtige Vergleichskurve bildet der Einheitskreis, der zweckmäßigerweise in jedes Pol-Nullstellen-Diagramm eingezeichnet werden sollte. Das diskutierte prinzipielle Systemverhalten (Ab- bzw. Aufklingen, Schwingungen) gilt im übrigen auch für mehrfache Pole, die wir in Abschnitt 4.3.1 behandeln werden.

Die Nullstellen haben keine so grundlegende Bedeutung für das Systemverhalten. Deren Lage hat lediglich einen Einfluß auf die Koeffizienten r_i der Partialbruchzerlegung, d.h auf die Gewichtungsfaktoren für die durch die Pole bestimmten Exponentialfolgen.

3.4.2.2 Einschwingvorgang und stationärer Zustand

In gleicher Weise läßt sich das Ausgangssignal des Systems anhand der Pole von $Y(z)$ charakterisieren. Wir gehen davon aus, daß dieses beschränkt ist (stabiles System, beschränktes Eingangssignal), woraus folgt, daß alle Pole innerhalb oder auf dem Einheitskreis liegen.

Zu den Polen *innerhalb* des Einheitskreises gehören abklingende Zeitfolgen, die für $k \to \infty$ verschwinden und somit den *Einschwingvorgang* des Systems beschreiben. Die Zeitfolgen zu Polen *auf* dem Einheitskreis bestimmen mit ihrem konstanten Betrag den *stationären Zustand* des Systems.

Das Ausgangssignal ergibt sich über die Systemgleichung $Y(z) = H(z) \cdot X(z)$ multiplikativ aus Systemfunktion und Eingangssignal. Sofern sich dabei keine Null- und Polstellen gegenseitig wegkürzen, setzen sich die Polstellen des Ausgangssignals aus den Polen des Eingangssignals und des Systems zusammen. Der Einschwingvorgang wird dabei hauptsächlich durch die Pole des Systems (innerhalb des Einheitskreises) bestimmt, während sich der stationäre Zustand in der Regel durch Pole des Eingangssignals (z.B. Schwingung) ergibt.

Insbesondere in der Regelungstechnik versucht man jedoch auch, durch geschickte Wahl der Nullstellen entsprechende (störende) Pole wegzukürzen und damit das dynamische Verhalten (Einschwingvorgang) des Ausgangssignals zu verbessern, siehe regelungstechnisches Beispiel in Abschnitt 5.7.1.

3.4.2.3   Stabilität

Wir wollen nun die in Abschnitt 1.2 eingeführte Systemeigenschaft der Stabilität speziell für LTI-Systeme formulieren:

Stabiles LTI-System:

Ein diskretes LTI-System ist genau dann *stabil*, wenn seine Impulsantwort absolut summierbar ist:

$$\sum_{k=-\infty}^{\infty} |h[k]| \; < \; M_h \; < \; \infty. \tag{3.61}$$

Wir zeigen zunächst, daß die Bedingung *hinreichend* für die allgemeine Stabilitätsdefinition von Seite 5 ist. Aus der Beschränktheit des Eingangssignals $|x[k]| < M_x < \infty$ folgt mit der absoluten Summierbarkeit der Impulsantwort (3.61) unmittelbar die Beschränktheit des Ausgangssignals:

$$|y[k]| = \Big| \sum_{i=-\infty}^{\infty} h[i]\, x[k-i] \Big| \leq \sum_{i=-\infty}^{\infty} |h[i]| \cdot |x[k-i]| < \sum_{i=-\infty}^{\infty} |h[i]|\, M_x < M_h\, M_x < \infty.$$

Die Notwendigkeit läßt sich mit Hilfe des beschränkten Eingangssignals $x[k] = \frac{h^*[-k]}{|h[-k]|}$ zeigen:

$$y[0] \; = \; \sum_{i=-\infty}^{\infty} h[i]\, x[-i] \; = \; \sum_{i=-\infty}^{\infty} \frac{h[i]\, h^*[i]}{|h[i]|} \; = \; \sum_{i=-\infty}^{\infty} |h[i]|\,.$$

Ist die absolute Summierbarkeit nicht gegeben, so ist in diesem Fall das Ausgangssignal zum Zeitpunkt null nicht beschränkt, d.h. Bedingung (3.61) ist auch *notwendig*.

> Die absolute Summierbarkeit (Stabilität) schließt die quadratische Summierbarkeit (Energiesignal) ein; die umgekehrte Aussage gilt jedoch nicht.[4] Bis auf einzelne unbedeutende Ausnahmefälle gilt jedoch: Handelt es sich bei der Impulsantwort um ein Energiesignal, so ist das System stabil.

Bedeutender, da in der Regel einfacher anwendbar als das Zeitbereichskriterium, ist die Stabilitätsuntersuchung im z-Bereich anhand der Systemfunktion. Dazu benutzen wir das Ergebnis des letzten Abschnitts, wonach zu einfachen Polen *innerhalb* des Einheitskreises *abklingende* Exponentialfolgen im Zeitbereich gehören, welche stets absolut summierbar sind.[5] Pole auf oder außerhalb des Einheitskreises hingegen führen zu betragskonstanten bzw. aufklingenden Zeitfolgen, die nicht absolut summierbar sind und somit bei stabilen Systemen nicht vorhanden sein dürfen. Im z-Bereich bedeutet Stabilität daher, daß *alle Pole der Systemfunktion im Inneren des Einheitskreises* liegen müssen.

---

4 Beispielsweise ist die Folge $x[k] = 1/k$ (harmonische Reihe) quadratisch, aber nicht absolut summierbar.
5 Dies gilt auch für *mehrfache* Pole, siehe Abschnitt 4.3.1.

Eine Sonderrolle nehmen Pole *auf* dem Einheitskreis ein: Besitzt die Systemfunktion *einfache* Pole auf dem Einheitskreis, so bezeichnet man das System als *quasistabil*. Solche Systeme reagieren für viele (in der Regel Energiesignale), jedoch nicht für alle beschränkten Eingangssignale mit einem beschränkten Ausgangssignal. Ein Beispiel hierfür ist das System

$$h[k] = \varepsilon[k] \quad \circ\!\!-\!\!\bullet \quad H(z) = \frac{z}{z-1},$$

das einen einfachen Pol auf dem Einheitskreis besitzt. Für das Eingangssignal $x[k] = \delta[k]$ oder $x[k] = (-1)^k$ ist das Ausgangssignal beschränkt, jedoch für $x[k] = \varepsilon[k]$ divergiert es.

Systeme mit *mehrfachen* Polen auf dem Einheitskreis sind nicht stabil, wie z.B. das System (Korrespondenz siehe Seite 341)

$$h[k] = k \cdot \varepsilon[k] \quad \circ\!\!-\!\!\bullet \quad H(z) = \frac{z}{(z-1)^2}$$

zeigt, das einen doppelten Pol auf dem Einheitskreis besitzt.

Stabilitätskriterium im z-Bereich:

Ein diskretes LTI-System ist

- **stabil**, wenn *alle* Pole der Systemfunktion *innerhalb* des Einheitskreises liegen,

- **grenz- oder quasistabil**, wenn bis auf *einfache* Pole auf dem Einheitskreis *alle* weiteren Pole innerhalb des Einheitskreises liegen,

- **instabil**, sobald *ein* Pol außerhalb oder ein *mehrfacher* Pol auf dem Einheitskreis liegt.

Zur Untersuchung der Stabilität ist also die Lage der Polstellen, d.h. die Nullstellen des Nennerpolynoms, der Systemfunktion zu überprüfen. Dies ist bei der Darstellung in Produktform beziehungsweise als Pol-Nullstellen-Diagramm besonders einfach möglich. So läßt sich beispielsweise anhand des Pol-Nullstellen-Diagramms von Bild 3.10 auf Seite 57 direkt auf die Stabilität des zugehörigen Systems schließen, da die Systemfunktion ausschließlich Pole *innerhalb* des Einheitskreises enthält.

Liegt die Systemfunktion in Polynomdarstellung vor, so sind zunächst die Polstellen zu bestimmen, was vor allem für höhere Systemordnungen analytisch aufwendig oder gar unmöglich ist. Eine Möglichkeit der Stabilitätsprüfung ohne explizite Berechnung der Polstellen ist jedoch über die bilineare Transformation (siehe Seite 271) und anschließendem Hurwitzpolynomtest (siehe Seite 134f) möglich.

3.4.3 Blockdiagramme und Systemstrukturen

Eine graphische Darstellungsform von diskreten LTI-Systemen sind *Blockdiagramme*. Hier im Diskreten verwendet man sie vor allem zur Darstellung von Systemrealisierungen wie z.B. digitaler Filter.

Es lassen sich zwei prinzipielle Systemstrukturen (und damit Systemtypen) unterscheiden, die *rekursive* Struktur mit Rückkopplungen und die *nichtrekursive* oder *transversale* Struktur ohne

Rückkopplungen. Wie wir im folgenden sehen werden, haben rekursive Systeme eine zeitlich unbegrenzte Impulsantwort, weswegen man sie auch als *Infinite Impulse Response Systeme* oder kurz *IIR-Systeme* bezeichnet. Bei nichtrekursiven Systemen ist die Impulsantwort dagegen zeitbegrenzt, man bezeichnet sie daher als *Finite Impulse Response Systeme* oder kurz *FIR-Systeme*.

3.4.3.1 Rekursive (IIR-) Systeme

Zunächst wollen wir uns mit den *rekursiven* Systemen befassen, zu denen stets Differenzengleichungen mit Ordnung $n > 0$, im Gegensatz zu *nichtrekursiven* mit Ordnung $n = 0$, gehören. Ausgehend von der allgemeinen Form (3.7) von Seite 35 erhalten wir die Darstellung

$$
\begin{aligned}
y[k] &= \tfrac{1}{\tilde{a}_0}\left[-\sum_{i=1}^{N} \tilde{a}_i\, y[k-i] + \sum_{i=0}^{N} \tilde{b}_i\, x[k-i] \right] \\
&= \tfrac{1}{a_N}\left[-\sum_{i=1}^{N} a_{N-i}\, y[k-i] + \sum_{i=0}^{N} b_{N-i}\, x[k-i] \right],
\end{aligned}
\tag{3.62}
$$

wobei wir wieder $N = \max\{m, n\}$ gesetzt haben (vergleiche Seite 52) und für die Koeffizientenbezeichnungen

$$
a_i = \tilde{a}_{N-i}, \quad a_N = \tilde{a}_0 \neq 0 \quad \text{und} \quad b_i = \tilde{b}_{N-i}
\tag{3.63}
$$

gilt. Die zugehörige Systemfunktion lautet dann

$$
H(z) = \frac{Y(z)}{X(z)} = \frac{\displaystyle\sum_{i=0}^{N} \tilde{b}_i \cdot z^{-i}}{\displaystyle\sum_{i=0}^{N} \tilde{a}_i \cdot z^{-i}} = \frac{\displaystyle\sum_{i=0}^{N} b_i \cdot z^{i}}{\displaystyle\sum_{i=0}^{N} a_i \cdot z^{i}}.
\tag{3.64}
$$

Das Blockdiagramm in Bild 3.12 stellt die direkte Realisierung der Differenzengleichung (3.62) dar. Dabei stellen die quadratischen 'Kästchen' mit dem Eintrag z^{-1} *Verzögerungsglieder* um einen Takt (diskrete Zeiteinheit) dar. Man bezeichnet sie auch als Speicher oder Speicherelemente, da sie den Eingangswert einen Takt lang speichern. Die 'Dreiecke' entsprechen *Multiplikationen* mit den angegebenen skalaren Faktoren und die 'Kreise' mit eingetragenem Summationszeichen *Summationsgliedern*. Diese Struktur, die man als *erste Direktform* bezeichnet, weist $2N$ Speicherelemente auf, wobei N die Systemordnung darstellt.

Diese erste Direktform läßt sich in eine Struktur überführen, die mit der Hälfte an Speicherelementen auskommt. Dazu unterteilen wir das System in der Mitte in die beiden Teilsysteme

- $\mathcal{H}_b$, den *Feedforward-Teil* ('Vorwärtszweig'), der durch das Zählerpolynom bzw. die Nullstellen der Systemfunktion bestimmt wird, und
- $\mathcal{H}_a$, den *Feedback-Teil* ('Rückwärtszweig', 'Rückkoppelteil'), der durch das Nennerpolynom bzw. die Polstellen der Systemfunktion bestimmt wird,

siehe dazu Bild 3.13. Jedes dieser beiden Teilsysteme stellt den Spezialfall eines allgemeinen Systems dar, wobei für $\mathcal{H}_b$ die Koeffizienten a_i und für $\mathcal{H}_a$ die Koeffizienten b_i (für $i \neq N$) jeweils

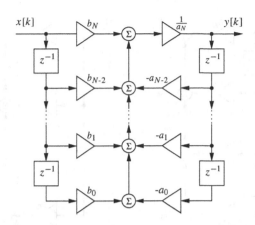

Bild 3.12: Diskretes IIR-System in erster Direktform

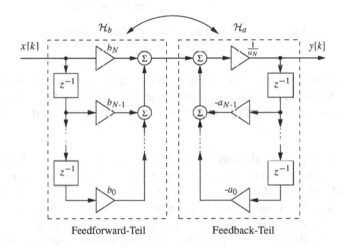

Bild 3.13: Überführung der ersten in die zweite Direktform

null sind. Das Gesamtsystem ergibt sich aus der Hintereinanderschaltung (Reihenschaltung) von $\mathcal{H}_b$ und $\mathcal{H}_a$. Aufgrund der Kommutativität der Faltung darf die Reihenfolge der Teilsysteme vertauscht werden, was dann direkt auf die Struktur in Bild 3.14 a führt, die als *zweite Direktform* bezeichnet wird. Eine weitere mögliche Struktur ist in Bild 3.14 b dargestellt, die aufgrund ihrer (graphischen) Ähnlichkeit zur zweiten Direktform als *transponierte zweite Direktform* bezeichnet wird. Sie läßt sich aus der ersten Direktform durch das Verlegen der Speicherelemente hinter die Multiplikatoren und Summationsglieder ableiten.

Solche Realisierungen, die mit genau N (= Systemordnung) Speicherelementen auskommen, was die minimale Anzahl darstellt, bezeichnet man als *kanonische Strukturen*. Die Realisierung nach Bild 3.14 b (transponierte zweite Direktform) wird dabei als *erste kanonische Struktur* und die nach Bild 3.14 a (zweite Direktform) als *zweite kanonische Struktur* bezeichnet.

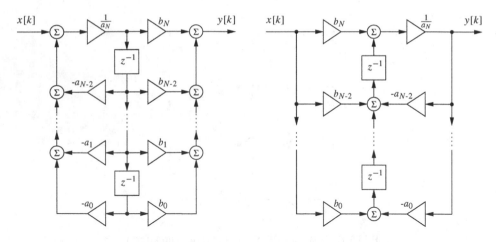

a: zweite Direktform (zweite kanonische   b: transponierte zweite Direktform (erste
   Struktur)   kanonische Struktur)

Bild 3.14: Diskretes IIR-System (zweite Direktformen)

Neben diesen Realisierungen lassen sich weitere, systemtheoretisch äquivalente Strukturen angeben, die sich jedoch in Implementierungsaspekten wie z.B. Anzahl der Speicherelemente, Anzahl
von Rechenoperationen oder auch Empfindlichkeit gegenüber Rundungsfehlern unterscheiden
können.

Bei rekursiven Systemen ist mindestens ein *Rückkoppelkoeffizient* a_i , $i \neq N$ von null verschieden (Ordnung der Differenzengleichung $n > 0$), wodurch Ausgangswerte in das System zu-
rückgekoppelt und nochmals, d.h. rekursiv, verarbeitet werden. Der Nenner der Systemfunktion
(3.64) weist in diesem Fall mindestens zwei von null verschiedene Koeffizienten auf, wodurch
sich Pole *außerhalb* des Ursprungs ergeben, zu denen im Zeitbereich Exponentialfolgen korrespondieren (vergleiche Bild 3.11 von Seite 58). Die Impulsantwort eines rekursiven Systems besteht somit aus einer Summe gewichteter Exponentialfolgen und ist dadurch *zeitlich unbegrenzt*
(IIR-System). Je nach Lage dieser Polstellen kann es sich dabei um ein stabiles oder instabiles
System handeln, wobei hierfür *nur die Rückkoppelkoeffizienten* a_i ausschlaggebend sind.

3.4.3.2 Nichtrekursive (FIR-) Systeme

Das Gegenstück zu den rekursiven Systemen sind die *nichtrekursiven* oder *transversalen* Systeme, deren Struktur keine Rückkopplung aufweist. Ein solches System (siehe Bild 3.15) besteht
daher nur aus einem Vorwärtszweig (vergleiche Bild 3.13) und wird daher als *Feedforward-
Struktur* bezeichnet. In diesem Fall ergibt sich die vereinfachte Systembeschreibung (Differenzengleichung der Ordnung $n = 0$)

$$y[k] \;=\; \sum_{i=0}^{N} \tilde{b}_i \, x[k-i] \,. \tag{3.65}$$

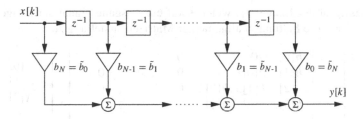

Bild 3.15: Diskretes FIR-System

Aus dieser Gleichung ist die Systemfunktion und die Impulsantwort direkt ablesbar:

$$H(z) = \sum_{i=0}^{N} \tilde{b}_i \, z^{-i} = \frac{\sum_{i=0}^{N} b_i \, z^i}{z^N} \quad \bullet\!\!-\!\!\circ \quad h[k] = \sum_{i=0}^{N} \tilde{b}_i \, \delta[k-i] \,. \tag{3.66}$$

Die *Impulsantwort* besteht hier aus einer endlichen *Summe gewichteter Impulsfolgen* und weist daher eine endliche Länge von $N+1$ Werten auf (FIR-System).

Durch die endliche Länge der Impulsantwort ist stets die absolute Summierbarkeit gegeben, weswegen FIR-Systeme *immer stabil* sind. Dies ist auch anhand der Systemfunktion (3.66), die nur Pole bei $z = 0$ besitzt, im z-Bereich ersichtlich.

FIR-Systeme haben aufgrund ihrer gesicherten Stabilität besonders bei digitalen Filtern eine große Bedeutung. Die einfachere Struktur erleichtert zusätzlich den Filterentwurf und die Implementierung. Jedoch ist aufgrund der eingeschränkten Struktur eine deutlich höhere Filterordnung (Systemordnung) als bei IIR-Systemen notwendig um vergleichbare Filtereigenschaften (Flankensteilheit, Sperrdämpfung) zu erzielen.

Betrachten wir zum Abschluß noch kurz die Eigenschaften des inversen Systems $H_{\text{inv}}(z) = 1/H(z)$. Bei rationalen Systemfunktionen ergibt sich dieses durch Vertauschung von Zähler- und Nennerpolynom. Bei einem IIR-System bedeutet dies den Austausch (der Koeffizienten) des Feedforward- mit dem Feedback-Teil. Das inverse System ist daher in der Regel wieder ein IIR-System. Dagegen ist das Inverse eines FIR-Systems stets ein IIR-System, da hier der Feedforward-Teil in einen Feedback-Teil übergeht.

3.4.4 Matrizendarstellung von FIR-Systemen

FIR-Systeme lassen sich bei zeitbegrenztem Eingangssignal auch mit Hilfe der Matrizenrechnung beschreiben. Die Signale werden hierbei als Vektoren (siehe Abschnitt 2.1.5), das System selbst als Matrix dargestellt.

Die mittels der Faltungsgleichung (3.26) auf Seite 43 beschriebene Beziehung zwischen Eingang und Ausgang lautet für ein FIR-System mit Impulsantwortlänge N_h

$$y[k] = h[k] * x[k] = \sum_{i=0}^{N_h-1} h[i] \cdot x[k-i] \,. \tag{3.67}$$

Für ein Eingangssignal der Länge N_x, welches auf ein Ausgangssignal der Länge $N_y = N_x + N_h - 1$ führt, läßt sich die Faltung in allgemeiner Matrizendarstellung zu

$$
\underbrace{\begin{bmatrix} y[0] \\ y[1] \\ y[2] \\ y[3] \\ \vdots \\ y[N_y-1] \end{bmatrix}}_{[N_y \times 1]} = \underbrace{\begin{bmatrix} h[0] & 0 & 0 & 0 & \cdots & 0 \\ h[1] & h[0] & 0 & 0 & \cdots & 0 \\ h[2] & h[1] & h[0] & 0 & \cdots & 0 \\ h[3] & h[2] & h[1] & h[0] & \cdots & 0 \\ \vdots & \vdots & \vdots & \vdots & & \vdots \\ 0 & 0 & 0 & 0 & \cdots & h[N_h-1] \end{bmatrix}}_{[N_y \times N_x]} \cdot \underbrace{\begin{bmatrix} x[0] \\ x[1] \\ x[2] \\ \vdots \\ x[N_x-1] \end{bmatrix}}_{[N_x \times 1]}
\tag{3.68}
$$

oder kompakt zu

$$
\boldsymbol{y} = \boldsymbol{H} \cdot \boldsymbol{x}
\tag{3.69}
$$

angeben. Das System wird hier durch die *Systemmatrix* oder *Übertragungsmatrix* $\boldsymbol{H}$ der Dimension $N_y \times N_x$ beschrieben, und bildet den Eingangsvektor der Länge N_x auf den Ausgangsvektor der Länge N_y ab.

Die Systemeigenschaft der Linearität ist dabei durch die Matrizenmultiplikation, welches eine lineare Operation ist, gegeben. Die Zeitinvarianz resultiert aus der Struktur der Matrix, die sich spaltenweise aus dem verschobenen Spaltenvektor $\boldsymbol{h}$, der die Impulsantwort darstellt, aufbaut. Diese spezielle Matrixstruktur, bei der die Elemente jeder Diagonalen jeweils gleich sind, bezeichnet man als *Band-* oder *Toeplitzstruktur*. Ist eine solche Matrix quadratisch (s.u.), bezeichnet man sie als *Toeplitzmatrix*.

Zur Verdeutlichung betrachten wir folgendes Beispiel mit $N_h = 3$, $N_x = 4$ und $N_y = 4+3-1 = 6$. Damit lautet die Systembeziehung

$$
\begin{bmatrix} y[0] \\ y[1] \\ y[2] \\ y[3] \\ y[4] \\ y[5] \end{bmatrix} = \begin{bmatrix} h[0] & 0 & 0 & 0 \\ h[1] & h[0] & 0 & 0 \\ h[2] & h[1] & h[0] & 0 \\ 0 & h[2] & h[1] & h[0] \\ 0 & 0 & h[2] & h[1] \\ 0 & 0 & 0 & h[2] \end{bmatrix} \cdot \begin{bmatrix} x[0] \\ x[1] \\ x[2] \\ x[3] \end{bmatrix}.
\tag{3.70}
$$

Zu einer quadratischen Matrix gelangt man, indem man den Eingangsvektor durch Anfügen einer entsprechenden Anzahl Nullen auf die Länge des Ausgangsvektors erweitert. Die Matrix wird durch entsprechend weitergeführte Verschiebungen des erzeugenden Spaltenvektors $\boldsymbol{h}$ zur *Toeplitzmatrix* der Ordnung $N = N_y$ erweitert:

$$
\begin{bmatrix} y[0] \\ y[1] \\ y[2] \\ y[3] \\ y[4] \\ y[5] \end{bmatrix} = \begin{bmatrix} h[0] & 0 & 0 & 0 & 0 & 0 \\ h[1] & h[0] & 0 & 0 & 0 & 0 \\ h[2] & h[1] & h[0] & 0 & 0 & 0 \\ 0 & h[2] & h[1] & h[0] & 0 & 0 \\ 0 & 0 & h[2] & h[1] & h[0] & 0 \\ 0 & 0 & 0 & h[2] & h[1] & h[0] \end{bmatrix} \cdot \begin{bmatrix} x[0] \\ x[1] \\ x[2] \\ x[3] \\ 0 \\ 0 \end{bmatrix}.
\tag{3.71}
$$

Führt man die Matrixerweiterung durch *zyklische* Verschiebungen von h durch, erhält man eine *zyklische Matrix*:

$$
\begin{bmatrix} y[0] \\ y[1] \\ y[2] \\ y[3] \\ y[4] \\ y[5] \end{bmatrix}
=
\begin{bmatrix}
h[0] & 0 & 0 & 0 & h[2] & h[1] \\
h[1] & h[0] & 0 & 0 & 0 & h[2] \\
h[2] & h[1] & h[0] & 0 & 0 & 0 \\
0 & h[2] & h[1] & h[0] & 0 & 0 \\
0 & 0 & h[2] & h[1] & h[0] & 0 \\
0 & 0 & 0 & h[2] & h[1] & h[0]
\end{bmatrix}
\cdot
\begin{bmatrix} x[0] \\ x[1] \\ x[2] \\ x[3] \\ 0 \\ 0 \end{bmatrix} .
\tag{3.72}
$$

Da die zyklischen Komponenten hier nur in den erweiterten Spalten auftreten, haben sie keinen Einfluß auf das Ergebnis.

Die allgemeine Bedingung für Ergebnisgleichheit bei quadratischer und zyklischer Systemmatrix kann aus Darstellung (3.72) abgelesen werden zu

$$
N - N_x \geq N_h - 1 ,
$$

d.h. mindestens die letzten $N_h - 1$ Komponenten des Eingangsvektors x müssen verschwinden.

Die zyklische Systemmatrix beziehungsweise Gleichung (3.72) entspricht dabei der Operation der diskreten *periodischen* Faltung nach Abschnitt 3.3.5 mit Periodizität $N_p = N$.

Somit läßt sich für die Gleichheit von 'normaler' diskreter (aperiodischer) Faltung und diskreter periodischer Faltung folgende Bedingung angeben:

$$
N_p \geq N_x + N_h - 1 .
\tag{3.73}
$$

Auf diesen Zusammenhang werden wir bei der diskreten Fourier-Transformation in Abschnitt 8.2.3 zurückkommen.

3.4.5   Eigenfolgen von Systemen

Aus der Matrizenrechnung ist der Begriff des Eigenvektors bekannt, der sich durch die Multiplikation mit der Matrix nur um einen skalaren Faktor, dem Eigenwert, ändert. In der gleichen Art lassen sich für diskrete Systeme Eigenfolgen definieren, die das System bis auf eine Skalierung unverändert durchlaufen:

$$
\mathcal{H}\{x[k]\} = \lambda \cdot x[k] .
\tag{3.74}
$$

Bei diskreten LTI-Systemen sind dies Exponentialfolgen, was wir im folgenden zeigen wollen. Wir bestimmen dazu die Antwort eines (beliebigen) LTI-Systems auf ein allgemeines Exponentialsignal am Eingang

$$
x[k] = e^{\alpha k} = a^k ,
\tag{3.75}
$$

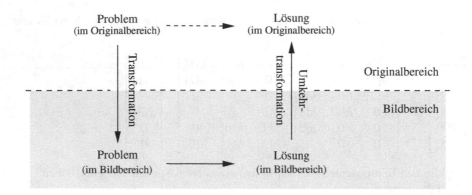

Bild 3.16: Graphische Darstellung des Lösungswegs unter Verwendung einer Transformation

wobei wir das Ausgangssignal $y[k]$ über die Faltung mit der Impulsantwort des Systems $h[k]$ berechnen:

$$y[k] \;=\; h[k] * x[k] \;=\; \sum_{i=-\infty}^{\infty} h[i]\,x[k-i] \;=\; \sum_{i=-\infty}^{\infty} h[i]\,a^{k-i}$$

$$=\; a^k \cdot \sum_{i=-\infty}^{\infty} h[i]\,a^{-i} \;=\; a^k \cdot H(z)\Big|_{z=a} \;=\; H(a) \cdot x[k] . \tag{3.76}$$

Wir sehen, daß wir am Ausgang das mit dem (im allgemeinen komplexen) Skalar $\lambda = H(a)$ gewichtete Signal vom Eingang erhalten. Ein (beliebiges) Exponentialsignal durchläuft also ein LTI-System bis auf eine (komplexe) Amplitudenskalierung unverändert. Daher bezeichnet man die Exponentialfolgen als *Eigenfolgen* diskreter LTI-Systeme, den entsprechenden Skalar $\lambda = H(a)$ als *Eigenwert*.

Man beachte, daß dies jedoch nur für die *zweiseitigen* Folgen gilt; die *kausale* Exponentialfolge ist beispielsweise *keine* Eigenfolge. Durch den Einschwingvorgang treten hier zusätzliche Signalkomponenten (Pole der Systemfunktion, siehe Abschnitt 3.4.2.2) im Ausgangssignal auf.

3.5   Zusammenfassung

Wir haben in diesem Kapitel die Beschreibung und Berechnung von diskreten LTI-Systemen behandelt. Die Systemanalyse führt in der Regel auf die Beschreibungsform der *linearen Differenzengleichung* mit konstanten Koeffizienten. Diese läßt sich zwar einfach rekursiv lösen, eine direkte geschlossene Lösung ist im allgemeinen jedoch nicht möglich. Über den 'Umweg' *z-Transformation* gelangt man jedoch auf relativ einfache und elegante Weise zu einer analytischen Lösung (vergleiche Bild 3.16).

Im Bildbereich erfolgt die Systembeschreibung über die *Systemfunktion*, bei der es sich um eine rationale Funktion handelt und deren Nennergrad die Systemordnung bestimmt. Das Zeitbereichspendant ist die *Impulsantwort*. Die Beziehung zwischen Ein- und Ausgangssignal wird im z-Bereich über die *Systemgleichung* (Multiplikation mit der Systemfunktion) und im Zeitbereich

Lineare Differenzengleichung	$\overset{\mathcal{Z}}{\circ\!\!-\!\!\bullet}$	Systemfunktion	$\overset{\mathcal{Z}}{\bullet\!\!-\!\!\circ}$	Impulsantwort
Zeitbereich		z-Bereich		Zeitbereich

allg./ IIR	$\sum\limits_{i=0}^{n} \tilde{a}_i\, y[k-i] = \sum\limits_{i=0}^{m} \tilde{b}_i\, x[k-i]$	$\overset{\mathcal{Z}}{\circ\!\!-\!\!\bullet}$	$H(z) = \dfrac{\sum\limits_{i=0}^{m} \tilde{b}_i\, z^{-i}}{\sum\limits_{i=0}^{n} \tilde{a}_i\, z^{-i}} = \dfrac{\sum\limits_{i=0}^{M} b_i\, z^{i}}{\sum\limits_{i=0}^{N} a_i\, z^{i}}$	$\overset{\mathcal{Z}}{\bullet\!\!-\!\!\circ}$	$h[k] = \sum\limits_{i=0}^{\infty} h_i\, \delta[k-i]$
FIR	$y[k] = \sum\limits_{i=0}^{m} \tilde{b}_i\, x[k-i]$	$\overset{\mathcal{Z}}{\circ\!\!-\!\!\bullet}$	$H(z) = \sum\limits_{i=0}^{m} \tilde{b}_i\, z^{-i}$	$\overset{\mathcal{Z}}{\bullet\!\!-\!\!\circ}$	$h[k] = \sum\limits_{i=0}^{m} \tilde{b}_i\, \delta[k-i]$

Systemantwort	rekursive Lösung: $y[k] = \frac{1}{\tilde{a}_0}\Big[-\sum\limits_{i=1}^{n} \tilde{a}_i\, y[k-i] + \sum\limits_{i=0}^{m} \tilde{b}_i\, x[k-i]\Big]$	Systemgleichung: $Y(z) = H(z)\cdot X(z)$ $\overset{\mathcal{Z}}{\bullet\!\!-\!\!\circ}$	Faltung: $y[k] = h[k] * x[k]$

Tabelle 3.1: Zusammenfassung der Beschreibungsformen von diskreten LTI-Systemen

durch die *Faltung* mit der Impulsantwort beschrieben. Neben diesen analytischen Methoden, die auf eine geschlossene Lösung führen, besteht auch die Möglichkeit einer rekursiven Lösung der Differenzengleichung. Tabelle 3.1 faßt die Beschreibungsformen zusammen.

Das prinzipielle Systemverhalten wird weitestgehend von der Lage der Polstellen bestimmt. Liegen alle Pole innerhalb des Einheitskreises, ist das System *stabil*. Eine hierfür geeignete Darstellungsform ist das *Pol-Nullstellen-Diagramm*.

3.6   Aufgaben

Aufgabe 3.1:

Überprüfen Sie anhand des Superpositionsprinzips mit Hilfe des Eingangssignals $x[k] = c + \sin(\Omega_0 k)$ die Linearität der Systeme:

    a) $y[k] = x[k] + x[k-1]$ b) $y[k] = x^2[k]$.

Aufgabe 3.2:

Charakterisieren Sie folgende Systeme bezüglich Linearität und Zeitinvarianz:

    a) $y[k] = x[k - k_0]$, $k_0 > 0$ b) $y[k] = k \cdot x[k]$ c) $y[k] = x[k] \cdot x[k-1]$

    d) $y[k] = c + x[k]$, $c \neq 0$ e) $y[k] = f[k] \cdot x[k]$ f) $y[k] = k \cdot y[k-1] + x[k]$

    g) $y[k] = \sqrt{x[k]}$ h) $y[k] = \sum\limits_{l=1}^{n} l \cdot x[k-l+1]$

Aufgabe 3.3:

Zeigen Sie mit Hilfe der Faltungssumme, daß folgende Beziehungen gelten:

$$(b \cdot x[k]) * (c \cdot y[k]) \;=\; b \cdot c \cdot (x[k] * y[k])$$
$$(a^k \cdot x[k]) * (a^k \cdot y[k]) \;=\; a^k \cdot (x[k] * y[k])$$

Aufgabe 3.4:

Gegeben sei ein LTI–System mit der Impulsantwort

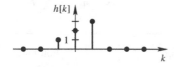

Charakterisieren Sie das System kurz bezüglich Kausalität und Stabilität. Bestimmen Sie, sowohl durch graphische Faltung als auch rechnerisch, die Ausgangssignale des Systems bei Erregung mit folgenden Eingangssignalen:

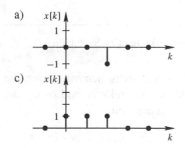 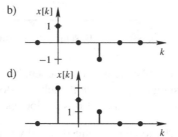

Aufgabe 3.5:

Im folgenden soll das Häschenbeispiel von Seite 34 zur 'Hasenzucht' erweitert werden. Dazu werden im Monat null 5 Hasenpaare angeschafft und ab dem 2. Monat jeden Monat 5 Hasenpaare entnommen. Fassen Sie dazu das Hinzuführen und Entnehmen von Hasenpaaren als Eingangssignal auf. Stellen Sie für dieses System zunächst die Differenzengleichung für allgemeine Eingangssignale auf und bestimmen Sie die Systemfunktion. Zeichnen Sie das Pol-Nullstellen-Diagramm und charakterisieren Sie das System bezüglich Stabilität. Berechnen Sie nun über die Systemgleichung die Systemantwort für das gegebene Eingangssignal.

Aufgabe 3.6:

Untersuchen Sie folgende Systeme auf Stabilität:

a) $y[k] = \sqrt{2}\, y[k-1] - y[k-2] + x[k]$

b) $y[k] = \dfrac{1}{N} \sum_{i=0}^{N-1} x[k-i]$

c) $h[k] = \sum_{i=0}^{N-1} 2^i\, \delta[k-i]$

d) $h[k] = \varepsilon[k] - \varepsilon[k-k_0], \quad k_0 \geq 0$

e) $H(z) = \dfrac{z^2}{z^2+2z+1}$

f) $H(z) = \dfrac{z^2-4}{z^3-1.5z^2+0.5z}$

Aufgabe 3.7:

Skizzieren Sie für folgende Systemfunktionen jeweils das Pol-Nullstellen-Diagramm und beurteilen Sie die Systeme bezüglich Stabilität:

a) $H(z) = \frac{4z^2+4z+1}{4z^3-4z^2+z}$ b) $H(z) = \frac{4}{9} \cdot \frac{9z^4+4z^2}{4z^4-8z^3+3z^2+2z-1}$

Aufgabe 3.8:

Gegeben sei folgendes Ein- und Ausgangssignalpaar eines diskreten LTI-Systems. Bestimmen Sie die Impulsantwort des Systems.

Aufgabe 3.9:

Gegeben sei die folgende Systemanordnung (Reihenschaltung zweier Systeme)

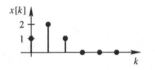

$$x[k] \longrightarrow \boxed{h_1[k]} \longrightarrow \boxed{h_2[k]} \longrightarrow y[k]$$

mit den Impulsantworten $h_1[k] = a^k \cdot \varepsilon[k]$ und $h_2[k] = (-a)^k \cdot \varepsilon[k]$.

a) Berechnen Sie die Impulsantwort $h[k]$ des Gesamtsystems und skizzieren Sie diese für $a = \frac{1}{\sqrt{2}}$.

b) Wie müßte man für das gegebene $h_1[k]$ die Impulsantwort $h_2[k]$ wählen, damit sich die beiden Impulsantworten gerade aufheben, d.h. $y[k] = x[k]$ gilt? Welche systemtheoretische Beziehung besteht nun zwischen $\mathcal{H}_1$ und $\mathcal{H}_2$?

Aufgabe 3.10:

Zeichnen Sie das Blockdiagramm der durch die folgenden Impulsantworten $h[k]$ beschriebenen Systeme. Um welche Art von System handelt es sich jeweils?

a) $h[k] = \left(\frac{1}{2}\right)^k \cdot (\varepsilon[k] - \varepsilon[k-4])$ b) $h[k] = \left(\frac{1}{2}\right)^k \cdot \varepsilon[k]$

Aufgabe 3.11:

Ein diskretes LTI-System sei über folgendes Blockdiagramm gegeben:

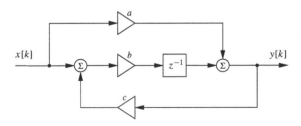

a) Stellen Sie die Differenzengleichung dieses Systems auf. Hinweis: Führen Sie zunächst vor und nach dem Verzögerungsglied das Hilfssignal $z[k]$ bzw. $z[k-1]$ ein.

b) Berechnen Sie die Systemfunktion. Für welche Parameterwerte a, b, c ist das System stabil?

c) Bestimmen Sie die Impuls- und Sprungantwort des Systems.

Aufgabe 3.12:

Zeigen Sie, daß die zweiseitige Exponentialfolge $x[k] = a^k$ Eigenfolge des Systems $h[k] = \text{rect}_2[k]$ ist und berechnen Sie den Eigenwert. Versuchen Sie das entsprechende mit der einseitigen Exponentialfolge $\tilde{x}[k] = a^k \varepsilon[k]$.

Aufgabe 3.13:

Gegeben sei das zeit- und *wert*diskrete System, das die Differenzengleichung

$$y[k] = -0.6\, y[k-1] + x[k]$$

realisiere (z.B. ein digitales Filter mit endlicher Wortbreite). Die Signale können dabei nur die auf *eine* Nachkommastelle gerundeten diskreten Werte annehmen. Bestimmen Sie die Impulsantwort dieses Systems und charakterisieren Sie es bezüglich Linearität und Stabilität. Vergleichen Sie die Ergebnisse mit dem entsprechenden *wert*kontinuierlichen System.

4 Die z-Transformation

Im vorherigen Kapitel haben wir die z-Transformation als Hilfsmittel zur Beschreibung und Berechnung von diskreten LTI-Systemen kennengelernt. Im folgenden werden wir weitere Eigenschaften, Rechenregeln und Korrespondenzen herleiten, die die Anwendung der z-Transformation für viele Problemstellungen vereinfachen.

4.1 Definition und Konvergenz

Die *z-Transformation* ordnet der reellen oder komplexen Folge $x[k]$ (diskretes Signal) eine Funktion $X(z)$ der komplexen Variablen z zu:

Definition der z-Transformation:

einseitig:
$$X(z) = \mathcal{Z}_I\{x[k]\} = \sum_{k=0}^{\infty} x[k]\,z^{-k} \tag{4.1}$$

zweiseitig:
$$X(z) = \mathcal{Z}_{II}\{x[k]\} = \sum_{k=-\infty}^{\infty} x[k]\,z^{-k}. \tag{4.2}$$

Neben der bereits bekannten *zweiseitigen* Definition existiert auch eine *einseitige* Form, die nur den kausalen Signalanteil berücksichtigt. Letztere wird hauptsächlich zur Lösung von Anfangswertproblemen (siehe Abschnitt 4.4) benötigt. Bezüglich ihrer Eigenschaften sind beide Formen nahezu identisch. Im folgenden werden wir den allgemeineren Fall der zweiseitigen Transformation behandeln und gegebenenfalls auf Unterschiede zur einseitigen Form hinweisen.

Die z-Transformierte *existiert* für diejenigen $z \in \mathcal{K} \subseteq \mathbb{C}$, für die die Summe absolut konvergiert:

$$\sum_{k=-\infty}^{\infty} |x[k]\,z^{-k}| < \infty, \quad z \in \mathcal{K}. \tag{4.3}$$

$\mathcal{K}$ bezeichnet man als *Konvergenzgebiet* der z-Transformierten.

Die Zuordnung ist eindeutig und kann als Abbildung der Folge $x[k]$ aus dem *Originalbereich* in den *Bildbereich* $X(z)$ verstanden werden. Den Originalbereich bezeichnet man oft auch als *Zeitbereich* und den Bildbereich als *z-Bereich*. Zur abkürzenden Schreibweise der Beziehung zwischen Original- und Bildfunktion, d.h. der *Korrespondenz*, verwenden wir das Hantelsymbol:

$$x[k] \circ\!\!-\!\!\bullet\ X(z) \qquad \text{bzw.} \qquad X(z) \bullet\!\!-\!\!\circ\ x[k].$$

Die Definition der z-Transformation (4.2) zeigt eine enge Beziehung zur Darstellung komplexer Funktionen über Laurent-Reihen. In unserem Fall stellen die Werte der Folge $x[k]$ genau die

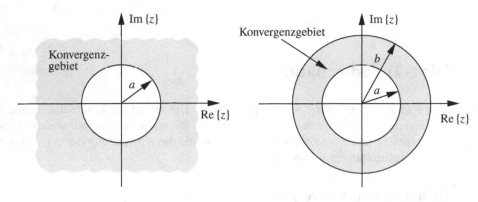

a: einseitige Transformation   b: zweiseitige Transformation

Bild 4.1: Konvergenzgebiete der z-Transformation

Koeffizienten der Laurent-Reihenentwicklung der z-Transformierten $X(z)$ um den Punkt $z = 0$ dar. Diese Darstellung ist eindeutig für Werte von z, die innerhalb eines Kreisgebietes liegen, in dem $X(z)$ analytisch[1] ist. In unserem Fall mit Entwicklungspunkt $z = 0$ ist dies ein um den Ursprung konzentrisches Kreisringgebiet (siehe Bild 4.1 b):

$$0 < a < |z| < b \, .$$

Dieses Gebiet, in dem die Laurent-Reihe die z-Transformierte $X(z)$ eindeutig darstellt, ist das Konvergenzgebiet der z-Transformierten.

Die Laurent-Reihe läßt sich in den *regulären Teil* mit positiven Potenzen von z und den *Hauptteil* mit negativen Potenzen von z zerlegen:

$$X(z) \; = \; \underbrace{\sum_{k=0}^{\infty} x[k] \, z^{-k}}_{\text{Hauptteil}} + \underbrace{\sum_{k=1}^{\infty} x[-k] \, z^{k}}_{\text{regulärer Teil}} \, . \qquad (4.4)$$

Die untere Grenze a des Konvergenzgebietes wird dabei durch den Hauptteil (kausaler Signalanteil) und die obere Grenze b durch den regulären Teil (antikausaler Signalanteil) bestimmt. Dieser entfällt bei der einseitigen Transformation, womit sich die Konvergenz außerhalb eines Kreisgebietes ergibt, siehe Bild 4.1 a.

Beispiel 4.1:   Transformation zweiseitige Exponentialfolge
Wir bestimmen die z-Transformierte des zweiseitigen Signals

$$x[k] \; = \; a^{|k|} \; = \; \begin{cases} a^{-k} & k < 0 \\ a^{k} & k \geq 0 \, . \end{cases}$$

---

1 Bei rationalen Funktionen bedeutet dies, daß $X(z)$ *keine Pole* in diesem Gebiet aufweist.

Für den kausalen Anteil $a^k \, \varepsilon[k]$ ergibt sich die z-Transformierte zu

$$X_k(z) = \sum_{k=0}^{\infty} a^k \, z^{-k} = \sum_{\substack{k=0 \\ \uparrow \\ |\frac{a}{z}| < 1}}^{\infty} \left(\frac{a}{z}\right)^k = \frac{1}{1-\frac{a}{z}} = \frac{z}{z-a} \, . \qquad (4.5)$$

Aufgrund der Bedingung $|a/z| < 1$, die sich aus der Summenformel der geometrischen Reihe (A.78) von Seite 324 ergibt, gilt diese Lösung nur für $|z| > |a|$. Die z-Transformierte existiert also nur in dem Konvergenzgebiet $|z| > |a|$, d.h. außerhalb eines Kreises mit Radius $|a|$.

Für den antikausalen Anteil $a^{-k} \, \varepsilon[-k-1]$ ergibt sich

$$X_a(z) = \sum_{\substack{k=-\infty \\ \uparrow \\ i = -k-1}}^{-1} a^{-k} \, z^{-k} = \sum_{i=0}^{\infty} (az)^{i+1} = az \sum_{\substack{i=0 \\ \uparrow \\ |az| < 1}}^{\infty} (az)^i = az \cdot \frac{1}{1-az} = \frac{-z}{z-\frac{1}{a}} \, . \qquad (4.6)$$

In diesem Fall existiert die z-Transformierte nur in dem Konvergenzgebiet $|z| < |\frac{1}{a}|$, d.h. innerhalb eines Kreises mit Radius $b = |\frac{1}{a}|$.

Als Gesamtergebnis erhalten wir also

$$x[k] = a^{-k} \, \varepsilon[-k-1] + a^k \, \varepsilon[k] = a^{|k|}$$

$$ \quad \overset{\circ}{\underset{\bullet}{\big|}} \, |z| < |\tfrac{1}{a}| \qquad \overset{\circ}{\underset{\bullet}{\big|}} \, |z| > |a| \qquad \overset{\circ}{\underset{\bullet}{\big|}} \, |a| < |z| < |\tfrac{1}{a}|$$

$$X(z) = \frac{az}{1-az} + \frac{z}{z-a} = \frac{z\left(u-\frac{1}{a}\right)}{(z-a)\left(z-\frac{1}{a}\right)} \, .$$

Das Konvergenzgebiet des gesamten Signals ist die Schnittmenge der Konvergenzgebiete der beiden Teilsignale und somit ein Kreisring in der komplexen z-Ebene. Damit diese Schnittmenge nicht leer ist, muß $|a| < |b| = |\frac{1}{a}|$, d.h. $|a|^2 < 1$, gelten. Ist diese Bedingung nicht erfüllt, gibt es keinen Punkt in der komplexen z-Ebene, für den die z-Transformierte konvergiert. In diesem Fall ist das Signal nicht z-transformierbar. In unserem Beispiel ist das für $|a| \geq 1$ der Fall, so daß z.B. das konstante Signal $x[k] = 1$ nicht z-transformierbar ist. ∎

Anhand dieses Beispiels läßt sich außerdem die Bedeutung des Konvergenzgebietes gut erkennen: Für $a = 1$ erhält man aus Gleichung (4.5) bzw. (4.6)

$$\varepsilon[k] \quad \circ\!\!-\!\!\bullet \quad \frac{z}{z-1} \, , \quad |z| > 1 \quad \text{und} \quad -\varepsilon[-k-1] \quad \circ\!\!-\!\!\bullet \quad \frac{z}{z-1} \, , \quad |z| < 1 \, .$$

Wir sehen, daß zur selben z-Transformierten in Abhängigkeit des Konvergenzgebietes unterschiedliche Zeitfolgen gehören. Daraus folgt, daß die Signalbeschreibung über die z-Transformierte nur mit der Angabe ihres Konvergenzgebietes eindeutig ist.

Die Konvergenzgebiete werden durch die Lage der singulären Punkte, d.h. bei rationalen z-Transformierten durch die Lage der Polstellen, bestimmt. Die Grenzen zwischen den verschiedenen Konvergenzgebieten sind dabei durch die Pole verlaufende und um den Ursprung konzentrische

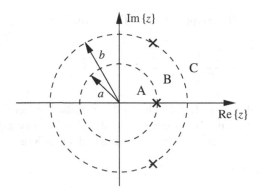

Bild 4.2: Mögliche Konvergenzgebiete einer rationalen z-Transformierten

Kreise. Bild 4.2 verdeutlicht diesen Sachverhalt. In diesem Fall besitzt die z-Transformierte eine Polstelle mit $|z| = a$ und ein Polstellenpaar mit $|z| = b$. Daraus ergeben sich die drei möglichen Konvergenzgebiete:

A: $|z| < a$, d.h. das Innere eines Kreises mit Radius a,

B: $a < |z| < b$, d.h. ein Kreisring mit Radien a und b, und

C: $|z| > b$, d.h. das Äußere eines Kreises mit Radius b.

Zu den unterschiedlichen Konvergenzgebieten gehören selbstverständlich unterschiedliche Zeitsignale (vergleiche dazu Aufgabe 4.8). Diese Zeitsignale weisen dabei in Abhängigkeit der Art des Konvergenzgebietes (Kreis, Kreisring) bestimmte Eigenschaften auf, die folgendermaßen zusammengefaßt werden können (vergleiche dazu Beispiel 4.1):

Die z-Transformierten

- von *rechtsseitigen* Signalen konvergieren *außerhalb eines Kreises* (bei nicht verschwindendem antikausalem Anteil treten im Punkt $z = \infty$ Pole auf; dieser ist dann ausgeschlossen),

- von *linksseitigen* Signalen *innerhalb eines Kreises* (bei nicht verschwindendem kausalem Anteil ist der Punkt $z = 0$ ausgeschlossen),

- von *zweiseitigen* Signalen *innerhalb eines Kreisringes* in der komplexen z-Ebene und

- von *zeitbegrenzten* Signalen *in der gesamten z-Ebene* mit Ausnahme der Punkte $z = 0$ und $z = \infty$.

Die letzte Aussage folgt dabei aus der Tatsache, daß die z-Transformierten zeitbegrenzter Signale *endliche* Laurent-Reihen darstellen, die eine endliche Anzahl von Polen nur im Ursprung (kausaler Signalanteil) und/oder im Unendlichen (antikausaler Anteil) aufweisen. Aus diesem Grunde ergeben sich bei zeitbegrenzten Signalen nie Konvergenzprobleme.

Wenden wir uns nun dem praktisch bedeutendsten Fall kausaler Signale bzw. der einseitigen z-Transformation zu. Nach den vorherigen Ausführungen konvergieren die z-Transformierten in diesem Fall stets außerhalb eines Kreises. Der Radius dieses Kreises, der auch als *Konvergenzradius* bezeichnet wird, wird dabei durch den betragsmäßig größten Pol bestimmt (vergleiche Bild

4.2). Im Zeitbereich entspricht dies der am stärksten aufklingenden Exponentialfolge. Das legt die Vermutung nahe, daß in diesem Fall die z-Transformierten für alle Signale, die nicht stärker als exponentiell steigen, existieren. Unter der Voraussetzung

$$|x[k]| \le e^{bk}, \quad b \in \mathbb{R}$$

erhalten wir mit der Darstellung

$$z = r \cdot e^{j\varphi} = e^a \cdot e^{j\varphi}, \quad a \in \mathbb{R}$$

aus Gleichung (4.3) von Seite 73

$$\sum_{k=0}^{\infty} |x[k] \, z^{-k}| = \sum_{k=0}^{\infty} |x[k]| \, e^{-ak} \le \sum_{k=0}^{\infty} e^{bk} \, e^{-ak} = \sum_{k=0}^{\infty} e^{(b-a)\,k} < \infty, \quad a > b,$$

was unsere Vermutung bestätigt. Wählen wir also den Konvergenzradius $r = e^a$ nur groß genug, so erhalten wir für alle praktisch relevanten Signale Konvergenz. Lediglich für die stärker als exponentiell anwachsenden Signale wie z.B. $x[k] = e^{k^2}$ oder $x[k] = k\,!$ konvergiert und existiert daher die z-Transformierte nicht. Den als Betrag der komplexen Variable z in obiger Gleichung auftretenden Exponentialfaktor e^{-ak} bezeichnet man auch als *Konvergenz sichernden Faktor*, da er für $k \to \infty$ die Summanden so schnell nach null drückt, daß die Summe absolut konvergiert.

Die Aussagen des letzten Abschnitts gelten allgemein für rechtsseitige Signale, die sich von kausalen Signalen durch einen eventuell hinzukommenden zeitbegrenzten (und damit unproblematischen) antikausalen Anteil unterscheiden. Für linksseitige Signale gilt das Entsprechende, d.h. Konvergenz für praktisch alle Signale. In diesem Fall liegt das Konvergenzgebiet *innerhalb* eines Kreises, der durch den betragsmäßig *kleinsten* Pol bestimmt wird.

Für einseitige Signale stellt die Konvergenz kein Problem dar, wodurch praktisch jedes einseitige Signal z-transformierbar ist. Dagegen kann nur eine sehr eingeschränkte Menge von zweiseitigen Signalen z-transformiert werden, wie wir anhand Beispiel 4.1 gesehen haben. Dies liegt hauptsächlich darin begründet, daß der Konvergenz sichernde Faktor nur entweder für positive oder negative Zeiten greift. Aus diesem Grunde ist eine hinreichende, aber nicht notwendige Bedingung für die Existenz einer z-Transformierten die absolute Summierbarkeit des Signals, da in diesem Fall keine zusätzlichen Konvergenz sichernden Maßnahmen nötig sind. In der Regel sind daher nur zweiseitige Energiesignale transformierbar (vergleiche Ausführungen von Seite 60), die zweiseitigen Exponentialfolgen (Eigenfolgen) allerdings nicht.

Fassen wir die uns aus dem letzten Kapitel bekannten Korrespondenzen nochmals zusammen:

Elementare Korrespondenzen:

$\delta[k]$	○—●	1	$z \in \mathbb{C}$	(4.7)
$\varepsilon[k]$	○—●	$\dfrac{z}{z-1}$	$\|z\| > 1$	(4.8)
$a^k \, \varepsilon[k]$	○—●	$\dfrac{z}{z-a}$	$\|z\| > \|a\|$	(4.9)

4.2   Eigenschaften und Rechenregeln

Im folgenden werden die wesentlichen Eigenschaften der z-Transformation hergeleitet, die in der Form von Rechenregeln bei der Anwendung der Transformation hilfreich sind.

4.2.1   Linearität

Direkt aus der Definition der z-Transformation folgt die Eigenschaft der

Linearität:

$$c_1\, x_1[k] + c_2\, x_2[k] \quad \circ\!\!-\!\!\bullet \quad c_1\, X_1(z) + c_2\, X_2(z) \qquad \mathcal{K} \supseteq \mathcal{K}_{x_1} \cap \mathcal{K}_{x_2}. \qquad (4.10)$$

Durch die Skalierung mit einer Konstanten c_i ändert sich das Konvergenzgebiet der z-Transformierten nicht. Bei der Addition zweier z-Transformierten ergibt sich für die resultierende z-Transformierte das Konvergenzgebiet in der Regel als Schnittmenge der beiden einzelnen Konvergenzgebiete. Kürzen sich jedoch durch die Addition Pole weg, so kann sich das Konvergenzgebiet vergrößern.

Beispiel 4.2:   **Konvergenzgebietsvergrößerung bei linearer Operation**
Wir betrachten das additiv zusammengesetzte Signal

$$x[k] \;=\; \varepsilon[k] - \varepsilon[k-1] \qquad =\; \delta[k]$$
$$\circ\!\!-\!\!\bullet$$
$$X(z) \;=\; \underbrace{\frac{z}{z-1}}_{|z|>1} - \underbrace{\frac{1}{z-1}}_{|z|>1} \;=\; \frac{z-1}{z-1} \;=\; \underbrace{1}_{z \in \mathbb{C}}.$$

In diesem Sonderfall kürzt sich der Pol bei $z = 1$ durch die Operation weg, wodurch sich das Konvergenzgebiet vergrößert. ■

4.2.2   Verschiebung im Zeitbereich

Für die zeitlich verschobene Folge $x[k - k_0]$ gilt die bereits bekannte Regel der

Verschiebung im Zeitbereich:

$$x[k - k_0] \quad \overset{\mathcal{Z}_{II}}{\circ\!\!-\!\!\bullet} \quad z^{-k_0} \cdot X(z) \qquad \mathcal{K} = \mathcal{K}_x \qquad (4.11)$$

$$x[k - k_0] \quad \overset{\mathcal{Z}_{I}}{\circ\!\!-\!\!\bullet} \quad z^{-k_0} \cdot X(z) \quad \begin{cases} -\displaystyle\sum_{i=0}^{-k_0-1} x[i]\, z^{-k_0-i} & k_0 < 0 \\[3mm] +\displaystyle\sum_{i=-k_0}^{-1} x[i]\, z^{-k_0-i} & k_0 > 0. \end{cases} \qquad (4.12)$$

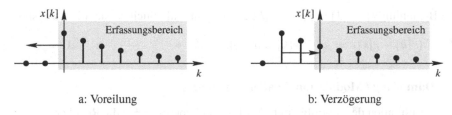

a: Voreilung b: Verzögerung

Bild 4.3: Veranschaulichung der Verschiebungsregel der einseitigen Transformation

Das Konvergenzgebiet ändert sich dabei nicht, sieht man von Sonderfällen für $z = 0$ oder $z = \infty$ ab. Dies mache man sich anhand eines nach links bzw. rechts verschobenen Dirac-Impulses klar.

Der Korrekturterm bei der *einseitigen* Transformation rührt von der Tatsache her, daß hier Werte der Folge aus dem Erfassungsbereich der Transformation ($k \geq 0$) herausfallen oder hinzukommen können. So ergibt sich beispielsweise für eine Voreilung mit $k_0 = -2$ (siehe Bild 4.3 a)

$$x[k+2] \quad \circ\!\!-\!\!\bullet \quad z^2 X(z) - x[0]\, z^2 - x[1]\, z^1$$

und für eine Verzögerung mit $k_0 = 2$ (siehe Bild 4.3 b)

$$x[k-2] \quad \circ\!\!-\!\!\bullet \quad z^{-2} X(z) + x[-2] + x[-1]\, z^{-1}\,.$$

Man beachte, daß für kausale Signale der Korrekturterm im zweiten Fall entfällt.

Über diese Beziehungen wird es bei der einseitigen Transformation möglich, zusätzliche Informationen in die Beschreibung mit einzubringen. Man spricht hier von *Anfangs-* oder *Randbedingungen*. Die dazugehörende Aufgabenstellung bezeichnet man als *Anfangswertproblem* und wird in Abschnitt 4.4 behandelt.

Beispiel 4.3: Zeitverschobene Exponentialfolge

Wir berechnen die Korrespondenz von $X(z) = \frac{1}{z-a}$, $|z| > a$:

$$\frac{z}{z-a} \quad \bullet\!\!-\!\!\circ \quad a^k \cdot \varepsilon[k]\,, \qquad\qquad |z| > a$$

$$\frac{1}{z-a} = z^{-1} \cdot \frac{z}{z-a} \quad \bullet\!\!-\!\!\circ \quad a^{k-1} \cdot \varepsilon[k-1]\,, \qquad |z| > a\,.$$

Man beachte, daß die Folge erst bei $k = 1$ beginnt.

Will man die z-Transformierte zu $a^{k-1} \cdot \varepsilon[k]$ bestimmen, so muß man von der nichtkausalen Folge a^k ausgehen, die man *einseitig* transformiert, und den Korrekturterm nach (4.12) berücksichtigen:

$$a^k \quad \circ\!\!-\!\!\bullet \quad \frac{z}{z-a}$$

$$a^{k-1} \quad \circ\!\!-\!\!\bullet \quad \frac{1}{z-a} + a^{-1} z^0 = \frac{1 + \frac{z}{a} - 1}{z-a} = \frac{1}{a} \cdot \frac{z}{z-a}\,.$$

Diese Korrespondenz hätte man jedoch einfacher über die Eigenschaft der Linearität bestimmt:

$$a^{k-1} \cdot \varepsilon[k] = \frac{1}{a} \cdot a^k \varepsilon[k] \quad \circ\!\!-\!\!\bullet \quad \frac{1}{a} \cdot \frac{z}{z-a}\,.$$

Über die Beziehung $\varepsilon[k-1] = \varepsilon[k] - \delta[k]$ erhält man schließlich wieder die Korrespondenz:

$$a^{k-1} \cdot (\varepsilon[k] - \delta[k]) = a^{k-1}\varepsilon[k] - a^{-1}\delta[k] \quad \circ\!\!-\!\!\bullet \quad \frac{1}{a} \cdot \frac{z}{z-a} - a^{-1} \cdot 1 = \frac{1}{z-a}. \qquad \blacksquare$$

4.2.3   Dämpfung / Modulation, Skalierung von z

Für die Multiplikation der Zeitfolge mit a^k gilt für beliebiges $a \neq 0$ die Regel der

---

Dämpfung oder Modulation der Zeitfolge:

$$a^k \cdot x[k] \qquad \circ\!\!-\!\!\bullet \qquad X\left(\frac{z}{a}\right) \qquad \mathcal{K} = |a| \cdot \mathcal{K}_x . \qquad (4.13)$$

Der Beweis erfolgt durch Einsetzen in die Definition:

$$\sum_{k=-\infty}^{\infty} a^k \cdot x[k]\, z^{-k} = \sum_{k=-\infty}^{\infty} x[k]\, \left(\frac{z}{a}\right)^{-k} .$$

Der Konvergenzradius multipliziert sich dabei um Faktor $|a|$.

Der Wert von a bestimmt den 'Charakter' der Operation, wobei sich insbesondere folgende zwei praktisch relevante Fälle ergeben:

- Dämpfung des Zeitsignals für $0 < a < 1$ (reelles a) und
- Modulation[2] des Zeitsignals für $a = e^{j\Omega_0}$ (komplexes a mit Betrag eins).

Beispiel 4.4:   Dämpfungsregel
Wir leiten die z-Transformierte zu $a^k \cdot \varepsilon[k]$ aus der Korrespondenz der Sprungfolge (4.8) her:

$$\varepsilon[k] \quad \circ\!\!-\!\!\bullet \quad \frac{z}{z-1} , \qquad\qquad |z| > 1$$

$$a^k \cdot \varepsilon[k] \quad \circ\!\!-\!\!\bullet \quad \frac{\frac{z}{a}}{\frac{z}{a}-1} = \frac{z}{z-a} , \qquad |z| > |a| .$$

Man beachte die Änderung des Konvergenzradius um Faktor $|a|$, da sich der Pol von $z = 1$ nach $z = a$ verschiebt. $\qquad\qquad\blacksquare$

4.2.4   Lineare Gewichtung, Ableitung im Bildbereich

Der linearen Gewichtung im Originalbereich entspricht die Ableitung im z-Bereich.

Lineare Gewichtung der Zeitfolge:

$$k \cdot x[k] \qquad \circ\!\!-\!\!\bullet \qquad -z \cdot \frac{d}{dz} X(z) \qquad \mathcal{K} = \mathcal{K}_x . \qquad (4.14)$$

---

2 Zur Erläuterung siehe Abschnitt 6.2.3.

Der Beweis erfolgt über die gliedweise Differentiation der z-Transformierten, was innerhalb des Konvergenzgebietes zulässig ist:

$$\frac{d}{dz} X(z) = \frac{d}{dz} \sum_{k=-\infty}^{\infty} x[k] z^{-k} = \sum_{k=-\infty}^{\infty} -k \cdot x[k] z^{-k-1} .$$

Die Multiplikation mit $-z$ und der Vergleich mit der Definition führt direkt auf die Regel (4.14). Das Konvergenzgebiet ändert sich nicht.

Beispiel 4.5:   Lineare Gewichtung

Wir berechnen die z-Transformierte der Rampenfolge $k \cdot \varepsilon[k]$:

$$\varepsilon[k] \quad \circ\!\!-\!\!\bullet \quad \frac{z}{z-1} \qquad\qquad\qquad |z| > 1$$

$$k \cdot \varepsilon[k] \quad \circ\!\!-\!\!\bullet \quad -z \cdot \frac{d}{dz} \frac{z}{z-1} = -z \cdot \frac{(z-1)-z}{(z-1)^2} = \frac{z}{(z-1)^2} \qquad |z| > 1 . \qquad\blacksquare$$

4.2.5   Zeitinversion und konjugiert komplexe Folgen

Für die zeitlich invertierte Folge existiert bei der zweiseitigen z-Transformation die Regel der

---

Zeitinversion:

$$x[-k] \quad \overset{z_{II}}{\circ\!\!-\!\!\bullet} \quad X\left(\frac{1}{z}\right) \qquad \mathcal{K} = 1/\mathcal{K}_x . \qquad\qquad (4.15)$$

Der Beweis erfolgt wieder unmittelbar durch Einsetzen in die Definitionsgleichung:

$$\sum_{k=-\infty}^{\infty} x[-k] z^{-k} \underset{i=-k}{\overset{\uparrow}{=}} \sum_{i=-\infty}^{\infty} x[i] z^{i} = X(z^{-1}) .$$

Man beachte, daß diese Regel nur bei der zweiseitigen z-Transformation anwendbar ist. Das Konvergenzgebiet ändert sich von

$$|z| < a \quad \text{nach} \quad |z| > \frac{1}{a} \qquad \text{bzw.} \qquad |z| > a \quad \text{nach} \quad |z| < \frac{1}{a} .$$

Beispiel 4.6:   Zeitinversion

Mit Hilfe der Korrespondenz

$$x[k] = a^k \varepsilon[k] \quad \circ\!\!-\!\!\bullet \quad \frac{z}{z-a} , \quad |z| > |a|$$

ergibt sich die z-Transformierte der linksseitigen Folge $x[k] = a^{-k} \varepsilon[-k]$ zu

$$x[k] = a^{-k} \varepsilon[-k] \quad \circ\!\!-\!\!\bullet \quad \frac{\frac{1}{z}}{\frac{1}{z}-a} = \frac{1}{1-za} , \quad |z| < \frac{1}{|a|} .$$

Mit $\varepsilon[-k-1] = \varepsilon[-k] - \delta[k]$ erhält man

$$a^{-k}\varepsilon[-k-1] \quad \circ\!\!-\!\!\bullet \quad \frac{1}{1-za} - 1 = \frac{za}{1-za} = \frac{-z}{z-\frac{1}{a}}, \quad |z| < \frac{1}{|a|},$$

was dem Ergebnis (4.6) aus Beispiel 4.1 entspricht. ∎

Ferner gilt für die

Konjugiert komplexe Zeitfolge:

$$x^*[k] \quad \circ\!\!-\!\!\bullet \quad X^*(z^*) \qquad \mathcal{K} = \mathcal{K}_x. \tag{4.16}$$

Dies läßt sich wieder durch Einsetzen in die Definitionsgleichung zeigen:

$$\sum_{k=-\infty}^{\infty} x^*[k]\, z^{-k} = \left[\sum_{k=-\infty}^{\infty} x[k]\, (z^*)^{-k}\right]^* = X^*(z^*).$$

Das Konvergenzgebiet ändert sich hierbei nicht.

Beispiel 4.7:   Konjugiert komplexe Folge

Für die einseitigen komplexen Exponentialschwingungen gilt nach (4.9):

$$x[k] = e^{j\Omega_0 k} \cdot \varepsilon[k] \quad \circ\!\!-\!\!\bullet \quad \frac{z}{z-e^{j\Omega_0}} \qquad\qquad |z| > 1$$

$$x^*[k] = e^{-j\Omega_0 k} \cdot \varepsilon[k] \quad \circ\!\!-\!\!\bullet \quad \left[\frac{z^*}{z^*-e^{j\Omega_0}}\right]^* = \frac{z}{z-e^{-j\Omega_0}} \qquad |z| > 1. \quad ∎$$

4.2.6   Faltungsregel und Korrelationstheorem

Eine zentrale Eigenschaft der z-Transformation ist die Überführung der Faltungsoperation im Zeitbereich in eine Multiplikation im z-Bereich durch die

---

Faltungsregel:

$$x[k] * y[k] \quad \circ\!\!-\!\!\bullet \quad X(z) \cdot Y(z) \qquad \mathcal{K} \supseteq \mathcal{K}_x \cap \mathcal{K}_y. \tag{4.17}$$

Die diskrete Faltung ist dabei nach (3.26) von Seite 43 definiert zu

$$x[k] * y[k] = \sum_{i=-\infty}^{\infty} x[i] \cdot y[k-i].$$

Die Faltungsregel haben wir bereits in Abschnitt 3.3.1 bewiesen und in den Beispielen 3.3 und 3.4 angewandt. Als resultierendes Konvergenzgebiet ergibt sich die Schnittmenge der beiden einzelnen Konvergenzgebiete (bzw. beim Wegkürzen von Polen eine Obermenge davon).

Beispiel 4.8:   Konvergenzgebietsvergrößerung bei Faltung

Wir betrachten das Faltungsprodukt

$$x[k] \;=\; \varepsilon[k] * \big[\delta[k] - \delta[k-1]\big]$$

$$X(z) \;=\; \underbrace{\tfrac{z}{z-1}}_{|z|>1} \cdot \underbrace{\big[1 - \tfrac{1}{z}\big]}_{|z|>0} \;=\; \tfrac{z}{z-1} \cdot \tfrac{z-1}{z} \;=\; \underbrace{1}_{z\in\mathbb{C}} \;.$$

Als Ergebnis ergibt sich $x[k] = \delta[k]$, d.h. es handelt sich um zwei zueinander inverse Systeme bzw. Signale (vergleiche Seite 56), wodurch sich in diesem Sonderfall das Konvergenzgebiet vergrößert.   ■

Bei der *einseitigen* z-Transformation ist zu beachten, daß diese die antikausalen Signalanteile ausblendet, so daß die korrespondierende Faltungsoperation hier folgendermaßen lautet:

$$x[k] * y[k] \;=\; \sum_{i=0}^{k} x[i] \cdot y[k-i]\,.$$

Die Darstellung der Korrelationsfunktion für Energiesignale über die Faltung nach Gleichung (3.43) von Seite 51 zu

$$\varphi_{xy}^{E}[k] \;=\; \sum_{i=-\infty}^{\infty} x^{*}[i]\,y[i+k] \;=\; x^{*}[-k] * y[k]$$

liefert uns mit Hilfe der Sätze über zeitlich invertierte und konjugiert komplexe Folgen (4.15) und (4.16) das

---

Korrelationstheorem:

$$\varphi_{xy}^{E}[k] \quad \circ\!\!-\!\!\bullet \quad X^{*}\!\left(\tfrac{1}{z^{*}}\right) \cdot Y(z) \qquad \mathcal{K} \supseteq 1/\mathcal{K}_{x} \cap \mathcal{K}_{y}\,. \qquad (4.18)$$

Für reelle Zeitsignale kann die Bildung der konjugiert komplexen Werte entfallen. Das Konvergenzgebiet ist die Schnittmenge der Konvergenzgebiete von $X(1/z)$ und $Y(z)$.

4.2.7   Multiplikation im Zeitbereich

Für die Multiplikation zweier Zeitfolgen gilt die Regel der

Multiplikation im Zeitbereich:

$$x[k] \cdot y[k] \quad \circ\!\!-\!\!\bullet \quad \frac{1}{2\pi j} \oint_{\mathcal{C}} X(\zeta) \cdot Y\!\left(\tfrac{z}{\zeta}\right) \zeta^{-1}\, d\zeta\,. \qquad (4.19)$$

Der Integrationsweg $\mathcal{C}$ muß dabei sowohl im Konvergenzgebiet von $X(\zeta)$ als auch im Konvergenzgebiet von $Y(z/\zeta)$ verlaufen. Da die Auswertung des Integrals im allgemeinen nicht ganz einfach ist, hat diese Regel kaum praktische Bedeutung. Daher verzichten wir hier auch auf den Beweis und verweisen beispielsweise auf [7].

4.2.8   Grenzwertsätze der einseitigen z-Transformation

Für die einseitige z-Transformation existieren zwei Sätze, mit deren Hilfe man den Anfangs- bzw. den Endwert einer Zeitfolge direkt aus ihrer z-Transformierten ohne Rücktransformation ablesen kann.

Für den Anfangswert einer Folge gilt der

Anfangswertsatz:

$$x[0] \; = \; \lim_{z \to \infty} X(z)\,. \tag{4.20}$$

Der Satz folgt unmittelbar mit der Definitionsgleichung von Seite 73:

$$\lim_{z \to \infty} X(z) \; = \; \lim_{z \to \infty} \left(x[0] + \tfrac{x[1]}{z} + \tfrac{x[2]}{z^2} + \ldots \right) \; = \; x[0]\,.$$

Für rationale z-Transformierte $X(z)$ läßt sich die Aussage (4.20) noch verallgemeinern. Ist der Zählergrad M kleiner als der Nennergrad N, so gilt $x[0] = 0$, da $X(z)$ eine Nullstelle im Unendlichen besitzt, wobei die Vielfachheit $M - N$ beträgt. In diesem Fall wenden wir die Verschiebungsregel (4.12) an und verschieben $x[k]$ um $k_0 = M - N$ Werte nach links, wodurch bei der korrespondierenden z-Transformierten Zählergrad gleich Nennergrad wird. Darauf wenden wir die Regel (4.20) an, wodurch sich folgende Aussage ergibt:

Ist der Nennergrad einer z-Transformierten um $k_0 = N - M$ größer als der Zählergrad, so gilt für die Zeitfolge:

$$x[k] \; = \; 0 \quad \text{für} \quad k = 0 \ldots k_0 - 1 \quad \text{und} \quad x[k_0] = \lim_{z \to \infty} z^{k_0}\, X(z)\,. \tag{4.21}$$

Beispiel 4.9:   Anfangswert kausale Exponentialfolge

Wir berechnen den Anfangswert der Exponentialfolge $x[k] = a^k \cdot \varepsilon[k]$ $\circ\!\!-\!\!\bullet$ $\frac{z}{z-a}$:

$$x[0] \; = \; \lim_{z \to \infty} \tfrac{z}{z-a} \; = \; \lim_{z \to \infty} \tfrac{1}{1 - \frac{a}{z}} \; = \; 1 \; = \; a^0\,.$$

Als Gegenbeispiel für die Anwendbarkeit bei zweiseitigen Signalen dient uns das Signal aus Beispiel 4.1:

$$x[k] \; = \; a^{|k|} \quad \circ\!\!-\!\!\bullet \quad \frac{z\left(a - \frac{1}{a}\right)}{(z-a)\left(z - \frac{1}{a}\right)}\,.$$

Die formale Anwendung des Anfangswertsatzes liefert:

$$\lim_{z \to \infty} \frac{z\left(a - \frac{1}{a}\right)}{(z-a)\left(z - \frac{1}{a}\right)} = 0 \neq x[0] \,.$$

∎

Hat die z-Transformierte $X(z)$ nur Pole innerhalb des Einheitskreises und höchstens einen einfachen Pol bei $z = 1$, dann gilt der

---

Endwertsatz:

$$\lim_{k \to \infty} x[k] = \lim_{z \to 1} (z - 1)\, X(z) \,. \qquad (4.22)$$

Man beachte, daß die Existenz des Grenzwertes keine hinreichende Bedingung für die Gleichung (4.22) ist, wie folgendes Beispiel zeigt:

Beispiel 4.10:   **Endwert kausale Exponentialfolge**

Wir betrachten die kausale Exponentialfolge $a^k \cdot \varepsilon[k]$ ⭘—● $\frac{z}{z-a}$ mit einem Pol bei $z = a$, deren Endwert

$$\lim_{k \to \infty} x[k] = \begin{cases} 0 & |a| < 1 \\ 1 & a = 1 \\ \infty & |a| > 1 \end{cases}$$

beträgt. Liegt a auf dem Einheitskreis, aber nicht genau bei eins ($|a| = 1$, $\sphericalangle a \neq 0$), handelt es sich um Schwingungen, für die kein Grenzwert existiert. Die Anwendung des Endwertsatzes liefert

$$\lim_{z \to 1} (z - 1)\, X(z) = \lim_{z \to 1} \frac{z(z-1)}{z-a} = \begin{cases} 1 & a = 1 \\ 0 & \text{sonst} \,. \end{cases}$$

Wir erkennen die Übereinstimmung der beiden Ausdrücke bei Erfüllung der Voraussetzungen, d.h. für $|a| < 1$ (Pol innerhalb des Einheitskreises) und für $a = 1$, nicht jedoch bei Verletzung der Voraussetzungen. ∎

Dieses Beispiel liefert uns folgende anschauliche Begründung des Endwertsatzes: Sind die Voraussetzungen erfüllt, setzt sich die Folge $x[k]$ aus abklingenden Exponentialfolgen (Pole innerhalb des Einheitskreises) und evtl. einem konstanten Anteil (Pol bei $z = 1$) zusammen (vergleiche Abschnitt 3.4.2). Für $k \to \infty$ verschwinden die Anteile der abklingenden Exponentialfolgen, und nur der konstante Anteil mit Pol bei $z = 1$ bleibt übrig, für den der Grenzwert (4.22) die Berechnung des Koeffizienten als Residuum nach Gleichung (4.32) von Seite 89 darstellt.

4.2.9   Weitere Eigenschaften

4.2.9.1   Diskrete Ableitung und Integration

Das diskrete Pendant zur Differentiation kontinuierlicher Funktionen erhält man, wenn man den Differentialquotienten durch den Differenzenquotienten ersetzt:

$$\frac{d}{dt}\,x(t) \;=\; \lim_{\Delta t \to 0} \frac{x(t)-x(t-\Delta t)}{\Delta t} \quad \Rightarrow \quad x[k] - x[k-1].$$

Durch Anwendung der Verschiebungsregel erhält man

$$x[k] - x[k-1] \quad \circ\!\!-\!\!\bullet \quad X(z) \cdot (1 - z^{-1}) \;=\; X(z) \cdot \tfrac{z-1}{z}$$

und damit die Regel für die

Diskrete Ableitung:

$$x[k] - x[k-1] \qquad \circ\!\!-\!\!\bullet \qquad X(z) \cdot \frac{z-1}{z} \qquad \mathcal{K} = \mathcal{K}_x. \tag{4.23}$$

Die inverse Operation, die diskrete Integration, entspricht der Summation über alle Signalwerte bis zum aktuellen Zeitpunkt und ist uns bereits aus Abschnitt 3.3.3 bekannt. Die entsprechende Berechnungsformel (3.39) von Seite 50 führt unter Anwendung der Faltungsregel und der Korrespondenz der Sprungfolge auf

$$\sum_{i=-\infty}^{k} x[i] \;=\; x[k] * \varepsilon[k] \quad \circ\!\!-\!\!\bullet \quad X(z) \cdot \tfrac{z}{z-1},$$

und damit auf die Regel für die

Diskrete Integration:

$$\sum_{i=-\infty}^{k} x[i] \qquad \circ\!\!-\!\!\bullet \qquad X(z) \cdot \frac{z}{z-1} \qquad \mathcal{K} \supseteq \mathcal{K}_x \cap \{\,|z| > 1\,\}. \tag{4.24}$$

An den beiden Regeln im z-Bereich sieht man gut, daß es sich um zueinander inverse Systeme handelt (vergleiche Seite 56).

4.2.9.2   Periodisch fortgesetzte Folgen

Für kausale Folgen läßt sich folgende Regel angeben:

Periodisch fortgesetzte Folge:

$$\sum_{i=0}^{\infty} x[k - iN_{\mathrm{p}}] \qquad \circ\!\!-\!\!\bullet \qquad X(z) \cdot \frac{1}{1 - z^{-N_{\mathrm{p}}}} \qquad \mathcal{K} \supseteq \mathcal{K}_x \cap \{\,|z| > 1\,\}. \tag{4.25}$$

Diese Regel folgt aus der Signaldarstellung (siehe Abschnitt 3.3.4)

$$\sum_{i=0}^{\infty} x[k - iN_\mathrm{p}] = x[k] * (\text{Ш}_{N_\mathrm{p}}[k] \cdot \varepsilon[k]),$$

der Anwendung der Faltungsregel und der Korrespondenz:

$$\text{Ш}_{N_\mathrm{p}}[k] \cdot \varepsilon[k] = \sum_{i=0}^{\infty} \delta[k - iN_\mathrm{p}] \;\circ\!\!-\!\!\bullet\; \sum_{i=0}^{\infty} z^{-iN_\mathrm{p}} = \sum_{i=0}^{\infty} \left(z^{-N_\mathrm{p}}\right)^i \underset{\uparrow}{=} \frac{1}{1 - z^{-N_\mathrm{p}}} \,.$$

$$(\text{A.78})$$

4.2.9.3 Einfügen von Nullen, Upsampling

Das Signal $\tilde{x}[k]$ leite sich aus dem Signal $x[k]$ durch Einfügen von jeweils $N - 1$ Nullwerten zwischen zwei Signalwerten ab:

$$\tilde{x}[k] = \begin{cases} x\left[\frac{k}{N}\right] & , \quad \frac{k}{N} \in \mathbb{Z} \\ 0 & , \quad \text{sonst.} \end{cases}$$

Diese Operation kann als eine zeitliche Dehnung des Signals mit Zwischenwerten Null aufgefaßt werden und wird auch als *Upsampling* bezeichnet. Im Bildbereich entspricht dies dem Übergang von z nach z^N, was direkt aus der Definitionsgleichung der z-Transformation folgt:

Upsampling:

$$x\left[\frac{k}{N}\right], \quad \frac{k}{N} \in \mathbb{Z} \;\circ\!\!-\!\!\bullet\; X\left(z^N\right) \qquad \mathcal{K} \supseteq \sqrt[N]{\mathcal{K}_x} \,. \qquad (4.26)$$

4.2.9.4 Summation über Zeitsignal

Für die Summation über alle Werte einer Folge gilt die Beziehung:

Summation über Zeitfolge:

$$\sum_{k=-\infty}^{\infty} x[k] = X(z)\Big|_{z=1} \,. \qquad (4.27)$$

Man beachte, daß es sich hierbei um einen skalaren Wert handelt. Die Regel ergibt sich direkt aus der Definition der z-Transformation für $z = 1$.

4.3 Die Rücktransformation

Im letzten Kapitel haben wir mit der Partialbruchzerlegung bereits ein wichtiges Verfahren zur Rücktransformation rationaler z-Transformierten kennengelernt. In diesem Abschnitt wollen wir diese Methode vertiefen und uns weitere Verfahren anschauen.

4.3.1   Partialbruchzerlegung

Für rationale z-Transformierte stellt die Rücktransformation über die Partialbruchzerlegung das wichtigste und einfachste Verfahren dar. Hinter dieser Methode steckt die Idee, eine komplizierte Funktion in einfache, elementare Terme zu zerlegen, die jeweils getrennt einfach behandelt werden können.[3] Das Gesamtergebnis ergibt sich dann als Summe der Einzelergebnisse (Superposition).

Wir wollen uns im folgenden auf den praktisch relevanten Fall von rechtsseitigen Signalen beschränken, d.h. auf z-Transformierte, die außerhalb eines Kreises $|z| > r_0$ konvergieren. Das Signal weist eventuell noch einen zeitbegrenzten, antikausalen Anteil auf, zu dem eine endliche Anzahl von Polstellen im Unendlichen bei der z-Transformierten gehören (Zählergrad größer Nennergrad). Dieser Anteil läßt sich als Polynom in z aus der z-Transformierten mittels Polynomdivision abspalten und mit Hilfe folgender Korrespondenz getrennt behandeln:

$$z^{k_0} \quad \bullet\!\!-\!\!\circ \quad \delta[k + k_0] \, . \tag{4.28}$$

Da erst die Potenzen von z ab $k_0 = 1$ einem antikausalen Anteil entsprechen, empfiehlt es sich, die Polynomdivision nicht direkt mit der z-Transformierten $X(z)$, sondern mit $X(z)/z$ durchzuführen.

Beispiel 4.11:   Abspaltung des antikausalen Anteils mittels Polynomdivision

Die zu dem rechtsseitigen Signal $x[k]$ gehörende z-Transformierte

$$X(z) \; = \; \frac{z^3}{z-a}$$

weist einen höheren Zähler- als Nennergrad, und damit das Zeitsignal einen antikausalen Anteil, auf. Die Abspaltung dieses Anteils erfolgt mittels Polynomdivision von

$$\widetilde{X}(z) \; = \; \frac{X(z)}{z} \; = \; \frac{z^2}{z-a} \qquad \begin{array}{l} z^2 \\ \underline{z^2 - az} \\ \quad az \\ \quad \underline{az - a^2} \\ \qquad a^2 \end{array} \quad : (z-a) = z + a + \frac{a^2}{z-a} \; = \; \frac{X(z)}{z} \, .$$

Daraus ergibt sich

$$X(z) \; = \quad z^2 \quad + \quad a \cdot z \quad + \quad a^2 \cdot \frac{z}{z-a}$$

$$x[k] \; = \quad \delta[k+2] \quad + \quad a \cdot \delta[k+1] \quad + \quad a^2 \cdot a^k \cdot \varepsilon[k] \quad = \quad a^{k+2} \cdot \varepsilon[k+2] \, .$$

Man beachte, daß in diesem Fall auch eine direkte Lösung durch die Anwendung der Verschiebungsregel (4.11) auf die Korrespondenz (4.9) möglich ist.   ∎

---

3 Diese Methode ist aus der Mathematik zur Integration allgemeiner rationaler Funktionen bekannt.

Nach dem Abspalten eines eventuell vorhandenen Polynoms in z (antikausaler Signalanteil) verbleibt als Restterm eine rationale Funktion, deren Zählergrad maximal dem Nennergrad entspricht und die die z-Transformierte eines kausalen Signals darstellt:

$$X(z) = \frac{\sum\limits_{i=0}^{N} b_i \cdot z^i}{\sum\limits_{i=0}^{N} a_i \cdot z^i} = \frac{b_0 + b_1 \cdot z^1 + \cdots + b_N \cdot z^N}{a_0 + a_1 \cdot z^1 + \cdots + a_N \cdot z^N}, \quad a_N \neq 0. \tag{4.29}$$

In diesem Fall ist die Funktion $\widetilde{X}(z) = X(z)/z$ *echt gebrochen rational* und führt nach der Partialbruchzerlegung (siehe Anhang A.5) auf folgende, für die Rücktransformation geeignete Form:

$$X(z) = z \cdot \widetilde{X}(z) = \underbrace{\sum_i \frac{r_i \cdot z}{z - \alpha_i}}_{\text{einfache Pole}} + \underbrace{\sum_i \sum_{l=1}^{m_i} \frac{\tilde{r}_{i,l} \cdot z}{(z - \tilde{\alpha}_i)^l}}_{\text{mehrfache Pole}}. \tag{4.30}$$

Die Polstellen α_i bzw. $\tilde{\alpha}_i$ sind dabei im allgemeinen komplex.

Die direkte Partialbruchzerlegung von $X(z)$ führt zwar prinzipiell auch zu einer Lösung, jedoch im allgemeinen in einer etwas komplizierteren Darstellung. In diesem Fall fehlt jeweils der Term z im Zähler der Entwicklungsglieder, so daß die elementaren Korrespondenzen in einer zeitverschobenen Version anzuwenden sind.

Die nach Gleichung (4.30) zu einfachen Polen gehörenden Glieder sind von der Form der bekannten Korrespondenz (4.9), d.h. es gilt für

Einfache Pole:
$$\frac{z}{z - \alpha} \quad \bullet\!\!-\!\!\circ \quad \alpha^k \cdot \varepsilon[k]. \tag{4.31}$$

Zu einfachen Polen der z-Transformierten gehören im Zeitbereich *Exponentialfolgen*. Die Basis der Exponentialfolge entspricht der Polstelle (vergleiche hierzu Bild 3.11 auf Seite 58).

Die Bestimmung der Entwicklungskoeffizienten r_i in Gleichung (4.30) erfolgt dabei nach den bekannten Methoden der Partialbruchzerlegung rationaler Funktionen (siehe Anhang A.5), d.h. entweder über den Koeffizientenvergleich der auf den Hauptnenner gebrachten Partialbruchsumme oder über die Residuenformel:

$$r_i = \text{Res}\left\{\widetilde{X}(z)\,;\, \alpha_i\right\} = \lim_{z \to \alpha_i} (z - \alpha_i) \cdot \widetilde{X}(z). \tag{4.32}$$

Weist die z-Transformierte mehrfache Pole auf, so führt die Partialbruchzerlegung für solche Polstellen auf Terme der Art

$$\sum_{l=1}^{m} \frac{z \cdot r_l}{(z - \alpha)^l} = \frac{z \cdot r_1}{z - \alpha} + \frac{z \cdot r_2}{(z - \alpha)^2} + \cdots + \frac{z \cdot r_m}{(z - \alpha)^m}, \tag{4.33}$$

wobei m die Vielfachheit des Pols darstellt. In diesem Fall benutzen wir (jeweils für jedes Glied) die Korrespondenz für

---

Mehrfache Pole:

$$\frac{z}{(z-\alpha)^{m+1}} \quad \bullet\!\!-\!\!\circ \quad \binom{k}{m} \cdot \alpha^{k-m} \cdot \varepsilon[k]. \tag{4.34}$$

Diese läßt sich beispielsweise über das Umkehrintegral berechnen (siehe Aufgabe 4.5 b). Man beachte, daß der Binomialkoeffizient

$$\binom{k}{m} = \frac{k \cdot (k-1) \cdot \ldots \cdot (k-(m-1))}{m!}$$

für die Werte $k = 0 \ldots m - 1$ null ist und somit anstelle von $\varepsilon[k]$ auch $\varepsilon[k-m]$ geschrieben werden kann. Der rechte Ausdruck besteht dabei aus m Termen und stellt daher ausmultipliziert ein Polynom m-ten Grades in k dar:

$$\binom{k}{m} = c_m k^m + c_{m-1} k^{m-1} + \ldots + c_1 k = \sum_{i=1}^{m} c_i k^i.$$

Somit korrespondieren zu Polstellen der Vielfachheit $m + 1$ *gewichtete Exponentialfolgen* im Zeitbereich, wobei die Gewichtungsfunktion den Grad m in k besitzt. Zu doppelten Polstellen gehören linear gewichtete, zu dreifachen maximal quadratisch gewichtete Exponentialfolgen usw. Man vergleiche dazu auch die Regel aus Abschnitt 4.2.4, die besagt, daß der linearen Gewichtung im Zeitbereich eine Ableitung im z-Bereich entspricht, wodurch sich pro Anwendung der Grad des Nennerausdrucks der z-Transformierten um eins erhöht.

Die Koeffizienten r_l der Entwicklung (4.30) bzw. (4.33) berechnet man entweder wieder über Koeffizientenvergleich oder über die Beziehung:

$$r_l = \frac{1}{(m-l)!} \cdot \frac{d^{m-l}}{dz^{m-l}} \left[(z-\alpha)^m \cdot \widetilde{X}(z) \right] \Big|_{z=\alpha}. \tag{4.35}$$

Beispiel 4.12:   Rücktransformation bei mehrfachem Pol

Die z-Transformierte

$$X(z) = \frac{z(z-2)^2}{(z-1)^3}$$

weist einen dreifachen Pol bei $z = 1 = \alpha$ auf, womit der Ansatz der Partialbruchzerlegung

$$\widetilde{X}(z) = \frac{X(z)}{z} = \sum_{i=1}^{3} \frac{r_i}{(z-1)^i} = \frac{r_1}{(z-1)} + \frac{r_2}{(z-1)^2} + \frac{r_3}{(z-1)^3}$$

lautet. Die Koeffizienten r_l der Entwicklung erhält man mit Hilfe der Formel (4.35):

$$r_1 = \frac{1}{(3-1)!} \cdot \frac{d^2}{dz^2} \left[(z-1)^3 \cdot \widetilde{X}(z) \right] \Big|_{z=1} = \frac{1}{2} \cdot \frac{d^2}{dz^2} \left[(z-2)^2 \right] \Big|_{z=1}$$

$$= \tfrac{1}{2} \cdot \tfrac{d}{dz} \left[2(z-2) \right] \Big|_{z=1} = \tfrac{1}{2} 2 \Big|_{z=1} = 1$$

$$r_2 = \tfrac{1}{(3-2)!} \cdot \tfrac{d}{dz} \left[(z-1)^3 \cdot \widetilde{X}(z) \right] \Big|_{z=1} = 2(z-2) \Big|_{z=1} = -2$$

$$r_3 = \tfrac{1}{(3-3)!} \cdot (z-1)^3 \cdot \widetilde{X}(z) \Big|_{z=1} = (z-2)^2 \Big|_{z=1} = 1.$$

Daraus ergibt sich:

$$X(z) = \frac{z}{(z-1)^3} - \frac{2z}{(z-1)^2} + \frac{z}{z-1}$$

$$x[k] = \left[\frac{k(k-1)}{2} - 2k + 1 \right] \cdot \varepsilon[k].$$

Man vergleiche hierzu die Lösung mit Hilfe des Umkehrintegrals in Aufgabe 4.5 a.   ∎

Im allgemeinen sind die Pole α_i bei der Partialbruchzerlegung nach (4.30) komplex. Bei ratio-nalen Funktionen mit *reellen* Koeffizienten (reelle Funktionen, siehe Anhang A.2) treten jedoch nur *reelle Pole* oder *konjugiert komplexe Polpaare* auf. Die z-Transformierten reeller Signale oder Systeme sind stets von diesem Typ, so daß dieser Fall in der Regel für unsere Probleme zutrifft.

Da komplexe Pole immer gepaart auftreten, ist neben $z = \alpha$ stets auch $z = \alpha^*$ eine Polstelle. Die zugehörigen Koeffizienten (Residuen) sind dann auch konjugiert komplex zueinander, und es gilt:

$$\frac{z \cdot r}{z - \alpha} + \frac{z \cdot r^*}{z - \alpha^*} \quad \bullet\!\!-\!\!\circ \quad \left[r \cdot \alpha^k + r^* \cdot \alpha^{*k} \right] \varepsilon[k].$$

Der Zeitsignalterm läßt sich auch darstellen als

$$r \cdot \alpha^k + r^* \cdot \alpha^{*k} = 2 \operatorname{Re} \left\{ r \cdot \alpha^k \right\}$$

oder mit $r = |r| \cdot e^{j \cdot \sphericalangle r}$ und $\alpha = |\alpha| \cdot e^{j \cdot \sphericalangle \alpha}$ als

$$|r| \, |\alpha|^k \left[e^{j \cdot (\sphericalangle \alpha \cdot k + \sphericalangle r)} + e^{-j \cdot (\sphericalangle \alpha \cdot k + \sphericalangle r)} \right] = 2 \, |r| \, |\alpha|^k \cos \left(\sphericalangle \alpha \cdot k + \sphericalangle r \right).$$

Daraus ergibt sich folgende für die Praxis wichtige Korrespondenz:

Konjugiert komplexe Polpaare:

$$\frac{z \cdot r}{z - \alpha} + \frac{z \cdot r^*}{z - \alpha^*} \quad \bullet\!\!-\!\!\circ \quad 2 \, |r| \, |\alpha|^k \cos \left(\sphericalangle \alpha \cdot k + \sphericalangle r \right) \cdot \varepsilon[k]. \tag{4.36}$$

Wir erkennen, daß zu konjugiert komplexen Polpaaren stets *reelle Schwingungen* im Zeitbereich gehören. Die *Frequenz* der Schwingung wird dabei durch die *Phase* und der Verlauf der *Einhüll-lenden* durch den *Betrag* des Polstellenpaares bestimmt. Man vergleiche dazu auch Bild 3.11 auf Seite 58.

Eine andere Beschreibungsform konjugiert komplexer Polpaare ist die Darstellung über reelle Polynome zweiten Grades:

$$\frac{z \cdot r}{z - \alpha} + \frac{z \cdot r^*}{z - \alpha^*} = \frac{z \left[z \cdot 2\,\mathrm{Re}\,\{r\} - 2\,\mathrm{Re}\,\{r\,\alpha^*\} \right]}{z^2 - z \cdot 2\,\mathrm{Re}\,\{\alpha\} + |\alpha|^2} \,.$$

In diesem Fall benutzen wir die Korrespondenz

$$\frac{z \cdot [z \cdot \cos(\varphi_0) - a\,\cos(\Omega_0 - \varphi_0)]}{z^2 - z \cdot 2\,a\,\cos(\Omega_0) + a^2} \quad \bullet\!\!-\!\!\circ \quad \cos(\Omega_0 k + \varphi_0) \cdot a^k \cdot \varepsilon[k] \,, \tag{4.37}$$

bzw. die zur Rücktransformation besser geeignete Variante

$$\frac{z\,(z - d)}{z^2 - b\,z + c} \quad \bullet\!\!-\!\!\circ \quad a^k \cdot \frac{\cos(\Omega_0 k + \varphi_0)}{\cos(\varphi_0)} \cdot \varepsilon[k] \tag{4.38}$$

mit der Bedingung $c > \frac{b^2}{4}$ (sonst handelt es sich um zwei *reelle* Pole) und

$$a = \sqrt{c}\,, \quad \Omega_0 = \arccos\left(\frac{b}{2\sqrt{c}}\right) \quad \text{und} \quad \varphi_0 = \arctan\left(\frac{2d - b}{\sqrt{4c - b^2}}\right) \,. \tag{4.39}$$

Beispiel 4.13:   Rücktransformation bei konjugiert komplexem Polpaar

Die z-Transformierte

$$X(z) = \frac{z(z-2)}{z^2 - 2z + 2}$$

weist die beiden Polstellen $z_{1/2} = 1 \pm \sqrt{1 - 2} = 1 \pm j$ auf, d.h. sie besitzt ein konjugiert komplexes Polstellenpaar mit $\alpha = 1 + j$. Das zu $z = \alpha$ gehörende Residuum berechnet sich zu

$$r = \mathrm{Res}\left\{ \frac{X(z)}{z}\,;\, \alpha \right\} = \left. \frac{z - 2}{z - \alpha^*} \right|_{z = \alpha} = \frac{\alpha - 2}{\alpha - \alpha^*} = \frac{-1 + j}{2j} = \frac{1 + j}{2} \,.$$

Mit der Darstellung

$$\alpha = 1 + j = \sqrt{2} \cdot e^{j\frac{\pi}{4}} \quad \text{und} \quad r = \frac{1 + j}{2} = \frac{\sqrt{2}}{2} \cdot e^{j\frac{\pi}{4}}$$

ergibt sich mit Korrespondenz (4.36)

$$x[k] = 2\frac{\sqrt{2}}{2}\sqrt{2}^k \cdot \cos\left(\frac{\pi}{4}k + \frac{\pi}{4}\right) \cdot \varepsilon[k] = \sqrt{2}^{k+1} \cdot \cos\left(\frac{\pi}{4}(k + 1)\right) \cdot \varepsilon[k] \,.$$

Alternativ läßt sich das Problem auch über die Darstellung mittels reeller Polynome zweiten Grades und der Anwendung der Korrespondenz (4.38) lösen. Der Koeffizientenvergleich liefert hier

$$d = 2\,, \quad b = 2 \quad \text{und} \quad c = 2\,,$$

woraus sich mit (4.39)

$$a = \sqrt{2}\,, \quad \Omega_0 = \arccos\left(\frac{2}{2\sqrt{2}}\right) = \frac{\pi}{4} \quad \text{und} \quad \varphi_0 = \arctan\left(\frac{4 - 2}{\sqrt{8 - 4}}\right) = \frac{\pi}{4}$$

ergibt, was dann direkt die Lösung

$$x[k] = \sqrt{2} \cdot \cos\left(\tfrac{\pi}{4}k + \tfrac{\pi}{4}\right) \cdot \sqrt{2}^k \cdot \varepsilon[k] = \sqrt{2}^{k+1} \cdot \cos\left(\tfrac{\pi}{4}(k+1)\right) \cdot \varepsilon[k]$$

liefert.   ∎

Ist, wie in diesem Beispiel, die z-Transformierte in einer Form gegeben, daß die Korrespondenz (4.38) direkt angewandt werden kann, ist die zweite Methode einfacher. Im allgemeinen Fall ist zunächst jedoch eine Partialbruchzerlegung nötig. Dann empfiehlt sich die erste Methode, d.h. eine Darstellung der konjugiert komplexen Polpaare in der Form (4.36), da hier die Zählerkoeffizienten als Residuen sehr einfach berechnet werden können.

Prinzipiell können auch konjugiert komplexe Polpaare mehrfach, d.h. mit Vielfachheit größer eins, auftreten. Solche Fälle werden entsprechend der Vorgehensweise bei mehrfachen Polen behandelt und führen auf Zeitfolgen der Form:

Mehrfache konjugiert komplexe Polpaare:

$$\frac{z \cdot r}{(z-\alpha)^{m+1}} + \frac{z \cdot r^*}{(z-\alpha^*)^{m+1}} \quad \bullet\!\!-\!\!\circ \quad 2 \binom{k}{m} |r| \, |\alpha|^{k-m} \cos(\sphericalangle\alpha(k-m) + \sphericalangle r) \cdot \varepsilon[k]. \quad (4.40)$$

Entsprechend den Signalen von mehrfachen Polen bzw. konjugiert komplexen Polpaaren handelt es sich hier nun um *gewichtete Schwingungen*, die allerdings kaum von praktischer Bedeutung sind.

Fassen wir an dieser Stelle nochmals die Methode der Rücktransformation mittels Partialbruchzerlegung zusammen: Das zugrundeliegende Prinzip ist die Zerlegung der rationalen z-Transformierten in eine Summe elementarer Terme, die jeweils getrennt einfach zu transformieren sind:

$$X(z) = \sum_{i \geq 1} g_i \cdot z^i + \sum_i r_i \cdot \frac{z}{z - \alpha_i} + \sum_i \sum_{l=1}^{m_i} \tilde{r}_{i,l} \cdot \frac{z}{(z - \tilde{\alpha}_i)^l}$$

$$\quad\quad\quad \circ\!\!\!\bullet \quad\quad\quad\quad \circ\!\!\!\bullet \quad\quad\quad\quad\quad \circ\!\!\!\bullet$$

$$\delta[k+i] \quad\quad\quad\quad \alpha_i^k \cdot \varepsilon[k] \quad\quad\quad \binom{k}{l-1} \tilde{\alpha}_i^{k-l+1} \cdot \varepsilon[k].$$

(4.41)

Bei reellen z-Transformierten treten komplexe Pole nur als konjugiert komplexe Paare auf, welche mit den Korrespondenzen (4.36) bzw. (4.38) einfacher behandelt werden können. Dabei empfiehlt sich die in Tabelle 4.1 beschriebene Vorgehensweise.

Rücktransformation durch Partialbruchzerlegung

1) Bilden der Hilfsfunktion $\widetilde{X}(z) = \dfrac{X(z)}{z}$.

2) Überprüfen, ob $\widetilde{X}(z)$ *echt* gebrochen rational (Zählergrad kleiner Nennergrad) ist, ansonsten Abspalten des ganzrationalen Anteils mittels Polynomdivision.

3) Bestimmen der Pole α_i und deren Vielfachheiten k_i von $\widetilde{X}(z)$ über die Nullstellen des Nennerpolynoms.

4) Ansatz der Partialbruchsumme in der Form

$$\widetilde{X}(z) = \underbrace{\sum_i \frac{r_i}{z - \alpha_i}}_{\text{einfache Pole}} + \underbrace{\sum_i \sum_{l=1}^{m_i} \frac{\tilde{r}_{i,l}}{(z - \tilde{\alpha}_i)^l}}_{\text{mehrfache Pole}}, \quad \alpha_i, \tilde{\alpha}_i, r_i, \tilde{r}_{i,l} \in \mathbb{C}$$

bzw. für (einfache) konjugiert komplexe Polpaare eventuell zusätzliche Terme der Form

$$\sum_i \frac{e_i(z - d_i)}{z^2 - b_i z + c_i}, \quad b_i, c_i, d_i, e_i \in \mathbb{R}.$$

5) Bestimmen der Koeffizienten $r_i, \tilde{r}_{i,l}$ bzw. d_i, e_i

   - über Koeffizientenvergleich der auf den Hauptnenner gebrachten Partialbruchsumme oder
   - über die Residuenformel für
     - einfache Pole: $r_i = (z - \alpha_i) \cdot \tilde{X}(z) \Big|_{z=\alpha_i}$
     - m-fache Pole: $\tilde{r}_{i,l} = \dfrac{1}{(m-l)!} \cdot \dfrac{d^{m-l}}{dz^{m-l}} \Big[(z - \tilde{\alpha}_i)^m \cdot \tilde{X}(z) \Big] \Big|_{z=\tilde{\alpha}_i}.$

6) Multiplikation der Gleichung mit z führt auf die Form (4.41), welche mit den elementaren Korrespondenzen und eventuell (4.36) bzw. (4.38) rücktransformiert werden kann (siehe auch Seite 341).

Tabelle 4.1: Rücktransformation durch Partialbruchzerlegung

4.3.2   Komplexes Umkehrintegral

Ein direkter funktionaler Zusammenhang zwischen der z-Transformierten und der zugehörigen Originalfolge (inverse z-Transformation) ist über das Umkehrintegral gegeben:

Komplexes Umkehrintegral der z-Transformation:

$$x[k] = \mathcal{Z}^{-1}\{X(z)\} = \frac{1}{2\pi j} \oint_{\mathcal{C}} X(z)\, z^{k-1}\, dz. \tag{4.42}$$

Als Integrationsweg $\mathcal{C}$ ist dabei eine mathematisch positiv orientierte, den Ursprung umfassende, geschlossene, doppelpunktfreie Kurve im Konvergenzgebiet der z-Transformierten zu wählen.

Der Beweis ergibt sich unmittelbar aus der Laurentreihenentwicklung (siehe z.B. [33, S.568]) von $X(z)$ um $z = 0$:

$$X(z) = \sum_{i=-\infty}^{\infty} c_i z^i \quad \text{mit} \quad c_i = \frac{1}{2\pi j} \oint_C \frac{X(z)}{z^{i+1}} \, dz .$$

C ist eine den Entwicklungspunkt $z = 0$ umfassende, geschlossene Kurve in einem Kreisringgebiet, in dem die Funktion analytisch ist. Dies entspricht dem Konvergenzgebiet in unserem Fall. Der Vergleich mit der Definitionsgleichung der z-Transformation ergibt $x[k] = c_{-k}$ und damit Formel (4.42).

Die Berechnung des Umkehrintegrals führt man in der Regel mit Hilfe des Residuensatzes (siehe Anhang A.4)

$$\frac{1}{2\pi j} \oint_C F(z) \, dz = \sum_i \text{Res}\{F(z); \alpha_i\}$$

durch, wobei die Residuen aller vom Integrationsweg C umschlossenen Pole zu berücksichtigen sind. Die Residuen berechnet man bei einfachen Polen über die Beziehung

$$\text{Res}\{F(z); \alpha_i\} = \lim_{z \to \alpha_i} (z - \alpha_i) F(z) \tag{4.43}$$

und bei m-fachen Polen mit Hilfe von

$$\text{Res}\{F(z); \alpha_i\} = \lim_{z \to \alpha_i} \frac{1}{(m-1)!} \cdot \frac{d^{m-1}}{dz^{m-1}} \left[(z - \alpha_i)^m F(z) \right] . \tag{4.44}$$

Die inverse z-Transformation läßt sich damit auch folgendermaßen formulieren

$$x[k] = \sum_{\alpha_i \in \mathcal{A}} \text{Res}\left\{ X(z) \cdot z^{k-1}; \alpha_i \right\} , \tag{4.45}$$

wobei $\mathcal{A}$ die Menge aller Polstellen der Funktion $X(z) \cdot z^{k-1}$ bezeichnet, die von einer im Konvergenzgebiet verlaufenden und den Punkt $z = 0$ umfassenden Kurve eingeschlossen werden.

Beispiel 4.14:   Rücktransformation über Umkehrintegral

Wir transformieren $X(z) = \frac{z}{z-a}$ mit Konvergenzgebiet $|z| > |a|$ mit Hilfe des Umkehrintegrals in den Zeitbereich zurück:

$$x[k] = \frac{1}{2\pi j} \oint_C X(z) z^{k-1} \, dz = \frac{1}{2\pi j} \oint_C F(z) \, dz .$$

Als Integrationsweg C ist eine um $z = 0$ geschlossene Kurve im Konvergenzgebiet zu wählen, also z.B. ein Kreis mit Radius $r > |a|$ (siehe Bild 4.4). Die Auswertung des Integrals erfolgt mit Hilfe des Residuensatzes, wobei wir mit

$$F(z) = X(z) z^{k-1} = \frac{z^k}{z-a}$$

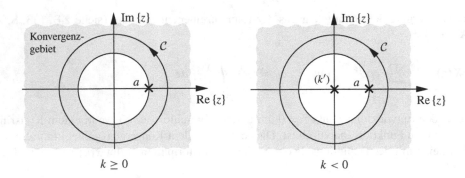

Bild 4.4: Integrationsweg bei Rücktransformation über Umkehrintegral (Beispiel 4.14)

für Werte von $k \geq 0$ nur einen einfachen Pol bei $z = a$ erhalten, so daß

$$x[k] \;=\; \mathrm{Res}\left\{\tfrac{z^k}{z-a};a\right\} \;=\; (z-a)\cdot \tfrac{z^k}{z-a}\Big|_{z=a} = a^k, \quad k \geq 0$$

gilt. Für $k < 0$ erhalten wir mit $k' = -k$:

$$F(z) \;=\; X(z)\,z^{k-1} \;=\; \tfrac{1}{z^{k'}(z-a)}, \quad k' > 0.$$

In diesem Fall tritt neben dem Pol bei $z = a$ zusätzlich ein k'-facher Pol bei $z = 0$ auf. Die Auswertung erfolgt in diesem Fall am einfachsten über die Beziehung (A.41) von Seite 310, wonach die Summe aller Residuen einschließlich dem Residuum im Unendlichen null ist:

$$\sum_{i=1}^{n}\mathrm{Res}\{F(z)\,;\,\alpha_i\} \;+\; \mathrm{Res}\{F(z)\,;\,\infty\} \;=\; 0.$$

Das Residuum im Unendlichen bestimmt man dabei über (A.40) aus den Koeffizienten des echt gebrochen rationalen Anteils der Funktion $F(z)$, d.h. in unserem Fall von $F(z)$ selbst:

$$\mathrm{Res}\{F(z)\,;\,\infty\} \;=\; -\tfrac{\tilde{b}_{n-1}}{a_n},$$

wobei n den Nennergrad von $F(z)$ darstellt. In unserem Fall erhalten wir damit:

$$x[k] \;=\; \sum_{\alpha_i \in \{0,a\}} \mathrm{Res}\{F(z)\,;\,\alpha_i\} \;=\; -\mathrm{Res}\{F(z)\,;\,\infty\} \;=\; \tfrac{0}{1} \;=\; 0, \quad k < 0.$$

Als Gesamtergebnis erhalten wir also wieder die bekannte Korrespondenz:

$$X(z) = \tfrac{z}{z-a} \quad \bullet\!\!-\!\!\circ \quad x[k] = a^k\,\varepsilon[k], \quad |z| > |a|. \qquad\blacksquare$$

An diesem Beispiel ist die Bedeutung des Konvergenzgebietes nochmals gut zu erkennen: Verläuft der Integrationsweg beispielsweise auf einem Kreis mit Radius $r < |a|$, so wird für $k \geq 0$ kein Pol umschlossen, was auf das Ergebnis null führt (vergleiche Aufgabe 4.7).

4.3.3 Rekursive Lösung

Bei komplizierteren rationalen z-Transformierten kann die Angabe einer geschlossenen Lösung schwierig sein. Ein Problem stellt dabei die notwendige Faktorisierung des Nennerpolynoms dar, die ab Polynomgrad vier im allgemeinen nur noch numerisch möglich ist. In diesem Fall bietet es sich an, die gesamte Rücktransformation numerisch mit Hilfe eines Rechners durchzuführen. Dies kann anhand eines rekursiven Algorithmus erfolgen, der sich aus der Idee ergibt, die z-Transformierte als Systemfunktion aufzufassen und die dazugehörige Differenzengleichung rekursiv zu lösen. Dadurch beschränkt sich die Anwendbarkeit dieser Methode auf rechtsseitige Signale.

Wir gehen wieder von einer z-Transformierten in der 'Normalform' (4.29) aus, d.h. wir spalten eventuell vorhandene antikausale Anteile ab und behandeln sie getrennt. Diese rationale Funktion fassen wir nun als Systemfunktion auf

$$X(z) \;=\; \tilde{H}(z) \;=\; \frac{\displaystyle\sum_{i=0}^{N} b_i\, z^i}{\displaystyle\sum_{i=0}^{N} a_i\, z^i} \;=\; \frac{\displaystyle\sum_{i=0}^{N} \tilde{b}_i\, z^{-i}}{\displaystyle\sum_{i=0}^{N} \tilde{a}_i\, z^{-i}} \;=\; \frac{\tilde{Y}(z)}{\tilde{X}(z)}\,, \tag{4.46}$$

wobei zwischen den Koeffizienten beider Darstellungen in (4.46) wieder Beziehung (3.49) gilt:

$$a_i \;=\; \tilde{a}_{N-i}\,, \quad a_N \;=\; \tilde{a}_0 \neq 0 \qquad \text{und} \qquad b_i \;=\; \tilde{b}_{N-i}\,.$$

Die zugehörige Differenzengleichung lautet nach dem Ausgangssignal $\tilde{y}[k]$ aufgelöst (vergleiche Tabelle 3.1 auf Seite 69):

$$\tilde{y}[k] \;=\; \frac{1}{\tilde{a}_0}\Big[-\sum_{i=1}^{N} \tilde{a}_i\, \tilde{y}[k-i] \;+\; \sum_{i=0}^{N} \tilde{b}_i\, \tilde{x}[k-i] \Big].$$

Wir setzen nun $\tilde{X}(z) = 1$, d.h. $\tilde{x}[k] = \delta[k]$, so daß $\tilde{Y}(z) = \tilde{H}(z)$ bzw. $\tilde{y}[k] = \tilde{h}[k]$ gilt, und erhalten als Lösung der Rücktransformation von (4.46) die rekursive Darstellung

$$\tilde{h}[k] \;=\; \frac{1}{\tilde{a}_0}\Big[\tilde{b}_k - \sum_{i=1}^{N} \tilde{a}_i\, \tilde{h}[k-i] \Big] \;=\; \frac{1}{a_N}\Big[b_{N-k} - \sum_{i=1}^{N} a_{N-i}\, \tilde{h}[k-i] \Big], \quad k \geq 0,$$

wobei $\tilde{h}[k] = 0$ für $k < 0$ gilt.

Daraus folgt, daß sich die rationale z-Transformierte

$$X(z) \;=\; \frac{\displaystyle\sum_{i=0}^{N} b_i \cdot z^i}{\displaystyle\sum_{i=0}^{N} a_i \cdot z^i} \;=\; \frac{b_0 + b_1 \cdot z^1 + \cdots + b_N \cdot z^N}{a_0 + a_1 \cdot z^1 + \cdots + a_N \cdot z^N}\,, \qquad a_N \neq 0 \tag{4.47}$$

mit Konvergenzgebiet $|z| > r_0$ über die Beziehung

$$x[k] = \begin{cases} 0, & k < 0 \\ \frac{1}{a_N}\Big[b_{N-k} - \sum_{i=1}^{N} a_{N-i} \cdot x[k-i]\Big], & k \geq 0 \end{cases} \qquad (4.48)$$

rekursiv in den Zeitbereich transformieren läßt.

Beispiel 4.15:   Rekursive Berechnung des Zeitsignals

Die z-Transformierte $X(z) = \frac{z}{z-a}$ hat die Ordnung $N = 1$ und die Koeffizienten gemäß (4.47):

$$b_0 = 0, \; b_1 = 1 \quad \text{und} \quad a_0 = -a, \; a_1 = 1.$$

Die Rekursionsgleichung zur Bestimmung des Ausgangssignals lautet damit nach (4.48):

$$x[k] = \frac{1}{a_1}\Big[b_{1-k} - \sum_{i=1}^{1} a_{1-i} \cdot x[k-i]\Big] = \frac{1}{a_1}\big[b_{1-k} - a_0 \cdot x[k-1]\big] = b_{1-k} + a \cdot x[k-1].$$

Mit der Bedingung $x[k] = 0$ für $k < 0$ ergibt sich damit die rekursive Lösung:

$$\begin{aligned} x[0] &= b_1 + a \cdot x[-1] = b_1 + 0 = 1 \\ x[1] &= b_0 + a \cdot x[0] = 0 + a \cdot 1 = a \\ x[2] &= a \cdot x[1] = a \cdot a = a^2 \\ &\;\vdots \vdots \end{aligned}$$

$\blacksquare$

4.3.4   Reihenentwicklung

In Abschnitt 4.1 haben wir den engen Zusammenhang zwischen z-Transformation und Laurent-Reihendarstellung festgestellt. Ist daher von einer z-Transformierten ihre Laurent-Reihenentwicklung (um den Punkt $z = 0$) bekannt, so ist daraus direkt die zugehörige Zeitfolge ablesbar. Dem kausalen bzw. antikausalen Signalanteil entspricht dabei der Hauptteil bzw. reguläre Teil der Laurent-Reihe, die jeweils eine Potenzreihe in z^{-1} bzw. in z darstellen (siehe Gleichung (4.4) von Seite 74).

In den meisten Fällen hat man es mit kausalen Signalen zu tun (Konvergenz der z-Transformierten außerhalb eines Kreises), so daß die Reihe in z^{-1}, d.h. die Entwicklung der Funktion

$$f(x) = X(z)\Big|_{z^{-1}=x},$$

relevant ist. Aus der Potenzreihenentwicklung dieser Funktion um den Punkt $x = 0$:

$$f(x) = \sum_{i=0}^{\infty} a_i \, x^i, \quad |x| < x_0$$

erhält man durch Vergleich mit der Definition der z-Transformation die Korrespondenz

$$X(z) = f(z^{-1}), \quad |z| > \tfrac{1}{x_0} \quad \bullet\!\!-\!\!\circ \quad x[k] = \sum_{i=0}^{\infty} a_i\, \delta[k-i].$$

Diese Methode ist dann gut anwendbar, wenn es sich bei der z-Transformierten um eine transzendente Funktion handelt, zu der eine geeignete geschlossene Potenzreihendarstellung existiert. Da aber in fast allen Anwendungen ausschließlich rationale z-Transformierte vorkommen (siehe Aussage auf Seite 53), hat diese Methode keine große praktische Bedeutung.

Beispiel 4.16:   **Korrespondenz über Potenzreihenentwickung**

Aus der Potenzreihenentwicklung

$$f(x) = e^x = 1 + \tfrac{x}{1!} + \tfrac{x^2}{2!} + \tfrac{x^3}{3!} + \cdots + \tfrac{x^n}{n!}, \quad |x| < \infty$$

mit den Entwicklungskoeffizienten $a_i = \tfrac{1}{i!}$ ergibt sich die Korrespondenz

$$\delta[k] + \tfrac{\delta[k-1]}{1!} + \tfrac{\delta[k-2]}{2!} + \ldots = \tfrac{1}{k!} \cdot \varepsilon[k] \quad \circ\!\!-\!\!\bullet \quad e^{\frac{1}{z}}, \quad |z| > 0. \qquad \blacksquare$$

4.4   Anfangswertprobleme

Bisher haben wir nur Systeme betrachtet, die sich zum Zeitpunkt der Anregung in Ruhe befanden, was wir durch die Voraussetzung (3.3) von Seite 34 sichergestellt haben. Es gibt allerdings auch Aufgabenstellungen, bei denen das Systemverhalten unter anderen, spezielleren Bedingungen zum Anregungszeitpunkt zu untersuchen ist. Man spricht dann von *Anfangsbedingungen* beziehungsweise von einem *Anfangswertproblem*.

Die Existenz und Anzahl solcher Anfangsbedingungen wird ersichtlich, wenn wir die Systemantwort durch rekursives Lösen der Differenzengleichung bestimmen:

$$y[k] = \frac{1}{a_N}\left[-\sum_{i=1}^{N} a_{N-i}\, y[k-i] + \sum_{i=0}^{N} b_{N-i}\, x[k-i]\right]. \qquad (4.49)$$

Bei der Auswertung zum Zeitpunkt k benötigen wir die N Werte $y[k\text{-}1]$, $y[k\text{-}2]$, $\ldots$, $y[k\text{-}N]$, wobei N die Systemordnung darstellt.

Zu einer eindeutigen Systembeschreibung ist neben der Kenntnis der Differenzengleichung daher zusätzlich die Angabe einer der Systemordnung entsprechenden Anzahl von Randbedingungen nötig. Die Differenzengleichung beschreibt dabei die *Systemstruktur*, während die Rand- oder Anfangsbedingungen den *Systemzustand* zu einem bestimmten Zeitpunkt beschreiben. Bei den bisher betrachteten, zum Anregungszeitpunkt in Ruhe befindlichen Systemen wurden durch Gleichung (3.3) die Anfangsbedingungen jeweils zu null vorgegeben.

Prinzipiell können als Randbedingungen Werte zu N beliebigen (nicht notwendigerweise aufeinanderfolgenden) Zeitpunkten vorgegeben werden. Oft wählt man die ersten N Anfangswerte des

Ausgangssignals, d.h.

$$y[k] = y_k, \quad k = 0, 1, \ldots, N-1, \tag{4.50}$$

wobei man dann die Auswertung der Differenzengleichung ab dem Zeitpunkt $k = N$ beginnt. Um bei $k = 0$ zu starten, sind die Anfangsbedingungen

$$y[k] = y_k, \quad k = -1, -2, \ldots, -N \tag{4.51}$$

zu wählen. Solche Anfangswertprobleme lassen sich elegant mit Hilfe der *einseitigen* z-Transformation lösen, die über die Verschiebungsregel (4.12) von Seite 78 die Aufnahme der Randbedingungen in die Beschreibung erlaubt.

Zunächst wollen wir *homogene* Probleme, d.h. Differenzengleichungen ohne Eingangssignal behandeln. Mit $x[k] = 0$ in Gleichung (4.49) erhalten wir zunächst

$$\sum_{i=0}^{N} a_{N-i}\, y[k-i] = 0 \tag{4.52}$$

und mit $l = N - i$ und $k' = k - N$ die für die Anfangsbedingungen (4.50) geeignete Form

$$\sum_{l=0}^{N} a_l\, y[k'+l] = 0. \tag{4.53}$$

Die einseitige z-Transformation dieser Gleichung führt unter Anwendung der Verschiebungsregel (4.12) auf:

$$a_0\, Y(z) + \sum_{l=1}^{N} a_l \left(z^l\, Y(z) - \sum_{i=0}^{l-1} y[i]\, z^{l-i} \right) = 0. \tag{4.54}$$

Bringt man alle Terme mit $Y(z)$ auf die linke Seite und setzt die konkreten Anfangswerte y_k nach Gleichung (4.50) ein, erhält man:

$$
\begin{aligned}
Y(z) \cdot \sum_{l=0}^{N} a_l\, z^l &= \sum_{l=1}^{N}\sum_{i=0}^{l-1} a_l\, y_i\, z^{l-i} \underset{\underset{k=l-i}{\uparrow}}{=} \sum_{l=1}^{N}\sum_{k=1}^{l} a_l\, y_{l-k}\, z^k \\
&\underset{\underset{(A.81)}{\uparrow}}{=} \sum_{k=1}^{N}\sum_{l=k}^{N} a_l\, y_{l-k}\, z^k \underset{\underset{j=l-k}{\uparrow}}{=} \sum_{k=1}^{N}\left(\sum_{j=0}^{N-k} a_{j+k}\, y_j\right)\cdot z^k.
\end{aligned}
\tag{4.55}
$$

Das Auflösen nach dem Ausgangssignal liefert

$$Y(z) = \frac{\displaystyle\sum_{i=1}^{N}\left(\sum_{l=0}^{N-i} a_{l+i}\, y_l\right)\cdot z^i}{\displaystyle\sum_{i=0}^{N} a_i\, z^i}, \tag{4.56}$$

und die Rücktransformation in den Zeitbereich ergibt dann die konkrete Lösung des Anfangwert-problems.

Beispiel 4.17:   Anfangswertproblem

Das Fibonacci-Problem von Beispiel 3.2 wurde durch die Differenzengleichung

$$y[k] = y[k-1] + y[k-2]$$

mit den beiden Anfangsbedingungen (Systemordnung $N = 2$):

$$y[0] = y_0 = 1 \quad \text{und} \quad y[1] = y_1 = 1$$

vollständig beschrieben. Man beachte, daß wir in diesem Fall kein Eingangssignal zur Anregung brauchen, da wir diese über die Anfangsbedingungen definieren.

Durch Transformation des Zeitindexes erhält man die Differenzengleichung in der Form (4.53):

$$y[k+2] - y[k+1] - y[k] = 0.$$

Die einseitige z-Transformation dieser Gleichung führt auf

$$z^2 Y(z) - y_0 z^2 - y_1 z - z Y(z) + y_0 z - Y(z) = 0$$

und durch Auflösen nach

$$Y(z) = \frac{y_0 z^2 + (y_1 - y_0) z}{z^2 - z - 1} = \frac{z^2}{z^2 - z - 1}$$

auf die Lösung im z-Bereich. Das Ergebnis stimmt mit der bereits bekannten Lösung (3.14) von Seite 37 überein und liefert nach Rücktransformation direkt die gesuchte Lösung im Zeitbereich. ∎

In gleicher Weise erhält man die Lösung des *inhomogenen* Anfangswertproblems mit beliebigem Eingangssignal $x[k]$. Sind die Anfangsbedingungen in der Form (4.50) gegeben, so lautet die Lösung

$$Y(z) = \frac{\sum\limits_{i=0}^{N} b_i \, z^i}{\sum\limits_{i=0}^{N} a_i \, z^i} \cdot X(z) + \frac{\sum\limits_{i=1}^{N} \left[\sum\limits_{l=0}^{N-i} a_{l+i} \, y_l - b_{l+i} \, x[l] \right] \cdot z^i}{\sum\limits_{i=0}^{N} a_i \, z^i}. \tag{4.57}$$

Für die Anfangsbedingungen in der Form (4.51) verwendet man besser die Darstellung

$$Y(z) = \frac{\sum\limits_{i=0}^{N} b_i \, z^i}{\sum\limits_{i=0}^{N} a_i \, z^i} \cdot X(z) + \frac{\sum\limits_{i=1}^{N} \left[\sum\limits_{l=1}^{i} b_{i-l} \, x[-l] - a_{i-l} \, y_{-l} \right] \cdot z^i}{\sum\limits_{i=0}^{N} a_i \, z^i}. \tag{4.58}$$

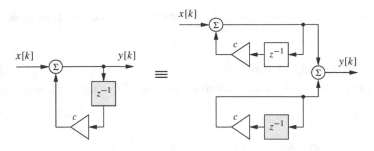

Bild 4.5: Zerlegung eines Anfangswertproblems mit Eingangssignal

Man beachte, daß diese allgemeine Formen jeweils das homogene Problem und das sich zum Anregungszeitpunkt in Ruhe befindliche System als Spezialfälle enthalten. Die Lösung des homogenen Problems erhält man für $x[k] = X(z) = 0$, womit der linke Term vollständig (und ein Teil des rechten Terms) verschwindet und aus Gleichung (4.57) damit (4.56) folgt. Bei dem aus dem Ruhezustand angeregten System verschwindet der rechte Term, was direkt aus Gleichung (4.58) für $y_{-l} = 0$ und $x[-l] = 0$ ersichtlich ist.

Der linke Term beschreibt dabei offentsichtlich den Teil der Systemantwort, der aus dem angelegten Eingangssignal herrührt, während der rechte Term den Anteil beschreibt, der sich aus den Anfangsbedingungen ergibt. Bild 4.5 stellt diesen Sachverhalt graphisch anhand der Zerlegung eines Systems erster Ordnung in die beiden Anteile dar. Die graue Unterlegung symbolisiert dabei die 'Vorbelegung', die sich durch einen von null verschiedenen Inhalt der Verzögerungsglieder zum Anregungszeitpunkt ergibt.

Man beachte, daß bei FIR-Systemen der Anfangszustand nach genau N Takten abgeklungen ist und danach keine Auswirkungen auf das Ausgangssignal mehr aufweist, da dann der komplette Anfangsinhalt aus den Speicherelementen herausgeschoben ist. Bei IIR-Systemen dagegen beeinflußt der Anfangszustand durch die rückgekoppelte Struktur i.a. den Verlauf des *gesamten* Ausgangssignals; die homogene Lösung dauert hier also in der Regel unendlich lange an.

Den Inhalt der Speicherelemente zu einem bestimmten Zeitpunkt bezeichnet man als *Zustand* des Systems. In Verbindung mit dem Eingangssignal *ab* diesem Zeitpunkt ist damit der *weitere* Verlauf des Ausgangssignals eindeutig bestimmt, unabhängig vom *bisherigen* Verlauf des Eingangssignals. Unterschiedliche Eingangssignale bis zu diesem Zeitpunkt können, müssen aber nicht notwendigerweise, zu unterschiedlichen Zuständen und damit unterschiedlichen Ausgangssignalverläufen ab diesem Zeitpunkt führen. Enthalten alle Speicher den Wert null, spricht man vom sich *in Ruhe* befindlichen oder *entspannten* System, andernfalls bezeichnet man es als System *mit Anfangszustand* oder *vorbelegtes* System.

An dieser Stelle sei auf eine wichtige Besonderheit von Systemen mit von null verschiedenem Anfangszustand hingewiesen. In der Regel sind solche Systeme *nicht mehr linear*, was aus der Zerlegung in Bild 4.5 direkt ersichtlich ist: Ein skaliertes Eingangssignal $c \cdot x[k]$ führt im Falle eines nicht verschwindenden homogenen Teils nicht mehr zum entsprechend skalierten Ausgangssignal $c \cdot y[k]$. Die beiden Teile sind jedoch jeder für sich nach wie vor linear und können mit den Methoden linearer Systeme behandelt werden.

4.5   Zusammenfassung

Die z-Transformation stellt das wichtigste Hilfsmittel zur Lösung von linearen Differenzengleichungen mit konstanten Koeffizienten dar und ist damit der Schlüssel zur Theorie diskreter LTI-
Systeme.

Bei der Anwendung helfen eine Reihe von Eigenschaften und elementare Korrespondenzen, die
wir in diesem Kapitel hergeleitet und im Anhang auf Seite 340f zusammengefaßt haben. Die
Vorgehensweise basiert dabei auf der grundlegenden Eigenschaft der *Linearität*, die eine Zerlegung komplizierter Probleme in eine Summe einfacherer Teilprobleme ermöglicht. Von zentraler
systemtheoretischer Bedeutung ist die *Faltungsregel*, die die Beziehung zwischen Ein- und Ausgangssignal beschreibt.

Zur Rücktransformation in den Zeitbereich existieren unterschiedliche Möglichkeiten. Für rationale z-Transformierte, wie sie bei unseren Problemstellungen auftreten, ist die *Partialbruchzerlegung* das wichtigste Verfahren. Hierbei wird die z-Transformierte in eine Summe elementarer
Terme zerlegt und gliedweise rücktransformiert. Die Vorgehensweise haben wir in Tabelle 4.1
auf Seite 94 zusammengefaßt.

4.6   Aufgaben

Aufgabe 4.1:

Leiten Sie die einseitigen z-Transformierten der Folgen $\sin(\Omega_0 k)$ und $\cos(\Omega_0 k)$ über die komplexe Exponentialfolge her und geben Sie das jeweilige Konvergenzgebiet an. Existieren für diese Folgen auch die
zweiseitigen z-Transformierten?

Aufgabe 4.2:

Berechnen Sie die z-Transformierten der nachstehenden Folgen unter Benutzung der Eigenschaften der
z-Transformation:

a) $x[k] = k^2 \cdot \varepsilon[k]$ b) $x[k] = k \cdot a^{k-k_0} \cdot \varepsilon[k - k_0]$
c) $x[k] = k \cdot a^{k-k_0} \cdot \varepsilon[k]$ d) $x[k] = k \cdot e^{-7k} \cdot \sin(\Omega_0 k) \cdot \varepsilon[k]$

Aufgabe 4.3:

Berechnen Sie die z-Transformierten folgender Signale unter Angabe des Konvergenzgebietes.

a)

b)

c)

d)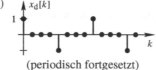

(periodisch fortgesetzt)

e)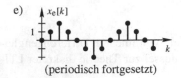

(periodisch fortgesetzt)

Aufgabe 4.4:

Transformieren Sie mit Hilfe der Partialbruchzerlegung

$$X(z) = \frac{3z^2 - 4z}{z^2 - 3z + 2}, \quad |z| > r_0$$

in den Zeitbereich zurück. Vergleichen Sie die Lösungswege und Ergebnisse, wenn Sie $X(z)/z$ bzw. $X(z)$ in Partialbrüche zerlegen.

Aufgabe 4.5:

Transformieren Sie folgende z-Transformierte mit Hilfe des Umkehrintegrals unter Anwendung des Residuensatzes in den Zeitbereich zurück.

  a) $X(z) = \frac{z(z-2)^2}{(z-1)^3}, \quad |z| > 1$ b) $X(z) = \frac{z}{(z-a)^{m+1}}, \quad |z| > |a|$

Aufgabe 4.6:

Berechnen Sie für folgende z-Transformierten die zugehörenden rechtsseitigen Folgen:

  a) $X(z) = \frac{(z+1)^2}{z^2}$ b) $X(z) = \frac{z^2(z+1)}{z^2 - 1}$

  c) $X(z) = \frac{z^3 + z^2\left(\frac{\sqrt{3}}{2} - 1\right) + z\left(1 + \frac{\sqrt{3}}{2}\right)}{z^3 + 1}$ d) $X(z) = \frac{3z^3 - 8z^2 + 5z}{z^3 - z^2 + 3z + 5}$

Aufgabe 4.7:

Berechnen Sie die Zeitfolgen der zweiseitigen z-Transformierten $X(z) = \frac{z}{z-a}$ für die beiden möglichen Konvergenzgebiete $|z| > |a|$ und $|z| < |a|$. Führen Sie dazu die Rücktransformation sowohl über das Umkehrintegral als auch über die geometrische Reihe durch.

Aufgabe 4.8:

Gegeben sei die zweiseitige z-Transformierte

$$X(z) = \frac{2z^2 - 3z}{z^2 - 3z + 2}$$

Bestimmen Sie alle möglichen Konvergenzgebiete und geben Sie die dazugehörigen Zeitfolgen an. Verwenden Sie dazu die Ergebnisse von Aufgabe 4.7.

Aufgabe 4.9:

Berechnen Sie mit Hilfe des Korrelationstheorems die Autokorrelationsfunktion von

$$x[k] = a^k \, \varepsilon[k], \ a \in \mathbb{R}.$$

Aufgabe 4.10:

Bestimmen Sie rekursiv die ersten fünf Werte des Zeitsignals folgender einseitiger z-Transformierten und vergleichen Sie die Ergebnisse mit der analytischen Lösung.

a) $X(z) = \frac{z^2}{z^2 - 2z + 1}$ b) $X(z) = \frac{z^2}{z^2 - \sqrt{2}z + 1}$

Aufgabe 4.11:

An der Börse wird für Trendvorhersagen gerne das '200 Tage-Mittel', d.h. ein gleitender Mittelwert über die letzten 200 Tage verwendet, um kurzzeitige Schwankungen zu unterdrücken und den Kurververlauf zu glätten. Im folgenden soll ein vereinfachtes System untersucht werden, das nur über die letzten 4 Werte mittelt.

a) Geben Sie die Impulsantwort $h[k]$ und die Systemfunktion $H(z)$ an. Um welche Art von System handelt es sich?

b) Als Eingangsfolge diene das Signal $x[k] = \left[1.05^k + \sin\left(\frac{\pi}{2}k\right) \right] \cdot \varepsilon[k]$.

Skizzieren Sie $x[k]$. Welcher Anteil könnte als 'Nutzkomponente', welcher als 'Störkomponente' angesehen werden? Bestimmen Sie die z-Transformierte von $x[k]$.

c) Berechnen Sie die z-Transformierte des Ausgangssignals $y[k]$.

d) Berechnen Sie durch Rücktransformation die Ausgangsfolge $y[k]$. Vergleichen Sie diese mit der Eingangsfolge $x[k]$.

Aufgabe 4.12:

Eine weitere Möglichkeit zur 'Glättung' von Signalen ist die Rückkopplung des Ausgangssignals. Dabei berechnet sich der momentane Ausgangswert aus der gewichteten Summe von momentanem Eingangswert und vorhergehendem Ausgangswert. Im folgenden soll ein System untersucht werden, bei dem der (momentane) Eingangswert mit Faktor $1/3$, der (vorhergehende) Ausgangswert mit $2/3$ gewichtet wird.

a) Stellen Sie die Differenzengleichung für dieses System auf und zeichnen Sie das Blockdiagramm. Um welche Art von System handelt es sich?

b) Wie lauten Impulsantwort und Systemfunktion dieses Systems?

c) Berechnen Sie die z-Transformierte des Ausgangssignals bei Erregung des Systems mit der Eingangsfolge aus Aufgabe 4.11.

d) Berechnen Sie die Ausgangsfolge und vergleichen Sie diese mit dem Ergebnis aus Aufgabe 4.11.

Aufgabe 4.13:

Gegeben sei folgendes Anfangswertproblem:

$$y[k] = 0.5\, y[k-1] + x[k] + 2\, x[k-1] \qquad \text{mit} \qquad y[0] = \tfrac{4}{3} \quad \text{und} \quad x[k] = (-1)^k \cdot \varepsilon[k].$$

a) Bestimmen Sie die Lösung des Anfangswertproblems.

b) Skizzieren Sie das zugehörige Blockdiagramm in erster Direktform und geben Sie die Inhalte der Speicherelemente zum Zeitpunkt $k = 0$ an.

c) Formulieren Sie das Problem auf die Anfangsbedingungen der Form (4.51) von Seite 100 um. Geben Sie die Lösung des homogenen Problems und des sich zum Zeitpunkt $k = 0$ in Ruhe befindlichen Systems an.

5 Kontinuierliche LTI-Systeme

Bis jetzt haben wir uns mit diskreten LTI-Systemen beschäftigt und damit einen Zugang zu systemtheoretischen Denkweisen und Methoden bekommen. In den folgenden Kapiteln wollen wir in entsprechender Weise die Theorie der kontinuierlichen LTI-Systeme behandeln. Abschließend stellen wir in Kapitel acht den Zusammenhang zwischen diskreten und kontinuierlichen Systemen her und komplettieren damit die Systemtheorie.

5.1 Allgemeine Beschreibungsform

Wir wollen zunächst wieder mit einem Beispiel beginnen. Dieses führt uns zu der allgemeinen Beschreibungsform kontinuierlicher LTI-Systeme und dem allgemeinen Lösungsansatz.

Beispiel 5.1:   RC-Glied
Wir untersuchen das elektrische Netzwerk (RC-Glied)

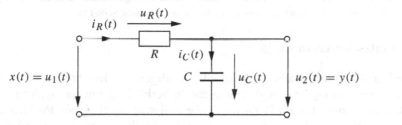

Zwischen Strom- und Spannungsverlauf gilt für den Widerstand R die Beziehung

$$u_R(t) = R \cdot i_R(t) \qquad \text{bzw.} \qquad i_R(t) = \tfrac{1}{R} \cdot u_R(t)$$

und für den Kondensator C

$$u_C(t) = \tfrac{1}{C} \int\limits_{-\infty}^{t} i_C(\tau)\,d\tau + u_0 \qquad \text{bzw.} \qquad i_C(t) = C \cdot \tfrac{d}{dt} u_C(t).$$

Dabei setzen wir voraus, daß dieser für $t \to -\infty$ entladen ist, d.h. $u_0 = 0$ ist (entspanntes System). Damit erhält man mit

$$x(t) = u_1(t) = u_R(t) + u_C(t), \quad y(t) = u_2(t) = u_C(t) \quad \text{und} \quad i_R(t) = i_C(t)$$

als Beziehung zwischen Eingangs- und Ausgangssignal die lineare Differentialgleichung

$$x(t) = R \cdot i(t) + y(t) = RC \tfrac{d}{dt} y(t) + y(t) = RC\, y'(t) + y(t). \qquad \blacksquare$$

Dies führt uns auf die allgemeine Beschreibungsform kontinuierlicher LTI-Systeme, die

---

Lineare Differentialgleichung mit konstanten Koeffizienten

$$\sum_{i=0}^{N} a_i \frac{d^i}{dt^i}\, y(t) \;=\; \sum_{i=0}^{M} b_i \,\frac{d^i}{dt^i}\, x(t)\,, \quad a_N \neq 0\,.$$ (5.1)

Die *Ordnung* der Differentialgleichung beträgt N und entspricht hier im Kontinuierlichen der Systemordnung (weitere Eigenschaften siehe Seite 128).

Die linearen Differentialgleichungen stellen das kontinuierliche Pendant zu den linearen Differenzengleichungen im Diskreten dar und bilden wieder den Ausgangspunkt für die weitere Systembeschreibung und -berechnung. Man beachte jedoch, daß diese allgemeine Beschreibungsform keine Verzögerungen (im Kontinuierlichen auch *Totzeit* genannt) umfaßt. Deren allgemeine systemtheoretische Behandlung ist demnach auch nur mit Einschränkungen möglich.

> Eine direkte Lösbarkeit wie bei Differenzengleichungen durch die numerische Berechnung mit dem Digitalrechner gibt es hier nicht. Entweder ist das Problem mit Hilfe entsprechendes Programmes zur Lösung von Differentialgleichungen zu behandeln, oder in eine zeitdiskrete Beschreibungsform überzuführen. Früher setzte man zur 'simulativen' Lösung solcher Probleme Analogrechner ein, siehe Seite 138.

5.2   Mathematische Grundlagen

Wie wir im vorherigen Abschnitt gesehen haben, stellt die allgemeine Beschreibungsform kontinuierlicher LTI-Systeme die *Differentialgleichung* dar. In Verbindung mit sprungförmigen Signalen ergibt sich hiermit zunächst ein Problem, da diese Signale an einzelnen Punkten nicht differenzierbar (Rampenfunktion $t \cdot \varepsilon(t)$ bei $t = 0$) oder nicht einmal stetig (Sprungfunktion $\varepsilon(t)$ bei $t = 0$) sind. Dieses Problem läßt sich mit der Erweiterung des Funktionenbegriffs lösen, indem wir die *verallgemeinerten Funktionen* oder *Distributionen* einführen.

5.2.1   Verallgemeinerte Funktionen

Als Ausgangspunkt zur Einführung verallgemeinerter Funktionen dient uns die Sprungfunktion

$$\varepsilon(t) \;=\; \begin{cases} 1\,, & t > 0 \\ 0\,, & t < 0\,, \end{cases}$$

die an der Stelle $t = 0$ unstetig und damit nicht differenzierbar ist. Wir wollen nun dennoch versuchen, dieser Funktion eine Art Ableitung zuzuordnen. Wir betrachten dazu die Schar der Funktionen

$$f_a(t) \;=\; \frac{1}{\pi}\left[\arctan\left(\frac{t}{a}\right) + \frac{\pi}{2}\right]\,, \quad a > 0\,,$$

die für wachsendes positives t gegen eins und für negatives t gegen null gehen. Mit kleiner werdendem Parameter a wird der Übergang immer steiler (siehe Bild 5.1), wobei sich im Grenzfall

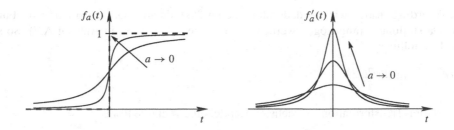

Bild 5.1: Darstellung der Sprungfunktion und des Dirac-Impulses als Grenzwert

$a \to 0$ die Sprungfunktion ergibt:

$$\varepsilon(t) = \lim_{a \to 0} \frac{1}{\pi} \left[\arctan\left(\frac{t}{a}\right) + \frac{\pi}{2} \right].$$ (5.2)

Wir haben damit die unstetige Sprungfunktion als Grenzwert einer stetigen und differenzierbaren Funktion dargestellt, die wir nun formal ableiten können:

$$\frac{d}{dt}\, \varepsilon(t) = \frac{d}{dt} \lim_{a \to 0} \frac{1}{\pi} \left[\arctan\left(\frac{t}{a}\right) + \frac{\pi}{2} \right] = \lim_{a \to 0} \frac{1}{\pi} \frac{a}{a^2+t^2} = \lim_{a \to 0} f_a'(t).$$ (5.3)

Dabei haben wir angenommen, daß Grenzwertbildung und Differentiation vertauschbar sind. Anhand Bild 5.1 erkennen wir, daß Gleichung (5.3) einen Impuls darstellt, der für kleiner werdendes a immer schmaler und höher wird. Im Grenzfall $a \to 0$ verschwindet dieser für $t \neq 0$, während er für $t = 0$ divergiert:

$$\lim_{a \to 0} f_a'(t) = \begin{cases} 0, & t \neq 0 \\ \infty, & t = 0. \end{cases}$$ (5.4)

Das Integral über diesen Impuls bleibt aber konstant:

$$\int_{-\infty}^{\infty} f_a'(t)\, dt = 1.$$ (5.5)

Mit diesem Vorgehen, d.h. der Darstellung sprungförmiger Signale als Grenzwerte parametrisierter Funktionen, können wir prinzipiell Differentialgleichungen auch für solche nicht differenzierbaren Signale lösen. Allerdings ist dieses Verfahren etwas umständlich.

Wir werden daher dem Impuls (5.3) zunächst eine symbolische Bezeichnung zuordnen,[1] die wir analog zum Diskreten zu $\delta(t)$ wählen und als (kontinuierlichen) *Dirac-Impuls* bezeichnen. Später werden wir sehen, daß dieser Impuls genau das kontinuierliche Pendant zum zeitdiskreten Dirac-Impuls $\delta[k]$ darstellt. Anschaulich können wir den Dirac-Impuls als Grenzwert z.B. nach Gleichung (5.3) zu

$$\delta(t) = \lim_{a \to 0} f_a'(t) = \lim_{a \to 0} \frac{1}{\pi} \cdot \frac{a}{a^2+t^2}$$ (5.6)

---

[1] Diese Vorgehensweise ist beispielsweise mit der Darstellung der imaginären Einheit $j = \sqrt{-1}$ vergleichbar.

deuten. Allerdings haben wir uns dadurch eingeschränkt, da auch Grenzwerte anderer Funktionen zur Darstellung herangezogen werden können (siehe Übersicht in Anhang A.7). So spielt z.B. die Darstellung

$$\delta(t) = \lim_{f \to \infty} \frac{\sin(2\pi f t)}{\pi t} \tag{5.7}$$

bei der Fourier-Transformation im nächsten Kapitel eine wichtige Rolle.

Eine allgemeine Beschreibung erhält man, wenn man den Impuls über seine *Wirkung* darstellt. In unserem Falle sind dies Gleichungen (5.4) und (5.5), die wir mit Hilfe einer Testfunktion $\phi(t)$ zu folgender impliziten Definition zusammenfassen können:

$$\int_{-\infty}^{\infty} \delta(t) \cdot \phi(t)\, dt = \phi(0), \quad \forall\, \phi(t) \in C_0^\infty(\mathbb{R}^n). \tag{5.8}$$

$C_0^\infty(\mathbb{R}^n)$ stellt dabei den Raum der unendlich oft differenzierbaren, und außerhalb eines endlichen Intervalls verschwindenden Funktionen dar, so daß die Testfunktionen 'beliebig gutmütig' sind. Anschaulich läßt sich der Zusammenhang von (5.8) mit den Eigenschaften (5.4) und (5.5) wie folgt begründen: Die Multiplikation der Testfunktion $\phi(t)$ mit dem Dirac-Impuls $\delta(t)$ nach Definition (5.6) blendet uns nach Eigenschaft (5.4) alle Werte bis auf $\phi(0)$ aus. Ziehen wir diesen Wert vor das Integral und wenden Eigenschaft (5.5) an, so erhalten wir Gleichung (5.8).

Wir haben also über die Beziehung (5.8) den Dirac-Impuls indirekt definiert, und zwar über seine Wirkung auf Testfunktionen. In diesem Fall spricht man nicht mehr von (gewöhnlichen) Funktionen, die ja als Abbildung der reellen Zahlen auf einen Bildbereich direkt definiert sind, sondern von *verallgemeinerten Funktionen* oder *Distributionen*. Distributionen stellen eine Erweiterung des Funktionenbegriffs dar und enthalten demnach auch alle gewöhnlichen Funktionen. In allgemeiner Form lautet die Definition einer Distribution $\psi(t)$

$$\int_{-\infty}^{\infty} \psi(t) \cdot \phi(t)\, dt = \langle \psi(t), \phi(t) \rangle = F[\phi(t)], \quad \forall\, \phi(t) \in C_0^\infty(\mathbb{R}^n). \tag{5.9}$$

$F[\phi(t)]$ stellt dabei eine lineare funktionale Beziehung dar, die jeder Testfunktion $\phi(t)$ eine reelle oder komplexe Zahl zuordnet.

Beispiel 5.2:   **Definition der Sprungfunktion als Distribution**
Die Sprungfunktion $\varepsilon(t)$ wird über das lineare Funktional

$$F[\phi(t)] = \int_0^{\infty} \phi(t)\, dt \quad \text{als Distribution } \psi(t) \text{ zu} \quad \int_{-\infty}^{\infty} \psi(t) \cdot \phi(t)\, dt = \int_0^{\infty} \phi(t)\, dt$$

definiert.   ∎

Wie mächtig das Konzept der Distribution ist, sehen wir nachfolgend darin, daß es möglich ist, jeder Distribution eine Ableitung zuzuordnen, auch wenn sie als gewöhnliche Funktion nicht differenzierbar ist. Die Berechnungsregel hierfür erhalten wir, wenn wir die abgeleitete Distribution $\psi'(t)$ formal ansetzen und partiell integrieren:

$$\langle \psi'(t), \phi(t) \rangle = \int\limits_{-\infty}^{\infty} \psi'(t) \cdot \phi(t)\, dt = \underbrace{\left[\psi(t) \cdot \phi(t) \right]_{-\infty}^{\infty}}_{=0} - \int\limits_{-\infty}^{\infty} \psi(t) \cdot \phi'(t)\, dt$$

$$= - \langle \psi(t), \phi'(t) \rangle. \tag{5.10}$$

Dabei haben wir die Voraussetzung benutzt, daß die Testfunktion $\phi(t)$ außerhalb eines endlichen Intervalls verschwindet, d.h. daß $\phi(\pm\infty) = 0$ gilt.

Mit Hilfe dieser Regel können wir also das schwierige Problem der Ableitung verallgemeinerter Funktionen auf die Ableitung gewöhnlicher differenzierbarer Funktionen zurückführen. Zur Unterscheidung von der gewöhnlichen Ableitung bezeichnet man diese *verallgemeinerte Ableitung* auch als *Derivation*. Aus der Voraussetzung, daß die Testfunktionen beliebig oft differenzierbar sind, folgt, daß jede Distribution beliebig oft derivierbar ist.

Beispiel 5.3:   Derivation der Sprungfunktion

Die Derivierte der Distribution $\psi(t) = \varepsilon(t)$ (Sprungfunktion) mit

$$\langle \psi(t), \phi(t) \rangle = \int\limits_{0}^{\infty} \phi(t)\, dt$$

ergibt sich über die Ableitungsregel (5.10) zu

$$\langle \psi'(t), \phi(t) \rangle = - \langle \psi(t), \phi'(t) \rangle = - \int\limits_{0}^{\infty} \phi'(t)\, dt = -\left[\phi(t) \right]_{0}^{\infty} = \phi(0).$$

Dies entspricht nach (5.8) dem Dirac-Impuls, d.h. $\varepsilon'(t) = \delta(t)$.   ∎

Die Ausführungen in diesem Abschnitt haben gezeigt, wie durch die Einführung von Distributionen die Problematik der Ableitung von sprungförmigen Signalen mathematisch korrekt zu lösen ist. Eine zentrale Rolle spielt dabei der Dirac-Impuls, der die Ableitung der Sprungfunktion darstellt. Diesen können wir im folgenden als symbolische Funktion auffassen und damit wie mit einer gewöhnlichen Funktion rechnen, da in fast allen Fällen[2] die Rechenregeln von Distributionen mit denen von Funktionen übereinstimmen. Zusätzliche Eigenschaften und Regeln von Distributionen finden sich in Anhang A.7.

---

2 Die Multiplikation *zweier Distributionen* ist im allgemeinen nicht möglich, vergleiche auch Tabelle A.2 auf Seite 319.

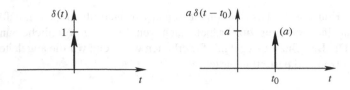

Bild 5.2: Symbolische Darstellung des Dirac-Impulses

5.2.2   Spezielle kontinuierliche Signale

5.2.2.1   Dirac-Impuls

Ein wichtiges Signal in der Theorie kontinuierlicher Systeme stellt der Dirac-Impuls dar:

Dirac-Impuls:

Der *Dirac-Impuls* $\delta(t)$ wird als Distribution implizit definiert über

$$\int\limits_{-\infty}^{\infty} \delta(t) \cdot \phi(t)\,dt \; = \; \phi(0)\,, \tag{5.11}$$

wobei $\phi(t)$ stetig und beliebig oft differenzierbar sein muß.

Eine weitere gebräuchliche Bezeichnung für den Dirac-Impuls ist: $\delta_0(t)$.

Er ist das kontinuierliche Pendant zum zeitdiskreten Dirac-Impuls nach (2.12) auf Seite 15 und weist daher entsprechende Eigenschaften, sowie dieselbe große systemtheoretische Bedeutung auf.

Der Dirac-Impuls besitzt folgende elementare Eigenschaften:

$$\delta(t) \; = \; 0\,, \quad t \neq 0 \quad \text{und} \quad \int\limits_{-\infty}^{\infty} \delta(t)\,dt \; = \; 1\,. \tag{5.12}$$

Man stellt den Dirac-Impuls symbolisch als Pfeil der Länge entsprechend seiner Skalierung dar (siehe Bild 5.2). Die Skalierung bezeichnet man auch als *Gewicht* des Dirac-Impulses und schreibt diese gegebenenfalls zur eindeutigen Kennzeichnung in Klammern an den Impuls.

Analog zum Diskreten besitzt der Dirac-Impuls die *Abtast- oder Ausblendeigenschaft*, die unmittelbar aus Gleichung (5.11) bzw. (5.12) folgt:

$$x(t) \cdot \delta(t - t_0) \; = \; x(t_0) \cdot \delta(t - t_0) \quad \text{bzw.} \quad \int\limits_{-\infty}^{\infty} x(t) \cdot \delta(t - t_0)\,dt \; = \; x(t_0)\,. \tag{5.13}$$

Das Signal $x(t)$ muß dabei an der Stelle $t = t_0$ stetig sein. Insbesondere gilt mit $x(t) = t$:

$$t \cdot \delta(t) = 0. \tag{5.14}$$

Der Dirac-Impuls stellt das *Neutralelement* der (kontinuierlichen) Faltung (siehe Abschnitt 5.4) dar. Damit ergibt sich folgende, der Beziehung (2.15) von Seite 16 entsprechende, Signaldarstellung:

$$x(t) = x(t) * \delta(t) = \int\limits_{-\infty}^{\infty} x(\tau) \cdot \delta(t - \tau) \, d\tau. \tag{5.15}$$

Bei der Rechnung mit zeitlich skalierten Dirac-Impulsen ist folgende Regel zu beachten:

$$\delta(at) = \tfrac{1}{|a|} \cdot \delta(t) \qquad \text{bzw.} \qquad \int\limits_{-\infty}^{\infty} \delta(at) \, dt = \tfrac{1}{|a|}. \tag{5.16}$$

Die Beziehungen ergeben sich unmittelbar durch Auswertung des Integrals

$$\int\limits_{-\infty}^{\infty} \delta(at) \, dt \underset{\underset{(5.11)}{\tau \,-\, at}}{=} \int\limits_{-\infty}^{\infty} \delta(\tau) \tfrac{1}{|a|} \, d\tau = \tfrac{1}{|a|}, \tag{5.17}$$

wobei das Betragszeichen durch die Vertauschung der (negierten) Integrationsgrenzen für negative Werte von a zustande kommt. Als Spezialfall ergibt sich daraus die Beziehung $\delta(t) = \delta(-t)$, woraus folgt, daß der Dirac-Impuls eine *gerade* Distribution darstellt.

Da jede Distribution unendlich oft ableitbar (derivierbar) ist, ist es selbstverständlich auch möglich, den Dirac-Impuls abzuleiten. Durch die formale Anwendung der Ableitungsregel (5.10) erhalten wir

$$\langle \delta'(t), \phi(t) \rangle = - \langle \delta(t), \phi'(t) \rangle = -\phi'(0),$$

was sich jedoch jeglicher Anschauung entzieht. Dagegen liefert uns die Darstellung als Grenzwert

$$\delta'(t) = \lim_{a \to 0} f_a''(t) = \lim_{a \to 0} -\tfrac{1}{\pi} \tfrac{2at}{(a^2 + t^2)^2},$$

die aus Gleichung (5.6) folgt, eine Interpretation. Anhand Bild 5.3 erkennen wir, daß es hierbei um einen punktsymmetrischen Doppelimpuls handelt. Die Fläche unter jedem der beiden Einzelimpulse geht dabei gegen unendlich, so daß diese keine Dirac-Impulse sind.

Abschließend sei bemerkt, daß die Ableitung des Dirac-Impulses, sowie alle weiteren Ableitungen davon, existieren und wir damit gegebenenfalls formal rechnen können, diese Distributionen jedoch als Signale keine praktische Bedeutung besitzen.

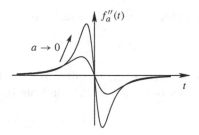

Bild 5.3: Darstellung der Ableitung des Dirac-Impulses als Grenzwert

5.2.2.2   Sprungfunktion

Die Sprungfunktion haben wir bereits in Abschnitt 2.2.1.2 als gewöhnliche Funktion definiert, sowie im Beispiel 5.2 als Distribution dargestellt, woraus sich folgende Beziehung zum Dirac-Impuls ergab:

$$\varepsilon(t) \;=\; \int\limits_{-\infty}^{t} \delta(\tau)\,d\tau \qquad \text{bzw.} \qquad \delta(t) \;=\; \tfrac{d}{dt}\,\varepsilon(t) \;=\; \varepsilon'(t)\,. \tag{5.18}$$

Die Ableitung der zeitlich skalierten Sprungfunktion erhält man über die *Kettenregel* der Differentialrechnung zu:[3]

$$\tfrac{d}{dt}\,\varepsilon(at) \;=\; \varepsilon'(at)\cdot\tfrac{d}{dt}\big[at\big] \;=\; \delta(at)\cdot a \;=\; \tfrac{1}{|a|}\,\delta(t)\cdot a \;=\; \mathrm{sgn}(a)\cdot\delta(t)\,. \tag{5.19}$$

Als Spezialfall für $a = -1$ erhält man als Ableitung der zeitlich gespiegelten Sprungfunktion

$$\tfrac{d}{dt}\,\varepsilon(-t) \;=\; -\delta(t)\,. \tag{5.20}$$

Man beachte, daß die Sprungfunktion nach der Definition als Distribution (siehe Beispiel 5.2) an der Stelle $t = 0$ nicht definiert ist. Wir hatten den Wert jedoch zu 0.5 gewählt, was konsistent zu der Darstellung der Distribution als Grenzwert nach Gleichung (5.2) ist.

5.2.2.3   Impulskamm

Zur Darstellung periodischer Signale, sowie zur Beschreibung der Beziehung zwischen zeitdiskreten und kontinuierlichen Systemen ist folgendes Signal wichtig:

Impulskamm:

$$\text{III}_{T}(t) \;=\; \sum_{k=-\infty}^{\infty} \delta(t - kT) \quad \text{bzw.} \quad \text{III}(t) \;=\; \sum_{k=-\infty}^{\infty} \delta(t - k)\,. \tag{5.21}$$

---

3 Man beachte, daß die Distributionen $\varepsilon(t)$ und $\varepsilon(at)$ für $a > 0$ identisch sind, nicht jedoch $\delta(t)$ und $\delta(at)$.

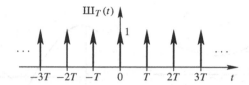

Bild 5.4: Symbolische Darstellung des Impulskammes

Zwischen den beiden Darstellungen gilt aufgrund der Eigenschaft (5.16) die Beziehung:

$$\text{III}_T(t) \; = \; \sum_{k=-\infty}^{\infty} \delta(t - kT) \; = \; \sum_{k=-\infty}^{\infty} \tfrac{1}{|T|}\, \delta\left(\tfrac{t}{T} - k\right) \; = \; \tfrac{1}{|T|}\,\text{III}\left(\tfrac{t}{T}\right). \tag{5.22}$$

Weitere Bezeichnungen für den Impulskamm sind Dirac-Impulskamm, Dirac-Impulsfolge oder Scha-Funktion. Die symbolische Darstellung des Impulskammes erfolgt gemäß der Dirac-Darstellung wieder über Pfeile entsprechender Länge, siehe Bild 5.4.

5.2.3 Ableitung von Sprung- und Knickstellen

Als Motivation zur Einführung von verallgemeinerten Funktionen haben wir zu Beginn dieses Abschnittes die Ableitung sprungförmiger Signale genannt. Über die formale Darstellung als Distribution ist die Ableitung mathematisch exakt möglich. Durch eine Zerlegung solcher in gewöhnlicher Weise nicht differenzierbarer Funktionen in einen differenzierbaren Anteil und einen mit elementaren Distributionen beschreibbaren Restanteil wird jedoch eine einfache und anschauliche Lösung möglich.

Eine Funktion $f(t)$ mit Sprungstelle bei $t = t_0$, die dort den links- bzw. rechtsseitigen Grenzwert

$$a \; = \; \lim_{t \to t_0^-} f(t) \qquad \text{bzw.} \qquad b \; = \; \lim_{t \to t_0^+} f(t) \tag{5.23}$$

besitzt (siehe Bild 5.5 links), zerlegt man in den stetigen Anteil $f_s(t)$ und in eine entsprechend skalierte und verschobene Sprungfunktion:

$$f(t) \; = \; f_s(t) + (b - a)\,\varepsilon(t - t_0). \tag{5.24}$$

Als Ableitung der Gesamtfunktion erhält man dann mit Gleichung (5.18):

$$f'(t) \; = \; f_s'(t) + (b - a)\,\delta(t - t_0), \tag{5.25}$$

d.h. an der Sprungstelle tritt in der Ableitung ein Dirac-Impuls auf, dessen Gewicht der Höhe des Sprunges entspricht (siehe Bild 5.5 links). Dabei haben wir zunächst vorausgesetzt, daß $f_s(t)$ in $t = t_0$ differenzierbar ist, d.h. keinen Knick aufweist.

Die Ableitung einer Knickstelle bereitet jedoch keine Schwierigkeiten. Weist die Funktion $g(t)$ an der Stelle $t = t_0$ einen Knick auf, so unterscheiden sich links- und rechtsseitiger Grenzwert

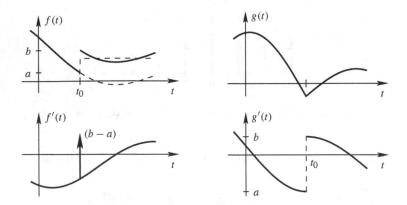

Bild 5.5: Ableitung von Funktionen mit Sprung- und Knickstellen

der Ableitung in diesem Punkt:

$$a = \lim_{t \to t_0^-} g'(t) \quad \neq \quad b = \lim_{t \to t_0^+} g'(t).$$

Die Ableitung weist daher an der Knickstelle einen Sprung auf, dessen Höhe der Differenz zwischen rechts- und linksseitiger Ableitung entspricht (siehe Bild 5.5 rechts). Rein formal hätte man auch hier die Funktion wieder in einen gewöhnlich differenzierbaren Anteil und in eine Rampenfunktion mit Steigung $(b - a)$ zerlegen können, die abgeleitet den Sprung der Höhe $(b - a)$ ergibt.

Man beachte, daß bei kausalen Signalen an der Stelle $t = 0$ in der Regel ein Sprung auftritt, der in der Ableitung zu einem Dirac-Impuls führt. Formal erhalten wir dieses Ergebnis durch die Darstellung des Signals als Produkt mit der Sprungfunktion und die Anwendung der *Produktregel* der Differentialrechnung:

$$\frac{d}{dt}\left[x(t) \cdot \varepsilon(t)\right] = \frac{d}{dt}\left[x(t)\right] \cdot \varepsilon(t) + x(t) \cdot \frac{d}{dt}\left[\varepsilon(t)\right]$$

$$= x'(t) \cdot \varepsilon(t) + x(t) \cdot \delta(t) = x'(t) \cdot \varepsilon(t) + x(0) \cdot \delta(t). \tag{5.26}$$

5.3   Berechnung der Systemantwort mittels Laplace-Transformation

Im Diskreten haben wir mit der z-Transformation eine Methode kennengelernt, die die Problemstellung in eine algebraische Gleichung überführt und damit eine geschlossene Problemlösung ermöglicht. Für kontinuierliche LTI-Systeme gibt es ein entsprechendes Hilfsmittel, die *Laplace-Transformation*. Diese überführt lineare Differentialgleichungen ebenfalls in algebraische Gleichungen und stellt damit den Schlüssel zur Behandlung kontinuierlicher LTI-Systeme dar.

Die Laplace-Transformierte der Funktion $x(t)$ ist definiert zu:

$$X(s) = \mathcal{L}\{x(t)\} = \int\limits_{-\infty}^{\infty} x(t)\, e^{-st}\, dt\,, \qquad s \in \mathbb{C}\,. \tag{5.27}$$

Die Korrespondenz zwischen Original- und Bildbereich wird wieder mit Hilfe des Hantelsymbols dargestellt:

$$x(t) \quad \circ\!\!-\!\!\bullet \quad X(s) \qquad \text{bzw.} \qquad X(s) \quad \bullet\!\!-\!\!\circ \quad x(t)\,.$$

Wie im Diskreten spielt auch hier die kausale Exponentialfunktion eine wichtige Rolle. Ihre Laplace-Transformierte lautet

$$\mathcal{L}\{e^{at}\,\varepsilon(t)\} = \int\limits_{-\infty}^{\infty} e^{at}\,\varepsilon(t)\, e^{-st}\, dt = \int\limits_{0}^{\infty} e^{(a-s)t}\, dt = \left[\tfrac{1}{a-s}\, e^{(a-s)t}\right]_0^{\infty}$$

$$= \tfrac{1}{a-s}\left[\lim_{t\to\infty} e^{(a-s)t} - 1\right] = \tfrac{1}{s-a}\,. \tag{5.28}$$

Man beachte, daß der Grenzwert in dieser Gleichung nur dann existiert und zu null wird, wenn die Exponentialfunktion abklingend ist, d.h. wenn $\mathrm{Re}\,\{a - s\} < 0$ gilt. Wir erhalten in diesem Fall also das Konvergenzgebiet

$$\mathrm{Re}\,\{s\} > \mathrm{Re}\,\{a\}\,.$$

Bei der Darstellung in der komplexen s-Ebene entspricht dies einer rechten offenen Halbebene, die durch eine senkrechte Gerade durch den Punkt $s = a$ begrenzt wird (siehe Bild 6.1 a auf Seite 172).

Aus Gleichung (5.28) erhalten wir als Sonderfall für $a = 0$ die Laplace-Transformierte der Sprungfunktion:

$$\mathcal{L}\{\varepsilon(t)\} = \tfrac{1}{s}\,. \tag{5.29}$$

Mit Hilfe der Ausblendeigenschaft (5.13) ergibt sich direkt aus der Definition (5.27) die Transformierte des Dirac-Impulses:

$$\mathcal{L}\{\delta(t)\} = \int\limits_{-\infty}^{\infty} \delta(t)\, e^{-st}\, dt = e^{-st}\Big|_{t=0} = 1\,. \tag{5.30}$$

Zur Anwendung der Laplace-Transformation auf Differentialgleichungen benötigen wir noch die Regel für die Differentiation der Zeitfunktion. Wir setzen dazu die abgeleitete Zeitfunktion in die Definition (5.27) ein und führen eine partielle Integration durch:

$$\mathcal{L}\{\tfrac{d}{dt}x(t)\} = \int\limits_{-\infty}^{\infty} \tfrac{d}{dt}x(t) \cdot e^{-st}\, dt = \left[x(t)e^{-st}\right]_{-\infty}^{\infty} - \int\limits_{-\infty}^{\infty} x(t) \cdot (-s\, e^{-st})\, dt\,. \tag{5.31}$$

Der erste Term verschwindet vollständig, da für jedes s innerhalb des Konvergenzgebietes des Signals $x(t)$

$$\lim_{t \to \infty} x(t) \cdot e^{-st} = 0$$

gilt und wir im negativen Unendlichen wieder ein entspanntes System, d.h. $x(-\infty) = 0$ voraussetzen. Damit ergibt sich die Differentiationsregel der Laplace-Transformation zu:

$$\mathcal{L}\left\{\tfrac{d}{dt} x(t)\right\} = s \cdot \mathcal{L}\{x(t)\} . \tag{5.32}$$

Damit kennen wir bereits die wesentlichen Regeln der Laplace-Transformation, die ausführliche Beschreibung folgt wieder im nächsten Kapitel.

Elementare Eigenschaften der Laplace-Transformation:

Definition:
$$X(s) = \mathcal{L}\{x(t)\} = \int_{-\infty}^{\infty} x(t)\, e^{-st}\, dt , \quad s \in \mathbb{C} \tag{5.33}$$

Korrespondenzen:

Dirac-Impuls:
$$\mathcal{L}\{\delta(t)\} = 1 \tag{5.34}$$

Sprungfunktion:
$$\mathcal{L}\{\varepsilon(t)\} = \frac{1}{s} \tag{5.35}$$

Kausale Exponentialfunktion:
$$\mathcal{L}\left\{e^{at} \cdot \varepsilon(t)\right\} = \frac{1}{s-a} \tag{5.36}$$

Differentiationsregel:
$$\mathcal{L}\left\{\tfrac{d}{dt} x(t)\right\} = s \cdot \mathcal{L}\{x(t)\} \tag{5.37}$$

Diese Erkenntnisse wollen wir nun auf das Einführungsbeispiel anwenden.

Beispiel 5.4:   **Berechnung der Systemantwort eines RC-Gliedes**

Wir berechnen die Impuls- und Sprungantwort des RC-Gliedes

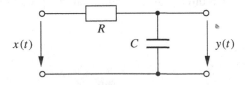

Die Laplace-Transformation der in Beispiel 5.1 aufgestellten Differentialgleichung lautet

$$x(t) = RC\tfrac{d}{dt} y(t) + y(t) \quad \circ\!\!-\!\!\bullet \quad X(s) = RC \cdot s \cdot Y(s) + Y(s) .$$

Aufgelöst nach dem Systemanteil ergibt sich die Systemfunktion zu

$$H(s) = \frac{Y(s)}{X(s)} = \frac{1}{1+RCs} . \tag{5.38}$$

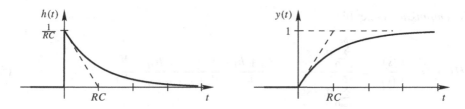

Bild 5.6: Impuls- und Sprungantwort RC-Glied

Die Impulsantwort erhalten wir durch Rücktransformation der Systemfunktion:

$$H(s) \;=\; \tfrac{1}{1+RCs} \;=\; \frac{\frac{1}{RC}}{s+\frac{1}{RC}} \quad \bullet\!\!-\!\!\circ \quad h(t) \;=\; \tfrac{1}{RC}\, e^{-\frac{t}{RC}} \cdot \varepsilon(t). \tag{5.39}$$

Die Sprungantwort (Reaktion des Systems auf das Anlegen einer Spannung zum Zeitpunkt null) berechnet sich über die Systemgleichung zu

$$Y(s) \;=\; H(s)\cdot X(s) \;=\; \frac{\frac{1}{RC}}{s+\frac{1}{RC}} \cdot \tfrac{1}{s} \;=\; \frac{-1}{s+\frac{1}{RC}} + \tfrac{1}{s} \quad \bullet\!\!-\!\!\circ \quad y(t) \;=\; [1 - e^{-\frac{t}{RC}}] \cdot \varepsilon(t). \tag{5.40}$$

Bild 5.6 stellt den jeweiligen Verlauf der Impuls- und Sprungantwort graphisch dar. Das Zeitverhalten wird durch den Term RC bestimmt, den man daher als Zeitkonstante T des Systems bezeichnet. Unabhängig von der Realisierung genügt diese Zeitkonstante für eine vollständige systemtheoretische Beschreibung eines Systems diesen Typs, das man als PT_1-Glied oder Tiefpaß erster Ordnung bezeichnet (vergleiche Tabelle 5.1 von Seite 138). ■

Die Anwendung der Laplace-Transformation auf die allgemeine Beschreibungsform, die lineare Differentialgleichung (5.1) nach Seite 108, ergibt:

$$\sum_{i=0}^{N} a_i \cdot \frac{d^i}{dt^i}\, y(t) \;=\; \sum_{i=0}^{M} b_i \cdot \frac{d^i}{dt^i}\, x(t)$$

$$\updownarrow \qquad\qquad \updownarrow \tag{5.41}$$

$$\sum_{i=0}^{N} a_i \cdot s^i\, Y(s) \;=\; \sum_{i=0}^{M} b_i \cdot s^i\, X(s).$$

Wir erhalten aus der Differentialgleichung im Zeitbereich wieder eine algebraische Gleichung im Bildbereich. Diese lösen wir nach dem gesuchten Ausgangssignal auf, womit wir mit

$$Y(s) \;=\; \frac{\displaystyle\sum_{i=0}^{M} b_i \cdot s^i}{\displaystyle\sum_{i=0}^{N} a_i \cdot s^i} \cdot X(s) \;=\; H(s) \cdot X(s) \tag{5.42}$$

wieder die *Systemgleichung* erhalten.

Die *Systemfunktion* lautet hier

$$H(s) := \frac{Y(s)}{X(s)} = \frac{\sum\limits_{i=0}^{M} b_i \cdot s^i}{\sum\limits_{i=0}^{N} a_i \cdot s^i} = \frac{b_0 + b_1 \cdot s^1 + \cdots + b_M \cdot s^M}{a_0 + a_1 \cdot s^1 + \cdots + a_N \cdot s^N} \qquad (5.43)$$

und stellt wieder eine rationale Funktion der komplexen Variablen s (manchmal auch p) dar. Für reellwertige Systeme sind die Koeffizienten der Differentialgleichung und damit die der Systemfunktion reell.

Man beachte die große Ähnlichkeit zur z-Transformation. Man gelangt in beiden Fällen durch die jeweilige Transformation

- zu einer Problembeschreibung mit algebraischen Gleichungen im Bildbereich, woraus man
- die Systemfunktion definiert, die eine rationale Funktion einer komplexen Variablen darstellt, und die man daher
- über die Partialbruchzerlegung und elementare Korrespondenzen wieder in den Zeitbereich transformieren kann.

Die Analogie spiegelt sich auch im weiteren Verlauf dieses Kapitels wider, wo wir die Vorgehensweisen und Regeln vom Diskreten in das entsprechende kontinuierliche Pendant übertragen.

Zunächst machen wir uns wieder die Bedeutung der in den Zeitbereich rücktransformierten Systemfunktion klar. Wir setzen dazu $X(s) = 1$ in die Systemgleichung ein, was nach Korrespondenz (5.34) im Zeitbereich dem Dirac-Impuls $\delta(t)$ als Eingangssignal $x(t)$ entspricht. Als Ausgangssignal erhalten wir dann $y(t) = h(t) = \mathcal{L}^{-1}\{H(s)\}$, was wir wieder als *Impulsantwort* des Systems bezeichnen:

$$h(t) = \mathcal{H}\{\delta(t)\} \quad \circ\!\!-\!\!\bullet \quad H(s). \qquad (5.44)$$

Bild 5.7 stellt die Zusammenhänge wieder graphisch dar. Im Unterschied zum Diskreten (FIR-System) gibt es hier keine praktisch relevanten Fälle, in denen sich die Impulsantwort direkt aus der Problembeschreibung ablesen läßt.

Der Dirac-Impuls ist aus systemtheoretischer Sicht wieder ideal zur Identifikation unbekannter Systeme geeignet (vergleiche Bild 3.2 auf Seite 41). Allerdings ist der kontinuierliche Dirac-Impuls aufgrund der infinitesimalen zeitlichen Ausdehnung und der unendlichen Amplitude technisch nicht realisierbar. Man verwendet daher häufig die Sprungfunktion $\varepsilon(t)$ als Testsignal und bestimmt damit die *Sprungantwort* des Systems, die sich anschließend in die Impulsantwort umrechnen läßt. Man beachte, daß auch dieses Signal aufgrund seiner Unstetigkeit technisch nur approximiert werden kann.

Bei der Rücktransformation ist der Ausgangspunkt für die Partialbruchzerlegung hier direkt die Laplace-Transformierte $Y(s)$, anstelle von $Y(z)/z$, da die elementaren Korrespondenzen mit

$$X(s) = \tfrac{1}{s-a} \qquad \text{gegenüber} \qquad X(z) = \tfrac{z}{z-a}$$

eine prinzipiell andere Form aufweisen.

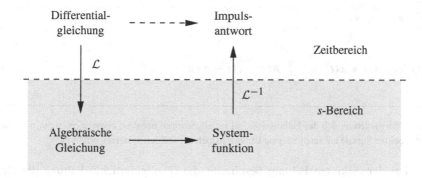

Bild 5.7: Zusammenhang der Systembeschreibungen im Zeit- und Bildereich

5.4   Lösung im Zeitbereich: Faltung

5.4.1   Herleitung und Definition

Nach der Systemberechnung im Laplace-Bereich wollen wir nun wieder die zugehörige Operation zur Berechnung im Zeitbereich herleiten. Wir gehen dazu wieder von der Systemgleichung aus, bei der wir die Laplace-Transformierten nach Definition (5.33) ausschreiben:

$$Y(s) \;=\; H(s) \cdot X(s) \;=\; \int\limits_{-\infty}^{\infty} h(\tau)\, e^{-s\tau}\, d\tau \;\cdot\; \int\limits_{-\infty}^{\infty} x(\tau')\, e^{-s\tau'}\, d\tau'.$$

Wir fassen die beiden Integrale zu einem Doppelintegral zusammen, wobei die innere Integration über τ' erfolgt und τ als Parameter enthält. Wir substituieren τ' durch $t = \tau' + \tau$ und erhalten mit $dt = d\tau'$:

$$Y(s) \;=\; \int\limits_{-\infty}^{\infty} \left[\int\limits_{-\infty}^{\infty} h(\tau)\, x(\tau')\, e^{-s(\tau+\tau')}\, d\tau' \right] d\tau \;=\; \int\limits_{-\infty}^{\infty} \left[\int\limits_{-\infty}^{\infty} h(\tau)\, x(t-\tau)\, e^{-st}\, dt \right] d\tau.$$

Die Vertauschung der Integrationsreihenfolge liefert uns

$$Y(s) \;=\; \int\limits_{-\infty}^{\infty} \underbrace{\left[\int\limits_{-\infty}^{\infty} h(\tau)\, x(t-\tau)\, d\tau \right]}_{y(t)} e^{-st}\, dt$$

und damit die Definition der (kontinuierlichen, aperiodischen) Faltung, die, wie schon im Diskreten, durch den Faltungsoperator '$*$' dargestellt wird:

Faltung:

$$y(t) = h(t) * x(t) = \int\limits_{-\infty}^{\infty} h(\tau) \cdot x(t - \tau)\, d\tau \,. \tag{5.45}$$

Man beachte wiederum, daß das Faltungsintegral im allgemeinen nur dann konvergiert, wenn mindestens eines der beiden Signale ein Energiesignal ist, was jedoch bei stabilen Systemen erfüllt ist.

Genau wie bei der diskreten Faltung beschreibt die (kontinuierliche) Faltung die Beziehung zwischen Eingangs- und Ausgangssignal eines Systems im Zeitbereich. Sie stellt damit das Zeitbereichsäquivalent zur Systemgleichung, d.h. der Multiplikation im Laplace-Bereich dar. Die beiden Darstellungsformen sind wieder vollkommen gleichwertig und über die Laplace-Transformation eindeutig miteinander verknüpft (siehe Bild 5.8).

Beispiel 5.5:   **Sprungantwortberechnung des RC-Gliedes durch Faltung**

Wir berechnen die Sprungantwort des RC-Gliedes aus Beispiel 5.4 im Zeitbereich durch explizite Anwendung der Faltungsoperation:

$$y(t) = h(t) * \varepsilon(t) = \int\limits_{-\infty}^{\infty} h(\tau) \cdot \varepsilon(t - \tau)\, d\tau = \int\limits_{-\infty}^{\infty} \frac{1}{RC} e^{-\frac{\tau}{RC}} \cdot \underbrace{\varepsilon(\tau)}_{= 0,\ \tau < 0} \cdot \underbrace{\varepsilon(t - \tau)}_{= 0,\ \tau > t}\, d\tau$$

$$= \int\limits_{0}^{t} \frac{1}{RC} e^{-\frac{\tau}{RC}}\, d\tau = \left[-e^{-\frac{\tau}{RC}} \right]_{0}^{t} = 1 - e^{-\frac{t}{RC}} \,, \quad t \geq 0 \,.$$

Für $t < 0$ überlappen sich die beiden Sprungfunktionen nicht, d.h. das Integral und die Lösung ist null. Man beachte, daß in diesem Falle die Auswertung des Faltungsintegrals relativ einfach war, was jedoch für kompliziertere Signale und Systeme nicht mehr zutrifft. ∎

5.4.2   Eigenschaften und anschauliche Deutung

Es gelten die schon von der diskreten Faltung her bekannten Eigenschaften:

Eigenschaften der Faltung:

Kommutativität:	$x(t) * h(t)$	$=$	$h(t) * x(t)$	(5.46)
Assoziativität:	$x(t) * \left[h(t) * g(t) \right]$	$=$	$[x(t) * h(t)] * g(t)$	(5.47)
Distributivität:	$x(t) * \left[h(t) + g(t) \right]$	$=$	$x(t) * h(t) + x(t) * g(t)$	(5.48)
Neutralelement:	$\delta(t) * x(t)$	$=$	$x(t)$	(5.49)

Neben der Bezeichnung Faltung ist auch der Begriff *Faltungsprodukt* oder *Faltungsintegral* gebräuchlich. Analog zum Diskreten ist das *Neutralelement* der kontinuierlichen Faltung der (kon-

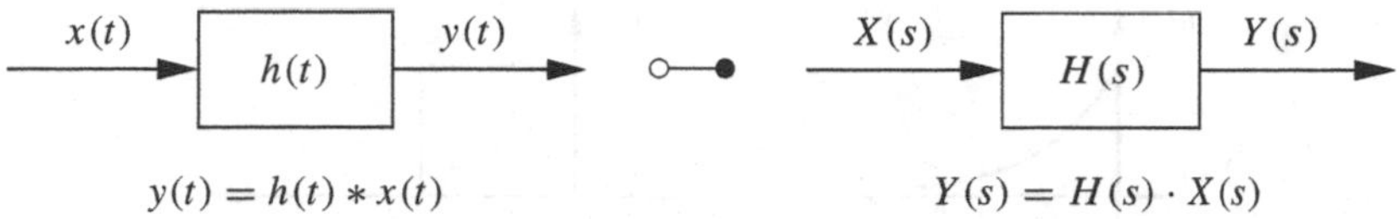

$$x(t) \xrightarrow{\quad} \boxed{h(t)} \xrightarrow{y(t)} \qquad \circ\!\!-\!\!\bullet \qquad X(s) \xrightarrow{\quad} \boxed{H(s)} \xrightarrow{Y(s)}$$

$$y(t) = h(t) * x(t) \qquad\qquad\qquad Y(s) = H(s) \cdot X(s)$$

Bild 5.8: Systembeschreibung im Zeit- und Bildbereich

tinuierliche) Dirac-Impuls $\delta(t)$, zu dem im Laplace-Bereich mit der Konstanten eins das Neutralelement der Multiplikation gehört.

Die Faltung mit einem zeitverschobenen Dirac-Impuls ergibt wiederum das entsprechend zeitverschobene Eingangssignal

$$x(t) * \delta(t - t_0) = x(t - t_0), \tag{5.50}$$

was aber nicht mit der Ausblendeigenschaft (5.13) von Seite 112, d.h.

$$x(t) \cdot \delta(t - t_0) = x(t_0) \cdot \delta(t - t_0) \tag{5.51}$$

verwechselt werden darf.

> Ein System oder Übertragungsglied, welches (lediglich) eine Signalverzögerung um die Zeit t_0 (Totzeit T_t) bewirkt, bezeichnet man als *Totzeitglied*. Es besitzt die Übertragungsfunktion
>
> $$H(s) = \mathcal{L}\{h(t) = \delta(t - T_t)\} = \int\limits_{-\infty}^{\infty} \delta(t - T_t) e^{-st}\, dt = e^{-st}\Big|_{t=T_t} = e^{-T_t s}.$$
>
> Man beachte, daß es sich hierbei um keine rationale, sondern um eine transzendente Funktion handelt.

Wir wollen nun die kontinuierliche Faltungsoperation anschaulich deuten. Dazu gehen wir wie bei der Interpretation der diskreten Faltung auf Seite 49 vor und stellen die Faltung in der Form

$$y(t) = x(t) * h(t) = \int\limits_{-\infty}^{\infty} x(\tau) h(t - \tau)\, d\tau$$

dar. Der Term $h(t - \tau)$ stellt die an der Ordinatenachse gespiegelte und um t nach rechts verschobene Impulsantwort dar und ist mit dem Eingangssignal $x(t)$ zu multiplizieren und das Ergebnis anschließend zu integrieren. Der resultierende Wert, d.h. die Fläche unter dem Produkt der Funktionen, stellt das Ausgangssignal zum Zeitpunkt t dar. Den gesamten Ausgangssignalverlauf erhält man dann durch Auftragen der Integralwerte über alle möglichen Verschiebungen, wozu man die gespiegelte Impulsantwort 'über das komplette Eingangssignal schiebt'. Bild 5.9 veranschaulicht diese Vorgehensweise in graphischer Form; man vergleiche dazu auch die Deutung der diskreten Faltung nach Bild 3.7 von Seite 49.

Diese anschauliche Deutung der Faltung ist insbesondere bei der Berechnung der Faltung von sprungförmigen, stückweise konstanten Signalen nützlich. Die analytische Auswertung kann hier

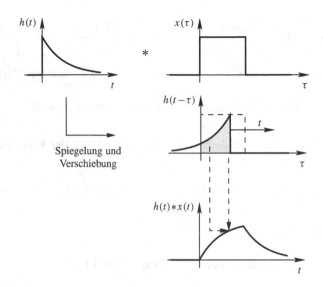

Bild 5.9: Anschauliche Deutung der (kontinuierlichen) Faltung

aufgrund der nötigen Fallunterscheidungen relativ rasch aufwendig werden, während die Lösung graphisch schnell anhand einiger markanter Punkte konstruiert werden kann. Dieser graphischen Methode liegt zugrunde, daß die Fläche unter dem Überlappungsbereich zweier konstanter Funktionen linear mit der Länge der Überlappung, d.h. der Zeitverschiebung wächst. Man vergleiche die Ermittlung des Faltungsproduktes zweier Rechteckimpulse $x_1(t) = x_2(t) = \text{rect}(t/2)$ nach Bild 5.10.

Die Vorgehensweise zur graphischen Auswertung des Faltungsintegrals zweier stückweise konstanter Signale läßt sich wie folgt zusammenfassen:

- Zeitliche Spiegelung eines der beiden Signale. Aufgrund der Kommutativität ist es egal, welches Signal man spiegelt; in der Regel nimmt man das einfachere Signal.

- Gedankliche Verschiebung des gespiegelten Signals über die Zeitachse und Notieren derjenigen Verschiebungswerte, bei denen Änderungen in der Überlappung mit dem anderen Signal auftreten.

- Bestimmung der Werte des Faltungsintegrals an diesen Stellen durch Berechnung der Fläche (Breite × Höhe) unter dem Produkt der beiden Funktionen.

- Auftragen dieser Punkte im Ergebnisdiagramm und Verbinden durch Geradenstücke. In den Abschnitten, in denen keine Überlappung der beiden Funktionen auftritt, ist der Wert null.

Dieses Verfahren ist auch unter dem Begriff *Papierstreifenmethode* bekannt, da man zur 'gedanklichen' Verschiebung des einen Signals dieses auf einem Papierstreifen auftragen kann, der sich gegenüber dem anderen Signal einfach verschieben läßt. Mit etwas Übung ist die 'graphische Faltung' auch bei rampenförmigen Signalen anwendbar, wobei die Überlappung der linear ansteigenden mit einer konstanten Funktion auf einen quadratischen Ergebnisverlauf führt (siehe dazu Aufgabe 5.3).

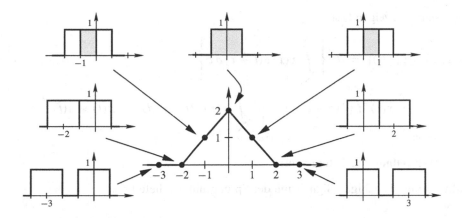

Bild 5.10: Graphische Faltung zweier Rechteckimpulse

Anhand dieser graphischen Methode ist es ersichtlich, daß die Faltung zweier zeitbegrenzter Signale als Ergebnis wieder ein zeitbegrenztes Signal liefert, da sich die beiden endlichen Funktionen nur in einem endlichen Intervall überlappen. Genau wie im Diskreten (siehe Seite 48) läßt sich die zeitliche Ausdehnung anhand der Werte der beiden Ausgangssignale angeben. Für den Signalbeginn $t_{\min}$ und das Signalende $t_{\max}$ des Faltungsproduktes $y(t) = x(t) * h(t)$ gilt

$$t_{\min}^{(y)} = t_{\min}^{(x)} + t_{\min}^{(h)} \quad \text{und} \quad t_{\max}^{(y)} = t_{\max}^{(x)} + t_{\max}^{(h)} ,$$

wobei sich hier die Signaldauer zu

$$\Delta t_y = t_{\max}^{(y)} - t_{\min}^{(y)} = \Delta t_x + \Delta t_h$$

ergibt.

Im Diskreten hatten wir noch eine zweite anschauliche Deutung der Faltung über die Superposition gewichteter und verschobener Versionen eines der beteiligten Signale (z.B. die Impulsantwort, siehe Bild 3.6 auf Seite 46) vorgenommen. Dieser Vorgehensweise lag die Darstellung eines der beiden Signale als Summe von gewichteten und zeitverschobenen diskreten Dirac-Impulsen nach Gleichung (3.33) zugrunde. Im Kontinuierlichen entspricht dies einer unendlichen Anzahl infinitesimal schmaler (kontinuierlicher) Dirac-Impulse

$$x_\tau(t) = x(\tau) \cdot \delta(t - \tau), \quad \tau \in \mathbb{R} ,$$

über die 'summiert', d.h. aufgrund des kontinuierlichen Parameters τ *integriert* werden muß, vergleiche Darstellung (5.15) von Seite 113. Daher ist die Betrachtungsweise aus dem Diskreten zwar formal ins Kontinuierliche übertragbar, liefert uns hier aber keine entsprechende anschauliche Interpretation. Man beachte jedoch, daß sich über diese formale Darstellung, analog zum Diskreten nach Gleichung (3.37), wieder die eindeutige Beschreibbarkeit von LTI-Systemen über die Impulsantwort zeigen läßt:

$$
y(t) = \mathcal{H}\{x(t)\} = \mathcal{H}\left\{\int\limits_{-\infty}^{\infty} x(\tau)\,\delta(t-\tau)\,d\tau\right\}
$$

$$
= \underset{\substack{\uparrow\\ \text{Linearität}}}{\int\limits_{-\infty}^{\infty}} x(\tau)\,\mathcal{H}\{\delta(t-\tau)\}\,d\tau = \underset{\substack{\uparrow\\ \text{Zeitinvarianz}}}{\int\limits_{-\infty}^{\infty}} x(\tau)\,h(t-\tau)\,d\tau = x(t)*h(t).
\tag{5.52}
$$

5.4.3   Darstellung der Integration

Die Faltung eines beliebigen Signals mit der Sprungfunktion liefert

$$
x(t) * \varepsilon(t) = \int\limits_{-\infty}^{\infty} x(\tau)\,\underbrace{\varepsilon(t-\tau)}_{=\,0\ \text{für}\ \tau\,>\,t}\,d\tau = \int\limits_{-\infty}^{t} x(\tau)\,d\tau
\tag{5.53}
$$

und damit die Definition eines *Integrators* oder *Integrationsgliedes*. Im Bildbereich entspricht dies der Multiplikation mit $1/s$.

Entsprechend beschreibt die Faltung mit einem Rechteckimpuls der Dauer T die (akausale) *Kurzzeitintegration* des Signals über diesen Zeitraum:

$$
x(t) * \mathrm{rect}\left(\tfrac{t}{T}\right) = \int\limits_{-\infty}^{\infty} x(\tau)\,\mathrm{rect}\left(\tfrac{t-\tau}{T}\right)\,d\tau = \int\limits_{t-\frac{T}{2}}^{t+\frac{T}{2}} x(\tau)\,d\tau .
\tag{5.54}
$$

5.4.4   Darstellung periodischer Signale

Entsprechend dem Diskreten (siehe Abschnitt 3.3.4) lassen sich kontinuierliche periodische Signale über die Faltung einer Signalperiode mit dem Impulskamm darstellen:

$$
x(t) = x_{\mathrm{p}}(t) * \mathrm{III}_{T_{\mathrm{p}}}(t) = \sum_{k=-\infty}^{\infty} x_{\mathrm{p}}(t - kT_{\mathrm{p}}).
\tag{5.55}
$$

Dabei ist T_{p} die Periodendauer und $x_{\mathrm{p}}(t)$ eine beliebige Signalperiode

$$
x_{\mathrm{p}}(t) = \begin{cases} x(t) & t_0 \le t < t_0 + T_{\mathrm{p}} \\ 0 & \text{sonst,} \end{cases}
\tag{5.56}
$$

wobei t_0 einen beliebigen Zeitpunkt darstellt, aber oft zu $t_0 = -T_{\mathrm{p}}/2$ gewählt wird. Bild 5.11 verdeutlicht die Darstellung anhand eines Beispiels.

5.4.5   Periodische Faltung

Die Herleitung und Definition entspricht der in Abschnitt 3.3.5 durchgeführten für diskrete Signale. Auch im Kontinuierlichen konvergiert das Faltungsintegral im allgemeinen nur dann, wenn

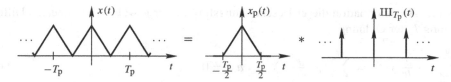

Bild 5.11: Darstellung eines periodischen Signals als Faltung einer Periode mit dem Impulskamm

mindestens eines der beiden beteiligten Signale ein Energiesignal ist. Dies ist allerdings bei der Berechnung von Systemantworten praktisch immer der Fall. Dagegen divergiert das Faltungsintegral in der Regel bei zwei Leistungssignalen.

Handelt es sich um zwei periodische Signale mit gleicher Periodendauer T_p ist auch der Integrand wieder periodisch und es ist ausreichend, das Faltungsintegral nur über eine Periode auszuwerten, was uns auf die Defintion der *periodischen* oder *zyklischen* Faltung führt:

Periodische Faltung:

$$x(t) \circledast y(t) = \int\limits_{t_0}^{t_0+T_p} x(\tau) \cdot y(t-\tau)\, d\tau. \tag{5.57}$$

5.4.6 Zusammenhang Faltung und Korrelation

Es gelten die gleichen Zusammenhänge wie im Diskreten nach Abschnitt 3.3.6. Die Korrelationsfunktion für deterministische Energiesignale läßt sich über die Faltung wie folgt darstellen:

$$\varphi_{xy}^{E}(t) = x^*(-t) * y(t). \tag{5.58}$$

Für deterministische periodische Leistungssignale gilt folgender Zusammenhang mit der periodischen Faltung:

$$\varphi_{xy}^{L}(t) = \frac{1}{T_p} \cdot x^*(-t) \circledast y(t). \tag{5.59}$$

5.5 Darstellungsformen und Eigenschaften

Entsprechend der Vorgehensweise im Diskreten wollen wir an dieser Stelle die unterschiedlichen Darstellungsformen und Eigenschaften kontinuierlicher LTI-Systeme zusammenfassen und diskutieren.

5.5.1 Systemfunktion und Impulsantwort

Die zentrale Beschreibungsform kontinuierlicher LTI-Systeme stellt, wie schon im Diskreten die Systemfunktion beziehungsweise ihre Rücktransformierte, die Impulsantwort dar. Man vergleiche dazu nochmals Bild 5.7 von Seite 121, welches den Zusammenhang mit der Systembeschreibungsform der Differentialgleichung herstellt.

Die Laplace-Transformation dieser Beschreibungsform, einer gewöhnlichen linearen Differentialgleichung N-ter Ordnung

$$\sum_{i=0}^{N} a_i \cdot \frac{d^i}{dt^i} y(t) = \sum_{i=0}^{M} b_i \cdot \frac{d^i}{dt^i} x(t), \quad a_N \neq 0 \tag{5.60}$$

führt auf die *rationale* Systemfunktion in **Polynomdarstellung**:

$$H(s) := \frac{Y(s)}{X(s)} = \frac{\sum_{i=0}^{M} b_i \cdot s^i}{\sum_{i=0}^{N} a_i \cdot s^i} = \frac{b_0 + b_1 \cdot s^1 + \cdots + b_M \cdot s^M}{a_0 + a_1 \cdot s^1 + \cdots + a_N \cdot s^N} . \tag{5.61}$$

Bei real auftretenden Systemen entspricht der Zählergrad maximal dem Nennergrad, d.h. es gilt:

$$M \leq N .$$

Dies liegt darin begründet, daß es in der Realität keine ideal differenzierenden Systeme gibt. Für $M > N$ ließe sich aber ein Term s^{M-N} mittels Polynomdivision aus $H(s)$ abspalten, der am Ausgang zu einem Signalanteil führt, der sich durch eine $(M - N)$-fache *ideale* Ableitung des Eingangssignals ergibt:

$$Y(s) = H(s) \cdot X(s) = (c \cdot s^{M-N} + \ldots) \cdot X(s) \quad \bullet\!\!-\!\!\circ \quad c \cdot \frac{d^{M-N}}{dt^{M-N}} x(t) + \ldots$$

Für $M = N$ ist in entsprechender Weise das (skalierte) Eingangssignal direkt im Ausgangssignal enthalten, weswegen man hier auch von Systemen mit *Durchgriff* spricht. Man vergleiche dazu das Blockdiagramm von Beispiel 5.9 auf Seite 137.

Der Nennergrad N definiert die *Systemordnung* und entspricht der minimal benötigten Anzahl von Integriergliedern (=Speicher) im Blockdiagramm. Enthält das System Totzeitglieder, so führen diese auf transzendente Terme, wie wir auf Seite 123 gesehen haben. In diesem Falle ist die Systemfunktion nicht mehr rational.

Wir fassen zusammen:

Den Quotienten der Laplace-Transformierten von Ausgangs- und Eingangssignal bezeichnet man als

System- oder Übertragungsfunktion: $\quad H(s) := \dfrac{Y(s)}{X(s)} .$ $\hfill (5.62)$

Für kontinuierliche LTI-Systeme (ohne Totzeitglieder) ist dies eine rationale Funktion in s und die **Systemordnung** entspricht dem Nennergrad, der für reale Systeme größer oder gleich dem Zählergrad ist.

Bei gegebener Systemfunktion berechnet sich die Systemantwort über die

Systemgleichung: $\quad Y(s) = H(s) \cdot X(s) .$ $\hfill (5.63)$

Bei reellwertigen Systemen ist die Systemfunktion wieder eine *reelle* Funktion der komplexen Variablen s, d.h. $H(s)$ besitzt nur reelle Koeffizienten.

Wie schon im Diskreten läßt sich das prinzipielle Systemverhalten durch die Lage der Pol- und Nullstellen der Systemfunktion beurteilen, die man dazu wieder in die **Produktform** bringt:

$$H(s) = \frac{\sum\limits_{i=0}^{M} b_i \cdot s^i}{\sum\limits_{i=0}^{N} a_i \cdot s^i} = \frac{b_M \prod\limits_{i=1}^{M}(s - \beta_i)}{a_N \prod\limits_{i=1}^{N}(s - \alpha_i)} = \frac{b_M\,(s - \beta_1) \cdot (s - \beta_2) \cdots (s - \beta_M)}{a_N\,(s - \alpha_1) \cdot (s - \alpha_2) \cdots (s - \alpha_N)}, \qquad (5.64)$$

wobei bei reellen Koeffizienten a_i, b_i die Pole und Nullstellen entweder reell sind oder als konjugiert komplexe Paare auftreten.

Insbesondere zur Rücktransformation verwenden wir wieder die **Partialbruchdarstellung** der Systemfunktion:

$$H(s) = g + \sum_i \frac{r_i}{s - \alpha_i} + \sum_i \sum_{l=1}^{k_i} \frac{\tilde{r}_{i,l}}{(s - \tilde{\alpha}_i)^l}, \qquad (5.65)$$

wobei α_i einfache und $\tilde{\alpha}_i$ mehrfache Pole mit Vielfachheit k_i bezeichnen.

Die Rücktransformierte der Systemfunktion bezeichnet man als

Impulsantwort: $h(t)$ ○—● $H(s)$.   (5.66)

Für kausale Systeme ist die Impulsantwort ein kausales Signal.

Bei gegebener Impulsantwort berechnet sich die Systemantwort über die

Faltung: $y(t) = h(t) * x(t) = \int\limits_{-\infty}^{\infty} h(\tau)\,x(t - \tau)\,d\tau$.   (5.67)

Insbesondere in der Regelungstechnik verwendet man zur Beschreibung und Charakterisierung von Systemen auch die *Sprungantwort*

$$h_\varepsilon(t) = h(t) * \varepsilon(t) \quad ○\!\!-\!\!● \quad H_\varepsilon(s) = \tfrac{1}{s} \cdot H(s), \qquad (5.68)$$

da diese als Systemreaktion auf einen Schaltvorgang verstanden werden kann, und somit eine anschauliche Bedeutung besitzt (vergleiche Beispiel 5.4).

Zu jedem System läßt sich, wie im Diskreten, ein entsprechendes *inverses System*

$$H_{\text{inv}}(s) = \frac{1}{H(s)} \qquad (5.69)$$

angeben, welches bei rationaler Systemfunktion einer Vertauschung von Zähler- und Nennerpolynom entspricht.

5.5.2   Pol-Nullstellen-Diagramm und Stabilität

Genau wie bei diskreten Systemen ist auch bei kontinuierlichen Systemen die Lage der Polstellen von entscheidender Bedeutung für das Systemverhalten und für die Stabilität. Die entsprechende graphische Darstellungsart ist wieder das Pol-Nullstellen-Diagramm, hier in der komlexen s-Ebene.

5.5.2.1   Anschauliche Deutung der Systemfunktion

Entsprechend der Betrachtung diskreter Systeme in der z-Ebene wollen wir auch hier zu einer anschaulichen Deutung der komplexen s-Ebene kommen. Dazu beschränken wir uns wieder auf *einfache* Pole, zu denen im Zeitbereich, wie im Diskreten, Exponentialfunktionen gehören

$$\frac{1}{s - \alpha_i} \quad \bullet\!\!-\!\!\circ \quad e^{\alpha_i \cdot t} \cdot \varepsilon(t) \,. \tag{5.70}$$

Den Exponenten zerlegen wir wieder in Real- und Imaginärteil:

$$e^{\alpha_i \cdot t} = e^{(\sigma_i + j\omega_i)t} = \underbrace{e^{\sigma_i t}}_{\text{Einhüllende}} \cdot \underbrace{e^{j\omega_i t}}_{\text{Schwingung}} \,. \tag{5.71}$$

Die Beziehung der Pollage zu Dämpfungsfaktor und Kreisfrequenz lautet hier:

$$\sigma_i = \text{Re}\{\alpha_i\} \quad \text{und} \quad \omega_i = \text{Im}\{\alpha_i\} \,,$$

d.h. die *Einhüllende* des Zeitsignals wird hier durch den *Realteil* der Polstelle und der *Schwingungsanteil* durch den *Imaginärteil* der Polstelle bestimmt.

Damit gelangt man zu folgender Interpretation der Lage der Polstellen innerhalb der komplexen s-Ebene:

- zu Polen in der offenen *linken* Halbebene, d.h. $\sigma_i = \text{Re}\{\alpha_i\} < 0$, gehören *abklingende* Zeitfunktionen,
- zu Polen *auf* der imaginären Achse, d.h. $\sigma_i = \text{Re}\{\alpha_i\} = 0$, gehören Zeitfunktionen mit *konstantem Betrag*,
- zu Polen in der offenen *rechten* Halbebene, d.h. $\sigma_i = \text{Re}\{\alpha_i\} > 0$, gehören *aufklingende* Zeitfunktionen.

Bezüglich des Imaginärteils der Polstellen gilt:

- zu rein reellen Polen (Polen auf der reellen Achse), d.h. $\text{Im}\{\alpha_i\} = \omega_i = 0$, gehören Zeitfunktionen *ohne* Schwingungsanteil (Schwingungen der Frequenz null),
- zu Polen mit von null verschiedenem Imaginärteil, d.h. $\text{Im}\{\alpha_i\} = \omega_i \neq 0$, gehören Zeitfunktionen mit *komplexem* Schwingungsanteil, dessen Frequenz durch den Imaginärteil des Pols gegeben ist, wobei sich für positiven (negativen) Imaginärteil (Frequenz) die komplexe Schwingung mathematisch positiv (negativ) dreht. Bei reellen Systemfunktionen treten die komplexen Pole stets konjugiert komplex gepaart auf, was in der Summe wieder zu reellen Schwingungen führt, da sich die Imaginärteile gegenseitig aufheben.

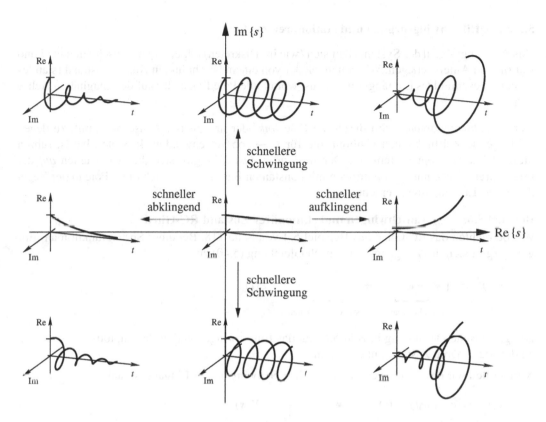

Bild 5.12: Anschauliche Deutung der Pollage innerhalb der komplexen s-Ebene (nach [10])

Bild 5.12 veranschaulicht graphisch die Bedeutung der Lage der Polstellen innerhalb der komplexen s-Ebene. Man vergleiche dazu die Deutung der Pollage in der komplexen z-Ebene nach Bild 3.11 auf Seite 58. Zu den Polstellen gehören in beiden Fällen Exponentialfunktionen, allerdings mit den unterschiedlichen Korrespondenzen

$$\frac{z}{z - \alpha_z} \quad \bullet\!\!-\!\!\circ \quad \alpha_z^k \qquad \text{und} \qquad \frac{1}{s - \alpha_s} \quad \bullet\!\!-\!\!\circ \quad e^{\alpha_s t} = (e^{\alpha_s})^t,$$

womit sich für entsprechende Zeitsignale die Beziehung

$$\alpha_z = e^{\alpha_s} \tag{5.72}$$

zwischen den Polstellen in z- und s-Ebene ergibt. So gehört zum Sprungsignal in der s-Ebene der Pol $\alpha_s = 0$ und in der z-Ebene der Pol $\alpha_z = e^0 = 1$. Der reellen s-Achse entspricht die *positive* reelle z-Achse, und der imaginären s-Achse entspricht der Einheitskreis in der z-Ebene. Der für stabile Systeme wichtigen *linken* s-Halbebene entspricht das *Innere* des Einheitskreises, der *rechten* s-Halbebene das *Äußere*. Man siehe hierzu auch Tabelle 8.4 auf Seite 270.

5.5.2.2 Einschwingvorgang und stationärer Zustand

Das Ausgangssignal des Systems läßt sich (wie im Diskreten) allgemein in Einschwinganteil und stationären Anteil zerlegen. Wir gehen wieder von einem beschränkten Ausgangssignal (stabiles System, beschränktes Eingangssignal) aus, womit alle Pole links oder auf der imaginären Achse liegen.

Der *Einschwingvorgang* wird durch die Pole *links* der imaginären Achse bestimmt, zu denen abklingende Zeitfunktionen gehören, die für $t \to \infty$ verschwinden. In vielen Fällen rühren diese Polstellen vom System her. Der *stationäre Zustand* ergibt sich durch Polstellen *auf* der imaginären Achse mit Zeitfunktionen mit konstantem Betrag, wobei sich diese Pole in der Regel durch das Eingangssignal ergeben.

Beispiel 5.6:   **Einschwingen und stationärer Zustand RC-Glied**
Wir betrachten das RC-Glied aus Beispiel 5.4 von Seite 118. Bei einer Sprungfunktion am Eingang ergibt sich das Ausgangssignal nach Gleichung (5.40) zu

$$y(t) = [\ \underbrace{-e^{-\frac{t}{T}}}_{\text{Einschwinganteil}} + \underbrace{1}_{\text{stationärer Anteil}}\ ] \cdot \varepsilon(t).$$

Die graphische Darstellung in Bild 5.6 läßt das Einschwingen und das asymptotische Annähern an den stationären Zustand gut erkennen.

Nun wollen wir das Systemverhalten mit einer Schwingung als Eingangssignal betrachten:

$$x(t) = \cos(\omega_0 t) \cdot \varepsilon(t) \quad \circ\!\!-\!\!\bullet \quad \frac{s}{s^2 + \omega_0^2} = X(s).$$

Das Ausgangssignal ergibt sich damit (ohne Angabe der Rechenschritte) zu

$$Y(s) = \frac{1}{1+Ts} \cdot \frac{s}{s^2 + \omega_0^2} = \frac{1}{1+\omega_0^2 T^2}\left[-\frac{T}{1+Ts} + \frac{s+\omega_0^2 T}{s^2 + \omega_0^2} \right]$$

im Bildbereich und nach der Rücktransformation in den Zeitbereich zu:

$$y(t) = \frac{1}{1+\omega_0^2 T^2}\left[\ \underbrace{-e^{-\frac{t}{T}}}_{\text{Einschwinganteil}} + \underbrace{\frac{\cos(\omega_0 t + \varphi_0)}{\cos(\varphi_0)}}_{\text{stationärer Anteil}}\ \right] \cdot \varepsilon(t), \quad \varphi_0 = -\arctan(\omega_0 T).$$

Bild 5.13 zeigt den Verlauf des Ausgangssignals (für $T = 1$ und $\omega_0 = 2\pi f_0 = 1$) und läßt den Einschwingvorgang und stationären Zustand gut erkennen. Die gestrichelte Kurve stellt die Einhüllende dar; diese erhält man durch Ersetzen des Schwingungsterms durch seinen Maximalbetrag (Amplitude). ■

Einschwingvorgänge werden vor allem in der Regelungstechnik untersucht, wohingegen die Betrachtung stationärer Zustände hauptsächlich in der Nachrichtentechnik stattfindet. Ein weiteres Beispiel ist die komplexe Wechselstromrechnung, die direkt auf der Behandlung von Signalen im eingeschwungenen Zustand beruht.

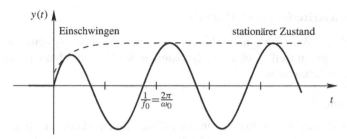

Bild 5.13: Einschwingvorgang und stationärer Zustand am Beispiel RC-Glied

5.5.2.3 Stabilität

Für kontinuierliche LTI-Systeme läßt sich folgende Stabilitätsdefinition angeben:

Stabiles LTI-System:

Ein kontinuierliches LTI-System ist genau dann *stabil*, wenn seine Impulsantwort absolut integrierbar ist:

$$\int_{-\infty}^{\infty} |h(t)|\, dt \; < \; M_h \; < \; \infty. \tag{5.73}$$

Die Herleitung erfolgt analog zum Diskreten (siehe Seite 60), wobei die Summation durch eine entsprechende Integration zu ersetzen ist. Bis auf unbedeutende Ausnahmefälle gilt wieder die Regel, daß die Impulsantwort eines stabilen Systems ein Energiesignal ist und umgekehrt. Im allgemeinen läßt sich die Stabilität wieder einfacher im Bildbereich überprüfen:

Stabilitätskriterium im s-Bereich:

Ein kontinuierliches LTI-System ist

- **stabil**, wenn *alle* Pole der Systemfunktion in der offenen linken s-Halbebene liegen, d.h. sich keine Pole auf der imaginären Achse oder in der rechten s-Halbebene befinden,

- **grenz- oder quasistabil**, wenn *alle* Pole in der linken s-Halbebene liegen und auf der imaginären Achse nur *einfache* Pole auftreten,

- **instabil**, sobald *ein* Pol in der offenen rechten Halbebene oder ein *mehrfacher* Pol auf der imaginären Achse liegt.

Zur Überprüfung der Stabilität ist daher die Kenntnis der Nullstellen des Nennerpolynoms notwendig. Liegt das Nennerpolynom in faktorisierter Form vor oder sind die Nullstellen bekannt, ist sofort eine Aussage über die Systemstabilität möglich. Oft ist das Nennerpolynom jedoch in Polynomdarstellung gegeben, bei der die Nullstellenbestimmung für höhere Ordnungen analytisch aufwendig oder unmöglich ist.

5.5.2.4   Stabilitätskriterium nach Hurwitz

Mit Hilfe des Stabilitätskriteriums nach Hurwitz ist es bei rationalen Systemfunktionen möglich, eine Stabilitätsaussage zu treffen, ohne die Nullstellen des Nennerpolynoms explizit berechnen zu müssen. Wir definieren dazu:

Hurwitzpolynom:

Ein Polynom $a(s)$, das *alle* Nullstellen in der offenen linken Halbebene hat, heißt *Hurwitzpolynom*. Treten zusätzlich *einfache* Nullstellen auf der imaginären Achse auf, bezeichnet man es als *modifiziertes Hurwitzpolynom*.

Daraus folgt: Ist das Nennerpolynom der Systemfunktion ein *Hurwitzpolynom*, so ist das System *stabil*. Handelt es sich dabei um ein *modifiziertes Hurwitzpolynom*, so ist das System *quasistabil*.

Eine notwendige, aber nicht hinreichende Bedingung für ein Hurwitzpolynom[4]

$$a(s) = a_N s^N + a_{N-1} s^{N-1} + \ldots + a_1 s + a_0, \quad a_i \in \mathbb{R}, \, a_N > 0$$

ist, daß *alle* Koeffizienten a_i vorhanden (und reell) sind und positives Vorzeichen aufweisen. Eine Ausnahme bilden Polynome, bei denen entweder alle geraden oder ungeraden Potenzen fehlen; hierbei kann es sich allerdings höchstens um *modifizierte* Hurwitzpolynome handeln.

Ist diese notwendige Bedingung nicht erfüllt, handelt es sich um *kein* Hurwitzpolynom, und eine weitere Untersuchung erübrigt sich. Nur für $N = 2$ ist diese notwendige Bedingung auch gleichzeitig hinreichend, d.h. in diesem Fall kann bei Erfüllung direkt auf ein Hurwitzpolynom geschlossen werden. Ansonsten sind weitere (hinreichende) Bedingungen zu überprüfen. Wir werden dazu zwei unterschiedliche Verfahren beschreiben: die Überprüfung anhand der Hurwitz-Determinanten und anhand einer Kettenbruchentwicklung.

Wenden wir uns zunächst der hinreichenden Bedingung anhand der *Hurwitz-Determinanten* zu. Dazu stellen wir aus den Koeffizienten des zu prüfenden Polynoms folgende $N \times N$ Matrix auf:

$$\boldsymbol{H} = \left.\begin{bmatrix} a_{N-1} & a_{N-3} & a_{N-5} & a_{N-7} & \cdots & 0 \\ a_N & a_{N-2} & a_{N-4} & a_{N-6} & \cdots & 0 \\ 0 & a_{N-1} & a_{N-3} & a_{N-5} & \cdots & 0 \\ 0 & a_N & a_{N-2} & a_{N-4} & \cdots & 0 \\ 0 & 0 & a_{N-1} & a_{N-3} & \cdots & 0 \\ 0 & 0 & a_N & a_{N-2} & \cdots & 0 \\ \vdots & & & \ddots & & \vdots \\ 0 & 0 & 0 & \cdots & a_1 & 0 \\ 0 & 0 & 0 & \cdots & a_2 & a_0 \end{bmatrix}\right\} N \text{ Zeilen } .$$

$$\underbrace{\qquad\qquad\qquad\qquad}_{N \text{ Spalten}}$$

---

4 Wir setzen dabei $a_N > 0$ voraus, so daß ggf. das Polynom mit -1 durchzumultiplizieren ist.

Die erste Zeile wird gebildet durch die Koeffizienten a_{N-1}, a_{N-3}, a_{N-5}, ..., gegebenenfalls mit Nullen auf N Spalten aufgefüllt. Die zweite Zeile enthält dann a_N, a_{N-2}, a_{N-4}, ..., wiederum mit Nullen aufgefüllt. Die weiteren Zeilen der Matrix erhält man durch Verschieben dieses Zeilenpaars jeweils um eine Stelle nach rechts, wobei man links davon Nullen einträgt.

Von dieser Matrix sind nun alle 'nordwestlichen' Unterdeterminanten zu bilden, also z.B. für $N = 3$:

$$H_1 = a_2, \quad H_2 = \begin{vmatrix} a_2 & a_0 \\ a_3 & a_1 \end{vmatrix}, \quad H_3 = \begin{vmatrix} a_2 & a_0 & 0 \\ a_3 & a_1 & 0 \\ 0 & a_2 & a_0 \end{vmatrix}.$$

Die hinreichenden Bedingungen lauten nun:

- Gilt für alle *Hurwitz-Determinanten*: $H_1, ..., H_N > 0$,

  so handelt es sich bei $a(s)$ um ein *Hurwitzpolynom*.

- Gilt: $H_1, ..., H_{N-2} > 0$ und $H_{N-1} = H_N = 0$,

  so handelt es sich um ein *modifiziertes Hurwitzpolynom*.

Dabei gilt stets: $H_N = a_0 \cdot H_{N-1}$. Für ein Hurwitzpolynom ist es sogar ausreichend, wenn entweder alle ungeraden Hurwitzdeterminanten H_1, H_3, H_5, ... > 0 oder alle geraden Hurwitzdeterminanten H_2, H_4, H_6, $\cdots > 0$ sind (Liennard-Chipart-Kriterium).

Damit läßt sich das Hurwitz-Kriterium (für Polynome bis Grad 5) wie folgt kompakt zusammenfassen (siehe dazu auch Aufgabe 5.6):

Test auf Hurwitzpolynom:

Gilt für alle Koeffizienten eines Polynoms $a_i > 0$ und zusätzlich bei Polynomgrad

$\qquad N = 2: \quad - \quad [a_1 = 0]$

$\qquad N = 3: \quad a_1 a_2 - a_0 a_3 > 0 \quad [= 0]$

$\qquad N = 4: \quad a_1(a_2 a_3 - a_1 a_4) - a_0 a_3^2 > 0 \quad [= 0]$

$\qquad N = 5: \quad a_3 a_4 - a_2 a_5 > 0$

$\qquad\qquad\qquad (a_1 a_2 - a_0 a_3)(a_3 a_4 - a_2 a_5) - (a_1 a_4 - a_0 a_5)^2 > 0 \quad [= 0],$

so handelt es sich um ein [modifiziertes[5]] Hurwitzpolynom.

Beispiel 5.7:   **Hurwitzpolynomtest**

Wir bestimmen die Werte des Parameters c, für die

$$a(s) = s^3 + c\, s^2 + 4s + 2$$

ein (modifiziertes) Hurwitzpolynom darstellt.

---

5 In diesem Fall dürfen alle geraden oder ungeraden Potenzen des Polynoms fehlen.

Aus der notwendigen Bedingung (positive Koeffizienten) folgt zunächst: $c > 0$.
Die hinreichende Bedingung ergibt sich aus der Tabelle für $N = 3$ zu:

$$a_1 a_2 - a_0 a_3 = 4c - 2 \geq 0 \quad \Rightarrow \quad c \geq 0.5\,,$$

d.h. für $c > 0.5$ handelt es sich um ein Hurwitzpolynom und für $c = 0.5$ um ein modifiziertes Hurwitzpolynom (die Nullstellen liegen in diesem Fall bei $s_1 = -0.5$ und $s_{2,3} = \pm j \cdot 2$). ∎

Dieses Verfahren ist besonders geeignet für parametrisierte Probleme, wie sie z.B. oft in der Regelungstechnik vorkommen. Für höhere Ordnungen N wird die Determinantenberechnung jedoch sehr aufwendig. In diesem Fall läßt sich die Prüfung einfacher über eine Kettenbruchentwicklung durchführen (Kriterium nach Routh):

In diesem Fall ist das zu prüfende Polynom $a(s)$ zunächst in den geraden und ungeraden Anteil $a_{\mathrm{g}}(s)$ bzw. $a_{\mathrm{u}}(s)$ zu zerlegen. Danach führt man mit dem Quotienten $a_{\mathrm{g}}(s)/a_{\mathrm{u}}(s)$ bzw. $a_{\mathrm{u}}(s)/a_{\mathrm{g}}(s)$, wobei das Polynom höheren Grades im Zähler steht, eine Kettenbruchentwicklung (siehe Anhang A.6) durch:

- Liefert die Kettenbruchentwicklung nur positive Entwicklungskoeffizienten, so handelt es sich bei $a(s)$ um ein *Hurwitzpolynom*.
- Bricht die Kettenbruchentwicklung vorzeitig mit einem größten gemeinsamen Teilerpolynom $g(s)$ ab, so handelt es sich um ein *modifiziertes Hurwitzpolynom*, sofern die Kettenbruchentwicklung von $g(s)/g'(s)$ nur positive Entwicklungskoeffizienten hat (und nicht mehr vorzeitig abbricht).

Beispiel 5.8:   **Kriterium nach Routh**

Wir untersuchen das Polynom aus Beispiel 5.7 anhand des Kriteriums nach Routh für die konkreten Parameterwerte $c = 3$ (Hurwitzpolynom), $c = 1/2$ (modifiziertes HP) und $c = 1/3$ (kein HP). Die notwendigen Bedingungen sind in allen drei Fällen erfüllt.

$c = 3:$ $a(s) = s^3 + 3s^2 + 4s + 2\,,$

d.h. $a_{\mathrm{u}}(s) = s^3 + 4s$ und

$a_{\mathrm{g}}(s) = 3s^2 + 2\,.$

nur positive Entwicklungskoeffizienten
$\Rightarrow$ Hurwitzpolynom

	$s^3 + 4s$		$\frac{1}{3}s$
	$s^3 + \frac{2}{3}s$	$3s^2 + 2$	
$\frac{9}{10}s$	$\frac{10}{3}s$	$3s^2$	
	$\frac{10}{3}s$	2	$\frac{5}{3}s$
	0		

$c = \frac{1}{2}:$ $a(s) = s^3 + \frac{1}{2}s^2 + 4s + 2\,,$

d.h. $a_{\mathrm{u}}(s) = s^3 + 4s$ und

$a_{\mathrm{g}}(s) = \frac{1}{2}s^2 + 2\,.$

Abbruch: $\frac{d}{ds}\left[\frac{1}{2}s^2 + 2\right] = s$

ein Abbruch, sonst nur positive
Koeffizienten $\Rightarrow$ modifiziertes HP

	$s^3 + 4s$		$2s$
	$s^3 + 4s$	$\frac{1}{2}s^2 + 2$	
	0		
	$\frac{1}{2}s^2 + 2$		$\frac{1}{2}s$
	$\frac{1}{2}s^2$	s	
$\frac{1}{2}s$	2	s	
		0	

$$c = \tfrac{1}{3}: \quad a(s) = s^3 + \tfrac{1}{3}s^2 + 4s + 2 \,,$$

d.h. $a_{\mathrm{u}}(s) = s^3 + 4s$ und

$$a_{\mathrm{g}}(s) = \tfrac{1}{3}s^2 + 2 \,.$$

$$
\begin{array}{c|c|c|c}
 & s^3 + 4s & & \\
 & s^3 + 6s & \tfrac{1}{3}s^2 + 2 & 3s \\
\hline
-\tfrac{1}{6}s & -2s & &
\end{array}
$$

negativer Koeffizient $\Rightarrow$ kein HP. ∎

Ein Nachteil dieses Stabilitätskriteriums ist, daß es auf rationale Systemfunktionen beschränkt ist und damit beispielsweise bei Systemen mit Totzeit nicht anwendbar ist. Es existieren jedoch noch weitere Kriterien, wie z.B. das Nyquist-Kriterium (siehe Seite 225), das auf dem Verlauf der Ortskurve beruht.

5.5.3 Blockdiagramme

Kontinuierliche Systeme lassen sich graphisch ebenfalls in Form von Blockdiagrammen darstellen. Die Vorgehensweise und Strukturen sind dabei prinzipiell mit denen diskreter Systeme, die wir in Abschnitt 3.4.3 behandelt haben, identisch. Dies liegt darin begründet, daß in beiden Fällen die Systeme durch rationale Systemfunktionen beschrieben werden, wobei dem Verzögerungsglied im Diskreten ($z^{-1} = 1/z$) ein Integrationsglied im Kontinuierlichen ($1/s$) entspricht. Die Strukturen lassen sich daher direkt vom Diskreten auf das Kontinuierliche übertragen, wobei anstelle des Verzögerungsgliedes ein Integrationsglied verwendet wird. Es ergeben sich damit die gleichen Grundstrukturen, d.h. erste, zweite und transponierte zweite Direktform wie bei diskreten IIR-Systemen. Allerdings gibt es im Kontinuierlichen in der Regel keine FIR-Struktur (Linearkombination integrierter Eingangssignalanteile) mit praktischer Bedeutung.

Beispiel 5.9:   **Blockdiagramm RC-Glied**
Wir betrachten das RC-Glied aus Beispiel 5.4 von Seite 118 (PT$_1$-Glied) mit der Systemfunktion:

$$H(s) = \frac{1}{1+Ts} = \frac{\tfrac{1}{T}}{s+\tfrac{1}{T}}, \quad T = RC \,.$$

Mit $b_1 = 0$, $b_0 = 1/T$, $a_1 = 1$ und $a_0 = 1/T$ ergibt sich das Blockdiagramm in transponierter zweiter Direktform (siehe Bild 3.14 b auf Seite 64) zu:

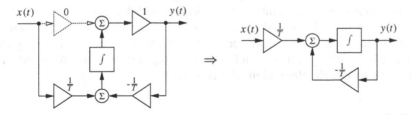

Die Systemordnung N bestimmt wieder die minimale Anzahl von benötigten Speicherelementen; in diesem Fall sind dies Integratoren. Anhand der allgemeinen Blockdiagramme erkennt man, daß für $b_N \neq 0$, d.h. Zählergrad M gleich Nennergrad N, im Ausgangssignal *direkte Anteile* des Eingangssignals vorhanden sind; in diesem Fall spricht man von einem System mit *Durchgriff*. ∎

P-Glied	Proportionalglied	c
I-Glied	Integrationsglied	$\dfrac{c}{s}$
D-Glied	Differentiationsglied: ideal	cs
	real	$\dfrac{cs}{1+T_{\mathrm{D}}\,s}$
PT_1-Glied	P-Glied mit Zeitkonstante, 1. Ordnung (Tiefpaß 1. Ordnung)	$\dfrac{c}{1+T\,s}$
PT_2-Glied	P-Glied mit Zeitkonstante, 2. Ordnung (Tiefpaß 2. Ordnung)	$\dfrac{c}{1+2dT\,s+T^2\,s^2}$
TZ-Glied	Totzeitglied	$c\,e^{-T_t\,s}$

Tabelle 5.1: Zusammenstellung elementarer kontinuierlicher Übertragungsglieder

Bevor man leistungsfähige Digitalrechner hatte, benutzte man früher solche Blockdiagramme als 'Schalt-plan' zur Programmierung von Analogrechnern, mit denen man kontinuierliche Systeme simulieren bezie-hungsweise Differentialgleichungen lösen konnte. Aus diesem Grunde verwendet man im Blockdiagramm Integrier- anstelle von Differenziergliedern. Der Hauptgrund liegt dabei in der besseren Robustheit gegen-über überlagerten Rauschstörungen, da diese durch Integratoren ausgemittelt, d.h. in gewissem Umfang unterdrückt werden, während sie durch Differentiatoren eher verstärkt werden. Dennoch ist die Genauigkeit von solchen Analogrechnern aufgrund von Bauelementetoleranzen und Temperatur- oder alterungsbeding-ten Drifts beschränkt, weswegen man heute auch kontinuierliche Systeme nur noch auf Digitalrechnern simuliert. Dazu ist das System jedoch in geeigneter Weise zu diskretisieren.

Zur anschaulichen Darstellung der Systemstruktur, die insbesondere in der Regelungstechnik von großer Bedeutung ist, verwendet man als Grundglieder in der Regel keine elementaren Integrato-ren, sondern funktionelle Gruppen, die man zu Teilsystemen zusammenfaßt. Diese können dabei relativ einfach aufgebaut sein und nur aus einem oder wenigen Elementargliedern bestehen, oder komplexer sein und ihrerseits wieder ein eigenes System beschreiben. Durch die damit verbun-dene größere Abstraktion lassen sich auch kompliziertere Systeme noch übersichtlich darstellen. Diese Darstellungsart bezeichnet man dann auch als *Strukturbild* des Systems und beschreibt die Teilsysteme darin, sofern sie linear und zeitinvariant sind, über ihre jeweilige Systemfunkti-on. Tabelle 5.1 enthält eine Zusammenstellung der wichtigsten elementaren Übertragungsglieder, wie sie beispielsweise bei regelungstechnischen Problemstellungen vorkommen. Man vergleiche dazu auch das regelungstechnische Beispiel in Abschnitt 5.7.1.

Zusammenschaltregeln

Sofern es sich bei allen Teilsystemen um LTI-Systeme handelt und diese *linear*, d.h. additiv und nicht multiplikativ verknüpft werden, handelt es sich bei dem Gesamtsystem wieder um ein LTI-System. Dieses kann daher wieder über eine Systemfunktion beschrieben werden.

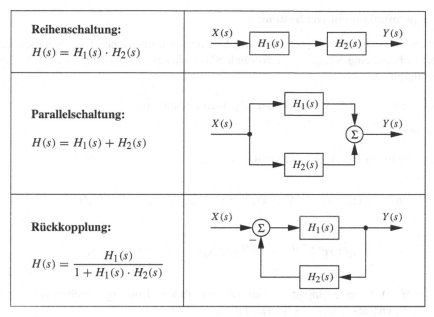

Reihenschaltung: $H(s) = H_1(s) \cdot H_2(s)$	
Parallelschaltung: $H(s) = H_1(s) + H_2(s)$	
Rückkopplung: $H(s) = \dfrac{H_1(s)}{1 + H_1(s) \cdot H_2(s)}$	

Tabelle 5.2: Zusammenschaltung von Systemen

Bei der Zusammenschaltung von Systemen gibt es im wesentlichen drei Grundschaltungen, welche in Tabelle 5.2 zusammengefaßt sind. Die resultierende Systemfunktion des gesamten Systems ergibt sich bei der *Reihen-* bzw. *Parallelschaltung* unmittelbar aus den Strukturbildern als Multiplikation bzw. Addition der einzelnen Systemfunktionen. Bei der *Rückkopplung* erhält man die Systemfunktion des Gesamtsystems, wenn man die aus dem Strukturbild abgelesene Gleichung

$$Y(s) \;=\; H_1(s)\,[\,X(s) - H_2(s)\,Y(s)\,]$$

nach $H(s) = Y(s)/X(s)$ auflöst. Diese Form der Rückkopplung, bei der das rückgeführte Signal von dem Eingangssignal subtrahiert wird, bezeichnet man als *Gegenkopplung*. Sie spielt in der Regelungstechnik bei der Regelung und Stabilisierung von Systemen (siehe Aufgabe 5.7) eine zentrale Rolle. Wird das rückgeführte Signal zu dem Eingangssignal addiert, spricht man von *Mitkopplung*. In diesem Fall ergibt sich im Nenner der resultierenden Systemfunktion anstelle des Pluszeichens ein Minuszeichen.

Man beachte, daß diese Zusammenschaltregeln ganz allgemein für LTI-Systeme, d.h. auch für diskrete Systeme gelten, wobei in diesem Fall die Systemfunktion eine z-Transformierte ist. Des weiteren wird hier, insbesondere bei der Betrachtung der Rückkopplung, wieder deutlich, wie einfach und vorteilhaft die Systembeschreibung im transformierten Bereich, im Vergleich zur Beschreibung über Differenzen- oder Differentialgleichungen, ist.

5.5.4   Eigenfunktionen von Systemen

Entsprechend zum Diskreten lassen sich auch hier im Kontinuierlichen Signale angeben, die ein LTI-System bis auf eine Skalierung unverändert durchlaufen. Dabei handelt es sich wieder um Exponentialsignale.

Die Anregung eines LTI-Systems mit der allgemeinen Funktion

$$x(t) \;=\; e^{\alpha t}$$

am Eingang führt auf das Ausgangssignal

$$y(t) \;=\; h(t) * x(t) \;=\; \int\limits_{-\infty}^{\infty} h(\tau)\, x(t-\tau)\, d\tau \;=\; \int\limits_{-\infty}^{\infty} h(\tau)\, e^{\alpha(t-\tau)}\, d\tau$$

$$=\; e^{\alpha t} \cdot \int\limits_{-\infty}^{\infty} h(\tau)\, e^{-\alpha \tau}\, d\tau \;=\; e^{\alpha t} \cdot H(s)\Big|_{s=\alpha} \;=\; H(\alpha) \cdot x(t)\,,$$

d.h. das mit $H(\alpha)$ skalierte Eingangssignal. Dabei muß α im Konvergenzgebiet von $H(s)$ liegen, um die Konvergenz des Integrals sicherzustellen.

Die (zweiseitigen) Exponentialfunktionen stellen also die *Eigenfunktionen* kontinuierlicher LTI-Systeme dar, wobei zu beachten ist, daß diese Funktionen nicht Laplace-transformierbar sind. Eine wichtige systemtheoretische Bedeutung haben die für $\alpha = j\omega_0 = j2\pi f_0$ stationären komplexen Exponentialschwingungen

$$x(t) \;=\; x_0 \cdot e^{j\omega_0 t} \;=\; x_0 \cdot e^{j2\pi f_0 t}\,, \tag{5.74}$$

welche am Ausgang wieder auf eine stationäre Schwingung gleicher Frequenz führen:

$$y(t) \;=\; H(j2\pi f_0) \cdot x(t) \;=\; H(j2\pi f_0)\, x_0 \cdot e^{j2\pi f_0 t} \;=\; y_0 \cdot e^{j2\pi f_0 t}\,. \tag{5.75}$$

Wir sehen, daß bei solchen Eingangssignalen sich die Systemanalyse sehr einfach gestaltet, da sich das Ausgangssignal direkt durch die Multiplikation des Eingangssignals mit dem skalaren Faktor $H(j2\pi f_0)$ berechnen läßt. Dies stellt die Grundlage der *komplexen Wechselstromrechnung* dar, die wir in Abschnitt 5.6.2 behandeln. Die komplexen Exponentialfunktionen sind außerdem die Basisfunktionen der Fourier-Transformation, die wir am Ende dieses Kapitels einführen werden.

5.6   Elektrische Netzwerke

Eine erste wichtige Anwendung der Systemtheorie stellt die Beschreibung und Berechnung allgemeiner elektrischer Netzwerke dar. Mit Hilfe der Laplace-Transformation erreichen wir wieder eine vereinfachte Problembeschreibung im Bildbereich, da damit dynamische, d.h. über Differentialgleichungen beschriebene Netzwerke in eine algebraische Form überführt werden. Diese entspricht einem statischen Netzwerk (Widerstandsnetzwerk), welches mit den bekannten Methoden (z.B. Knoten- und Maschenregel, Spannungsteilerregel) behandelt werden kann.

Prinzipiell könnten wir daher zur Analyse eines gegebenen Netzwerkes zunächst eine Beschreibung in Form eines Systems von Differential- und gegebenenfalls algebraischen Gleichungen aufstellen und diese dann Laplace-transformieren (vergleiche Beispiel 5.4 auf Seite 118). Wir wollen hier jedoch einen anderen, einfacheren Weg gehen, indem wir zunächst jedes Element in der Form eines 'verallgemeinerten Widerstandes'

$$Z(s) = \frac{U(s)}{I(s)}$$

darstellen, der die Beziehung zwischen dem (Laplace-transformierten) Spannungsverlauf $U(s)$ und dem Stromverlauf $I(s)$ an dem Bauteil beschreibt. Für einen Widerstand R, einen Kondensator C bzw. eine Spule L gilt:

$$u_R(t) = R \cdot i_R(t) \qquad \circ\!\!-\!\!\bullet \qquad U_R(s) = R \cdot I_R(s) \quad \Rightarrow \quad Z_R(s) = R,$$

$$u_C(t) = \frac{1}{C} \int_{-\infty}^{t} i_C(t)\,dt \quad \circ\!\!-\!\!\bullet \quad U_C(s) = \frac{1}{Cs} \cdot I_C(s) \quad \Rightarrow \quad Z_C(s) = \frac{1}{Cs},$$

$$u_L(t) = L \cdot \frac{d}{dt} i_L(t) \qquad \circ\!\!-\!\!\bullet \qquad U_L(s) = Ls \cdot I_L(s) \quad \Rightarrow \quad Z_L(s) = Ls.$$

Mit Hilfe dieser Beschreibung als 'verallgemeinerte Widerstände' $Z(s)$, die man als *Impedanzen* bezeichnet (Zweipole, siehe dazu Abschnitt 5.6.3), können wir das gegebene Netzwerk mit 'symbolischen' Widerständen beschreiben und analysieren.

Beispiel 5.10: **Analyse RC-Glied über Impedanzen im s-Bereich**

Das RC-Glied aus Beispiel 5.4 von Seite 118 läßt sich über Impedanzen wie folgt darstellen:

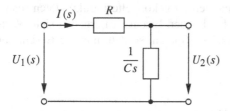

Mit Hilfe der Spannungsteilerregel bestimmt man daraus das Ausgangssignal direkt zu:

$$U_2(s) = \frac{\frac{1}{Cs}}{R+\frac{1}{Cs}} \cdot U_1(s) = \frac{1}{1+RCs} \cdot U_1(s).$$

Damit ergibt sich die Systemfunktion (Spannungsübertragungsfunktion) zu:

$$H(s) = \frac{U_2(s)}{U_1(s)} = \frac{1}{1+RCs}. \qquad\qquad \blacksquare$$

5.6.1 Grundelemente

Die Grundelemente elektrischer Netzwerkschaltungen lassen sich in *passive* und *aktive* Elemente unterteilen. Aktive Elemente (Spannungsquellen, Stromquellen) können dem Netzwerk Energie

	Zeitbereich		$\mathcal{L}$-Bereich	Impedanz
Widerstand R	$u(t) = R \cdot i(t)$	$\circ\!\!-\!\!\bullet$	$U(s) = R \cdot I(s)$	R
Kapazität C	$u(t) = \frac{1}{C} \int i(t) \, dt$	$\circ\!\!-\!\!\bullet$	$U(s) = \frac{1}{Cs} \cdot I(s)$	$\frac{1}{Cs}$
Induktivität L	$u(t) = L \frac{d}{dt} i(t)$	$\circ\!\!-\!\!\bullet$	$U(s) = L s \cdot I(s)$	$L s$

Tabelle 5.3: Impedanzen passiver Netzwerkelemente

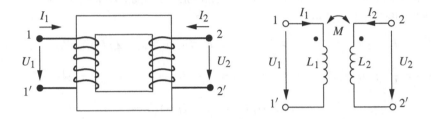

Bild 5.14: Übertrager mit zwei Spulen

zuführen, während passive Elemente lediglich Energie speichern (Kondensator, Spule) oder abführen können (Widerstand).

Zu den **passiven Netzwerkelementen** gehören Widerstand, Kapazität (Kondensator) und Induktivität (Spule), deren Eigenschaften in Tabelle 5.3 zusammengefaßt sind. Außerdem gehören zu den passiven Elementen *Übertrager*, die durch magnetisch gekoppelte Induktivitäten realisiert werden. Durch die magnetische Kopplung (z.B. durch einen Eisenkern) ergeben sich Wechselwirkungen zwischen den Signalverläufen der einzelnen Spulen, so daß man die Beschreibung am besten in Vektor-Matrix-Form durchführt:

$$\boldsymbol{U}(s) \;=\; \boldsymbol{L} s \cdot \boldsymbol{I}(s), \tag{5.76}$$

wobei die Signalverläufe $\boldsymbol{U}(s)$ und $\boldsymbol{I}(s)$ nun über Vektoren und der Übertrager über die (symmetrische) Impedanz*matrix* $\boldsymbol{L} s$ dargestellt werden (vergleiche Abschnitt 5.6.4 zu Vierpolen). Bild 5.14 zeigt einen Übertrager mit zwei Spulen, für den Darstellung (5.76) ausgeschrieben

$$\begin{bmatrix} U_1 \\ U_2 \end{bmatrix} = \begin{bmatrix} L_{11} & L_{12} \\ L_{21} & L_{22} \end{bmatrix} s \cdot \begin{bmatrix} I_1 \\ I_2 \end{bmatrix} = \begin{bmatrix} L_1 & M \\ M & L_2 \end{bmatrix} s \cdot \begin{bmatrix} I_1 \\ I_2 \end{bmatrix} \tag{5.77}$$

lautet, wobei $L_{11} = L_1$ und $L_{22} = L_2$ die Selbstinduktivitäten und $L_{12} = L_{21} = M$ die Gegeninduktivität der beiden Spulen darstellt.

Zu den **aktiven Netzwerkelementen** zählen Spannungs- und Stromquellen, deren Ersatzschaltbilder in Bild 5.15 dargestellt sind. Eine Spannungsquelle wird beschrieben durch ihre *Leerlaufspannung* $U_q(s)$ und ihren *Innenwiderstand* (bzw. Innenimpedanz) $Z_q(s)$, eine Stromquelle durch ihren *Kurzschlußstrom* $I_q(s)$ und ihren *Innenleitwert* (bzw. Innenadmittanz) $Y_q(s)$. Ideale

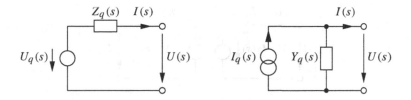

Bild 5.15: Ersatzschaltbilder Spannungs- und Stromquelle

Spannungsquellen weisen einen Innenwiderstand von null und ideale Stromquellen einen Innenleitwert von null auf. Reale Quellen besitzen stets einen endlichen Innenwiderstand bzw. Innenleitwert. Die Klemmenspannung einer realen Spannungsquelle ergibt sich zu

$$U(s) = U_q(s) - Z_q(s) \cdot I(s) \qquad (5.78)$$

und der Klemmenstrom einer realen Stromquelle zu

$$I(s) = I_q(s) - Y_q(s) \cdot U(s). \qquad (5.79)$$

Man beachte, daß sich über folgende Beziehungen zwischen Leerlaufspannung und Kurzschlußstrom, bzw. Innenimpedanz und -admittanz

$$I_q(s) = \frac{U_q(s)}{Z_q(s)} \quad \text{und} \quad Y_q(s) = \frac{1}{Z_q(s)} \qquad (5.80)$$

eine (reale) Spannungsquelle stets in eine (reale) Stromquelle umrechnen (und damit ersetzen)
läßt und umgekehrt.

Man unterscheidet *unabhängige* und *gesteuerte* Quellen. Bei unabhängigen Quellen ist der Span-
nungs- bzw. Stromverlauf eine vorgegebene Funktion der Zeit (z.B. Anregung des Netzwerks),
während er bei gesteuerten Quellen durch den Signalverlauf (Spannung oder Strom) an einem
anderen Netzwerkelement bestimmt wird.

Beispiel 5.11:   Übertragerdarstellung mittels gesteuerten Quellen
Der Übertrager nach Bild 5.14 läßt sich durch Ausformulieren von Gleichung (5.77) zu

$$U_1(s) = \underbrace{L_1 s \cdot I_1(s)}_{\text{Induktivität}} + \underbrace{M s \cdot I_2(s)}_{\substack{\text{stromgesteuerte} \\ \text{Spannungsquelle}}} \qquad \text{und}$$

$$U_2(s) = \underbrace{M s \cdot I_1(s)}_{\substack{\text{stromgesteuerte} \\ \text{Spannungsquelle}}} + \underbrace{L_2 s \cdot I_2(s)}_{\text{Induktivität}}$$

darstellen, was auf ein Ersatzschaltbild mit gesteuerten Quellen nach Bild 5.16 führt. Man beachte, daß durch die Darstellung mit Hilfe gesteuerter Quellen der Übertrager zu keinem aktiven
Netzwerkelement wird.   ■

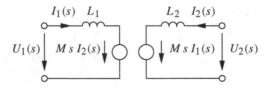

Bild 5.16: Ersatzschaltbild Übertrager mit gesteuerten Quellen

Unabhängige Quellen werden auch zur Beschreibung von Anfangsbedingungen von 'speichernden' Elementen (Kondensator, Spule) innerhalb elektrischer Netzwerke verwendet. So kann z.B. ein zum Zeitpunkt $t = 0$ auf die Spannung U_0 geladener Kondensator durch die Reihenschaltung einer zum Zeitpunkt $t = 0$ eingeschalteten (idealen) Spannungsquelle $U(s) = U_0/s$ und eines ungeladenen Kondensators $Z(s) = 1/Cs$ beschrieben und damit das Netzwerk analysiert werden. Stromdurchflossene Spulen stellt man durch eine Parallelschaltung mit einer (idealen) Stromquelle dar.

5.6.2   Komplexe Wechselstromrechnung

Eine wichtige Rolle bei der Netzwerkanalyse spielen harmonische Schwingungen, d.h. sinusförmige Signale fester Frequenz, wie sie beispielsweise bei der Beschreibung elektrischer Maschinen oder Stromverteilungsnetzen sowie in der Nachrichtentechnik auftreten. Dabei betrachtet man den eingeschwungenen Zustand und führt die Beschreibung und Untersuchung mit Hilfe der *komplexen Wechselstromrechnung* durch.

Die komplexe Wechselstromrechnung nutzt die Tatsache, daß die Berechnung bei komplexen Exponentialfunktionen als Eingangssignale besonders einfach ist, da diese die Eigenfunktionen des Systems darstellen (siehe Abschnitt 5.5.4). Aus diesem Grunde stellt man eine reelle Schwingung über die komplexe Exponentialfunktion als komplexes Signal dar

$$
\begin{aligned}
x(t) \;&=\; x_0 \cdot \cos(2\pi f_0 t + \varphi_x) \;=\; x_0 \cdot \mathrm{Re}\left\{ e^{j(2\pi f_0 t + \varphi_x)} \right\} \\
&=\; \mathrm{Re}\left\{ x_0\, e^{j\varphi_x} \cdot e^{j2\pi f_0 t} \right\} \;=\; \mathrm{Re}\left\{ \underline{x}_0 \cdot e^{j2\pi f_0 t} \right\} \;=\; \mathrm{Re}\left\{ \underline{x}(t) \right\},
\end{aligned}
\tag{5.81}
$$

wobei wir hier zur Kennzeichnung komplexer Größen unterstrichene Variablen verwenden. Damit läßt sich für *reellwertige* Systeme das Ausgangssignal zu

$$
y(t) \;=\; \mathcal{H}\{x(t)\} \;=\; \mathcal{H}\left\{\mathrm{Re}\left\{\underline{x}(t)\right\}\right\} \;=\; \mathrm{Re}\left\{\mathcal{H}\left\{\underline{x}(t)\right\}\right\} \;=\; \mathrm{Re}\left\{\underline{y}(t)\right\}
\tag{5.82}
$$

darstellen, wobei die Systemantwort über

$$
\underline{y}(t) \;=\; \mathcal{H}\left\{\underline{x}(t)\right\} \;=\; h(t) * \underline{x}(t)
\tag{5.83}
$$

im *Komplexen* berechnet wird. Mit

$$
\underline{x}(t) \;=\; \underline{x}_0 \cdot e^{j2\pi f_0 t}
\tag{5.84}
$$

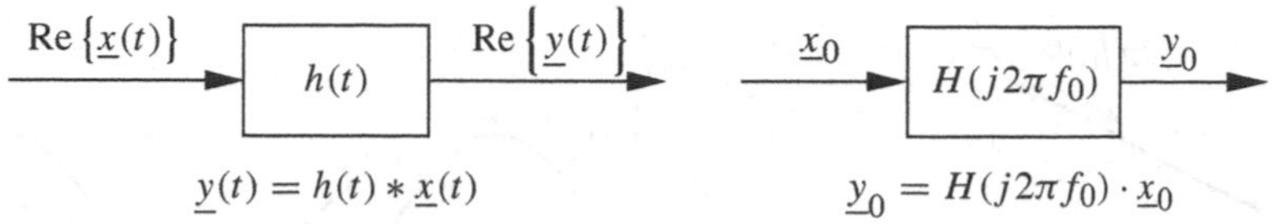

$$\text{Re}\left\{\underline{x}(t)\right\} \longrightarrow \boxed{h(t)} \xrightarrow{\text{Re}\left\{\underline{y}(t)\right\}} \qquad \underline{x}_0 \longrightarrow \boxed{H(j2\pi f_0)} \xrightarrow{\underline{y}_0}$$

$$\underline{y}(t) = h(t) * \underline{x}(t) \qquad\qquad \underline{y}_0 = H(j2\pi f_0) \cdot \underline{x}_0$$

Bild 5.17: Systembeschreibung mittels komplexer Wechselstromrechnung

erhalten wir mit Gleichung (5.75) von Seite 140

$$\underline{y}(t) \; = \; H(j2\pi f_0) \cdot \underline{x}(t) \; = \; H(j2\pi f_0) \cdot \underline{x}_0 \cdot e^{j2\pi f_0 t} \; = \; \underline{y}_0 \cdot e^{j2\pi f_0 t}, \tag{5.85}$$

wobei wir Konvergenz von $H(s)$ für $s = j2\pi f_0$ voraussetzen, was der Forderung nach Stabilität von $\mathcal{H}$ entspricht. Man bezeichnet $\underline{x}_0 = x_0 \cdot e^{j\varphi_x}$ bzw. $\underline{y}_0 = y_0 \cdot e^{j\varphi_y}$ als *komplexe Amplitude* der Schwingung. Diese beschreibt bei gegebener Frequenz f_0 das Signal *vollständig*, so daß man damit zur vereinfachten Darstellung

$$\underline{y}_0 \; = \; H(j2\pi f_0) \cdot \underline{x}_0 \tag{5.86}$$

beziehungsweise bei Darstellung nach Betrag und Phase zu

$$|\underline{y}_0| \; = \; |H(j2\pi f_0)| \cdot |\underline{x}_0| \quad \text{und} \quad \sphericalangle \underline{y}_0 = \sphericalangle H(j2\pi f_0) + \sphericalangle \underline{x}_0 \tag{5.87}$$

gelangt. Die Beziehung zwischen Ein- und Ausgangssignal wird hier über die Darstellung als komplexe Amplitude auch im Zeitbereich durch eine einfache skalare Multiplikation beschrieben (siehe Bild 5.17).

Diese Methode der komplexen Wechselstromrechnung ist auf stationäre Schwingungen fester (aber beliebiger) Frequenz beschränkt, wobei das Systemverhalten in Abhängigkeit der Eingangsfrequenz $f = f_0$ beschrieben wird. Sie kann jedoch als Spezialfall der Fourier-Transformation verstanden werden, die auf eine große Klasse von Signalen anwendbar ist.

Durch die Signalbeschreibbarkeit über die komplexe Amplitude lassen sich die Signale graphisch als Vektoren in der komplexen Ebene darstellen. Die Systemoperation läßt sich dann als eine Skalierung und Drehung der Zeiger auffassen, siehe Bild 5.18.

An dieser Stelle wird deutlich, welchen Vorteil die komplexe Signaldarstellung sowohl anschaulich als auch rechentechnisch gegenüber der rein reellen Darstellung bietet.

Beispiel 5.12:   Signaldarstellung RC-Glied mittels komplexer Wechselstromrechnung
Das RC-Glied aus Beispiel 5.4 von Seite 118 werde mit dem Eingangssignal

$$x(t) \; = \; 2 \cdot \cos\left(2\pi f_0 t + \tfrac{\pi}{8}\right)$$

angeregt, die Zeitkonstante betrage $T = RC = \frac{1}{2\pi f_0}$.
Die entsprechende komplexe Schwingung beziehungsweise Amplitude lautet

$$\underline{x}(t) \; = \; 2 \cdot e^{j\left(2\pi f_0 t + \frac{\pi}{8}\right)} \quad \text{bzw.} \quad \underline{x}_0 \; = \; 2 \cdot e^{j\frac{\pi}{8}}.$$

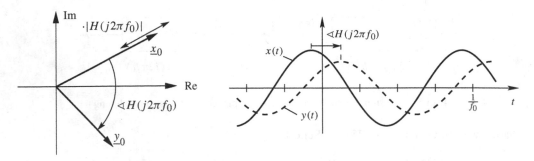

Bild 5.18: Signaldarstellung über die komplexe Amplitude und entsprechende Zeitsignale

Mit der Systemfunktion nach (5.38) von Seite 118 gilt

$$H(j\,2\pi f_0) \;=\; \tfrac{1}{1+j\,2\pi f_0\,RC} \;=\; \tfrac{1}{1+j} \;=\; \tfrac{1}{\sqrt{2}}\,e^{-j\frac{\pi}{4}}\;.$$

Damit erhalten wir

$$\underline{y}(t) \;=\; H(j\,2\pi f_0)\,\underline{x}(t) \;=\; \sqrt{2}\,e^{j\left(2\pi f_0 t - \frac{\pi}{8}\right)} \qquad \text{bzw.} \qquad \underline{y}_0 \;=\; \sqrt{2}\,e^{-j\frac{\pi}{8}}\;,$$

womit sich folgendes Ausgangssignal ergibt:

$$y(t) \;=\; \mathrm{Re}\left\{\underline{y}(t)\right\} \;=\; \sqrt{2}\cdot\cos\left(2\pi f_0 t - \tfrac{\pi}{8}\right)\;. \qquad\blacksquare$$

5.6.3   Zweipole

Ein Zweipol ist ein passives Netzwerk mit zwei äußeren Anschlußklemmen, im einfachsten Fall ein einzelnes Bauelement, z.B. ein Widerstand oder ein Kondensator. Das äußere Verhalten des Zweipols wird durch eine Netzwerkfunktion, die *Zweipolfunktion*, beschrieben (siehe Bild 5.19).

Die Zweipolfunktion beschreibt dabei die Beziehung zwischen Spannungs- und Stromverlauf an den Klemmen des Zweipols, entweder in Form einer Impedanz (Scheinwiderstand) oder Admittanz (Scheinleitwert), siehe dazu Tabelle 5.4. Bei Zweipolen aus passiven Netzwerkelementen ist die Zweipolfunktion stets eine positiv reelle Funktion (siehe Anhang A.2).

Beispiel 5.13:   Admittanz- und Impedanzdarstellung eines Zweipols
Wir betrachten den Zweipol

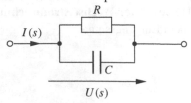

Die Admittanzfunktion ist direkt aus der Parallelschaltung ablesbar:

$$Y(s) \;=\; \tfrac{1}{R} + C\,s \;=\; \tfrac{1+RC\,s}{R}\;.$$

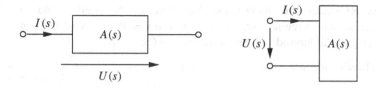

Bild 5.19: Symbolische Darstellung eines Zweipols

		$A(s)$	Re$\{A(j2\pi f)\}$	Im$\{A(j2\pi f)\}$
Immitanz	Impedanz	$Z(s) = \dfrac{U(s)}{I(s)}$	Resistanz	Reaktanz
	Admittanz	$Y(s) = \dfrac{I(s)}{U(s)}$	Konduktanz	Suszeptanz

Tabelle 5.4: Übersicht Zweipolfunktionen

Hieraus ergibt sich die Impedanzfunktion

$$Z(s) = \frac{1}{Y(s)} = \frac{R}{1+RC\,s}\,. \qquad\blacksquare$$

Zur Realisierung als RLC-Netzwerk (*Netzwerksynthese*) muß eine rationale Zweipolfunktion bestimmten Bedingungen genügen. Man unterscheidet drei Netzwerktypen, bei denen jeweils eine Realisierung als *Partialbruchschaltung* und als *Kettenbruchschaltung* möglich ist. Im folgenden werden kurz die Realisierbarkeitsbedingungen der drei verschiedenen Netzwerktypen mit den jeweilig nötigen Entwicklungsansätzen vorgestellt.

LC-Netzwerk: $A(s)$ ist Quotient aus einem geraden und ungeraden Polynom oder umgekehrt, und die Summe aus Zähler- und Nennerpolynom ist ein Hurwitzpolynom. Alle Pole und Nullstellen sind dann einfach und wechseln sich auf der imaginären Achse ab.

– Partialbruchzerlegung von $A(s)$:
$$A(s) = a\,s + \frac{b}{s} + \frac{c\,s}{s^2 + d^2} + \frac{e\,s}{s^2 + f^2} + \cdots$$

– Kettenbruchentwicklung 1. Art (in s):
$$A(s) = a\,s + \cfrac{1}{b'\,s + \cfrac{1}{c's + \cdots}}$$

RC-Impedanz-/RL-Admittanz-Netzwerk: Alle Pole und Nullstellen sind einfach und wechseln sich auf der negativen reellen Achse ab, wobei in $s = 0$ ein *Pol* und in $s = \infty$ eine *Nullstelle* liegt. Ferner gilt: Zählergrad $\leq$ Nennergrad und $A(\infty) < A(0)$.

– Partialbruchzerlegung von $A(s)$:
$$A(s) = a + \frac{b}{s} + \frac{c}{s+d} + \frac{e}{s+f} + \cdots$$

– Kettenbruchentwicklung 1. Art (in s):
$$A(s) = a + \cfrac{1}{b'\,s + \cfrac{1}{c' + \cdots}}$$

RL-Impedanz-/RC-Admittanz-Netzwerk: Alle Pole und Nullstellen sind einfach und wechseln sich auf der negativen reellen Achse ab, wobei in $s = 0$ eine *Nullstelle* und in $s = \infty$ ein *Pol* liegt. Ferner gilt: Zählergrad $\geq$ Nennergrad und $A(\infty) > A(0)$.

- Partialbruchzerlegung von $\frac{A(s)}{s}$: $A(s) = a\,s + b + \dfrac{c\,s}{s+d} + \dfrac{e\,s}{s+f} + \cdots$

- Kettenbruchentwicklung 2. Art (in $\frac{1}{s}$): $A(s) = a' + \dfrac{1}{\dfrac{b'}{s} + \dfrac{1}{c' + \cdots}}$

Zur konkreten Realisierung einer gegebenen Zweipolfunktion $A(s)$ geht man dann wie folgt vor:

- zunächst überprüft man anhand der jeweiligen Bedingungen, ob und ggf. als welchen Netzwerktyp sich die Zweipolfunktion realisieren läßt,
- danach führt man die entsprechende Partial- bzw. Kettenbruchentwicklung durch, d.h. man zerlegt die Zweipolfunktion in eine Reihe elementarer Zweipolfunktionen und
- synthetisiert mit Hilfe der Tabellen 5.5 und 5.6 die gegebene Zweipolfunktion.

Beispiel 5.14:   Zweipolrealisierung
Die rationale Funktion

$$A(s) = \frac{s^2+4s+3}{s^2+2s} = \frac{(s+1)(s+3)}{s(s+2)}$$

erfüllt die Bedingungen einer RC-Impedanz- bzw. RL-Admittanz-Zweipolfunktion.

Die Partialbruchzerlegung

$$A(s) = 1 + \frac{3/2}{s} + \frac{1/2}{s+2}$$

führt auf folgende Partialbruchschaltungen der Zweipolfunktionen (siehe Tabellen 5.5 und 5.6):

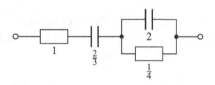
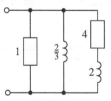

Man beachte, daß jeweils die *Widerstands*werte (keine *Leit*werte) angegeben sind.

Die Kettenbruchentwicklung

$$A(s) = 1 + \left|\frac{1}{2}s + \right|4 + \left|\frac{1}{6}s\right.$$

führt auf die Kettenbruchschaltungen:

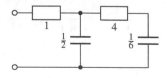
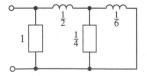

	Partialbruchschaltung	Kettenbruchschaltung
Widerstandsform	$Z(s) = Z_1(s) + Z_2(s) + \cdots$	$Z(s) = Z_1(s) + \dfrac{1}{Y_2(s) + \dfrac{1}{Z_3(s) + \cdots}}$
Leitwertsform	$Y(s) = Y_1(s) + Y_2(s) + \cdots$	$Y(s) = Y_1(s) + \dfrac{1}{Z_2(s) + \dfrac{1}{Y_3(s) + \cdots}}$

Tabelle 5.5: Synthesemöglichkeiten passiver Zweipole

	Impedanz	Admittanz
LC	$Z(s) = \dfrac{ks}{s^2 + \omega_0^2}$ $C = \dfrac{1}{k}, \quad L = \dfrac{k}{\omega_0^2}$	$Y(s) = \dfrac{ks}{s^2 + \omega_0^2}$ $C = \dfrac{k}{\omega_0^2}, \quad L = \dfrac{1}{k}$
RC	$Z(s) = \dfrac{k}{s + \alpha}$ $C = \dfrac{1}{k}, \quad R = \dfrac{k}{\alpha}$	$Y(s) = \dfrac{ks}{s + \alpha}$ $G = k, \quad R = \dfrac{1}{k}, \quad C = \dfrac{k}{\alpha}$
RL	$Z(s) = \dfrac{ks}{s + \alpha}$ $R = k, \quad L = \dfrac{k}{\alpha}$	$Y(s) = \dfrac{k}{s + \alpha}$ $G = \dfrac{k}{\alpha}, \quad R = \dfrac{\alpha}{k}, \quad L = \dfrac{1}{k}$

Tabelle 5.6: Elementare passive Zweipolschaltungen

5.6.4   Vierpole

Ein Vierpol ist ein Netzwerk mit vier äußeren Anschlußklemmen, von denen jeweils zwei ein Klemmenpaar bilden, wovon eines als Eingang und das zweite als Ausgang anzusehen ist. Man bezeichnet den Vierpol deswegen auch als Zweitor (siehe Bild 5.20). Vierpole benutzt man hauptsächlich zur Beschreibung von Signalübertragungen, z.B. für Verstärker oder Leitungen. Beispiele haben wir bereits mit dem RC-Glied aus Beispiel 5.4 oder dem Übertrager aus Abschnitt 5.6.1 kennengelernt.

Vierpole werden mit Hilfe von Matrizen dargestellt. Dazu faßt man jeweils zwei der vier Größen U_1, I_1, U_2 und I_2 zu einem Vektor zusammen und beschreibt die Beziehungen zwischen den beiden Vektoren mit Hilfe der 2×2 großen *Vierpolmatrix*. In Abhängigkeit der gewählten Vektoren ergeben sich sechs verschiedene Darstellungsmöglichkeiten, die in Tabelle 5.7 zusammengefaßt sind und sich mit Hilfe der Tabelle 5.8 ineinander überführen lassen.

Beispiel 5.15:   **Vierpoldarstellung RC-Glied**
Wir betrachten wieder das RC-Glied

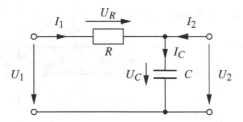

Die Elemente der Impedanzmatrix $\boldsymbol{Z}$ berechnen sich mit Hilfe der Tabelle 5.7 zu:

$$Z_{11} = \left.\frac{U_1}{I_1}\right|_{I_2=0} = R + \frac{1}{Cs} \qquad Z_{12} = \left.\frac{U_1}{I_2}\right|_{I_1=0} \underset{\uparrow}{=} \frac{U_C}{I_C} = \frac{1}{Cs}$$
$$U_R = 0,\ I_C = I_2$$

$$Z_{21} = \left.\frac{U_2}{I_1}\right|_{I_2=0} \underset{\uparrow}{=} \frac{U_C}{I_C} = \frac{1}{Cs} \qquad Z_{22} = \left.\frac{U_2}{I_2}\right|_{I_1=0} = \frac{1}{Cs}.$$
$$I_C = I_1,\ U_C = U_2$$

Die Impedanzmatrix des RC-Gliedes lautet daher: $\boldsymbol{Z} = \begin{bmatrix} R + \frac{1}{Cs} & \frac{1}{Cs} \\ \frac{1}{Cs} & \frac{1}{Cs} \end{bmatrix}.$

Die Admittanzmatrix berechnet sich mit Hilfe der Tabelle 5.8 zu ($|\boldsymbol{Z}| = \frac{R}{Cs}$)

$$\boldsymbol{Y} = \begin{bmatrix} \frac{1}{R} & -\frac{1}{R} \\ -\frac{1}{R} & Cs + \frac{1}{R} \end{bmatrix}.$$

Man vergleiche diese Ergebnisse mit den Ersatzschaltbildern nach Tabelle 5.9.   ∎

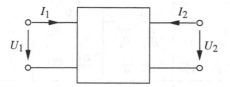

Bild 5.20: Symbolische Darstellung eines Vierpols

Impedanz-Matrix $$\begin{bmatrix} U_1 \\ U_2 \end{bmatrix} = Z \cdot \begin{bmatrix} I_1 \\ I_2 \end{bmatrix}$$	$Z_{11} = \left.\frac{U_1}{I_1}\right|_{I_2=0}$ $Z_{12} = \left.\frac{U_1}{I_2}\right|_{I_1=0}$ $Z_{21} = \left.\frac{U_2}{I_1}\right|_{I_2=0}$ $Z_{22} = \left.\frac{U_2}{I_2}\right|_{I_1=0}$	umk.: $Z_{21} = Z_{12}$ symm.: $Z_{22} = Z_{11}$
Admittanz-Matrix $$\begin{bmatrix} I_1 \\ I_2 \end{bmatrix} = Y \cdot \begin{bmatrix} U_1 \\ U_2 \end{bmatrix}$$	$Y_{11} = \left.\frac{I_1}{U_1}\right|_{U_2=0}$ $Y_{12} = \left.\frac{I_1}{U_2}\right|_{U_1=0}$ $Y_{21} = \left.\frac{I_2}{U_1}\right|_{U_2=0}$ $Y_{22} = \left.\frac{I_2}{U_2}\right|_{U_1=0}$	umk.: $Y_{21} = Y_{12}$ symm.: $Y_{22} = Y_{11}$
Hybrid-Matrix $$\begin{bmatrix} U_1 \\ I_2 \end{bmatrix} = H \cdot \begin{bmatrix} I_1 \\ U_2 \end{bmatrix}$$	$H_{11} = \left.\frac{U_1}{I_1}\right|_{U_2=0}$ $H_{12} = \left.\frac{U_1}{U_2}\right|_{I_1=0}$ $H_{21} = \left.\frac{I_2}{I_1}\right|_{U_2=0}$ $H_{22} = \left.\frac{I_2}{U_2}\right|_{I_1=0}$	umk.: $H_{21} = \text{-}H_{12}$ symm.: $|H| = 1$
Inv. Hybrid-Matrix $$\begin{bmatrix} I_1 \\ U_2 \end{bmatrix} = G \cdot \begin{bmatrix} U_1 \\ I_2 \end{bmatrix}$$	$G_{11} = \left.\frac{I_1}{U_1}\right|_{I_2=0}$ $G_{12} = \left.\frac{I_1}{I_2}\right|_{U_1=0}$ $G_{21} = \left.\frac{U_2}{U_1}\right|_{I_2=0}$ $G_{22} = \left.\frac{U_2}{I_2}\right|_{U_1=0}$	umk.: $G_{21} = \text{-}G_{12}$ symm.: $|G| = 1$
Ketten-Matrix $$\begin{bmatrix} U_1 \\ I_1 \end{bmatrix} = A \cdot \begin{bmatrix} U_2 \\ -I_2 \end{bmatrix}$$	$A_{11} = \left.\frac{U_1}{U_2}\right|_{I_2=0}$ $A_{12} = \left.\frac{U_1}{-I_2}\right|_{U_2=0}$ $A_{21} = \left.\frac{I_1}{U_2}\right|_{I_2=0}$ $A_{22} = \left.\frac{I_1}{-I_2}\right|_{U_2=0}$	umk.: $|A| = 1$ symm.: $A_{22} = A_{11}$
Kehr-Matrix $$\begin{bmatrix} U_2 \\ I_2 \end{bmatrix} = A \cdot \begin{bmatrix} U_1 \\ -I_1 \end{bmatrix}$$	$B_{11} = \left.\frac{U_2}{U_1}\right|_{I_1=0}$ $B_{12} = \left.\frac{U_2}{-I_1}\right|_{U_1=0}$ $B_{21} = \left.\frac{I_2}{U_1}\right|_{I_1=0}$ $B_{22} = \left.\frac{I_2}{-I_1}\right|_{U_1=0}$	umk.: $|B| = 1$ symm.: $B_{22} = B_{11}$

Tabelle 5.7: Definition der Vierpolmatrizen

	Z	Y	H	G	A	B
Z	$\begin{matrix} Z_{11} & Z_{12} \\ Z_{21} & Z_{22} \end{matrix}$	$\begin{matrix} \frac{Y_{22}}{\|Y\|} & -\frac{Y_{12}}{\|Y\|} \\ -\frac{Y_{21}}{\|Y\|} & \frac{Y_{11}}{\|Y\|} \end{matrix}$	$\begin{matrix} \frac{\|H\|}{H_{22}} & \frac{H_{12}}{H_{22}} \\ -\frac{H_{21}}{H_{22}} & \frac{1}{H_{22}} \end{matrix}$	$\begin{matrix} \frac{1}{G_{11}} & -\frac{G_{12}}{G_{11}} \\ \frac{G_{21}}{G_{11}} & \frac{\|G\|}{G_{11}} \end{matrix}$	$\begin{matrix} \frac{A_{11}}{A_{21}} & \frac{\|A\|}{A_{21}} \\ \frac{1}{A_{21}} & \frac{A_{22}}{A_{21}} \end{matrix}$	$\begin{matrix} \frac{B_{22}}{B_{21}} & \frac{1}{B_{21}} \\ \frac{\|B\|}{B_{21}} & \frac{B_{11}}{B_{21}} \end{matrix}$
Y	$\begin{matrix} \frac{Z_{22}}{\|Z\|} & -\frac{Z_{12}}{\|Z\|} \\ -\frac{Z_{21}}{\|Z\|} & \frac{Z_{11}}{\|Z\|} \end{matrix}$	$\begin{matrix} Y_{11} & Y_{12} \\ Y_{21} & Y_{22} \end{matrix}$	$\begin{matrix} \frac{1}{H_{11}} & -\frac{H_{12}}{H_{11}} \\ \frac{H_{21}}{H_{11}} & \frac{\|H\|}{H_{11}} \end{matrix}$	$\begin{matrix} \frac{\|G\|}{G_{22}} & \frac{G_{12}}{G_{22}} \\ -\frac{G_{21}}{G_{22}} & \frac{1}{G_{22}} \end{matrix}$	$\begin{matrix} \frac{A_{22}}{A_{12}} & -\frac{\|A\|}{A_{12}} \\ -\frac{1}{A_{12}} & \frac{A_{11}}{A_{12}} \end{matrix}$	$\begin{matrix} \frac{B_{11}}{B_{12}} & -\frac{1}{B_{12}} \\ -\frac{\|B\|}{B_{12}} & \frac{B_{22}}{B_{12}} \end{matrix}$
H	$\begin{matrix} \frac{\|Z\|}{Z_{22}} & \frac{Z_{12}}{Z_{22}} \\ -\frac{Z_{21}}{Z_{22}} & \frac{1}{Z_{22}} \end{matrix}$	$\begin{matrix} \frac{1}{Y_{11}} & -\frac{Y_{12}}{Y_{11}} \\ \frac{Y_{21}}{Y_{11}} & \frac{\|Y\|}{Y_{11}} \end{matrix}$	$\begin{matrix} H_{11} & H_{12} \\ H_{21} & H_{22} \end{matrix}$	$\begin{matrix} \frac{G_{22}}{\|G\|} & -\frac{G_{12}}{\|G\|} \\ -\frac{G_{21}}{\|G\|} & \frac{G_{11}}{\|G\|} \end{matrix}$	$\begin{matrix} \frac{A_{12}}{A_{22}} & \frac{\|A\|}{A_{22}} \\ -\frac{1}{A_{22}} & \frac{A_{21}}{A_{22}} \end{matrix}$	$\begin{matrix} \frac{B_{12}}{B_{11}} & \frac{1}{B_{11}} \\ -\frac{\|B\|}{B_{11}} & \frac{B_{21}}{B_{11}} \end{matrix}$
G	$\begin{matrix} \frac{1}{Z_{11}} & -\frac{Z_{12}}{Z_{11}} \\ \frac{Z_{21}}{Z_{11}} & \frac{\|Z\|}{Z_{11}} \end{matrix}$	$\begin{matrix} \frac{\|Y\|}{Y_{22}} & \frac{Y_{12}}{Y_{22}} \\ -\frac{Y_{21}}{Y_{22}} & \frac{1}{Y_{22}} \end{matrix}$	$\begin{matrix} \frac{H_{22}}{\|H\|} & -\frac{H_{12}}{\|H\|} \\ -\frac{H_{21}}{\|H\|} & \frac{H_{11}}{\|H\|} \end{matrix}$	$\begin{matrix} G_{11} & G_{12} \\ G_{21} & G_{22} \end{matrix}$	$\begin{matrix} \frac{A_{21}}{A_{11}} & -\frac{\|A\|}{A_{11}} \\ \frac{1}{A_{11}} & \frac{A_{12}}{A_{11}} \end{matrix}$	$\begin{matrix} \frac{B_{21}}{B_{22}} & -\frac{1}{B_{22}} \\ \frac{\|B\|}{B_{22}} & \frac{B_{12}}{B_{22}} \end{matrix}$
A	$\begin{matrix} \frac{Z_{11}}{Z_{21}} & -\frac{\|Z\|}{Z_{21}} \\ \frac{1}{Z_{21}} & \frac{Z_{22}}{Z_{21}} \end{matrix}$	$\begin{matrix} -\frac{Y_{22}}{Y_{21}} & -\frac{1}{Y_{21}} \\ -\frac{\|Y\|}{Y_{21}} & -\frac{Y_{11}}{Y_{21}} \end{matrix}$	$\begin{matrix} -\frac{\|H\|}{H_{21}} & -\frac{H_{11}}{H_{21}} \\ -\frac{H_{22}}{H_{21}} & -\frac{1}{H_{21}} \end{matrix}$	$\begin{matrix} \frac{1}{G_{21}} & \frac{G_{22}}{G_{21}} \\ \frac{G_{11}}{G_{21}} & \frac{\|G\|}{G_{21}} \end{matrix}$	$\begin{matrix} A_{11} & A_{12} \\ A_{21} & A_{22} \end{matrix}$	$\begin{matrix} \frac{B_{22}}{\|B\|} & \frac{B_{12}}{\|B\|} \\ \frac{B_{21}}{\|B\|} & \frac{B_{11}}{\|B\|} \end{matrix}$
B	$\begin{matrix} \frac{Z_{22}}{Z_{12}} & \frac{\|Z\|}{Z_{12}} \\ \frac{1}{Z_{12}} & \frac{Z_{11}}{Z_{12}} \end{matrix}$	$\begin{matrix} -\frac{Y_{11}}{Y_{12}} & -\frac{1}{Y_{12}} \\ -\frac{\|Y\|}{Y_{12}} & -\frac{Y_{22}}{Y_{12}} \end{matrix}$	$\begin{matrix} \frac{1}{H_{12}} & \frac{H_{11}}{H_{12}} \\ \frac{H_{22}}{H_{12}} & \frac{\|H\|}{H_{12}} \end{matrix}$	$\begin{matrix} -\frac{\|G\|}{G_{12}} & -\frac{G_{22}}{G_{12}} \\ -\frac{G_{11}}{G_{12}} & -\frac{1}{G_{12}} \end{matrix}$	$\begin{matrix} \frac{A_{22}}{\|A\|} & \frac{A_{12}}{\|A\|} \\ \frac{A_{21}}{\|A\|} & \frac{A_{11}}{\|A\|} \end{matrix}$	$\begin{matrix} B_{11} & B_{12} \\ B_{21} & B_{22} \end{matrix}$

Tabelle 5.8: Umrechnung von Vierpolparametern

Eigenschaften von Vierpolen

Ein Vierpol ist **passiv**, wenn er keine Energie zuführt. In diesem Fall ist die Impedanzmatrix Z beziehungsweise Admittanzmatrix Y stets *symmetrisch* ($Z = Z^T$, vergleiche Übertrager-Impedanzmatrix L von Seite 142).

Ein Vierpol heißt **umkehrbar** (reziprok, übertragungssymmetrisch), wenn bei Vertauschung von Ein- und Ausgang *ohne Änderung der äußeren Bedingungen* (Leerlauf, Kurzschluß an den Klemmenpaaren) sich bei gleicher Ursache die gleiche Wirkung ergibt. Die entsprechenden Bedingungen der Vierpolmatrizen sind in Tabelle 5.7 angegeben.

Ein Vierpol heißt **symmetrisch** (längssymmetrisch), wenn bei Vertauschung von Ein- und Ausgang die Quelle die gleiche Belastung erfährt wie vorher. Dazu ist nicht unbedingt eine symmetrische Vierpolstruktur erforderlich, umgekehrt sind jedoch symmetrische Strukturen stets symmetrische Vierpole.

Man beachte, daß Umkehrbarkeit und Symmetrie nicht dasselbe ist. So ist z.B. das RC-Glied aus Beispiel 5.15 umkehrbar, aber nicht symmetrisch, wie man direkt aus der Impedanzmatrix abliest. Umgekehrt lassen sich auch symmetrische, aber nicht umkehrbare Vierpole angeben, die dann in der Regel gesteuerte Quellen enthalten.

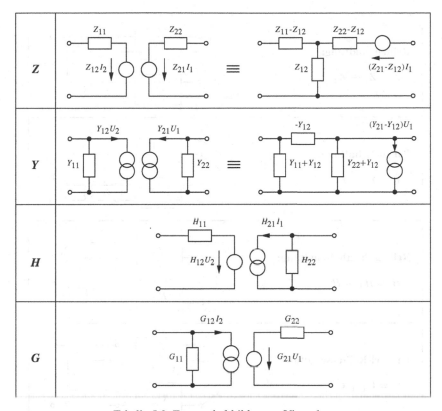

Tabelle 5.9: Ersatzschaltbilder von Vierpolen

Zusammenschaltung von Vierpolen

Bei den Zweipolen (beziehungsweise Grundelementen) sind uns zwei elementare Zusammenschaltregeln bekannt, die Serienschaltung, bei der sich die Impedanzfunktionen addieren, und
die Parallelschaltung, bei der sich die Admittanzfunktionen addieren. In ähnlicher Weise gibt
es bei Vierpolen Regeln, wobei je nach Art der Zusammenschaltung wieder unterschiedliche
Darstellungsformen günstig sind. Die drei wichtigsten Zusammenschaltungsmöglichkeiten sind
dabei

- die *Reihenschaltung*, bei der sich die *Impedanzmatrizen* addieren,
- die *Parallelschaltung*, bei der sich die *Admittanzmatrizen* addieren, und
- die *Kettenschaltung*, bei der sich die *Kettenmatrizen* multiplizieren.

Die Regeln sind zusammen mit den entsprechenden Schaltbildern in Tabelle 5.10 zusammengefaßt.

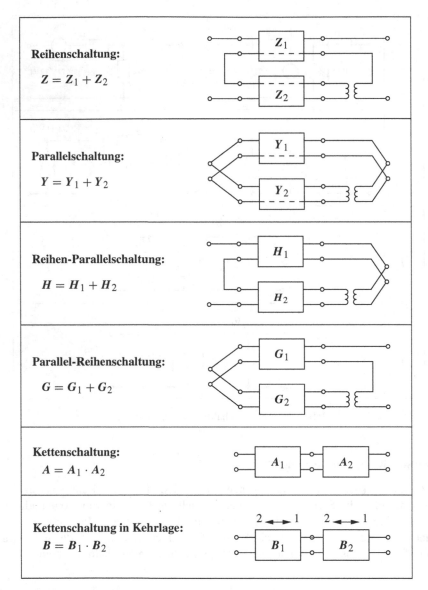

Reihenschaltung:

$$Z = Z_1 + Z_2$$

Parallelschaltung:

$$Y = Y_1 + Y_2$$

Reihen-Parallelschaltung:

$$H = H_1 + H_2$$

Parallel-Reihenschaltung:

$$G = G_1 + G_2$$

Kettenschaltung:

$$A = A_1 \cdot A_2$$

Kettenschaltung in Kehrlage:

$$B = B_1 \cdot B_2$$

Tabelle 5.10: Zusammenschaltung von Vierpolen (bei Reihen- und Parallelschaltung können die idealen Übertrager (1:1) entfallen, falls durchgehende Leiter (gestrichelt) vorhanden sind)

5.7   Anwendungsgebiete

In diesem Abschnitt sollen die beiden wichtigsten Anwendungsgebiete der Systemtheorie, die Regelungstechnik und die Nachrichtentechnik mit je einem Beispiel vorgestellt werden. Anhand einer typischen Problemstellung werden dabei die jeweiligen speziellen Anforderungen an die Systemtheorie dargestellt.

5.7.1   Regelungstechnik

Die Regelungstechnik befaßt sich mit der gezielten Beeinflussung von dynamischen Systemen mit dem Ziel, dem Ausgangssignal des Systems ein gewünschtes Verhalten aufzuprägen. Diese Aufgabenstellung wird in vielen Fällen dadurch erschwert, daß auf das System von außen her Störungen einwirken, die einen Einfluß auf das Ausgangssignal haben (siehe Bild 5.21).

Im folgenden wollen wir als Beispiel eine Raumtemperaturregelung (Raumthermostat) behandeln. In diesem Falle stellt der 'geheizte Raum' das dynamische System dar; die Stellgröße ist der über die Heizung zugeführte und steuerbare Wärmestrom und die Ausgangsgröße die Raumtemperatur. Eine mögliche Störgröße stellt beispielsweise die Außentemperatur dar.

Die *Regelung* ist in unserem Beispiel wie folgt aufgebaut: Mit einem Thermometer messen wir die Raumtemperatur (Ausgangsgröße, Istgröße), vergleichen den Wert mit der Wunschtemperatur (Führungsgröße, Sollgröße) und leiten daraus ein Signal ab, mit dem wir das Heizungsventil steuern. Diese Vorgehensweise stellt das Grundprinzip jeder Regelung dar und ist in Bild 5.22 in allgemeiner Form dargestellt. Das zu beeinflussende System wird in der Regelungstechnik als *Strecke* bezeichnet. Die Ausgangsgröße wird über die *Meßeinrichtung* erfaßt und in ein geeignetes Signal gewandelt, das direkt mit der Führungsgröße über eine *Differenzbildung* verglichen werden kann. Aus dieser Regelabweichung leitet der *Regler* (Regelglied, Regeleinrichtung) eine geeignete Stellgröße für die Strecke ab.

Der Entwurf eines für das Problem geeigneten Reglers ist Aufgabe der Regelungstechnik. Über dieses Regelglied läßt sich das Systemverhalten in grundlegender Weise beeinflussen, wobei das wichtigste Kriterium die *Stabilität* des Gesamtsystems darstellt. Ein Regelkreis basiert stets auf dem Prinzip der Rückkopplung und kann deswegen auch zur Stabilisierung von zunächst instabilen Systemen eingesetzt werden (siehe Aufgabe 5.7).

Neben dem Prinzip der Regelung zur Systembeeinflussung gibt es noch das Prinzip der *Steuerung* (siehe Bild 5.23). Hierbei wird die Ausgangsgröße *nicht* erfaßt und rückgekoppelt, so daß eine hinreichend genaue Kontrolle der Ausgangsgröße nur für sehr kleine Störungen möglich

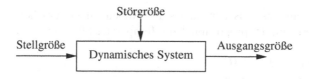

Bild 5.21: Dynamisches System

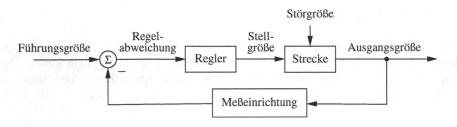

Bild 5.22: Prinzipieller Aufbau eines Regelkreises

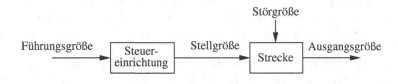

Bild 5.23: Aufbau einer Steuerung

wird. Man spricht hier von einer *offenen Wirkungskette*, im Gegensatz zum *geschlossenen Wirkungskreislauf* der Regelung.

Der erste Schritt beim Entwurf einer Regelung beziehungsweise Steuerung eines konkreten Systems ist die sogenannte *Modellbildung*, d.h. die Beschreibung des dynamischen Systemverhaltens der Strecke und der Meßeinrichtung mit Hilfe der Systemtheorie.

Unser System geheizter Raum läßt sich mathematisch wie folgt beschreiben: Allgemein gilt, daß zur Temperaturänderung $\Delta\vartheta_R$ eines Körpers die Zu- bzw. Abführung einer Wärmemenge

$$Q \;=\; Q_{zu} - Q_{ab} \;=\; m \cdot c_w \cdot \Delta\vartheta_R$$

nötig ist, wobei m die Masse und c_w die spezifische Wärmekapazität des Körpers (Raumes) darstellt. Die Ableitung der Gleichung nach der Zeit ergibt

$$m\,c_w \cdot \frac{d}{dt}\,\vartheta_R(t) \;=\; \frac{d}{dt}\,Q_{zu}(t) - \frac{d}{dt}\,Q_{ab}(t)\,,$$

wobei $\frac{d}{dt}Q(t)$ einen zu- bzw. abführenden *Wärmestrom* (Wärmemenge pro Zeit) darstellt. Die Menge des in den Heizkörper fließenden Wassers[6] bestimmt den zugeführten Wärmestrom:

$$q(t) \;=\; \frac{d}{dt}Q_{zu}(t)\,.$$

Aufgrund des Unterschiedes zwischen Raum- und Außentemperatur (ϑ_R bzw. ϑ_A) ergibt sich ein abführender Wärmestrom, der proportional zur Temperaturdifferenz $\vartheta_R - \vartheta_A$ ist:

$$\frac{d}{dt}Q_{ab}(t) \;=\; k\,[\,\vartheta_R(t) - \vartheta_A(t)\,]\,.$$

---

6 Im folgenden beachten wir nicht, daß diese Größe eigentlich nicht negativ werden kann; wir hätten es sonst mit einem nichtlinearen System zu tun.

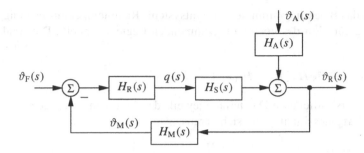

Bild 5.24: Blockschaltbild Raumtemperaturregelung

Damit erhält man folgende, das System geheizter Raum beschreibende Differentialgleichung:

$$m\,c_w \cdot \tfrac{d}{dt}\,\vartheta_R(t) + k \cdot \vartheta_R(t) \;=\; q(t) + k \cdot \vartheta_A(t)\,. \tag{5.88}$$

Nach Laplace-Transformation ergibt sich

$$\vartheta_R(s) \;=\; \underbrace{\frac{1}{k + m\,c_w \cdot s}}_{H_S(s)}\cdot q(s) + \underbrace{\frac{k}{k + m\,c_w \cdot s}}_{H_A(s)}\cdot \vartheta_A(s)\,, \tag{5.89}$$

wobei wir hier die Laplace-Transformierten mit den gleichen (kleinen) Buchstaben wie die Zeitfunktionen bezeichnen.

Die Meßeinrichtung 'Thermometer' läßt sich in entsprechender Weise beschreiben, wobei hier die Vorgänge genau umgekehrt ablaufen: Eine Temperaturerhöhung des Meßfühlers (z.B. Bi-Metall oder elektrischer Sensor) erfolgt durch einen Wärmestrom, dessen Größe proportional zur Temperaturdifferenz zwischen Raum und Fühler ist:

$$m_M\,c_M \cdot \tfrac{d}{dt}\vartheta_M(t) \;=\; \tfrac{d}{dt}Q_{M,zu}(t) \;=\; k_M\,[\,\vartheta_R(t) - \vartheta_M(t)\,]\,.$$

Das Thermometer liefert dann ein Ausgangssignal (Nadelauslenkung, elektrisches Signal), das der Temperatur des Meßfühlers entspricht. Das dynamische Verhalten wird also über obige Differentialgleichung beziehungsweise deren Laplace-Transformierte bestimmt:

$$\vartheta_M(s) \;=\; \underbrace{\frac{k_M}{k_M + m_M\,c_M \cdot s}}_{H_M(s)}\cdot \vartheta_R(s) \;=\; \frac{1}{1 + T_M \cdot s}\cdot \vartheta_R(s)\,.$$

Die hier auftretenden Übertragungsfunktionen $H_S(s)$, $H_A(s)$ und $H_M(s)$ beschreiben jeweils PT$_1$-Glieder (siehe Tabelle 5.1 auf Seite 138). Diese werden jeweils durch ihre Zeitkonstante T, sowie die Verstärkung c, charakterisiert und treten häufig bei der mathematischen Beschreibung von Systemen auf.

Bild 5.24 zeigt das Blockdiagramm des Gesamtsystems Raumtemperaturregelung, wobei $H_R(s)$ die Übertragungsfunktion des noch zu bestimmenden Reglers darstellt. Die Analyse dieses Systems ergibt

$$\vartheta_R = H_A \vartheta_A + H_S H_R [\vartheta_F - H_M \vartheta_R],$$

wobei wir zur übersichtlicheren Darstellung jeweils das Argument s weggelassen haben. Aufgelöst nach dem Ausgangssignal ergibt sich daraus:

$$\vartheta_R = \underbrace{\frac{H_S H_R}{1 + H_S H_R H_M}}_{H_{\text{Führ}}} \cdot \vartheta_F + \underbrace{\frac{H_A}{1 + H_S H_R H_M}}_{H_{\text{Stör}}} \cdot \vartheta_A. \tag{5.90}$$

Wir sehen, daß es sich hierbei um ein System mit zwei 'Eingängen' (Führungsgröße ϑ_F und Störgröße ϑ_A) handelt, das wir in dieser Weise nicht mit unseren bisherigen Kenntnissen behandeln können. Allerdings läßt es sich durch Nullsetzen einer der beiden Eingangsgrößen jeweils als gewöhnliches LTI-System bezüglich der anderen Eingangsgröße darstellen. Somit können wir dieses System über folgende zwei Übertragungsfunktionen beschreiben und mit den bekannten Methoden für LTI-Systeme untersuchen:

- Die *Führungsübertragungsfunktion* $H_{\text{Führ}}(s)$ beschreibt das *Führungsverhalten* des Systems, d.h. die Reaktion auf eine Änderung der Führungsgröße (Solltemperatur ϑ_F) bei verschwindender Störgröße (Außentemperatur ϑ_A).

- Die *Störübertragungsfunktion* $H_{\text{Stör}}(s)$ beschreibt das *Störverhalten* des Systems, d.h. die Reaktion auf ein Störsignal bei verschwindender Führungsgröße.

Die Forderung *verschwindend* ist dabei gleichwertig mit *konstant*, da sich letzterer Fall durch eine Variablentransformation um diese Konstante in ersteren überführen läßt:

Wir setzen $\vartheta_A(t) = \vartheta_0 = \text{const}$ voraus und betrachten die Temperaturdifferenz zwischen Raum und außen als neue Variable

$$\widetilde{\vartheta}_R(t) = \vartheta_R(t) - \vartheta_A(t) = \vartheta_R(t) - \vartheta_0.$$

Wir erhalten damit aus Gleichung (5.88)

$$m\,c_w \cdot \frac{d}{dt}\widetilde{\vartheta}_R(t) + k \cdot \widetilde{\vartheta}_R(t) = q(t) \quad \circ\!\!-\!\!\bullet \quad \widetilde{\vartheta}_R(s) = \frac{1}{k + m\,c_w \cdot s} \cdot q(s),$$

d.h. die Variable ϑ_A verschwindet und wir erhalten ein lineares System (Linearisierung durch Nullpunktverschiebung). Die Berechnungen und Untersuchungen führt man dann mit dem Signal $\widetilde{\vartheta}_R(t)$ durch, das den Raumtemperaturverlauf relativ zur konstanten Außentemperatur $\vartheta_A(t) = \vartheta_0$ beschreibt.

Nach dieser Analyse und Beschreibung der Strecke ist nun der Regler, d.h. die Übertragungsfunktion $H_R(s)$ geeignet zu wählen, wobei folgende Punkte zu berücksichtigen sind:

- Die Sicherstellung der *Stabilität* des Gesamtsystems ($H_{\text{Führ}}$ und $H_{\text{Stör}}$) ist das oberste Kriterium bei einem Reglerentwurf.

- Weiterhin achtet man auf gutes *Führungs-* und *Störverhalten*, d.h. der Ausgang soll hinreichend gut und schnell einer Änderung der Führungsgröße folgen und möglichst wenig von der Störgröße beeinflußt werden.

- Außerdem ist die *Robustheit* des Reglers bei realen Systemen ein wichtiges Kriterium. Hierunter versteht man die Unempfindlichkeit des Systemverhaltens gegenüber nur ungenau bekannten oder schwankenden Parametern (z.B. durch temperaturbedingte Drifts), siehe dazu auch Aufgabe 5.7.

Diese Kriterien führen teilweise auf gegenläufige Reglerentwürfe, so z.B. die Forderung nach Schnelligkeit im Führungsverhalten und die Forderung nach robuster Stabilität des Systems. Daher besitzt das Problem des Reglerentwurfs keine eindeutige Lösung, sondern stellt stets einen von den jeweiligen Randbedingungen abhängigen Kompromiß dar. Aus diesem Grunde gibt es auch für die Beurteilung eines Reglerentwurfs keine definitiven Kriterien. Das Führungs- und Störverhalten bewertet man häufig anschaulich anhand der Reaktion des Ausgangssignals auf eine sprungförmige Änderung des Führungs- bzw. Störsignals (Sprungantwort von $H_{\text{Führ}}$ bzw. $H_{\text{Stör}}$). Zur Beurteilung der Stabilität gibt es neben dem uns bekannten Hurwitzkriterium in der Regelungstechnik noch weitere Kriterien, die zusätzliche Aussagen (z.B. über die Robustheit) erlauben.

Im folgenden wollen wir anhand unseres Beispiels 'Raumthermostat' drei unterschiedliche Reglervarianten untersuchen. Dazu müssen wir zunächst für die Parameter im Systemmodell die konkreten Werte einsetzen, wobei es in unserem Fall zum Aufzeigen des prinzipiellen Systemverhaltens ausreichend ist, Werte anzunehmen, die das System von der Größenordnung her in etwa beschreiben.

Wir haben gesehen, daß die im Gesamtsystem auftretenden Teilsysteme $H_S(s)$, $H_M(s)$ und $H_A(s)$ jeweils PT$_1$-Glieder darstellen und damit jeweils vollständig durch ihre Zeitkonstante T und ihre Verstärkung c beschrieben sind. $H_S(s)$ und $H_A(s)$ unterscheiden sich dabei lediglich durch ihre Verstärkung, so daß letztendlich nur zwei unterschiedliche Zeitkonstanten vorkommen, nämlich die Streckenzeitkonstante T_S und die Meßzeitkonstante T_M. Erstere beschreibt dabei die zeitliche Dauer der Raumerwärmung und ist damit deutlich größer als T_M anzusetzen, welche die (schnelleren) Vorgänge am Thermometer beschreibt. Wir nehmen $T_S = 20$ und $T_M = 1$ an, wobei man sich als Einheit hier 'Sekunde' dazudenken kann. Die Verstärkungen der einzelnen Glieder sind in unserem Beispiel für das prinzipielle Systemverhalten unerheblich, so daß wir sie der Einfachheit halber alle zu eins ansetzen. Damit erhalten wir für die folgenden Untersuchungen die konkreten Systemfunktionen

$$H_S(s) \;=\; H_A(s) \;=\; \frac{1}{1+20\,s} \qquad \text{und} \qquad H_M(s) \;=\; \frac{1}{1+s}\,. \tag{5.91}$$

Ungeregeltes System bzw. Steuerung

Zunächst wollen wir das dynamische Verhalten des ungeregelten Systems, d.h. eines Systems ohne Rückkopplung betrachten, was sich als Spezialfall des Gesamtsystems nach Bild 5.24 beziehungsweise Gleichung (5.90) mit $H_M(s) = 0$ darstellen läßt.

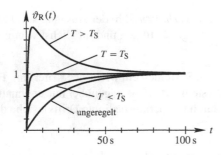 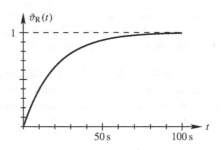

Bild 5.25: Führungs- und Störverhalten des ungeregelten bzw. gesteuerten Systems

Wir betrachten zuerst das Systemverhalten ohne Regel- bzw. Steuerglied. In diesem Fall ergibt sich (mit $H_R(s) = 1$) die Führungs- bzw. Störübertragungsfunktion zu

$$H_{\text{Führ}}(s) = H_{\text{Stör}}(s) = H_S(s) = \frac{1}{1 + 20\,s},$$

welche in Bild 5.25 in Form der jeweiligen Sprungantworten graphisch dargestellt ist. Der linke Teil zeigt dabei das Führungsverhalten, d.h. die Reaktion des Ausgangssignals $\vartheta_R(t)$ auf einen (Einheits-) Sprung der Führungsgröße $\vartheta_F(t) = \varepsilon(t)$. Man erkennt, daß die Ausgangsgröße (aufgrund der großen Streckenzeitkonstante) nur sehr langsam der Führungsgröße folgt und erst nach etwa 40 Sekunden 90 % des Führungswertes erreicht. Im rechten Bild ist das Störverhalten, d.h. das Ausgangssignal bei $\vartheta_A(t) = \varepsilon(t)$ dargestellt: Hier erkennt man, daß aufgrund fehlender Rückkopplung die Störung nicht ausgeregelt werden kann und somit die Störgröße voll auf die Ausgangsgröße durchschlägt. Das Störverhalten ist dabei unabhängig von dem verwendeten Steuerglied $H_R(s)$, wohingegen sich das Führungsverhalten durch eine geeignete Wahl verbessern läßt.

Ist die Zeitkonstante der Strecke (genau) bekannt, kann sie mit Hilfe eines geeigneten Steuergliedes kompensiert und damit die Dynamik (das Einschwingverhalten) des Systems verbessert werden. Hierzu eignet sich ein sogenanntes PD-Glied (Parallelschaltung eines P-Gliedes und eines D-Gliedes), das (mit idealem D-Glied) die Übertragungsfunktion

$$H_{\text{PD}}(s) = c_1 + c_2\,s = c\,(1 + T\,s),$$

beziehungsweise mit realem D-Glied (Zählergrad nicht größer als Nennergrad)

$$H_{\text{PD}}(s) = c_1 + \frac{c_2\,s}{1 + T_D\,s} = c \cdot \frac{1 + T\,s}{1 + T_D\,s}$$

besitzt, wobei T_D die *kleine* Zeitkonstante des Differenzierers darstellt (man vergleiche dazu Tabelle 5.1 von Seite 138).

Mit einem PD-Steuerglied ergibt sich die resultierende Führungsübertragungsfunktion zu

$$H_{\text{Führ}}(s) = H_R(s) \cdot H_S(s) = c \cdot \frac{1 + T\,s}{1 + T_D\,s} \cdot \frac{1}{1 + T_S\,s},$$

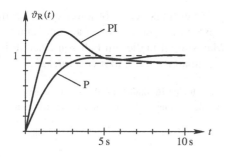 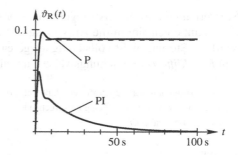

Bild 5.26: Führungs- und Störverhalten des geregelten Systems

und wir erkennen, daß eine geeignete Wahl der (Zähler-) Zeitkonstanten $T = T_S$ ist, da sich dann der PT_1-Term der Strecke wegkürzt. Die resultierende Dynamik wird nun ausschließlich durch die Differenzierer-Zeitkonstante T_D bestimmt, der wir einen kleinen Wert, z.B. $T_D = 1$ geben. Die Verstärkung wählen wir, gemäß den Ausführungen zu Gleichung (5.91), wieder zu $c = 1$ und erhalten damit:

$$H_{\text{Führ}}(s) = \frac{1}{1 + T_D s} = \frac{1}{1 + s}.$$

An dieser Stelle können wir erkennen, welchen Einfluß eine nur ungenaue Kenntnis (bzw. Änderung während des Betriebs) der Streckenzeitkonstanten haben kann: In diesem Fall kürzen sich die beiden Terme nicht mehr, so daß die (große) Streckenzeitkonstante nach wie vor in der Übertragungsfunktion auftritt. Die entsprechenden Systemverhalten sind ebenfalls in Bild 5.25 dargestellt.

P-Regler

Nun wollen wir uns mit dem Verhalten des *geregelten* Systems beschäftigen, wofür wir jetzt über die Meßeinrichtung $H_M(s)$ nach Gleichung (5.91) den Regelkreis schließen. Zunächst betrachten wir die einfachste Reglerrealisierung, nämlich den nur aus einem Proportionalglied bestehenden P-Regler. Mit dessen Übertragungsfunktion $H_R(s) = c$ ergibt sich die Führungsübertragungsfunktion des Regelkreises zu

$$H_{\text{Führ}}(s) = \frac{H_S(s) \cdot H_R(s)}{1 + H_S(s) \cdot H_R(s) \cdot H_M(s)} = \frac{c \, (1 + T_M s)}{1 + c + (T_S + T_M) \, s + T_S T_M \, s^2}.$$

Da bei rückgekoppelten Systemen nicht mehr von der Stabilität der Einzelsysteme auf die Gesamtstabilität geschlossen werden kann, überprüfen wir zunächst die Stabilität. Mit Hilfe des Hurwitzkriteriums stellen wir fest, daß der Regelkreis für $c > -1$, und damit für alle positive Verstärkungsfaktoren des Regelgliedes stabil ist. Für die folgende Diskussion wählen wir $c = 10$.

Das Systemverhalten ist in Bild 5.26 wieder in Form der Systemreaktion auf einen Führungs- bzw. Störsignalsprung dargestellt. Wir erkennen die deutlich günstigeren Verläufe gegenüber dem ungeregelten System, sowohl im Führungsverhalten (schnelleres Einschwingen), wie auch im Störverhalten (besseres Ausregeln der Störgröße). Allerdings verbleibt jeweils ein 'Restfehler', d.h. zum einen nimmt die Ausgangsgröße nicht exakt den Führungswert an, und zum anderen wird die Störung nicht vollständig ausgeregelt. Man spricht in diesem Fall von einer verbleibenden *Regeldifferenz* beziehungsweise einer nicht erzielbaren *stationären Genauigkeit*.

Eine Verringerung der Regeldifferenz läßt sich prinzipiell durch eine Erhöhung der Reglerverstärkung c erreichen, was jedoch durch eine entsprechend größere Ansteuerleistung der Strecke erkauft werden muß siehe dazu Aufgabe 5.7.

PI-Regler

Als dritte Variante wollen wir einen PI-Regler untersuchen, der durch einen zusätzlichen Integralanteil den Vorteil stationärer Genauigkeit bietet. Die Übertragungsfunktion des aus Proportional- und Integralanteil bestehenden Regelgliedes lautet:

$$H_{PI}(s) = c_1 + \frac{c_2}{s} = c \cdot \frac{1 + T s}{s} .$$

Diese Reglerübertragungsfunktion ist wieder in die allgemeine Formel der Führungsübertragungsfunktion einzusetzen, um die Stabilität zu überprüfen und die beiden Reglerparameter festzulegen. Bei unserem Beispiel ergibt sich damit eine Führungsübertragungsfunktion dritter Ordnung, die nicht mehr so leicht zu deuten und zu parametrisieren ist. Für das in Bild 5.26 dargestellte Führungs- und Störverhalten haben wir die Parameter zu $c = 1$ und $T = T_S + T_M = 21$ gewählt. Man erkennt, daß nach einem deutlichen Überschwingen der Ausgangswert genau den Führungswert (stationäre Genauigkeit) beziehungsweise bei einer Störung den Wert null (exakte Ausregelung) annimmt.

Wie schon erwähnt, wird die stationäre Genauigkeit hier durch das im Regler enthaltene I-Glied erreicht. Dieses verfügt nämlich über die Eigenschaft, selbst bei Eingangssignal null (aufgrund eines 'geladenen Integrationsspeichers') ein Ausgangssignal ungleich null liefern zu können. Damit ist der Regler in der Lage, selbst bei Regeldifferenz null eine nicht verschwindende Stell- und damit Ausgangsgröße zu liefern; ein P-Regler benötigt hierzu ein von null verschiedenes Eingangssignal und damit eine nicht verschwindende Regeldifferenz.

Fassen wir zum Abschluß kurz zusammen: Anhand dieses Beispiels haben wir die grundsätzliche Problematik der Regelungstechnik kennengelernt. Ein wichtiger Punkt ist zunächst die *Modellbildung*, d.h. die mathematische Beschreibung (gegebenenfalls mit vereinfachenden Annahmen) des zu regelnden Systems, wozu u.U. auch Messungen (insbesondere zur Bestimmung der Systemparameter) nötig sind (*Systemidentifikation*). Anhand dieses Modells ist ein geeigneter Regler zu wählen und zu parametrisieren, wobei hier die Punkte *Stabilität*, *Robustheit*, *Schnelligkeit* und *stationäre Genauigkeit* zu berücksichtigen sind. Als wichtiges Hilfsmittel dient hierzu die *Laplace-Transformation*, die man hier praktisch nur *einseitig* verwendet, da hier in der Regel *Schaltvorgänge* und keine stationären Vorgänge, sowie das Verhalten ausschließlich kausaler Systeme betrachtet werden.

Bild 5.27: Prinzipieller Aufbau eines Nachrichtenübertragungssystems

5.7.2   Nachrichtentechnik

Die Nachrichtentechnik befaßt sich mit der Übertragung von informationstragenden Signalen (z.B. Sprache, digitale Daten) an einen anderen Ort. Als Übertragungsmedien dienen hierzu in der Regel elektrische Leiter (z.B. Zweidrahtleitung, Koaxialkabel), Glasfaser oder der freie Raum (Funk).

Bild 5.27 zeigt den prinzipiellen Aufbau eines solchen Nachrichtenübertragungssystems (z.B. Rundfunk), bestehend aus

- der Nachrichtenquelle, die das zu übertragende Signal (z.B. Sprachsignal, Musiksignal) liefert,
- dem Sender, der das Signal in geeigneter Weise wandelt (z.B. in ein Funksignal),
- dem Kanal, der den Übertragungsweg (z.B. Funkausbreitung) beschreibt,
- dem Empfänger, der das empfangene Signal wieder in entsprechender Weise zurückwandelt und
- der Nachrichtensenke (z.B. Gesprächspartner, Zuhörer).

Ziel der Nachrichtentechnik ist es, das Übertragungssystem (und dort insbesondere die Sendesignale) so zu konstruieren, daß über den gegebenen Kanal möglichst viel Information störungsfrei übertragen werden kann. Häufig sollen über den Kanal gleichzeitig noch andere Signale (z.B. andere Rundfunksignale) übertragen werden, was durch geeignete Wahl der Sendesignale (z.B. unterschiedliche Frequenzen) möglich ist.

Im folgenden wollen wir als Beispiel die Übertragung von Sprachsignalen über eine elektrische Leitung (z.B. Telefonkanal) untersuchen. Der Einfachheit halber beschreiben wir die Leitung mit Hilfe eines RC-Gliedes[7] nach Beispiel 5.4 von Seite 118, wobei R den Leitungswiderstand und C die Kapazität zwischen den beiden Leitungsadern darstellt. Beide Werte sind dabei proportional zur Leitungslänge.

Als Sendesignal dient in unserem Fall direkt das (in ein elektrisches Signal gewandelte) Sprachsignal. Da hier eine deterministische Beschreibung aufwendig und wenig sinnvoll ist (große Anzahl möglicher Sprachsignale, verschiedene Sprecher, usw.) bedient man sich *stochastischer* Methoden, mit denen man die Klasse Sprachsignal anhand charakteristischer Merkmale beschreibt. So wissen wir beispielsweise, daß Sprachsignale hauptsächlich Frequenzanteile bis zu einigen kHz enthalten. Bild 5.28 zeigt dies anhand eines Beispielsignals, für das die Signalamplitude über der *Frequenz* aufgetragen ist. Man bezeichnet dies als *Amplitudenspektrum*. Bei der Darstellung wählt man in der Regel eine logarithmische Frequenzeinteilung, da damit gleiche Ton-Intervalle (z.B. Oktaven) jeweils mit gleichem Abstand dargestellt werden (vergleiche Klaviertastatur).

---

7 Zur exakten Beschreibung ist die Leitung in infinitesimal kleine Abschnitte (mit entsprechenden infinitesimalen Impedanzen) zu zerlegen, was auf eine Differentialgleichung der Ortsvariablen längs der Leitung führt, deren Lösung die *Leitungsgleichungen* ergibt, siehe z.B. [26].

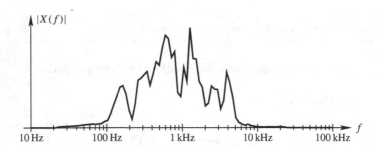

Bild 5.28: Amplitudenspektrum eines Sprachsignals

Aufgrund dieser Art der Signalbeschreibung bietet es sich an, die Analyse im Frequenzbereich durchzuführen, wobei wir das Ergebnis der komplexen Wechselstromrechnung aus Abschnitt 5.6.2 benutzen.

Wir zerlegen dazu das Sprachsignal in seine Frequenzanteile:

$$x(t) = \sum_i x_{f_i}(t). \tag{5.92}$$

$x_{f_i}(t)$ beschreibt dabei den Signalanteil bei der Frequenz f_i, und kann entsprechend Gleichung (5.84) von Seite 144 dargestellt werden zu

$$x_{f_i}(t) = x_{0,f_i} \cdot e^{j 2\pi f_i t},$$

wobei die komplexe Amplitude x_{0,f_i} hier von dem Parameter Frequenz f_i abhängt. Das Signal ist dabei wieder vollständig durch diese komplexen Amplituden (und den entsprechenden Frequenzen) beschrieben.

Mittels Gleichung (5.86) läßt sich zu jedem Signalanteil $x_{f_i}(t)$ der entsprechende Signalanteil am Ende der Leitung angeben als

$$y_{f_i}(t) = H(j 2\pi f_i) \cdot x_{f_i}(t),$$

wobei das System $H(s)$ wieder als stabil vorausgesetzt wird. Das komplette Ausgangssignal ergibt sich damit zu

$$y(t) = \sum_i y_{f_i}(t) = \sum_i H(j 2\pi f_i) \cdot x_{f_i}(t) = \sum_i H(j 2\pi f_i) \cdot x_{0,f_i} \cdot e^{j 2\pi f_i t}. \tag{5.93}$$

Man beachte, daß wir hier wieder das Superpositionsprinzip angewandt, d.h. die Linearität des Systems ausgenutzt haben. Für die komplexen Amplituden gilt entsprechend Gleichung (5.86) die Beziehung:

$$y_{0,f_i} = H(j 2\pi f_i) \cdot x_{0,f_i}. \tag{5.94}$$

Im allgemeinen Fall setzt sich ein Signal nicht nur aus Anteilen bei *diskreten* Frequenzwerten f_i zusammen, sondern enthält Signalanteile $x_f(t)$ bei beliebigen Frequenzen $f \in \mathbb{R}$. In diesem Fall wird das Signal $x(t)$ über das kontinuierliche *Spektrum* $X_{\mathcal{F}}(f) := x_{0,f}$ eindeutig beschrieben, wobei die Summendarstellung (5.92) des Signals in eine Integraldarstellung übergeht:

$$x(t) = \int x_f(t)\, df = \int X_{\mathcal{F}}(f)\, e^{j2\pi f t}\, df\,. \tag{5.95}$$

Das Ausgangssignal läßt sich hier entsprechend Gleichung (5.93) als

$$y(t) = \int y_f(t)\, dt = \int H(j2\pi f) \cdot x_f(t)\, dt = \int H(j2\pi f) \cdot X_{\mathcal{F}}(f) \cdot e^{j2\pi f t}\, dt\,,$$

beziehungsweise entsprechend (5.94) im Frequenzbereich als

$$Y_{\mathcal{F}}(f) = H_{\mathcal{F}}(f) \cdot X_{\mathcal{F}}(f) \tag{5.96}$$

darstellen, wobei wir hierfür

$$H_{\mathcal{F}}(f) = H(j2\pi f) = H_{\mathcal{L}}(s)\big|_{s=j2\pi f}$$

definiert haben.

Die Gleichung (5.96) beschreibt die Beziehung zwischen Ein- und Ausgangssignal eines LTI-Systems im *Frequenz- oder Spektralbereich*, genau wie dies die Systemgleichung im Bildbereich der Laplace-Transformation tut. Die entsprechende Transformation, die den Zusammenhang zwischen Zeit- und Frequenzbereich herstellt, ist die *Fourier-Transformation*. Diese werden wir zusammen mit der verwandten Laplace-Transformation im nächsten Kapitel ausführlich behandeln.

Die Fourier-Transformierte $X(f)$ eines Signals bezeichnet man als *Spektrum* des Signals, und die Übertragungsfunktion $H(f)$ eines Systems als *Frequenzgang*. Im allgemeinen sind diese Fourier-Transformierten komplexwertige Funktionen und werden in der Regel nach Betrag und Phase dargestellt.

Um in unserem Beispiel entscheiden zu können, wie gut bestimmte Signalanteile übertragen werden können, ist hauptsächlich der *Betrag* des Frequenzganges der Leitung entscheidend (Betragsfrequenzgang). Die Phase hat bei Sprach- oder Musiksignalen keine hörbaren Auswirkungen. Das Ausgangssignal läßt sich daher anhand seines Amplitudenspektrums beurteilen, daß sich entsprechend Beziehung (5.96) aus dem des Eingangssignals zu

$$|Y(f)| = |H(f)| \cdot |X(f)|$$

berechnen läßt. Anhand dieser Beziehung im Frequenzbereich ist eine einfache und anschauliche Analyse des Systemverhaltens möglich.

Wir betrachten nun unser Beispiel mit konkreten Zahlenwerten. Typische Werte für eine Telefonleitung (Kupferdraht mit 0.4 mm Durchmesser) sind $R = 300\ \Omega$/km und $C = 36$ nF/km. Für eine Leitungslänge von 1 km ergibt das eine Zeitkonstante von $RC = 10.8\ \mu s$, wobei diese *quadratisch* mit der Leitungslänge wächst.

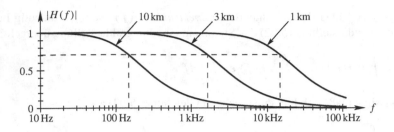

Bild 5.29: Frequenzgang eines RC-Gliedes

Die Systemfunktion des RC-Gliedes kennen wir bereits von Beispiel 5.4 auf Seite 118:

$$H(s) = \frac{1}{1 + RCs} .$$

Damit lautet der Frequenzgang:

$$H(f) = H_{\mathcal{L}}(j2\pi f) = \frac{1}{1 + j2\pi RCf} .$$

Für $f = 0$ (Gleichspannung) ergibt sich hierfür ein Zahlenwert von eins und für $f \to \infty$ ein Wert von null. Daraus folgt, daß Signale niedriger Frequenz das Übertragungsglied 'passieren' können, während Signale hoher Frequenz nicht 'durchgelassen' (stark gedämpft) werden. Man spricht daher von einem *Tiefpaß*. Der Überbegriff für solche frequenzselektive Übertragungsglieder lautet *Filter* (siehe Abschnitt 7.3). Die *Filterordnung* entspricht der Systemordnung (Nennergrad der Systemfunktion) und ist in diesem Beispiel eins. Der zentrale Filterparameter ist die sogenannte 3 dB-*Grenzfrequenz* f_g, bei der der Betrag des Frequenzganges auf den Wert $1/\sqrt{2}$, beziehungsweise die übertragene Leistung auf die Hälfte, abgesunken ist. In unserem Beispiel ist dies für $2\pi RCf = 1$ der Fall, d.h. es ergibt sich eine Grenzfrequenz von $f_g = 1/(2\pi RC) \approx 15$ kHz bei 1 km Leitungslänge.

Bild 5.29 zeigt den Betragsfrequenzgang jeweils für die Leitungslängen 1 km, 3 km und 10 km (mit den entsprechenden Grenzfrequenzen $f_g \approx 15$ kHz, 1.6 kHz und 150 Hz). Aufgrund der logarithmischen Frequenzdarstellung sind die Kurvenverläufe bis auf eine Verschiebung identisch; die jeweilige Grenzfrequenz liest man bei dem Amplitudenwert $1/\sqrt{2} \approx 0.7$ ab. Aus dem Vergleich mit dem Amplitudenspektrum von Bild 5.28 erkennen wir, daß bei 1 km Leitungslänge eine Sprachübertragung sehr gut möglich ist, da alle im Sprachsignal enthaltenen Frequenzanteile praktisch ungedämpft übertragen werden. Bei 3 km Leitungslänge werden die höheren Frequenzanteile etwas gedämpft, das Sprachsignal klingt daher etwas dumpf, wird aber noch gut verständlich übertragen.[8] Dagegen ist bei 10 km Leitungslänge eine vernünftige Sprachübertragung kaum mehr möglich, da Frequenzen ab 400 Hz bereits um Faktor 10 in der Leistung, ab 1.5 kHz sogar um Faktor 100, gedämpft werden.

---

8 Eine Erniedrigung der Signalleistung um Faktor 10 entspricht im *Gehöreindruck* etwa einer *Halbierung* der Lautstärke. Für die Verständlichkeit von Sprache sind hauptsächlich die Frequenzanteile von 300 Hz bis 3 kHz maßgeblich.

In der Nachrichtentechnik spielt die Signalbeschreibung im Frequenzbereich, und damit die Fourier-Transformation, die zentrale Rolle. Sie ermöglicht wie die Laplace-Transformation im Bildbereich eine einfache Darstellung und Berechnung von Signalen und Systemen, wobei die Bildbereichsdarstellung hier in Form des Signalspektrums eine anschauliche Bedeutung besitzt. Außerdem lassen sich über den Spektralbereich auch stochastische Signale darstellen.

5.8   Zusammenfassung

Auch im Kontinuierlichen kommt den LTI-Systemen aufgrund ihrer guten mathematischen Beschreibbarkeit die zentrale Rolle in der Systemtheorie zu. Im Zeitbereich werden diese durch *lineare Differentialgleichungen* mit konstanten Koeffizienten beschrieben, welche mit Hilfe der *Laplace-Transformation* analytisch gelöst werden können.

Im Bildbereich erfolgt die Systembeschreibung über die *Systemfunktion*, bei der es sich um eine rationale Funktion handelt, sofern keine Totzeit im System auftritt. Der Nennergrad bestimmt die Systemordnung und ist bei realen Sytemen stets größer oder gleich dem Zählergrad. Im Zeitbereich entspricht der Systemfunktion die *Impulsantwort*. Die Beziehung zwischen Ein- und Ausgangssignal wird im Bildbereich multiplikativ über die *Systemgleichung* und im Zeitbereich durch die *Faltung* mit der Impulsantwort beschrieben.

Das Systemverhalten und die Systemeigenschaften werden maßgeblich von den Polen der Systemfunktion bestimmt. Liegen alle Pole in der linken s-Halbebene, so ist das System *stabil*. Mit Hilfe des Hurwitz-Kriteriums läßt sich die Stabilität auch ohne explizite Berechnung der Null stellen überprüfen.

Wichtige Anwendungsgebiete der Systemtheorie sind Regelungstechnik und Nachrichtentechnik. Bei der Regelungstechnik stehen Einschwingvorgänge und Stabilitätsuntersuchungen im Vordergrund, für welche die Laplace-Transformation das geeignete Hilfsmittel darstellt. In der Nachrichtentechnik interessieren vor allem die Übertragungseigenschaften im eingeschwungenen Zustand, welche am besten im Frequenzbereich mit Hilfe der Fourier-Transformation beschrieben werden.

5.9   Aufgaben

Aufgabe 5.1:

Wie muß bei folgenden Signalpaaren jeweils die Konstante c gewählt werden, damit beide Signale identisch sind:

a) $x_1(t) = \varepsilon\left(t - \frac{1}{2}\right)$ und $x_2(t) = c \cdot \varepsilon(2t - 1)$

b) $y_1(t) = \delta\left(t - \frac{1}{2}\right)$ und $y_2(t) = c \cdot \delta(2t - 1)$

Gibt es für das rect-Signal eine entsprechende Beziehung?

Aufgabe 5.2:

Bestimmen und skizzieren Sie die erste und zweite Ableitung folgender Signale:

a) $x(t) = \Lambda_T(t)$ b) $y(t) = |\sin(\omega_0 t)|$

Aufgabe 5.3:

Bestimmen und skizzieren Sie die Faltungsprodukte folgender Signalpaare:

a)

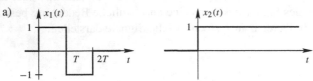

b) $x_1(t) = \text{rect}\left(\frac{t}{T} + \frac{1}{2}\right) - \text{rect}\left(\frac{t}{T} - \frac{1}{2}\right)$ und $x_2(t) = \text{rect}\left(\frac{t}{2T}\right)$

c)

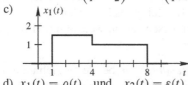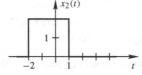

d) $x_1(t) = \rho(t)$ und $x_2(t) = \varepsilon(t)$

e)

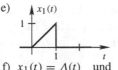

f) $x_1(t) = \Lambda(t)$ und $x_2(t) = \text{rect}(t)$

g)

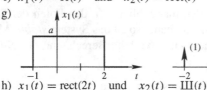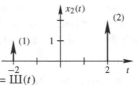

h) $x_1(t) = \text{rect}(2t)$ und $x_2(t) = \text{III}(t)$

Aufgabe 5.4:

Bei welchen der folgenden Polynome handelt es sich um Hurwitz- bzw. modifizierte Hurwitzpolynome?

a) $Q(s) = s^3 + 2s^2 + 2s$

b) $Q(s) = s^3 + 6s^2 + 11s + 6$

c) $Q(s) = s^3 + 2s^2 + 5s - 26$

d) $Q(s) = s^4 + 3s^2 + 6s + 10$

e) $Q(s) = s^4 + 3s^3 + 6s^2 + 38s + 60$

f) $Q(s) = s^5 + s^4 + 2s^3 + 2s^2 + s + 1$

g) $Q(s) = s^5 + 6s^4 + 23s^3 + 52s^2 + 54s + 20$

h) $Q(s) = s^6 + 2s^5 + 6s^4 + 10s^3 + 9s^2 + 8s + 4$

Aufgabe 5.5:

Gegeben seien folgende Nennerpolynome von Systemfunktionen:

a) $Q(s) = s^3 + (3 - c)s^2 + 4s + 2 + c$

b) $Q(s) = s^4 + cs^3 + 3s^2 + 3s + 2$

c) $Q(s) = s^5 + s^4 + 2cs^3 + cs^2 + 3s + 1$

d) $Q(s) = s^6 + s^5 + 3s^4 + 2s^3 + 3s^2 + 2s + c$

Für welche Werte des Parameters c sind folgende Systeme stabil?

Aufgabe 5.6:

Zeigen Sie durch explizites Ausrechnen der Hurwitz-Determinanten und Anwendung der Regeln, daß die für den Hurwitztest auf Seite 135 für $N = 4$ angegebene Bedingung

$$a_1 (a_2 a_3 - a_1 a_4) - a_0 a_3^2 > 0$$

allein hinreichend für ein Hurwitzpolynom ist.

Aufgabe 5.7:

Gegeben sei das instabile System

$$G(s) = \frac{1}{s-a}, \quad a > 0.$$

Das System soll mit Hilfe folgender rückgekoppelter Systemstruktur stabilisiert werden:

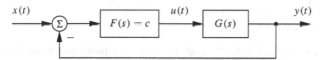

a) Bestimmen Sie die Übertragungsfunktion $H(s)$ des resultierenden Gesamtsystems. Für welche Werte des Parameters c ist das System stabil?

b) Ist für eine sichere Stabilisierung die exakte Kenntnis des Systemparameters a nötig? Wie würde man den Reglerparameter c wählen, wenn $a \approx 2$ bekannt ist?

c) Berechnen und skizzieren Sie die Sprungantwort $h_\varepsilon(t)$ des Systems für $a = 2$ und $a = 3$. Wählen Sie hierzu $c = 10$.

d) Welchen Einfluß hat die Wahl von c (Reglerverstärkung) auf das System? Berechnen und skizzieren Sie dazu für das Eingangssignal $x(t) = \varepsilon(t)$ die Signale $u(t)$ und $y(t)$ für $c = 10$ und $c = 100$ (mit $a = 2$).

e) Im folgenden soll versucht werden, das System durch folgende Struktur ohne Rückkopplung zu stabilisieren:

Geben Sie dazu eine geeignete Übertragungsfunktion $F(s)$ an. Läßt sich mit dieser Schaltung das System auch bei ungenauer Kenntnis von a stabilisieren? Bestimmen Sie die Sprungantwort des für $\hat{a} = 2$ entworfenen, jedoch bei $a = 3$ betriebenen Systems.

Aufgabe 5.8:

Gegeben sei das elektrische Netzwerk

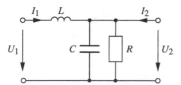

a) Bestimmen Sie die Spannungsübertragungsfunktion $H(s) = \left.\frac{U_2(s)}{U_1(s)}\right|_{I_2=0}$.

b) Bestimmen Sie Pole und Nullstellen der Übertragungsfunktion.

c) Berechnen und skizzieren Sie für $L = 2$, $R = 1$ und $C = 1/2$ den Betragsfrequenzgang $|H(j2\pi f)|$. Um welche Art von System handelt es sich?

Aufgabe 5.9:

Gegeben sei folgendes Filter in Doppel-T-Schaltung:

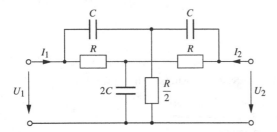

a) Bestimmen Sie jeweils die **Z**-Matrizen der $(C, \frac{R}{2}, C)$- und $(R, 2C, R)$-T-Glieder und charakterisieren Sie diese Vierpole.

b) Bestimmen Sie hieraus die **Y**-Matrizen der beiden T-Glieder und berechnen Sie die **Y**-Matrix des Gesamtvierpols.

c) Bestimmen Sie die Spannungsübertragungsfunktion $H(s) = \left.\frac{U_2(s)}{U_1(s)}\right|_{I_2=0}$.

d) Bestimmen Sie Pole und Nullstellen der Übertragungsfunktion und zeichnen Sie das Pol-Nullstellen-Diagramm.

e) Der Vierpol werde mit einem Lastwiderstand R_L abgeschlossen. Wie lautet nun die resultierende Leitwertmatrix $\mathbf{Y}_L$ und die Spannungsübertragungsfunktion $H_L(s)$?

Aufgabe 5.10:

Gegeben seien die Zweipolfunktionen

a) $A(s) = \frac{2s^2+8s+7}{s^2+3s+2}$ b) $B(s) = \frac{s^2+5s+4}{s+3}$ c) $C(s) = \frac{4s^5+9s^3+4s}{4s^4+5s^2+1}$

Um welche Art von Zweipolfunktionen handelt es sich jeweils? Geben Sie die Realisierungen als Impedanz- und Admittanzfunktion in Partialbruch- sowie Kettenbruchschaltung an.

6 Die Laplace- und Fourier-Transformation

Nachdem wir im letzten Kapitel die Beschreibung und Berechnung kontinuierlicher Systeme behandelt haben, wollen wir uns nun wieder den Eigenschaften, Korrespondenzen und Rechenregeln der zugrundeliegenden Transformationen zuwenden. Zum einen ist dies die Laplace-Transformation, die zur Lösung von linearen Differentialgleichungen und darüber beschriebenen Systemen ein wichtiges Hilfsmittel darstellt, und zum anderen die Fourier-Transformation, die vor allem in der Nachrichtentechnik bei der Betrachtung von stationären Signalen angewandt wird. Da sich beide Transformationen formal sehr ähnlich sind, werden wir sie hier in diesem Kapitel gemeinsam behandeln.

6.1 Definitionen und Konvergenz

6.1.1 Laplace-Transformation

Die *Laplace-Transformation* ordnet der reellen oder komplexen Funktion $x(t)$ (kontinuierliches Signal) die Funktion $X(s)$ der komplexen Variable s zu. Sie stellt damit das zeitkontinuierliche Pendant der z-Transformation dar.

Definition der Laplace-Transformation:

einseitig:
$$X(s) = \mathcal{L}_I\{x(t)\} = \int\limits_{0^-}^{\infty} x(t)\, e^{-st}\, dt \qquad (6.1)$$

zweiseitig:
$$X(s) = \mathcal{L}_{II}\{x(t)\} = \int\limits_{-\infty}^{\infty} x(t)\, e^{-st}\, dt \qquad (6.2)$$

Man unterscheidet wieder zwischen ein- und zweiseitiger Transformation, jedoch wird die Laplace-Transformation praktisch nur einseitig verwendet. Damit sich Dirac-Impulse bei $t = 0$ (vergleiche Darstellung als Grenzwert nach Bild 5.1 auf Seite 109) ohne Probleme transformieren lassen, wählt man als untere Integrationsgrenze den infinitesimal kleinen negativen Wert $t = 0^-$.

Die Laplace-Transformierte *existiert* für diejenigen $s \in \mathcal{K} \subseteq \mathbb{C}$, für die das uneigentliche Integral absolut konvergiert:

$$\int\limits_{-\infty}^{\infty} |x(t)\, e^{-st}|\, dt < \infty, \quad s \in \mathcal{K}. \qquad (6.3)$$

$\mathcal{K}$ bezeichnet man als *Konvergenzgebiet* der Laplace-Transformierten.

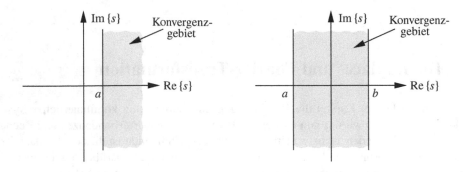

a: einseitige Transformation   b: zweiseitige Transformation

Bild 6.1: Konvergenzgebiete der Laplace-Transformation

Zur Darstellung der Korrespondenz zwischen Zeit- und Bildbereich verwendet man wieder das Hantelsymbol:

$$x(t) \circ\!\!-\!\!\bullet X(s) \qquad \text{bzw.} \qquad X(s) \bullet\!\!-\!\!\circ x(t) \,.$$

Die allgemeine Form des Konvergenzgebietes einer Laplace-Transformierten ist ein Streifen parallel zur imaginären Achse der komplexen s-Ebene. Bei einseitigen Signalen beziehungsweise einseitiger Transformation sind dies Halbebenen, die für rechts- bzw. linksseitige Signale nach rechts bzw. links offen sind, siehe dazu Bild 6.1 und vergleiche die Herleitung der Korrespondenz (5.28) von Seite 117. Die Grenze des Konvergenzgebietes wird dabei durch die *Konvergenzabszisse* Re $\{s\} = a$ bestimmt, die durch den Pol mit dem größten bzw. kleinsten Realteil verläuft. Insgesamt zeigt das Konvergenzverhalten der Laplace-Transformation große Ähnlichkeit mit dem der z-Transformation, setzt man als 'formale Beziehung' zwischen den beiden komplexen Bildbereichsvariablen $z = e^s$ an (vergleiche dazu Seite 131).

Entsprechende Parallelen zeigen sich auch bei der Transformierbarkeit bestimmter Signaltypen (vergleiche Seite 77): Einseitige Signale bereiten bei der Laplace-Transformation aufgrund des vorhandenen Konvergenz sichernden Faktors $e^{-\text{Re}\{s\}\, t}$ praktisch keine Schwierigkeiten. Bei zweiseitigen Signalen existiert die Laplace-Transformierte in der Regel nur für Energiesignale. Somit ist die konstante Funktion $x(t) = c$ oder die stationäre Schwingung $x(t) = c \cdot e^{j\omega_0 t}$ nicht transformierbar.

Beispiel 6.1:   Transformation der zweiseitigen Exponentialfunktion
Wir bestimmen die Laplace-Transformierte des zweiseitigen Signals

$$x(t) = e^{a|t|} = \begin{cases} e^{-at} & t < 0 \\ e^{at} & t \geq 0 \end{cases} , \quad a \in \mathbb{R} \,.$$

Die Laplace-Transformation des kausalen Anteils haben wir bereits in Gleichung (5.28) auf Seite 117 berechnet:

$$X_k(s) = \frac{1}{s-a} \,, \quad \text{Re}\{s\} > a \,.$$

Der antikausale Anteil transformiert sich entsprechend:

$$X_{\mathrm{a}}(s) = \int\limits_{-\infty}^{0} x(t)\, e^{-st}\, dt = \int\limits_{-\infty}^{0} e^{-(a+s)t}\, dt = \left[-\tfrac{1}{a+s}\, e^{-(a+s)t} \right]_{-\infty}^{0}$$

$$= -\tfrac{1}{a+s} \left[1 - \underset{\underset{\mathrm{Re}\,\{a+s\}\,<\,0}{\uparrow}}{\lim_{t \to \infty}} e^{-(a+s)t} \right] = -\tfrac{1}{s+a}\,, \qquad \mathrm{Re}\,\{s\} < -a\,.$$

Das Konvergenzgebiet ist in diesem Fall die nach links offene, und durch den Punkt $s = -a$ verlaufende senkrechte Gerade, begrenzte Halbebene. Als Gesamtergebnis erhalten wir dann

$$X(s) = X_{\mathrm{k}}(s) + X_{\mathrm{a}}(s) = \tfrac{1}{s-a} - \tfrac{1}{s+a} = \tfrac{2a}{s^2-a^2}\,, \qquad a < \mathrm{Re}\,\{s\} < -a\,.$$

Wir sehen, daß die Laplace-Transformierte nur für $a < 0$ existiert, d.h. nur für Zeitfunktionen, die für $t \to \pm\infty$ abfallen; für die konstante Funktion $x(t) = 1 = e^0$ konvergiert die Laplace-Transformation nicht. ∎

6.1.2   Fourier-Transformation

Die *Fourier-Transformation* kann formal als Spezialfall der Laplace-Transformation mit $s = j2\pi f = j\omega$ verstanden werden, wobei die komplexe Variable s durch die reelle Variable f bzw. ω ersetzt wird. Anschaulich kann dies als Auswertung des Transformationsintegrals entlang der imaginären Achse in der komplexen s-Ebene gedeutet werden.

Die Fourier-Transformation ordnet damit der reellen oder komplexen Funktion $x(t)$ die im allgemeinen komplexe Funktion $X(f)$ bzw. $X(j\omega)$ einer *reellen* (Kreis-) Frequenzvariablen zu:

Definition der Fourier-Transformation:

$$X(f) = \mathcal{F}\{x(t)\} = \int\limits_{-\infty}^{\infty} x(t)\, e^{-j2\pi f t}\, dt \qquad (6.4)$$

$$X(j\omega) = \mathcal{F}_\omega\{x(t)\} = \int\limits_{-\infty}^{\infty} x(t)\, e^{-j\omega t}\, dt\,. \qquad (6.5)$$

Man beachte, daß mit f und ω zwei Definitionen existieren. Die Bildbereichsvariable f besitzt direkt die physikalische Bedeutung Frequenz, während ω einen engeren formalen Bezug zur komplexen s-Ebene der Laplace-Transformation herstellt. So sind die Funktionen $X(j\omega)$ und $X(s)$ formal identisch (sofern beide existieren).

Wir werden im folgenden der Definition in f den Vorzug geben, da diese in der Nachrichtentechnik vorteilhafter ist. In einigen Fällen werden wir jedoch auch die andere Definition benutzen. Beide Definitionen lassen sich durch einfache Variablentransformation $\omega = 2\pi f$ ineinander überführen, wobei bei Dirac-Distributionen die Skalierungsregel $\delta(f) = 2\pi \cdot \delta(\omega)$ zu beachten ist. Die Zusammenfassung der Rechenregeln und Korrespondenzen auf Seite 344f umfaßt beide Definitionen.

Auch bei der Fourier-Transformation verwendet man zur Darstellung der Korrespondenz das Hantelsymbol (ggf. mit dem Zusatz $\mathcal{F}$):

$$x(t) \; \circ\!\!-\!\!\bullet \; X(f) \qquad \text{bzw.} \qquad X(f) \; \bullet\!\!-\!\!\circ \; x(t)\,.$$

Die Fourier-Transformierte eines Signals bezeichnet man als *Spektrum*, die einer Impulsantwort als *Frequenzgang* des Systems. Die Darstellung erfolgt in der Regel nach Betrag und Phase als *Betragsfrequenzgang* und *Phasengang* und wird im nächsten Kapitel ausführlich behandelt. Zur Angabe der 'Breite' oder 'Ausdehnung' eines Spektrums oder Frequenzganges verwendet man den Begriff *Bandbreite* (entsprechend der Zeitdauer für die zeitliche Ausdehnung eines Signals).

Eine hinreichende Bedingung für die Existenz der Fourier-Transformierten ist die absolute Integrierbarkeit des Zeitsignals. Allerdings ist dies keine notwendige Bedingung, da sich mit Hilfe der verallgemeinerten Funktionen auch einige Leistungssignale transformieren lassen. Ein Beispiel ist das konstante Signal $x(t) = 1$ mit

$$\mathcal{F}\{1\} = \int_{-\infty}^{\infty} 1 \cdot e^{-j2\pi ft}\, dt = \lim_{T \to \infty} \int_{-T}^{T} e^{-j2\pi ft}\, dt = \lim_{T \to \infty} \left[\frac{-1}{j2\pi f} e^{-j2\pi ft} \right]_{-T}^{T}$$

$$= \lim_{T \to \infty} \frac{-1}{j2\pi f} \left(e^{-j2\pi fT} - e^{j2\pi fT} \right) = \lim_{T \to \infty} \frac{1}{\pi f} \sin(2\pi fT) \underset{\underset{(5.7)}{\uparrow}}{=} \delta(f)\,.$$

Wir erhalten somit die Korrespondenz:

$$x(t) = 1 \quad \circ\!\!-\!\!\bullet \quad X(f) = \delta(f)\,. \tag{6.6}$$

In entsprechender Weise existieren auch für stationäre Schwingungen Fourier-Transformierte, was eine wichtige Eigenschaft der Fourier-Transformation darstellt.

Aufgrund der reellen Bildvariablen der Fourier-Transformation ist bei der Rücktransformation lediglich ein *reelles* Umkehrintegral auszuwerten:

Inverse Fourier-Transformation:

$$x(t) = \mathcal{F}^{-1}\{X(f)\} = \int_{-\infty}^{\infty} X(f)\, e^{j2\pi ft}\, df \tag{6.7}$$

$$x(t) = \mathcal{F}^{-1}\{X(j\omega)\}_{\omega} = \frac{1}{2\pi} \int_{-\infty}^{\infty} X(j\omega)\, e^{j\omega t}\, d\omega\,. \tag{6.8}$$

Der Beweis folgt direkt durch Einsetzen des Fourier-Integrals (6.4) in Gleichung (6.7):

$$x(t) = \int\limits_{-\infty}^{\infty} \int\limits_{-\infty}^{\infty} x(\tau) e^{-j2\pi f\tau} \, d\tau \, e^{j2\pi ft} \, df$$

$$= \int\limits_{-\infty}^{\infty} x(\tau) \underbrace{\int\limits_{-\infty}^{\infty} e^{j2\pi f(t-\tau)} \, df}_{\substack{= \, \delta(t-\tau) \\ \uparrow \\ (A.82)}} \, d\tau = \int\limits_{-\infty}^{\infty} x(\tau) \, \delta(t-\tau) \, d\tau = x(t).$$

Vergleichen wir (6.7) mit der Definition nach (6.4), so stellen wir fest, daß hier Hin- und Rücktransformation bis auf ein Vorzeichen identisch sind. Diese Eigenschaft bezeichnet man als

---

Dualität:

$$\begin{array}{llll}
x(t) & \circ\!\!-\!\!\bullet \quad X(f) & & x(t) \quad \circ\!\!-\!\!\bullet \quad X(j\omega) \\
& & \text{bzw.} & \\
X(t) & \circ\!\!-\!\!\bullet \quad x(-f) & & X(jt) \quad \circ\!\!-\!\!\bullet \quad 2\pi\, x(-\omega).
\end{array}$$

(6.9)

Ein schönes Beispiel für die Dualität sind die beiden elementaren Korrespondenzen:

$$1 \quad \circ\!\!-\!\!\bullet \quad \delta(f) \qquad \text{und} \qquad \delta(t) \quad \circ\!\!-\!\!\bullet \quad 1.$$

Die zweite Korrespondenz ergibt sich entweder über die Dualitätseigenschaft aus der ersten oder direkt durch Einsetzen in das Fourierintegral mit Hilfe der Ausblendeigenschaft des Dirac-Impulses.

Aufgrund dieser Dualitätseigenschaft (siehe auch Abschnitt 6.3.1) erfolgt bei der Fourier-Transformation die Rücktransformation im allgemeinen in gleicher Weise wie die Hintransformation.

6.1.3   Vergleich von Laplace- und Fourier-Transformation

Bei den Definitionen im letzten Abschnitt haben wir bereits einige Gemeinsamkeiten und Unterschiede der beiden verwandten Transformationen kennengelernt. Die Fourier-Transformation kann zunächst als Spezialfall der Laplace-Transformation aufgefaßt werden, wobei die komplexe Variable s auf der imaginären Achse mittels der reellen Variablen f betrachtet wird.

Betreffs des Konvergenzverhaltens hat dies zur Folge, daß es bei der Fourier-Transformation keinen Konvergenz sichernden Faktor und kein Konvergenzgebiet gibt. Aus diesem Grunde sind beispielsweise einseitige aufklingende Funktionen oder instabile Systeme nicht Fourier-transformierbar. Dagegen erlaubt die Fourier-Transformation aufgrund der reellen Variablen im Bildbereich eine Darstellung mittels verallgemeinerter Funktionen, was die Transformation stationärer Leistungssignale ermöglicht. Somit sind die komplexen Exponentialfunktionen, die die Eigenfunktionen von LTI-Systemen darstellen, hiermit transformierbar. Für die wichtige Signal-

und Systemklasse, deren $\mathcal{L}$-Konvergenzgebiet die imaginäre Achse einschließt (absolut integrierbar), und zu der alle stabilen Systeme zählen, existieren beide Transformierten mit der Beziehung

$$X_{\mathcal{F}}(f) = X_{\mathcal{L}}(s)\Big|_{s=j2\pi f} . \tag{6.10}$$

In diesem Fall läßt sich aus der Laplace-Transformierten sofort die entsprechende Fourier-Transformierte angeben.

Beispiel 6.2:   **Herleitung der Fourier-Transformierten aus Laplace-Transformierter**
Das Konvergenzgebiet der Laplace-Transformierten aus Beispiel 6.1 enthält für $a < 0$ die imaginäre Achse, so daß wir daraus folgende Fourier-Korrespondenz ableiten können:

$$x(t) = e^{a|t|} \quad \circ\!\!-\!\!\bullet \quad X(f) = \frac{-2a}{(2\pi f)^2 + a^2} , \quad a < 0 . \qquad \blacksquare$$

Die Laplace-Transformation eignet sich vor allem für Probleme, die direkt durch lineare Differentialgleichungen beschrieben werden können und damit auf rationale Systemfunktionen führen. Die Bewertung des Systemverhaltens erfolgt dabei in der Regel im Zeitbereich, da der komplexe Bildbereich wenig anschauliche Bedeutung besitzt. Lediglich das Pol-Nullstellen-Diagramm erlaubt eine grobe qualitative Abschätzung des prinzipiellen Systemverhaltens im Bildbereich.

Dagegen ermöglicht die Fourier-Transformation aufgrund ihrer reellen Bildbereichsvariablen mit der physikalischen Bedeutung 'Frequenz' eine direkte Bewertung und Charakterisierung von Systemen im Bildbereich. Dabei ist man nicht auf analytisch beschreibbare Systeme beschränkt, sondern kann auch Systeme behandeln, die lediglich meßtechnisch erfaßbar sind. Außerdem läßt sich damit die nachrichtentechnisch wichtige Klasse der stochastischen Signale beschreiben.

Zusammenfassend können wir festhalten, daß die beiden Transformationen jeweils spezielle Vorzüge und Anwendungsgebiete besitzen und sich somit gegenseitig ergänzen. Die Laplace-Transformation findet vor allem in der Regelungstechnik bei der Bewertung von Einschwingvorgängen und Stabilitätsuntersuchungen Anwendung. Die zugrundeliegenden Signale sind zeitbegrenzt oder einseitig, weswegen die Laplace-Transformation meist einseitig benutzt wird. Die Fourier-Transformation eignet sich dagegen vor allem zur Beschreibung und Untersuchung frequenzselektiver Systeme wie Filter. Dabei wird das Systemverhalten im stationären Zustand betrachtet, weswegen die Fourier-Transformation stets zweiseitig definiert ist.

6.2   Eigenschaften

6.2.1   Linearität

Aus den Definitionen folgt wieder unmittelbar die Eigenschaft der

---

Linearität:

$$c_1\, x_1(t) + c_2\, x_2(t) \quad \circ\!\!-\!\!\bullet \overset{\mathcal{L}}{} \quad c_1\, X_1(s) + c_2\, X_2(s) \qquad \mathcal{K} \supseteq \mathcal{K}_{x_1} \cap \mathcal{K}_{x_2} \tag{6.11}$$

$$c_1\, x_1(t) + c_2\, x_2(t) \quad \circ\!\!-\!\!\bullet \overset{\mathcal{F}}{} \quad c_1\, X_1(f) + c_2\, X_2(f) . \tag{6.12}$$

Bei der Laplace-Transformation ergibt sich das resultierende Konvergenzgebiet als Obermenge (vergleiche Abschnitt 4.2.1) der Schnittmenge der beiden ursprünglichen Konvergenzgebiete.

6.2.2   Verschiebung im Zeitbereich

Für zeitlich verschobene Signale (Totzeit) gilt die Regel der

---

Verschiebung im Zeitbereich:

$$x(t - t_0) \quad \circ\!\!-\!\!\bullet^{\mathcal{L}_{II}} \quad e^{-st_0} \cdot X(s) \qquad \mathcal{K} = \mathcal{K}_x \tag{6.13}$$

$$x(t - t_0) \quad \circ\!\!-\!\!\bullet^{\mathcal{L}_{I}} \quad e^{-st_0} \cdot \left[X(s) + \int\limits_{-t_0}^{0^-} x(t)\, e^{-st}\, dt \right] \tag{6.14}$$

$$x(t - t_0) \quad \circ\!\!-\!\!\bullet^{\mathcal{F}} \quad e^{-j2\pi f t_0} \cdot X(f). \tag{6.15}$$

Diese Regeln folgen unmittelbar aus den Definitionen durch Herausziehen des Faktors e^{-st_0} bzw. $e^{-j2\pi f t_0}$ aus dem Parameterintegral. Bei der *einseitigen* Laplace-Transformation tritt aufgrund des begrenzten Erfassungsbereiches wieder ein Korrekturterm auf (vergleiche Seite 78). Dieser ist hier formal für beliebiges t_0 gültig, jedoch bietet sich für den Fall der Voreilung, d.h. $t_0 < 0$ in Gleichung (6.14) folgende Darstellung an:

$$x(t + t_0) \quad \circ\!\!-\!\!\bullet \quad e^{st_0} \left[X(s) - \int\limits_{0^-}^{t_0} x(t)\, e^{-st}\, dt \right], \quad t_0 > 0. \tag{6.16}$$

Das Konvergenzgebiet der Laplace-Transformation ändert sich nicht, da keine Pole hinzukommen oder verschoben werden. Man beachte jedoch, daß durch den hinzukommenden Faktor e^{-st_0} aus rationalen Laplace-Transformierten transzendente Funktionen werden, die insbesondere bei Stabilitätsbetrachtungen und der Rücktransformation deutlich schwieriger zu handhaben sind.

Beispiel 6.3:   Korrespondenz Totzeitglied
Mit Hilfe der Verschiebungsregel ergibt sich aus der Korrespondenz $\delta(t) \circ\!\!-\!\!\bullet 1$ die Übertragungsfunktion eines Totzeitgliedes (vergleiche Seite 123) zu:

$$h(t) = \delta(t - T_t) \quad \circ\!\!-\!\!\bullet \quad H(s) = e^{-T_t s} \quad \text{bzw.} \quad H(f) = e^{-j2\pi T_t f}. \qquad \blacksquare$$

Befindet sich ein Totzeitglied in einer Schaltung mit Rückkopplung, so führt dies auf eine Übertragungsfunktion mit transzendentem Nenner. Beispielsweise ergibt sich bei der Rückkoppelschaltung nach Tabelle 5.2 von Seite 139 mit $H_1(s) = 1$ und $H_2(s) = e^{-T_t s}$ die Übertragungsfunktion

$$H(s) = \frac{1}{1 + e^{-T_t s}},$$

bei der unsere bisherigen Methoden zur Stabilitätsuntersuchung oder Rücktransformation versagen.

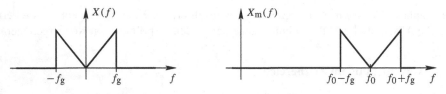

a: Tiefpaßsignal vor Modulation   b: Bandpaßsignal nach Modulation

Bild 6.2: Beispiel zur Modulation

Man beachte, daß bei der Fourier-Transformation eine Zeitverschiebung *keine* Auswirkung auf den *Betrag* des Spektrums bzw. Frequenzganges hat, sondern lediglich die *Phase* beeinflußt.

6.2.3   Dämpfung / Modulation

Für die Multiplikation eines Zeitsignals mit einer Exponentialfunktion gilt folgende Regel, welche wieder direkt aus der Definition abgelesen werden kann.

Dämpfung oder Modulation der Zeitfunktion:

$$e^{at} \cdot x(t) \quad \circ\!\!\!-\!\!\!\stackrel{\mathcal{L}}{}\!\!\!-\!\!\!\bullet \quad X(s-a) \qquad \mathcal{K} = \mathcal{K}_x + \mathrm{Re}\,\{a\} \qquad (6.17)$$

$$e^{j2\pi f_0 t} \cdot x(t) \quad \circ\!\!\!-\!\!\!\stackrel{\mathcal{F}}{}\!\!\!-\!\!\!\bullet \quad X(f-f_0)\,. \qquad\qquad\qquad (6.18)$$

Bei der Laplace-Transformation spielt vor allem der Fall mit reellem Exponenten (meist $a < 0$ und $t > 0$, d.h. *Dämpfung* des Zeitsignales) eine Rolle. Das Konvergenzgebiet verschiebt sich durch diese Operation um $\mathrm{Re}\,\{a\}$.

Beispiel 6.4:   Dämpfungsregel

Mit Hilfe der Dämpfungsregel läßt sich die Laplace-Transformierte der Exponentialfunktion aus der Korrespondenz der Sprungfunktion berechnen:

$$\varepsilon(t) \quad \circ\!\!\!-\!\!\!\bullet \quad \frac{1}{s} \qquad \mathrm{Re}\,\{s\} > 0$$

$$e^{at} \cdot \varepsilon(t) \quad \circ\!\!\!-\!\!\!\bullet \quad \frac{1}{s-a} \qquad \mathrm{Re}\,\{s\} > \mathrm{Re}\,\{a\}\,. \qquad\qquad \blacksquare$$

Bei der Fourier-Transformation ist dagegen nur der Fall mit rein imaginärem Exponenten relevant, d.h. die Multiplikation mit einer komplexen Exponentialschwingung. Dies bezeichnet man als *Modulation* und entspricht einer Verschiebung des Signalspektrums auf der Frequenzachse, in der Regel vom *Tiefpaßbereich* in den *Bandpaßbereich* (siehe Bild 6.2). Man beachte die Dualität zur Zeitverschiebungsregel im letzten Abschnitt.

Die Modulation wird in der Nachrichtentechnik zur gleichzeitigen Übertragung mehrerer Signale über ein Medium eingesetzt. Dies erreicht man, indem man jedes Signal mit einer eigenen *Trägerfrequenz* moduliert und darauf achtet, daß sich die resultierenden Spektren nicht überlappen. Die überlagerten Signale lassen sich dann im Empfänger wieder trennen (vergleiche Radioempfang, bei dem die Radiosender auf unterschiedlichen Frequenzkanälen arbeiten).

6.2.4   Lineare Gewichtung, Ableitung im Bildbereich

Der linearen Gewichtung im Zeitbereich entspricht die Ableitung im Bildbereich.

Lineare Gewichtung der Zeitfunktion:

$$t \cdot x(t) \quad \circ\!\!-\!\!\bullet^{\mathcal{L}} \quad -\tfrac{d}{ds}\, X(s) \qquad \mathcal{K} = \mathcal{K}_x \qquad (6.19)$$

$$t \cdot x(t) \quad \circ\!\!-\!\!\bullet^{\mathcal{F}} \quad -\tfrac{1}{j2\pi} \cdot \tfrac{d}{df}\, X(f). \qquad\qquad\qquad (6.20)$$

Das Konvergenzgebiet ändert sich durch diese Operation nicht. Die Regel folgt direkt aus

$$\tfrac{d}{ds}\, X(s) = \tfrac{d}{ds} \int\limits_{-\infty}^{\infty} x(t)\, e^{-st}\, dt = \int\limits_{-\infty}^{\infty} x(t) \cdot (-t)\, e^{-st}\, dt = -\mathcal{L}\{t \cdot x(t)\}\,,$$

beziehungsweise entsprechend für die Fourier-Transformation.

Beispiel 6.5:   Lineare Gewichtung

Die Anwendung dieser Regel liefert uns aus

$$e^{at}\, \varepsilon(t) \quad \circ\!\!-\!\!\bullet \quad \tfrac{1}{s-a} \qquad \mathrm{Re}\,\{s\} > \mathrm{Re}\,\{a\}$$

die Korrespondenz

$$t \cdot e^{at}\, \varepsilon(t) \quad \circ\!\!-\!\!\bullet \quad -\tfrac{d}{ds}\tfrac{1}{s-a} = \tfrac{1}{(s-a)^2} \qquad \mathrm{Re}\,\{s\} > \mathrm{Re}\,\{a\}\,. \qquad \blacksquare$$

6.2.5   Ableitung / Integration der Zeitfunktion

Für die Ableitung im Zeitbereich kennen wir aus Abschnitt 5.3 bereits die Differentiationsregel der (zweiseitigen) Laplace-Transformation. Durch Anwendung des verallgemeinerten Grenzwertes (A.68) in Gleichung (5.31) auf Seite 117 erhält man die entsprechende Regel der Fourier-Transformation. Bei der einseitigen Laplace-Transformation ist als untere Integrationsgrenze $t = 0^-$ einzusetzen, wodurch in der Formel der Funktionswert $x(0^-)$, d.h. der Anfangswert[1] auftritt.

---

1 Dies ermöglicht die Bearbeitung von Anfangswertproblemen. Die zweiseitige Transformation geht dagegen stets von einem im negativen Unendlichen entspannten System, d.h. dem 'Anfangswert' $x(-\infty) = 0$ aus.

Ableitung der Zeitfunktion:

$$\frac{d}{dt}\, x(t) \quad \circ\!\!-\!\!\overset{\mathcal{L}_I}{-}\!\!\bullet \quad s \cdot X(s) \quad - \quad x(0^-) \qquad \mathcal{K} \supseteq \mathcal{K}_x \qquad (6.21)$$

$$\frac{d}{dt}\, x(t) \quad \circ\!\!-\!\!\overset{\mathcal{L}_{II}}{-}\!\!\bullet \quad s \cdot X(s) \qquad\qquad\qquad \mathcal{K} \supseteq \mathcal{K}_x \qquad (6.22)$$

$$\frac{d}{dt}\, x(t) \quad \circ\!\!-\!\!\overset{\mathcal{F}}{-}\!\!\bullet \quad j2\pi f \cdot X(f)\,. \qquad\qquad\qquad\qquad (6.23)$$

Das Konvergenzgebiet ändert sich im allgemeinen nicht; gegebenenfalls kann es sich vergrößern, wenn sich ein einfacher Pol bei $s = 0$ durch die Operation wegkürzt (z.B. Ableitung der Sprungfunktion).

Für die inverse Operation gilt entsprechend:

Integration der Zeitfunktion:

$$\int\limits_{0^-}^{t} x(\tau)\,d\tau \quad \circ\!\!-\!\!\overset{\mathcal{L}_I}{-}\!\!\bullet \quad \frac{1}{s} \cdot X(s) \qquad \mathcal{K} \supseteq \mathcal{K}_x \cap \{\mathrm{Re}\,\{s\} > 0\} \quad (6.24)$$

$$\int\limits_{-\infty}^{t} x(\tau)\,d\tau \quad \circ\!\!-\!\!\overset{\mathcal{L}_{II}}{-}\!\!\bullet \quad \frac{1}{s} \cdot X(s) \qquad \mathcal{K} \supseteq \mathcal{K}_x \cap \{\mathrm{Re}\,\{s\} > 0\} \quad (6.25)$$

$$\int\limits_{-\infty}^{t} x(\tau)\,d\tau \quad \circ\!\!-\!\!\overset{\mathcal{F}}{-}\!\!\bullet \quad \frac{1}{j\,2\pi f} \cdot X(f) + \frac{1}{2}\, X(0) \cdot \delta(f)\,. \qquad (6.26)$$

Das resultierende Konvergenzgebiet ergibt sich aus (einer Obermenge von) dem ursprünglichen Konvergenzgebiet geschnitten mit der rechten Halbebene (Konvergenzgebiet von $\frac{1}{s}$, vergleiche Faltungsregel Abschnitt 6.2.7). Man beachte, daß sich durch die Integration des Zeitsignals das Konvergenzverhalten verschlechtern kann (bspw. kann ein Energiesignal in ein Leistungssignal übergehen), was gegebenenfalls bei der Anwendung der Regel zu beachten ist.

Die Integrationsregel kann man über die Darstellung der Integration als Faltung mit der Sprungfunktion (siehe Seite 126) zeigen. Bei der Laplace-Transformation ergibt sich mit $\varepsilon(t) \circ\!\!-\!\!\bullet 1/s$ daher

$$x(t) * \varepsilon(t) = \int\limits_{-\infty}^{\infty} x(\tau)\, \underbrace{\varepsilon(t-\tau)}_{=0 \text{ für } \tau > t}\, d\tau = \int\limits_{-\infty}^{t} x(\tau)\,d\tau \quad \circ\!\!-\!\!\bullet \quad X(s) \cdot \frac{1}{s}\,. \qquad (6.27)$$

Entsprechend kann man bei der Fourier-Transformation verfahren, wobei die Korrespondenz der Sprungfunktion allerdings erst in Abschnitt 6.4.1 hergeleitet wird.

Beispiel 6.6:   Ableitung der Zeitfunktion

Wir betrachten die kausale Exponentialfunktion

$$x(t) = e^{at} \cdot \varepsilon(t) \quad \circ\!\!-\!\!\bullet \quad \frac{1}{s-a} \, .$$

Die Anwendung der Differentiationsregel (6.22) der zweiseitigen Transformation ergibt

$$\frac{d}{dt} \, x(t) \quad \circ\!\!-\!\!\bullet \quad s \cdot X(s) = \frac{s}{s-a} = 1 + \frac{a}{s-a} \quad \bullet\!\!-\!\!\circ \quad \delta(t) + a \, e^{at} \, \varepsilon(t) \, ,$$

was mit der direkten Berechnung der Ableitung im Zeitbereich übereinstimmt (vergleiche Regel (5.26) von Seite 116). Das gleiche Ergebnis erhalten wir auch bei einseitiger Transformation mit Formel (6.21), da $x(0^-) = 0$ gilt.

Betrachten wir in diesem Fall jedoch das (zweiseitige) Signal $\tilde{x}(t) = e^{at}$, das dieselbe *einseitige* Laplace-Transformierte wie $x(t)$ besitzt, so erhalten wir als Ergebnis

$$\frac{d}{dt} \, \tilde{x}(t) \quad \circ\!\!\overset{\mathcal{L}_I}{-}\!\!\bullet \quad s \cdot X(s) - \tilde{x}(0^-) = \frac{s}{s-a} - 1 = \frac{a}{s-a} \quad \bullet\!\!\overset{\mathcal{L}_I}{-}\!\!\circ \quad a \, e^{at}, \; t \geq 0 \, ,$$

d.h. aufgrund des stetigen Signalverlaufs tritt hier kein Dirac-Impuls auf. ∎

Die Korrespondenz für n-fache Differentiation des Zeitsignals erhält man durch n-fache Anwendung der Differentiationsregel, was bei einseitiger Transformation

$$\frac{d^n}{dt^n} \, x(t) \quad \circ\!\!\overset{\mathcal{L}_I}{-}\!\!\bullet \quad s^n \cdot X(s) \quad s^{n-1} x(0^-) - \dots - x^{n-1}(0^-) \qquad (6.28)$$

ergibt. Mit Hilfe dieser Regel können wieder Nebenbedingungen, hier in Form von Signal- bzw. Ableitungswerten zum Zeitpunkt des Betrachtungsbeginns, berücksichtigt werden (Anfangswertproblem).

6.2.6   Zeitskalierung und konjugiert komplexe Signale

Für die zeitliche Skalierung eines Signals mit reellem $a \neq 0$ gilt die Regel der

---

Zeitskalierung:

$$x(at) \quad \circ\!\!\overset{\mathcal{L}}{-}\!\!\bullet \quad \frac{1}{|a|} \, X\left(\frac{s}{a}\right) \qquad\qquad \mathcal{K} = a \cdot \mathcal{K}_x \qquad (6.29)$$

$$x(at) \quad \circ\!\!\overset{\mathcal{F}}{-}\!\!\bullet \quad \frac{1}{|a|} \, X\left(\frac{f}{a}\right) \, . \qquad\qquad (6.30)$$

Diese Regel ist auch unter dem Begriff *Ähnlichkeitssatz* bekannt und läßt sich durch Einsetzen in das Transformations-Integral zeigen:

$$\mathcal{L}\{x(at)\} = \int\limits_{-\infty}^{\infty} x(at) \cdot e^{-st} \, dt \underset{\substack{\uparrow \\ \tau = at \\ d\tau = a \, dt}}{=} \int\limits_{-\infty}^{\infty} x(\tau) \cdot e^{-s\frac{\tau}{a}} \cdot \frac{1}{a} \, d\tau$$

$$= \frac{1}{a} \int\limits_{-\infty}^{\infty} x(\tau) \cdot e^{-\frac{s}{a}\tau} \, d\tau \; = \; \frac{1}{a} X \left(\frac{s}{a} \right), \quad a > 0.$$

Für $a < 0$ erstreckt sich die Integration nach der Substitution von $\tau = \infty$ nach $\tau = -\infty$, weswegen durch die anschließende Vertauschung der Integrationsgrenzen ein zusätzliches Minus auftritt, das in Gleichung (6.29) implizit über den Betrag dargestellt ist. Für die Fourier-Transformation erfolgt der Beweis entsprechend.

Bei der Laplace-Transformation skaliert sich die Konvergenzabszisse (das Konvergenzgebiet) um den Faktor a. Man beachte, daß bei *einseitiger* Transformation keine zeitliche Spiegelung möglich ist, so daß hierfür $a > 0$ gelten muß. Für $a < 0$ dreht sich die Relation in der Beschreibung des Konvergenzgebietes um, so daß beispielsweise aus einer rechten offenen Halbebene eine linke offene Halbebene wird.

Beispiel 6.7:   Zeitskalierung bei Laplace-Transformation
Über die Zeitskalierungsregel ergibt sich aus der Korrespondenz (Beispiel 6.4 mit $a = 1$)

$$e^{t} \cdot \varepsilon(t) \quad \circ\!\!-\!\!\bullet \quad \frac{1}{s-1} \quad \text{Re}\,\{s\} > 1$$

für $a > 0$:

$$e^{at} \cdot \varepsilon(at) = e^{at}\varepsilon(t) \quad \circ\!\!-\!\!\bullet \quad \frac{1}{|a|}\frac{1}{\frac{s}{a}-1} = \frac{1}{s-a} \quad \text{Re}\,\{s\} > a,$$

und für $a < 0$:

$$e^{at} \cdot \varepsilon(at) = e^{at}\varepsilon(-t) \quad \circ\!\!-\!\!\overset{\mathcal{L}_{II}}{\bullet} \quad \frac{1}{|a|}\frac{1}{\frac{s}{a}-1} = \frac{-1}{s-a} \quad \text{Re}\,\{s\} < a. \quad \blacksquare$$

Bei der Fourier-Transformation ergibt sich aus dieser Regel folgender elementarer Zusammenhang zwischen Zeit- und Frequenzbereich: Einer Stauchung in einem Bereich entspricht eine Dehnung im anderen Bereich. So weist ein zeitlich kürzeres Signal ein breiteres Spektrum auf und umgekehrt (siehe Bild 6.3). Das Produkt zwischen einem jeweils beliebig definierten Zeit- und Frequenzintervall (Bandbreite) bleibt dabei konstant (*Zeit-Bandbreite-Produkt*, siehe Abschnitt 6.3.5).

Beispiel 6.8:   Zeitskalierung bei Fourier-Transformation
Wir betrachten das Signal aus Beispiel 6.2 für $a = -1$:

$$x(t) = e^{-|t|} \quad \circ\!\!-\!\!\bullet \quad X(f) = \frac{2}{(2\pi f)^2 + 1}.$$

Mit der Zeitskalierungsregel ergibt sich für $a > 0$:

$$x(at) = e^{-|at|} = y(t) \quad \circ\!\!-\!\!\bullet \quad \frac{1}{a} X\left(\frac{f}{a}\right) = \frac{1}{a}\frac{2}{\left(2\pi\frac{f}{a}\right)^2 + 1} = \frac{2a}{(2\pi f)^2 + a^2} = Y(f).$$

Bild 6.3 stellt diesen Zusammenhang graphisch dar. $\quad\blacksquare$

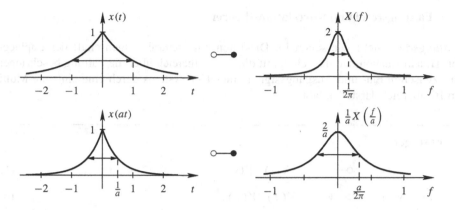

Bild 6.3: Zeitskalierungsregel der Fourier-Transformation

Aus den Regeln für die allgemeine Zeitskalierung ergibt sich als Spezialfall für $a = -1$ für zweiseitige Transformationen die

---

Zeitinversion:

$$x(-t) \quad \circ\!\!\!-\!\!\!\bullet^{\mathcal{L}_{II}} \quad X(-s) \qquad \mathcal{K} = -\mathcal{K}_x \qquad\qquad (6.31)$$

$$x(-t) \quad \circ\!\!\!-\!\!\!\bullet^{\mathcal{F}} \quad X(-f). \qquad\qquad (6.32)$$

Das Konvergenzgebiet der Laplace-Transformation spiegelt sich durch diese Operation an der imaginären Achse.

Ferner gilt für die

Konjugiert komplexe Zeitfunktion:

$$x^*(t) \quad \circ\!\!\!-\!\!\!\bullet^{\mathcal{L}} \quad X^*(s^*) \qquad \mathcal{K} = \mathcal{K}_x \qquad\qquad (6.33)$$

$$x^*(t) \quad \circ\!\!\!-\!\!\!\bullet^{\mathcal{F}} \quad X^*(-f). \qquad\qquad (6.34)$$

Dies folgt aus:

$$\int_{-\infty}^{\infty} x^*(t)e^{-st}\,dt \underset{s\,=\,\sigma\,+\,j\omega}{=} \int_{-\infty}^{\infty} x^*(t)\,e^{-\sigma t}\cdot e^{-j\omega t}\,dt = \left[\int_{-\infty}^{\infty} x(t)\,e^{-\sigma t}\cdot e^{j\omega t}\,dt\right]^*$$

$$= \left[\int_{-\infty}^{\infty} x(t)\,e^{-s^*t}\,dt\right]^* = X^*(s^*).$$

Die Regel der Fourier-Transformation ergibt sich daraus als Spezialfall mit $\sigma = 0$.

6.2.7   Faltungsregel und Korrelationstheorem

Die *Faltungsregel* stellt wie schon im Diskreten eine zentrale Eigenschaft der Laplace- bzw. Fourier-Transformation dar, da sich damit die im Zeitbereich über die Faltung beschriebene Beziehung zwischen Ein- und Ausgangssignal eines LTI-Systems durch eine einfache Multiplikation im Bildbereich darstellen läßt.

Faltungsregel:

$$x(t) * y(t) \quad \circ\!\!-\!\!\overset{\mathcal{L}}{\rule{1.2em}{0.4pt}}\!\!\bullet \quad X(s) \cdot Y(s) \qquad\qquad \mathcal{K} \supseteq \mathcal{K}_x \cap \mathcal{K}_y \qquad\qquad (6.35)$$

$$x(t) * y(t) \quad \circ\!\!-\!\!\overset{\mathcal{F}}{\rule{1.2em}{0.4pt}}\!\!\bullet \quad X(f) \cdot Y(f) \,. \qquad\qquad (6.36)$$

Die Faltungsoperation ist dabei nach Gleichung (5.45) auf Seite 122 zu

$$x(t) * y(t) = \int_{-\infty}^{\infty} x(\tau)\, y(t-\tau)\, d\tau \qquad \text{bzw.} \qquad x(t) * y(t) = \int_{0^-}^{t} x(\tau)\, y(t-\tau)\, d\tau$$

bei einseitiger Transformation definiert. Den Beweis der Faltungsregel haben wir für die Laplace-Transformation bereits in Abschnitt 5.4 geliefert, für die Fourier-Transformation folgt er entsprechend. Das resultierende Konvergenzgebiet ergibt sich wieder als Obermenge der Schnittmenge der beiden ursprünglichen Konvergenzgebiete.

Die Darstellung der Korrelation als Faltungsoperation nach Gleichung (5.58) von Seite 127 als

$$\varphi_{xy}^{E}(t) = \int_{-\infty}^{\infty} x^*(\tau) \cdot y(\tau + t)\, d\tau = x^*(-t) * y(t)$$

führt mit den Regeln des letzten Abschnitts auf das

Korrelationstheorem:

$$\varphi_{xy}^{E}(t) \quad \circ\!\!-\!\!\overset{\mathcal{L}_{II}}{\rule{1.2em}{0.4pt}}\!\!\bullet \quad X^*(-s^*) \cdot Y(s) \qquad\qquad \mathcal{K} \supseteq -\mathcal{K}_x \cap \mathcal{K}_y \qquad\qquad (6.37)$$

$$\varphi_{xy}^{E}(t) \quad \circ\!\!-\!\!\overset{\mathcal{F}}{\rule{1.2em}{0.4pt}}\!\!\bullet \quad X^*(f) \cdot Y(f) \,. \qquad\qquad (6.38)$$

6.2.8   Multiplikation im Zeitbereich

Für die Multiplikation zweier Zeitsignale gilt die Regel der

Mulitplikation im Zeitbereich:

$$x(t) \cdot y(t) \quad \circ\!\!-\!\!\overset{\mathcal{L}}{-}\!\!\bullet \quad \frac{1}{2\pi j} \int\limits_{\sigma-j\infty}^{\sigma+j\infty} X(\xi)\, Y(s-\xi)\, d\xi \tag{6.39}$$

$$x(t) \cdot y(t) \quad \circ\!\!-\!\!\overset{\mathcal{F}}{-}\!\!\bullet \quad \int\limits_{-\infty}^{\infty} X(\nu)\, Y(f-\nu)\, d\nu \quad = \quad X(f) * Y(f). \tag{6.40}$$

Bei der Laplace-Transformation ist der Parameter σ so zu wählen, daß der Integrationsweg im Konvergenzgebiet von $X(s)$ und $Y(s)$ liegt. Die Auswertung des Integrals ist mit Hilfe der komplexen Integralrechnung (z.B. Residuensatz) vorzunehmen, was im allgemeinen nicht ganz einfach ist. Aus diesem Grunde besitzt diese Regel bei der Laplace-Transformation praktisch keine Bedeutung (zum Beweis sei auf [9] verwiesen).

Bei der Fourier-Transformation ergibt sich ein reelles Integral, welches eine *Faltung im Frequenzbereich* beschreibt. Dieser Zusammenhang stellt somit die *duale Regel zur Faltungsregel* dar und wird bei der Berechnung von Korrespondenzen angewandt. Der Beweis ergibt sich mittels der Dualitätseigenschaft direkt aus der Faltungsregel.

Beispiel 6.9:   Multiplikationsregel

Mit Hilfe der Multiplikationsregel läßt sich die Fourier-Transformierte einer Schwingungsperiode einfach aus den Korrespondenzen der Dauerschwingung (siehe Abschnitt 6.4.3) und des Rechteckimpulses (siehe Abschnitt 6.4.2) berechnen (siehe Bild 6.4):

$$x(t) \quad = \quad \cos(2\pi f_0 t) \quad \cdot \quad \mathrm{rect}(f_0 t)$$

$$X(f) \quad = \quad \tfrac{1}{2}\left[\delta(f+f_0) + \delta(f-f_0)\right] \quad * \quad \tfrac{1}{f_0} \cdot \mathrm{si}\left(\pi \tfrac{f}{f_0}\right)$$

$$= \quad \tfrac{1}{2f_0}\left[\mathrm{si}\left(\pi \tfrac{f+f_0}{f_0}\right) + \mathrm{si}\left(\pi \tfrac{f-f_0}{f_0}\right)\right]. \qquad\blacksquare$$

6.2.9   Grenzwertsätze der Laplace-Transformation

Für den (rechtsseitigen) Anfangswert eines Zeitsignals gilt der

Anfangswertsatz:

$$x(0^+) \quad = \quad \lim_{s\to\infty} s\, X(s). \tag{6.41}$$

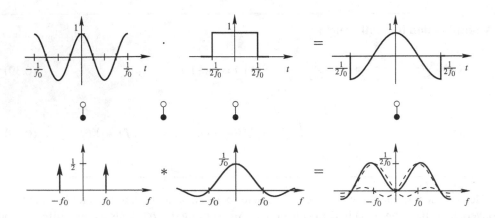

Bild 6.4: Multiplikationsregel der Fourier-Transformation

Der Beweis erfolgt mit Hilfe der Differentiationsregel (6.21) der einseitigen Transformation

$$\mathcal{L}\left\{\tfrac{d}{dt}\,x(t)\right\} = \int\limits_{0^-}^{\infty} \tfrac{d}{dt}\,x(t)\,e^{-st}\,dt = s \cdot X(s) - x(0^-)\,, \tag{6.42}$$

wobei wir das Integral zur Auswertung in die beiden Teile

$$\int\limits_{0^-}^{0^+} \tfrac{d}{dt}\,x(t)\,e^{-st}\,dt + \int\limits_{0^+}^{\infty} \tfrac{d}{dt}\,x(t)\,e^{-st}\,dt$$

aufspalten. Der erste Teil liefert aufgrund der infinitesimalen Integrationsbreite nur dann einen von null verschiedenen Wert, wenn das Signal $\tfrac{d}{dt}\,x(t)$ bei $t = 0$ einen Dirac-Impuls aufweist (vergleiche Anmerkung zur unteren Integrationsgrenze auf Seite 171). In diesem Falle ist der Wert des Integrals gleich dem Gewicht des Dirac-Impulses, welches wiederum der Differenz zwischen rechts- und linksseitigem Grenzwert des Signals $x(t)$, d.h. also $x(0^+) - x(0^-)$ entspricht (siehe Abschnitt 5.2.3). Die Bildung des Grenzwertes $s \to \infty$ im Konvergenzgebiet (rechte Halbebene) auf beiden Seiten führt dann direkt auf den Anfangswertsatz (6.41):

$$\lim_{s\to\infty} s\,X(s) - x(0^-) = x(0^+) - x(0^-) + \underbrace{\lim_{s\to\infty} \int\limits_{0^+}^{\infty} \tfrac{d}{dt}\,x(t)\,e^{-st}\,dt}_{=\,0}\,.$$

Für den Anfangswert der ersten Ableitung des Zeitsignals gibt es eine entsprechende Beziehung, die aus der Regel für mehrfache Differentiation (6.28) abgeleitet werden kann:

$$x'(0^+) = \lim_{s\to\infty}\left[s^2\,X(s) - s\,x(0^+)\right]\,. \tag{6.43}$$

Beispiel 6.10:   **Anfangswert kausale Exponentialfunktion**

Wir betrachten das Signal

$$x(t) = \varepsilon(t)\, e^{at} \quad \circ\!\!-\!\!\bullet \quad \frac{1}{s-a}\,.$$

Der Anfangswertsatz (6.41) liefert uns den Funktionswert

$$x(0^+) = \lim_{s\to\infty} s \cdot \frac{1}{s-a} = 1$$

und die Regel (6.43) die Ableitung:

$$x'(0^+) = \lim_{s\to\infty}\left[s^2\,\frac{1}{s-a} - s\cdot 1\right] = \lim_{s\to\infty}\left[\frac{s^2-s\,(s-a)}{s-a}\right] = \lim_{s\to\infty}\left[\frac{as}{s-a}\right] = a\,. \qquad\blacksquare$$

Existiert der Grenzwert $\lim_{t\to\infty} x(t)$, so gilt der

---

Endwertsatz:

$$\lim_{t\to\infty} x(t) = \lim_{s\to 0} s \cdot X(s)\,. \qquad (6.44)$$

Der Beweis erfolgt über die Differentiationsregel (6.42), wobei hier der Grenzwert $s \to 0$ gebildet wird:

$$\lim_{s\to 0} \int_{0^-}^{\infty} \frac{d}{dt}\,x(t)\, e^{-st}\, dt = \int_{0^-}^{\infty} \frac{d}{dt}\,x(t)\, dt = x(t)\Big|_{0^-}^{\infty} = \lim_{t\to\infty} x(t) - x(0^-)\,.$$

Der Vergleich mit der rechten Seite von Gleichung (6.42) führt direkt auf den Endwertsatz (6.44).

Beispiel 6.11:   **Endwert kausale Exponentialfunktion**

Wir betrachten nochmals das Exponentialsignal aus Beispiel 6.10. Für reelles $a \leq 0$ existiert der Grenzwert $\lim_{t\to\infty} x(t)$, d.h. der Endwertsatz (6.44) ist anwendbar:

$$\lim_{t\to\infty} x(t) = \begin{cases} \lim_{s\to 0} \frac{s}{s-a} = 0, & a < 0 \\ \lim_{s\to 0} \frac{s}{s} = 1, & a = 0. \end{cases}$$

Für $a > 0$ oder rein imaginäres $a = j\omega_0$ existiert der Grenzwert nicht, so daß der Endwertsatz nicht angewandt werden darf. Hier würde die formale Anwendung des Satzes das falsche Ergebnis liefern:

$$\lim_{s\to 0} \frac{s}{s-a} = 0\,. \qquad\blacksquare$$

6.3   Spezielle Eigenschaften der Fourier-Transformation

6.3.1   Dualität

Die Dualitätseigenschaft kennen wir bereits aus Abschnitt 6.1.2. Sie beruht auf der Symmetrie zwischen Hin- und Rücktransformation, die sich formal nur durch ein Vorzeichen unterscheiden:

$$\mathcal{F}\{g(x)\} = \mathcal{F}^{-1}\{g(-x)\}\,.$$

Mit Hilfe dieser Eigenschaft läßt sich aus einer bekannten Korrespondenz zwischen Zeit- und Frequenzbereich direkt die duale Korrespondenz zwischen Frequenz- und Zeitbereich angeben:

Dualität:

$$x(t) \quad \circ\!\!-\!\!\bullet \quad X(f)$$

$$X(t) \quad \circ\!\!-\!\!\bullet \quad x(-f)\,.$$

(6.45)

Bei der Fourier-Transformation verhalten sich also Original- und Bildbereich dual zueinander.

Beispiel 6.12:   **Duale Korrespondenz des Rechteckimpulses**

Aus der Korrespondenz des Rechteckimpulses (siehe Abschnitt 6.4.2)

$$x(t) = \text{rect}\left(\tfrac{t}{T}\right) \quad \circ\!\!-\!\!\bullet \quad X(f) = |T|\,\text{si}(\pi T f)$$

ergibt sich mit der Dualitätseigenschaft (6.45)

$$X(t) = |T|\,\text{si}(\pi T t) \quad \circ\!\!-\!\!\bullet \quad x(-f) = \text{rect}\left(\tfrac{-f}{T}\right),$$

und daraus mit $\tau = \frac{1}{T}$ und der Eigenschaft $\text{rect}(x) = \text{rect}(-x)$ (gerade Funktion) die Korrespondenz der si-Funktion (siehe dazu Bild 6.5):

$$\text{si}\left(\pi\,\tfrac{t}{\tau}\right) \quad \circ\!\!-\!\!\bullet \quad |\tau|\,\text{rect}(\tau f)\,. \qquad\qquad\qquad\qquad \blacksquare$$

6.3.2   Reelle Signale, Symmetrieeigenschaften

Die Fourier-Transformation weist Beziehungen zwischen bestimmten Signaleigenschaften im Zeit- und Frequenzbereich auf. Zur Herleitung betrachten wir die Fourier-Transformierte des reellen Signals $x(t)$, das wir durch seinen geraden und ungeraden Anteil $x(t) = x_\text{g}(t) + x_\text{u}(t)$ darstellen:

$$X(f) = \int\limits_{-\infty}^{\infty} x(t)\,e^{-j2\pi f t}\,dt = \int\limits_{-\infty}^{\infty} [\,x_\text{g}(t) + x_\text{u}(t)\,]\,[\,\cos(2\pi f t) - j\,\sin(2\pi f t)\,]\,dt\,.$$

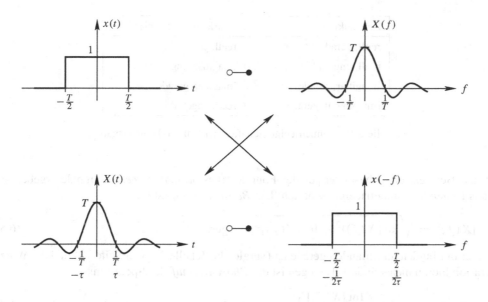

Bild 6.5: Dualitätseigenschaft der Fourier-Transformation

Nach der Ausmultiplikation verschwinden die beiden Terme mit ungeradem Integranden und man erhält

$$X(f) = \underbrace{\int\limits_{-\infty}^{\infty} x_\mathrm{g}(t)\cos(2\pi ft)\,dt}_{\substack{\mathrm{Re}\{X(f)\}\\ \text{gerade}}} + j\underbrace{\int\limits_{-\infty}^{\infty} -x_\mathrm{u}(t)\sin(2\pi ft)\,dt}_{\substack{\mathrm{Im}\{X(f)\}\\ \text{ungerade}}} . \tag{6.46}$$

Hieraus erkennen wir, daß ein *reelles* Zeitsignal eine *konjugiert gerade* Fourier-Transformierte besitzt, wobei zu dem geraden (ungeraden) Anteil des Zeitsignals der Realteil (Imaginärteil) des Spektrums gehört. Entsprechende Beziehungen gelten für rein imaginäre Zeitsignale. Tabelle 6.1 faßt diese Symmetrieeigenschaften der Fourier-Transformation zusammen.

Diese Regel ergibt sich auch einfacher und einprägsamer über die Beziehung

$$\mathrm{Re}\{x(t)\} = \tfrac{1}{2}\,[\,x(t)+x^*(t)\,] \quad\circ\!\!-\!\!\bullet\quad \tfrac{1}{2}\,[\,X(f)+X^*(-f)\,] = X_{\mathrm{g}*}(f). \tag{6.47}$$

Entsprechend gilt für den Imaginärteil

$$j\cdot\mathrm{Im}\{x(t)\} = \tfrac{1}{2}\,[\,x(t)-x^*(t)\,] \quad\circ\!\!-\!\!\bullet\quad \tfrac{1}{2}\,[\,X(f)-X^*(-f)\,] = X_{\mathrm{u}*}(f) \tag{6.48}$$

und für die dualen Beziehungen

$$x_{\mathrm{g}*}(t) \quad\circ\!\!-\!\!\bullet\quad \mathrm{Re}\{X(f)\} \quad \text{und} \quad x_{\mathrm{u}*}(t) \quad\circ\!\!-\!\!\bullet\quad j\cdot\mathrm{Im}\{X(f)\} . \tag{6.49}$$

Zeitfunktion	Fourier-Transformierte
reell, gerade	reell, gerade
reell, ungerade	imaginär, ungerade
imaginär, gerade	imaginär, gerade
imaginär, ungerade	reell, ungerade

Tabelle 6.1: Symmetrieeigenschaften der Fourier-Transformation

Für den Betrags- und Phasenverlauf der Fourier-Transformierten *reeller* Signale ergeben sich daraus folgende Symmetrieeigenschaften: Der *Betragsverlauf* ist mit

$$|X(f)| = \sqrt{\operatorname{Re}\{X(f)\}^2 + \operatorname{Im}\{X(f)\}^2} \qquad \text{gerade,} \qquad (6.50)$$

da jeder der beiden Summanden gerade ist (vergleiche Tabelle 2.1 von Seite 13) und die Wurzeloperation hieran nichts ändert. Dagegen ist der *Phasenverlauf* des Spektrums

$$\sphericalangle X(f) = \arctan\left(\frac{\operatorname{Im}\{X(f)\}}{\operatorname{Re}\{X(f)\}}\right) \qquad \text{ungerade,} \qquad (6.51)$$

da der Quotient ungerade ist und die ungerade arctan-Funktion hieran nichts ändert.

Wir hatten bereits die Vorteile der *komplexen Signaldarstellung* (z.B. bei der komplexen Wechselstromrechnung in Abschnitt 5.6.2) kennengelernt. Zum reellen Signal gelangt man in diesem Fall über die Realteilbildung der komplexen Beschreibung im Zeitbereich. Nach Gleichung (6.47) entspricht dies im Frequenzbereich dem konjugiert geraden Spektralanteil.

Wir wollen uns diesen Sachverhalt anhand der im Abschnitt 6.2.3 eingeführten Modulation veranschaulichen. Das reelle modulierte Signal (Sendesignal) ergibt sich zu

$$s(t) = \operatorname{Re}\left\{e^{j2\pi f_0 t} \cdot x(t)\right\} = \cos(2\pi f_0 t) \cdot x_\mathrm{R}(t) - \sin(2\pi f_0 t) \cdot x_\mathrm{I}(t). \qquad (6.52)$$

Dabei sind wir von dem allgemeinen Fall eines komplexen Signals $x(t)$ ausgegangen (siehe hierzu nächster Abschnitt); für ein reelles Signal entfällt der rechte Term. Betrachten wir nun hierzu Bild 6.2 von Seite 178. Das Signal $x(t)$ ist aufgrund des konjugiert geraden Spektrums $X(f)$ reell. Die Modulation mit der komplexen Exponentialfunktion bewirkt eine Verschiebung des Signalspektrums. Das Signal ist nun komplex, was im Spektralbereich der fehlenden konjugiert geraden Symmetrie entspricht. Die Realteilbildung des Zeitsignals entspricht der Übergang zum konjugiert geraden Spektralanteil (siehe hierzu Bild 2.4 auf Seite 12), was uns auf das Spektrum nach Bild 6.6 führt.

6.3.3   Kausale Signale, Hilberttransformation

Die Zeitsignaleigenschaft der *Kausalität* führt auch zu einer gewissen 'Symmetrie' im Spektralbereich. Ausgangspunkt der Betrachtung ist die für kausale Signale geltende Beziehung (2.11)

$$x_{\mathrm{g}*}(t) = x_{\mathrm{u}*}(t) \cdot \operatorname{sgn}(t).$$

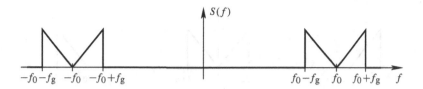

Bild 6.6: Spektrum bei Modulation

Hieraus folgt mit den Symmetriebeziehungen (6.49) und der Korrespondenz der Signum-Funktion (6.61) von Seite 197 im Spektralbereich:

$$\operatorname{Re}\{X(f)\} = j \cdot \operatorname{Im}\{X(f)\} * \frac{1}{j\pi f} = \operatorname{Im}\{X(f)\} * \frac{1}{\pi f}.$$ (6.53)

Wir erkennen daraus, daß bei kausalen Zeitsignalen Real- und Imaginärteil des Spektrums voneinander abhängen und sich über die Beziehung (6.53) ineinander umrechnen lassen. Diese Operation bezeichnet man als

---

Hilbert-Transformation:

$$\mathcal{H}\{X(f)\} = X(f) * \frac{1}{\pi f} = \frac{1}{\pi} \int\limits_{-\infty}^{\infty} \frac{X(\nu)}{f - \nu} \, d\nu.$$ (6.54)

Im Gegensatz zu den bisher behandelten Transformationen, die einen Übergang von einem Ursprungs- in einen Bildbereich beschreiben, ordnet die Hilbert-Transformation einer Funktion lediglich eine andere Funktion der gleichen Variablen (im gleichen Bereich) zu.

Mit Hilfe der Hilbert-Transformation können wir die Beziehung zwischen Real- und Imaginärteil eines kausalen Signals wie folgt formulieren:

$$x(t) \text{ kausal} \quad \circ\!\!-\!\!\bullet \quad \operatorname{Re}\{X(f)\} = \mathcal{H}\{\operatorname{Im}\{X(f)\}\},$$

wobei die inverse Beziehung

$$\operatorname{Im}\{X(f)\} = -\mathcal{H}\{\operatorname{Re}\{X(f)\}\}$$

lautet. Man beachte, daß zur eindeutigen Darstellung des Signals die Kenntnis des Real- *oder* Imaginärteils des Spektrums[2] ausreicht.

Die entsprechenden Beziehungen gelten aufgrund der Dualität auch im anderen Bereich: Für ein Signal, das nur positive Spektralanteile besitzt ('kausales Spektrum') gilt daher

$$\operatorname{Re}\{x(t)\} = -\mathcal{H}\{\operatorname{Im}\{x(t)\}\} \quad \text{und} \quad \operatorname{Im}\{x(t)\} = \mathcal{H}\{\operatorname{Re}\{x(t)\}\}.$$

Man bezeichnet es als *analytisches Signal*.

---

2 Man vergleiche, daß im Zeitbereich entweder der gerade oder ungerade Signalanteil ausreicht.

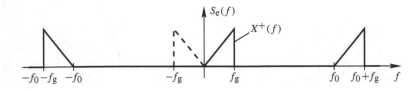

Bild 6.7: Spektrum bei Einseitenbandmodulation

Aus der Definition (6.54) folgt direkt, daß die Hilbert-Transformation im Zeitbereich genau einem LTI-System mit der Impulsantwort bzw. Systemfunktion

$$h(t) = \frac{1}{\pi t} \quad \circ\!\!-\!\!\bullet \quad H(f) = -j\,\mathrm{sgn}(f)$$

entspricht. Dieses System bezeichnet man als *Hilbert-Transformator* und findet in der Nachrichtentechnik Anwendung.

> Das Spektrum eines modulierten Signals (siehe Bild 6.6) weist eine Symmetrie bezüglich der Trägerfrequenz f_0 auf. Dies rührt von der Symmetrie des zugrundeliegenden *reellen* Tiefpaßsignals her, ist aber aus systemtheoretischer Sicht nicht zwangsläufig notwendig. Da die beiden *Seitenbänder* symmetrisch sind, braucht prinzipiell nur eines von beiden übertragen zu werden. Bild 6.7 zeigt den Fall, bei dem nur das obere Seitenband übertragen wird; man spricht dann von *Einseitenbandmodulation*. Aus nachrichtentechnischer Sicht hat diese den Vorteil, nur halb soviel Bandbreite zu belegen, womit die Anzahl der gleichzeitig übertragbaren Signale (Kanäle) verdoppelt werden kann.
>
> Die Erzeugung eines einseitenband-modulierten Signals kann mit der Schaltung nach Bild 6.8 realisiert werden. Mit Hilfe eines Hilbert-Transformators erzeugt man das analytische Signal
>
> $$x^+(t) = x(t) + j\mathcal{H}\{x(t)\} = x(t) + j\,\hat{x}(t) = x_R^+(t) + j\,x_I^+(t)\,,$$
>
> welches für $f < 0$ keine Spektralanteile mehr besitzt. Die Modulation nach Gleichung (6.52) liefert dann das einseitenband-modulierte Signal $s_e(t)$.

6.3.4   Periodische Signale, Fourier-Reihe

Die Herleitung der Fourier-Transformation in Abschnitt 5.7.2 erfolgte über die 'Zerlegung' des Signals $x(t)$ in seine Frequenzanteile $X(f)$. Anhand Gleichung (5.95) von Seite 165 wurde deutlich, daß sich über dieses Signalspektrum $X(f)$ das Zeitsignal $x(t)$ als 'Überlagerung' komplexer Exponentialfunktionen $e^{j2\pi f t}$ darstellen läßt, wobei die Frequenzvariable f im allgemeinen kontinuierlich ist.

Betrachten wir *periodische Signale*, so können diese in entsprechender Weise behandelt werden, wobei hier bei der Darstellung nur die in der Periodendauer T_p periodischen komplexen Exponentialfunktionen $e^{j2\pi nt/T_p}$, $n \in \mathbb{Z}$ auftauchen. Das führt auf die zu Gleichung (5.95) entsprechende Signaldarstellung

$$x(t) = \sum_n X_n \cdot e^{j2\pi n \frac{t}{T_p}}\,, \tag{6.55}$$

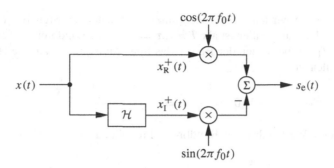

Bild 6.8: Einseitenbandmodulation mit Hilbert-Transformator

die uns aus der Mathematik als komplexe *Fourier-Reihe* bekannt ist. Die Fourier-Transformation dieser Gleichung liefert

$$X(f) = \sum_n X_n \cdot \delta \left(f - \tfrac{n}{T_p} \right) , \tag{6.56}$$

d.h. das Spektrum setzt sich hier nur aus Anteilen bei diskreten Frequenzen $f = n/T_p$ zusammen. Man spricht dann von Spektrallinien beziehungsweise von einem *Linienspektrum*. Ein periodisches Zeitsignal ist also eindeutig über seine *Fourier-Koeffizienten*

$$X_n := X(f)\big|_{f=\frac{n}{T_p}}$$

darstellbar, während bei einem nicht periodischen Zeitsignal dazu der Spektralverlauf $X(f)$ der kontinuierlichen Frequenzvariable f nötig ist[3]. In Abschnitt 8.2.2 werden wir auf die Fourier-Reihe zurückkommen.

6.3.5 Zeit-Bandbreite-Produkt

Die Zeitskalierungsregel aus Abschnitt 6.2.6 besagt, daß einer Skalierung a im Zeitbereich die entsprechend 'inverse' Skalierung $1/a$ im Frequenzbereich entspricht. Ein zeitlich gedehntes bzw. gestauchtes Signal besitzt daher ein entsprechend gestauchtes bzw. gedehntes, aber vom Verlauf her gleiches Spektrum (siehe Bild 6.3 auf Seite 183). Daher ist das Produkt zwischen einem (jeweils beliebig definierten) Zeit- und Frequenzintervall (Bandbreite), unabhängig von der Abszissenskalierung, konstant. Diese Größe bezeichnet man als *Zeit-Bandbreite-Produkt* $T \cdot B$ und stellt eine nur von der Signal*form*, nicht jedoch von der Signal*skalierung* abhängige Kenngröße dar.

Beispiel 6.13:   Zeit-Bandbreite-Produkt des zweiseitigen Exponentialsignals
Wir betrachten das zweiseitige Exponentialsignal

$$x(t) = e^{a|t|} \quad \circ\!\!-\!\!\bullet \quad X(f) = \tfrac{-2a}{(2\pi f)^2 + a^2} , \quad a < 0 .$$

---

3 Die Fourier-Transformation kann dabei als Grenzfall einer Fourier-Reihe mit Periode $T_p \to \infty$ aufgefaßt werden.

Die Zeitdauer definieren wir anhand der Zeitpunkte, bei denen der Signalwert auf jeweils 37% (Zeitkonstante $\tau = 1/a$) abgefallen ist als $T = 2\tau = 2/a$. Die Bandbreite geben wir anhand der Frequenzwerte $\pm f_1$ an, bei denen der Betrag des Spektrums jeweils auf die Hälfte des Wertes von $f = 0$ abgefallen ist:

$$Y(f_1) = \frac{2a}{(2\pi f_1)^2 + a^2} \overset{!}{=} \tfrac{1}{2} Y(0) = \frac{1}{a} \quad \Rightarrow \quad f_1 = \frac{a}{2\pi}.$$

Bilden wir mit diesen Werten das Zeit-Bandbreite-Produkt zu

$$T \cdot B = 2\tau \cdot 2f_1 = \frac{2}{a} \cdot \frac{a}{\pi} = \frac{2}{\pi}$$

dann sehen wir, daß dieses unabhängig von der Zeitskalierung a ist (vergleiche Bild 6.3 auf Seite 183). ∎

> Eine allgemeine quantitative Definition des Begriffs *Bandbreite* anzugeben ist schwierig, wie wir anhand des Signals aus dem letzten Beispiel feststellen konnten. Dies liegt daran, daß für viele Signale das Spektrum, anders wie die Signaldauer im Zeitbereich, nicht scharf begrenzt ist. Die Bandbreite definiert man daher oft anhand charakteristischer Frequenzpunkte, die jedoch von Fall zu Fall unterschiedlich sein können. Oft verwendet man den Frequenzwert, bei dem das Spektrum auf die Hälfte des Betrages oder der Leistung abgefallen ist; man spricht dann von der 6 dB- bzw. 3 dB-Bandbreite (siehe hierzu Tabelle 7.1 auf Seite 213). Dagegen benutzt man z.B. bei der Defintion der Kanalbandbreite in der Nachrichtentechnik Werte von 40 dB oder mehr.

Zeit- und bandbegrenzte Signale

Entsprechend dem Begriff der Zeitbegrenzung eines Signals (nach Abschnitt 2.1.5) führen wir für den Frequenzbereich den Begriff der *Bandbegrenzung* ein:

> Ein Signal $x(t)$ heißt **bandbegrenzt**, wenn sein Spektrum $X(f) \bullet\!\!-\!\circ x(t)$ ab einer bestimmten *Grenzfrequenz* f_g verschwindet:
>
> $$X(f) = 0 \quad \text{für} \quad |f| \geq f_g.$$
>
> Man spricht dann von einem auf f_g bandbegrenztem Signal.

Betrachten wir nun ein allgemeines Zeitsignal $x(t)$, das wir durch die Multiplikation mit einem Rechteckimpuls auf ein beliebiges Intervall $[t_0 - \frac{T}{2}, t_0 + \frac{T}{2}]$ zeitbegrenzen, so erhalten wir

$$x(t) \cdot \text{rect}\left(\tfrac{t - t_0}{T}\right) \quad \circ\!\!-\!\bullet \quad X(f) * \left(|T| \cdot \text{si}(\pi T f) \cdot e^{-j 2\pi f t_0}\right).$$

Das resultierende Spektrum ergibt sich aus der Faltung von $X(f)$ mit der unendlich ausgedehnten si-Funktion und ist daher nicht bandbegrenzt. Über die Dualitätseigenschaft ergibt sich entsprechendes für bandbegrenzte Signale. Damit können wir festhalten:

- Ein *zeitbegrenztes* Signal ist *nicht bandbegrenzt* und
- ein *bandbegrenztes* Signal ist *nicht zeitbegrenzt*.

6.3.6   Parsevalsches Theorem

Die Multiplikationsregel der Fourier-Transformation (6.40) von Seite 185 führt mit der Regel für konjugiert komplexe Signale (6.34) von Seite 183 auf

$$
\mathcal{F}\left\{x(t) \cdot y^*(t)\right\} = \int\limits_{-\infty}^{\infty} X(v) \cdot Y^*(v - f)\, dv = \int\limits_{-\infty}^{\infty} x(t) \cdot y^*(t) \cdot e^{-j2\pi f t}\, dt,
$$

wobei der rechte Teil das ausgeschriebene Fourier-Integral darstellt. Für $f = 0$ ergibt sich daraus das

---

Parsevalsche Theorem:

$$
\int\limits_{-\infty}^{\infty} x(t) \cdot y^*(t)\, dt = \int\limits_{-\infty}^{\infty} X(f) \cdot Y^*(f)\, df. \tag{6.57}
$$

Die Darstellung der Ausdrücke über das Skalarprodukt führt zu der kompakten, einprägsamen Form:

$$
\langle x(t), y(t) \rangle = \langle X(f), Y(f) \rangle.
$$

Die Fourier-Transformation besitzt also die Eigenschaft, daß das Skalarprodukt zweier Signale im Zeit- und Frequenzbereich identisch ist. Diese Eigenschaft kann man sich beispielsweise bei der Überprüfung der Orthogonalität oder dem Berechnen der Signalenergie zunutze machen, indem man die Berechnung in dem rechentechnisch einfacheren Bereich durchführt.

Aus dem Parsevaltheorem leitet sich für $y(t) = x(t)$ die Beziehung

$$
E_x = \int\limits_{-\infty}^{\infty} |x(t)|^2\, dt = \int\limits_{-\infty}^{\infty} |X(f)|^2\, df \tag{6.58}
$$

ab. Die Energie eines Signals läßt sich also entweder im Zeitbereich über die Integration des Betragsquadrates der Zeitfunktion oder im Frequenzbereich über die Integration des Betragsquadrates des Spektrums berechnen.

Beispiel 6.14:   Energieberechnung über Frequenzbereich
Die Energie des si-Signals

$$
x(t) = \mathrm{si}\left(\pi \tfrac{t}{T}\right) \quad\circ\!\!-\!\!\bullet\quad X(f) = |T| \cdot \mathrm{rect}(Tf)
$$

berechnet man am einfachsten mit Hilfe des Parsevaltheorems (6.58) im Frequenzbereich:

$$
E_x = \int\limits_{-\infty}^{\infty} |x(t)|^2\, dt = \int\limits_{-\infty}^{\infty} |X(f)|^2\, df = \int\limits_{-1/2T}^{1/2T} T^2\, df = T^2 \cdot \tfrac{1}{T} = T.
$$

∎

6.3.7   Zusammenhang mit komplexer Wechselstromrechnung

In Abschnitt 5.6.2 haben wir die komplexe Wechselstromrechnung als Verfahren zur Behandlung von LTI-Systemen bei Erregung mit harmonischen Schwingungen kennengelernt. Dies kann als Spezialfall der Systembeschreibung über die Fourier-Transformation gesehen werden.

Wir betrachten dazu das Eingangssignal nach Gleichung (5.84) von Seite 144 (harmonische Schwingung der Frequenz $f = f_0$):

$$\underline{x}(t) \ = \ \underline{x}_0 \cdot e^{j2\pi f_0 t} \quad \circ\!\!-\!\!\bullet \quad X(f) \ = \ \underline{x}_0 \cdot \delta(f - f_0) \,.$$

Mit der Systembeschreibung, die in Form des Frequenzganges (bzw. der Systemfunktion oder Fourier-Transformierten)

$$H(j2\pi f) \ = \ H_{\mathcal{L}}(s)\big|_{s=j2\pi f} \ = \ H_{\mathcal{F}}(f)$$

vorliegt, ergibt sich das Ausgangssignal mit Hilfe der Faltungsregel der Fourier-Transformation zu

$$Y(f) \ = \ H_{\mathcal{F}}(f) \cdot X(f) \ = \ H_{\mathcal{F}}(f) \cdot \underline{x}_0 \cdot \delta(f - f_0) \ = \ H_{\mathcal{F}}(f_0) \cdot \underline{x}_0 \cdot \delta(f - f_0) \,.$$

Nach Rücktransformation in den Zeitbereich ergibt sich mit

$$\underline{y}(t) \ = \ H_{\mathcal{F}}(f_0) \cdot \underline{x}_0 \cdot e^{j2\pi f_0 t} \ = \ \underline{y}_0 \cdot e^{j2\pi f_0 t}$$

das zu Gleichung (5.85), d.h. über die komplexe Wechselstromrechnung erhaltene, identische Ergebnis.

Die Tatsache, daß mit harmonischen Schwingungen der Frequenzgang eines Systems an beliebigen Stellen bestimmt werden kann, resultiert in einem weiteren möglichen Verfahren zur Identifikation unbekannter Systeme. Hierbei werden an den Eingang nacheinander Signale unterschiedlicher Frequenz angelegt und die entsprechende Amplitude und Phase des Ausgangssignals aufgenommen. Nach einer genügend großen Anzahl von Messungen erhält man den Frequenzgang des Systems, aus dem sich über die inverse Fourier-Transformation die Impulsantwort berechnen läßt. In der Praxis führt man die Messung oft nur mit *einem* Signal durch, wobei dessen Frequenz kontinuierlich mit der Zeit ansteigt, z.B. linear mit $f_0(t) = c \cdot t$ oder logarithmisch. In diesem Fall spricht man von 'Wobbeln'. Im Gegensatz zu den auf Seite 120 genannten Systemidentifikationsverfahren (Bestimmung der Impuls- oder Sprungantwort), die im Zeitbereich arbeiten, handelt es sich hier um ein Frequenzbereichsverfahren.

6.4   Spezielle Korrespondenzen der Fourier-Transformation

Bei der Laplace-Transformation spielen wie bei der z-Transformation Exponentialfunktionen die zentrale Rolle. In den meisten Fällen kommt man daher mit der Korrespondenz der Exponential-funktion, sowie daraus abgeleiteten Zeitsignalen aus. Bei der Fourier-Transformation hingegen benötigt man weitere Signale, deren Korrespondenzen in diesem Abschnitt berechnet werden sollen.

6.4.1   Sprung- und Signumfunktion

Die Berechnung der Korrespondenz der Sprungfunktion stellte bei der Laplace-Transformation aufgrund des konvergenzsichernden Faktors kein Problem dar. Die Bestimmung der Fourier-Transformierten dieses Signals ist jedoch aufgrund der nicht vorhandenen absoluten Integrierbarkeit mit 'einfachen Mitteln' nicht möglich. Dieses Problem läßt sich nur mit Hilfe der Distributionentheorie lösen. Dies erkennen wir auch daran, daß die Beziehung (6.10) von Seite 176 nicht angewandt werden kann, da die Laplace-Transformierte $X(s) = 1/s$ auf der imaginären Achse nicht konvergiert.

Wir beginnnen zunächst mit der Herleitung der Korrespondenz der verwandten Signumfunktion $x(t) = \text{sgn}(t)$, die die Ableitung $\frac{d}{dt} x(t) = 2\,\delta(t)$ besitzt. Mit der Differentiationsregel (6.23) und der Korrespondenz des Dirac-Impulses ergibt sich daraus

$$2\,\delta(t) = \tfrac{d}{dt} x(t) \quad \circ\!\!-\!\!\bullet \quad j2\pi f \cdot X(f) = 2\,,$$

woraus folgt:

$$X(f) = \tfrac{1}{j\pi f}\,. \tag{6.59}$$

Man beachte, daß wir mit dieser Vorgehensweise jedem Signal mit der Ableitung $2\,\delta(t)$, d.h. allen Signalen $x_c(t) = \text{sgn}(t) - c$ diese Fourier-Transformierte zuweisen würden. Das liegt daran, daß wir hier die Differentiationsregel in umgekehrter Richtung, d.h. eigentlich als Integrationsregel verwenden, aber die Integrationskonstante dabei vernachlässigen. Dieses Problem läßt sich jedoch mit Hilfe der Symmetrieeigenschaften der Fourier-Transformation nach Tabelle 6.1 klären: Da die Fourier-Transformierte (6.59) rein imaginär und ungerade ist, korrespondiert damit eine reelle *ungerade* Zeitfunktion, woraus $c = 0$, d.h. $x_c(t) = \text{sgn}(t) = x(t)$ folgt.

Mit diesem Ergebnis und der Darstellung der Sprungfunktion über die Signumfunktion erhalten wir

$$\varepsilon(t) = \tfrac{1}{2} + \tfrac{1}{2}\,\text{sgn}(t) \quad \circ\!\!-\!\!\bullet \quad \tfrac{1}{2}\,\delta(f) + \tfrac{1}{j2\pi f}$$

und damit die beiden Korrespondenzen:

Sprungfunktion:	$\varepsilon(t)$	$\circ\!\!-\!\!\bullet$	$\tfrac{1}{2}\,\delta(f) + \tfrac{1}{j2\pi f}$	(6.60)
Signumfunktion:	$\text{sgn}(t)$	$\circ\!\!-\!\!\bullet$	$\tfrac{1}{j\pi f}\,.$	(6.61)

Mit Hilfe der Korrespondenz der Sprungfunktion läßt sich nun die Gültigkeit der Integrationsregel (6.26) entsprechend Gleichung (6.27) zeigen.

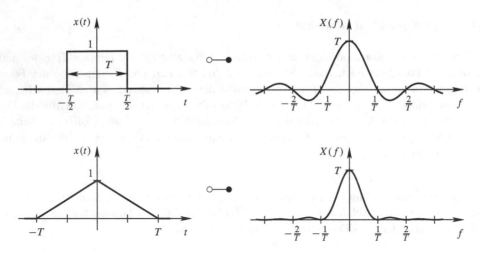

Bild 6.9: Korrespondenz des Rechteck- und Dreieckimpulses

6.4.2   Rechteck- und Dreieckimpuls

Der Rechteckimpuls läßt sich einfach durch direkte Anwendung des Fourier-Integrals transformieren:

$$\mathcal{F}\left\{\text{rect}\left(\tfrac{t}{T}\right)\right\} = \int\limits_{-\infty}^{\infty} \text{rect}\left(\tfrac{t}{T}\right) e^{-j2\pi ft}\, dt = \int\limits_{-T/2}^{T/2} e^{-j2\pi ft}\, dt = \left[\tfrac{1}{-j2\pi f}\, e^{-j2\pi ft}\right]_{-T/2}^{T/2}$$

$$= \tfrac{1}{-j2\pi f}\left(e^{-j2\pi f\frac{T}{2}} - e^{j2\pi f\frac{T}{2}}\right) = \tfrac{\sin(\pi fT)}{\pi f} = T \cdot \text{si}(\pi Tf),$$

wobei wir $T > 0$ vorausgesetzt haben.

Der Dreieckimpuls läßt sich als Faltungsprodukt zweier Rechteckimpulse darstellen, womit sich die Korrespondenz einfach über die Faltungsregel berechnen läßt:

$$\Lambda\left(\tfrac{t}{T}\right) = \tfrac{1}{T}\text{rect}\left(\tfrac{t}{T}\right) * \text{rect}\left(\tfrac{t}{T}\right) \quad \circ\!\!-\!\!\bullet \quad \tfrac{1}{T}\cdot T\,\text{si}(\pi Tf)\cdot T\,\text{si}(\pi Tf) = T\,\text{si}^2(\pi Tf).$$

Zusammengefaßt lauten die Korrespondenzen (für beliebiges T):

Rechteckimpuls:	$\text{rect}\left(\tfrac{t}{T}\right)$	$\circ\!\!-\!\!\bullet \quad \lvert T\rvert \cdot \text{si}(\pi Tf)$	(6.62)
Dreieckimpuls:	$\Lambda\left(\tfrac{t}{T}\right)$	$\circ\!\!-\!\!\bullet \quad \lvert T\rvert \cdot \text{si}^2(\pi Tf)\,.$	(6.63)

Sie sind in Bild 6.9 graphisch dargestellt. Man merke sich, daß die erste Nullstelle der si-Funktion im Frequenzbereich jeweils bei $f = 1/T$ liegt, was beim Rechteckimpuls der reziproken Zeitdauer und beim Dreieckimpuls der reziproken halben Zeitdauer entspricht.

Über die Dualitätseigenschaft ergeben sich die Korrespondenzen der si- und si^2-Funktion (vergleiche Beispiel 6.12):

$$\text{si}\left(\pi \tfrac{t}{T}\right) \quad \circ\!\!-\!\!\bullet \quad |T| \cdot \text{rect}(T \cdot f) \quad \text{und} \quad \text{si}^2\left(\pi \tfrac{t}{T}\right) \quad \circ\!\!-\!\!\bullet \quad |T| \cdot \Lambda(T \cdot f). \tag{6.64}$$

6.4.3 Komplexe Exponentialfunktionen und Schwingungen

Die Fourier-Transformierte ergibt sich direkt aus der Korrespondenz des Dirac-Impulses (6.6) und der Modulationsregel (6.18):

$$\boxed{\textbf{Komplexe Exponentialfunktion:} \qquad e^{j2\pi f_0 t} \quad \circ\!\!-\!\!\bullet \quad \delta(f - f_0). \tag{6.65}}$$

Die Korrespondenzen von Sinus und Kosinus erhält man daraus über die Eulersche Gleichung und die Anwendung der Symmetrieeigenschaften (6.47) und (6.48) von Seite 189:

$$\cos(2\pi f_0 t) \quad \circ\!\!-\!\!\bullet \quad \tfrac{1}{2}\left[\delta(f + f_0) + \delta(f - f_0)\right] \tag{6.66}$$

$$\sin(2\pi f_0 t) \quad \circ\!\!-\!\!\bullet \quad \tfrac{1}{2}j\left[\delta(f + f_0) - \delta(f - f_0)\right]. \tag{6.67}$$

6.4.4 Impulskamm

Zur Berechnung der Korrespondenz des Impulskammes transformieren wir diesen zunächst formal unter Anwendung der Verschiebungsregel in den Frequenzbereich:

$$x(t) = \text{Ш}(t) = \sum_{k=-\infty}^{\infty} \delta(t - k) \quad \circ\!\!-\!\!\bullet \quad X(f) = \sum_{k=-\infty}^{\infty} e^{-j2\pi k f}.$$

Diese Darstellung als unendliche Summe komplexer Exponentialfunktionen ist wenig anschaulich und für die weiteren Rechnungen unpraktisch. Wir erkennen jedoch daraus, daß die Fourier-Transformierte (mit $f_\text{p} = 1$) periodisch ist:

$$X(f) = X(f + n), \quad n \in \mathbb{Z}. \tag{6.68}$$

Um auf eine geeignetere Darstellungsform zu kommen, falten wir im Zeitbereich den Impulskamm mit einem Rechteckimpuls der Breite eins, was im Ergebnis auf eine Konstante führt (siehe Bild 6.10). Im Frequenzbereich entspricht diese Operation der Multiplikation mit einer si-Funktion:

$$x(t) \quad * \quad \text{rect}(t) = 1$$

$$\circ\!\!-\!\!\bullet$$

$$X(f) \quad \cdot \quad \text{si}(\pi f) = \delta(f).$$

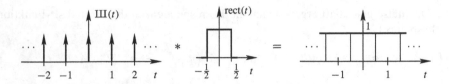

Bild 6.10: Faltung Impulskamm mit Rechteckimpuls

Damit läßt sich $X(f)$ bis auf die Nullstellen der si-Funktion bei $f = \pm 1,\ \pm 2,\ \ldots$ bestimmen zu

$$X(f) = \begin{cases} \delta(f) & f = 0 \\ ? & f = \pm 1,\ \pm 2,\ \ldots \\ 0 & \text{sonst.} \end{cases}$$

Die fehlenden Werte erhält man über die Periodizitätseigenschaft (6.68), womit sich für ganzzahlige f jeweils Dirac-Impulse ergeben:

$$X(f) = \sum_{n=-\infty}^{\infty} \delta(f - n) = \text{Ш}(f)\,.$$

Als Ergebnis erhalten wir also (auch) im Frequenzbereich einen Impulskamm und somit die Korrespondenz:

$$\text{Ш}(t) \quad \circ\!\!-\!\!\bullet \quad \text{Ш}(f)\,.$$

Für das Signal $\text{Ш}_T(t)$ erhält man mit der Zeitskalierungsregel (6.30) von Seite 181

$$\text{Ш}_T(t) = \frac{1}{|T|}\,\text{Ш}\left(\frac{t}{T}\right) \quad \circ\!\!-\!\!\bullet \quad \frac{1}{|T|}\,|T|\,\text{Ш}(T \cdot f) = \frac{1}{|T|}\,\text{Ш}_{\frac{1}{T}}(f)$$

die allgemeine Korrespondenz:

Impulskamm: $\text{Ш}_T(t) \quad \circ\!\!-\!\!\bullet \quad \frac{1}{|T|}\,\text{Ш}_{\frac{1}{T}}(f)\,.$ (6.69)

6.5   Die Rücktransformation

Bei der Rücktransformation unterscheiden sich die beiden ansonsten formal recht ähnlichen Transformationen deutlich. Aufgrund der Dualitätseigenschaft der Fourier-Transformation kann die Rücktransformation hier mit den gleichen Methoden wie die Hintransformation erfolgen. Dagegen wendet man bei der Laplace-Transformation die von der z-Transformation bekannten Methoden an, wobei die Partialbruchzerlegung wieder das wichtigste Verfahren darstellt.

6.5.1   Partialbruchzerlegung

Für rationale Bildfunktionen ist die Partialbruchzerlegung wieder das einfachste Verfahren zur Rücktransformation. Dabei führt man die Partialbruchzerlegung direkt von $X(s)$, und nicht wie bei der z-Transformation von $X(z)/z$ durch. Der Grund liegt in der prinzipiell anderen Form der elementaren Korrespondenzen (vergleiche die Korrespondenztabellen der Seiten 341 und 343).

Die elementaren Korrespondenzen führen im Zeitbereich wieder auf Exponentialfunktionen und lauten (für den praktisch relevanten Fall rechtsseitiger Signale):

einfache Pole: $\qquad \dfrac{1}{s-a} \quad$ •───○ $\quad e^{at} \cdot \varepsilon(t)\,,$ $\hfill$ (6.70)

mehrfache Pole: $\qquad \dfrac{1}{(s-a)^{m+1}} \quad$ •───○ $\quad \dfrac{t^m}{m!} \cdot e^{at} \cdot \varepsilon(t)\,,$ $\hfill$ (6.71)

konjugiert komplexe Polpaare:

$$\frac{r}{s-\alpha} + \frac{r^*}{s-\alpha^*} \quad \text{•───○} \quad 2\,|r|\,e^{\mathrm{Re}\{\alpha\}t} \cdot \cos\left(\mathrm{Im}\,\{\alpha\}\,t + \sphericalangle r\right) \cdot \varepsilon(t) \tag{6.72}$$

beziehungsweise unter der Bedingung $c > \dfrac{b^2}{4}$

$$\frac{s-d}{s^2-bs+c} \quad \text{•───○} \quad \frac{1}{\cos(\varphi_0)}\cos(\omega_0 t + \varphi_0) \cdot e^{at} \cdot \varepsilon(t) \tag{6.73}$$

$$\text{mit} \quad a = \frac{b}{2}\,, \quad \omega_0 = \sqrt{c - \frac{b^2}{4}} \quad \text{und} \quad \varphi_0 = \arctan\left(\frac{2d-b}{\sqrt{4c-b^2}}\right)\,, \tag{6.74}$$

mehrfache konjugiert komplexe Polpaare:

$$\frac{r}{(s-\alpha)^{m+1}} + \frac{r^*}{(s-\alpha^*)^{m+1}} \quad \text{•───○} \quad 2\,|r|\,\frac{t^m}{m!} \cdot e^{\mathrm{Re}\{\alpha\}t} \cdot \cos\left(\mathrm{Im}\,\{\alpha\}\,t + \sphericalangle r\right) \cdot \varepsilon(t). \tag{6.75}$$

Bei Laplace-Transformierten realer Signale und Systeme ist der Zählergrad stets kleiner oder gleich dem Nennergrad (siehe Seite 128), so daß hier kein ganzrationaler Anteil existiert. Dieser wäre sonst mit der Korrespondenz

$$s^n \quad \text{•───○} \quad \delta^{(n)}(t) \tag{6.76}$$

zurückzutransformieren, wobei $\delta^{(n)}(t)$ die n-te Ableitung des Dirac-Impulses bezeichnet.

6.5.2   Komplexes Umkehrintegral

Der direkte funktionale Zusammenhang zwischen einer Laplace-Transformierten und dem korrespondierenden Zeitsignal (inverse Laplace-Transformation) ist wie bei der z-Transformation über ein komplexes Umkehrintegral gegeben:

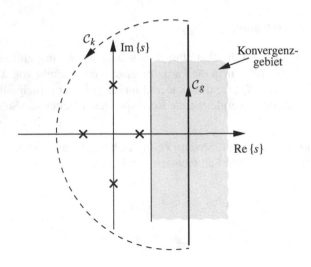

Bild 6.11: Integrationsweg bei Auswertung des komplexen Umkehrintegrals einer kausalen Zeitfunktion

---

Komplexes Umkehrintegral der Laplace-Transformation:

$$x(t) = \mathcal{L}^{-1}\{X(s)\} = \frac{1}{2\pi j} \int\limits_{\sigma-j\infty}^{\sigma+j\infty} X(s)\, e^{st}\, ds . \qquad (6.77)$$

Der Integrationsweg ist dabei eine zur imaginären Achse parallele Gerade $\mathcal{C}_g$ im Konvergenzgebiet der Laplace-Transformation (siehe Bild 6.11).

Das Umkehrintegral läßt sich mit den aus der reellen Integralrechnung bekannten Verfahren nicht ausrechnen, sondern muß über den Residuensatz ausgewertet werden. Dabei hat man jedoch das Problem, daß hier der Integrationsweg nicht, wie beim komplexen Umkehrintegral der z-Transformation, eine *geschlossene* Kurve darstellt. Man behilft sich damit, daß man den Integrationsweg über eine Kurve $\mathcal{C}_k$ schließt (siehe Bild 6.11), wodurch der Residuensatz anwendbar wird. Bei geschickter Wahl der Kurve $\mathcal{C}_k$ verschwindet im Grenzfall ($\mathcal{C}_k$ liegt im Unendlichen) das Integral längs dieser Kurve,[4] so daß das gesuchte Integral längs $\mathcal{C}_g$ dem Ergebnis der Auswertung des Residuensatzes entspricht. Die Residuen sind im allgemeinen einfach auszurechnen, jedoch stellt der Nachweis des Verschwindens des Integrals längs $\mathcal{C}_k$ das eigentliche Problem dar. In der Regel benötigt man dazu weitere Sätze aus der komplexen Funktionentheorie. Der interessierte Leser sei hierzu auf [9] verwiesen, wo auch das komplexe Umkehrintegral (6.77) bewiesen wird.

---

4 Für kausale Signalanteile ($t > 0$) muß $\mathcal{C}_k$ *links* von $\mathcal{C}_g$ bzw. der imaginären Achse gewählt werden, da dort aufgrund Re $\{s\} < 0$ der Exponentialterm e^{st} im Integranden gegen null geht. Die geschlossene Kurve $\mathcal{C}_g + \mathcal{C}_k$ umschließt damit alle Pole von $X(s)$. Für antikausale Signalanteile gilt das entsprechend umgekehrte, d.h. $\mathcal{C}_k$ muß *rechts* von $\mathcal{C}_g$ bzw. der imaginären Achse gewählt werden.

6.5.3   Weitere Verfahren

Während bei der z-Transformation praktisch alle relevanten Problemstellungen auf rationale Funktionen im Bildbereich führen, ist dies bei der Laplace-Transformation nicht immer der Fall. So führt zum Beispiel ein Totzeitglied im System zu transzendenten Termen der Form e^{-st_0} im Bildbereich. In diesem Fall versagt die allgemeine Methode der Partialbruchzerlegung zur Rücktransformation.

In einigen Fällen lassen sich die Funktionen mit Hilfe von ausführlichen Korrespondenztabellen (z.B. [6]) entweder direkt oder nach entsprechender Umformulierung zurücktransformieren. Unter Umständen hilft auch die Entwicklung der Laplace-Transformierten in eine Reihe geeigneter Funktionen (z.B. Potenzreihen, Exponentialfunktionen) weiter. Ferner steht als allgemein anwendbare Methode die bereits erwähnte, mathematisch anspruchsvolle Auswertung des komplexen Umkehrintegrals zur Verfügung. Daneben existieren auch Verfahren zur numerischen Berechnung der Rücktransformierten (siehe z.B. [6]).

6.6   Zusammenfassung

Die Laplace-Transformation stellt ein wichtiges Hilfsmittel zur Lösung von linearen Differentialgleichungen mit konstanten Koeffizienten dar, wie sie bei vielen kontinuierlichen LTI-Systemen auftreten. Bei der Anwendung helfen die in diesem Kapitel hergeleiteten und im Anhang auf Seite 342f zusammengefaßten Eigenschaften und elementaren Korrespondenzen. Von wichtiger systemtheoretischer Bedeutung ist wieder die Faltungsregel, die die Beziehung zwischen Ein- und Ausgangssignal beschreibt. Die dabei auftretenden rationalen Laplace-Transformierten können mit Hilfe der Partialbruchzerlegung wieder in den Zeitbereich transformiert werden.

Die Laplace-Transformation wird ergänzt durch die mit ihr verwandte Fourier-Transformation, deren Eigenschaften und Rechenregeln auf Seite 344f zusammengefaßt sind. Das Systemverhalten wird hier im Frequenzbereich beschrieben, was auch eine Behandlung von nicht oder nur aufwendig analytisch beschreibbarer Systeme ermöglicht. Die Rücktransformation kann aufgrund der Dualitätseigenschaft in gleicher Weise wie die Hintransformation erfolgen.

Die Laplace-Transformation wird hauptsächlich angewandt bei analytisch beschreibbaren Systemen, deren Systemverhalten im Zeitbereich dargestellt und bewertet werden soll (z.B. Einschwingverhalten). Die Fourier-Transformation benutzt man dagegen bei Signalen und Systemen, deren Eigenschaften im Frequenzbereich beschrieben und (im stationären Zustand) bewertet werden (z.B. Filter).

6.7   Aufgaben

Aufgabe 6.1:

Leiten Sie die Laplace-Transformierten der Signale $\sin(\omega_0 t) \cdot \varepsilon(t)$ und $\cos(\omega_0 t) \cdot \varepsilon(t)$ über die komplexe Exponentialfunktion her.

Aufgabe 6.2:

Bestimmen Sie für folgende Zeitfunktionen die zugehörigen Laplace-Transformierten:

a) $x(t) = \frac{1}{2}\left[e^{-3t} - e^{-5t}\right] \cdot \varepsilon(t)$

b) $x(t) = 4\,e^{-7t} \cdot \cos(2t) \cdot \varepsilon(t)$

c) $x(t) = t \cdot \cos(\omega_0 t) \cdot \varepsilon(t)$

d) $x(t) = \begin{cases} t, & 0 \le t \le 1 \\ 1, & 1 \le t \le 2 \\ 3-t, & 2 \le t \le 3 \\ 0, & \text{sonst} \end{cases}$

e) $x(t) = \begin{cases} \cos(\omega_0 t), & 0 \le t \le T \\ 0, & \text{sonst} \end{cases}$, $T = \frac{2\pi}{\omega_0}$

Aufgabe 6.3:

Bestimmen Sie für folgende Laplace-Transformierten die zugehörigen Zeitfunktionen:

a) $X(s) = \frac{3s+5}{s^2+4s+3}$

b) $X(s) = \frac{2s^2+3s+2}{s^3+3s^2+4s+2}$

c) $X(s) = \frac{5+6s}{s^2}$

d) $X(s) = \frac{1}{s\,(s^2+1)}$

e) $X(s) = \frac{s}{(s+4)^3}$

Aufgabe 6.4:

Bestimmen und skizzieren Sie die Fourier-Transformierten der folgenden Zeitfunktionen:

a) $x(t) = e^{-at} \cdot \varepsilon(t), \quad a > 0$

b) $x(t) = \frac{1}{T} \cdot \Lambda\left(\frac{t}{T}\right) \cdot e^{j2\pi f_0 t}, \quad T > 0$

c) $x(t) = \text{rect}\left(\frac{t}{T} - \frac{1}{2}\right)$

d) $x(t) = \text{si}^3\left(\pi\frac{t}{T}\right), \quad T > 0$

e) $x(t) = |\cos(2\pi f_0 t)|$

Aufgabe 6.5:

Bestimmen Sie die Zeitfunktionen zu folgenden Fourier-Transformierten:

a) $X(f) = \text{rect}\left(\frac{f}{f_0}\right) * \Lambda\left(\frac{f}{f_1}\right)$

b)

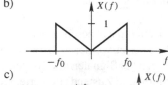

c)

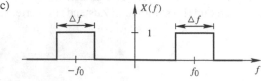

Aufgabe 6.6:

Berechnen Sie mit Hilfe des Korrelationstheorems

a) die Autokorrelationsfunktion des Signals $x(t) = \text{rect}\left(\frac{t}{T}\right)$

b) die Autokorrelationsfunktion des Signals $x(t) = \text{si}\left(\pi \frac{t}{T}\right)$

c) die Kreuzkorrelationsfunktion der Signale

$$x_1(t) = \text{rect}\left(\frac{t}{T} + \frac{1}{2}\right) - \text{rect}\left(\frac{t}{T} - \frac{1}{2}\right) \quad \text{und} \quad x_2(t) = \text{rect}\left(\frac{t}{2T}\right)$$

Aufgabe 6.7:

Gegeben sei das elektrische Netzwerk aus Aufgabe 5.8 mit der Systemfunktion

$$H(s) = \frac{1}{s^2 + 2s + 1} \; .$$

Bestimmen Sie das Ausgangssignal $u_2(t)$, wenn am Eingang

a) zum Zeitpunkt $t = 0$ bei entladenem L und C eine konstante Spannung eingeschaltet wird, d.h. mit

$$u_1(t) = U_0 \cdot \varepsilon(t) \, ,$$

b) zum Zeitpunkt $t = 0$ bei entladenem L und C eine komplexe Dauerschwingung eingeschaltet wird, d.h. mit

$$u_1(t) = U_0 \cdot e^{j 2\pi f_0 t} \cdot \varepsilon(t) \, ,$$

c) eine stationäre Dauerschwingung anliegt, d.h. mit

$$u_1(t) = U_0 \cdot e^{j 2\pi f_0 t} \, .$$

7 Beschreibung und Analyse von LTI-Systemen im Frequenzbereich

Die kontinuierlichen LTI-Systeme haben wir bis jetzt hauptsächlich mit Hilfe der Laplace-Transformation beschrieben und untersucht. Im Rahmen eines nachrichtentechnischen Beispiels haben wir die mit der Laplace-Transformation verwandte Fourier-Transformation eingeführt. Nachdem wir im letzten Kapitel die Eigenschaften und Rechenregeln der Fourier-Transformation ausführlich behandelt haben, wollen wir diese nun zur Beschreibung und Analyse von kontinuierlichen LTI-Systemen einsetzen.

7.1 Übertragungsfunktion und Frequenzgang

7.1.1 Systembeschreibung und Übertragungsfunktion

Der Ausgangspunkt für unsere Überlegungen stellt ein reales, stabiles System dar. Die Systemfunktion $H_{\mathcal{L}}(s)$ weise daher keine Pole in der rechten s-Halbebene auf, sei eine reelle gebrochen rationale Funktion und der Zählergrad entspreche maximal dem Nennergrad.

Die Systembeschreibung erfolgt im Frequenzbereich mit Hilfe der Fourier-Transformation in der bekannten Weise über die Systemfunktion (Übertragungsfunktion) $H(f)$ als Beziehung zwischen Ausgangssignal $Y(f)$ und Eingangssignal $X(f)$ zu

$$H(f) = \frac{Y(f)}{X(f)}. \tag{7.1}$$

Da die Beschreibung im Frequenzbereich erfolgt, verwendet man hierfür die Bezeichnung *Frequenzgang*. Die Fourier-Transformierte der Signale bezeichnet man dagegen oft als *Spektrum*.

Die entsprechende Beziehung im Zeitbereich stellt wieder die Faltungsoperation dar. Allerdings wird diese in der Praxis nur selten direkt angewandt.

Zur Laplace-Transformation gilt folgender uns bereits bekannte Zusammenhang:

$$H(f) = H_{\mathcal{L}}(s)\big|_{s=j2\pi f}. \tag{7.2}$$

Sofern also die Systemfunktion als Laplace-Transformierte bekannt ist (z.B. bei RLC-Netzwerken), läßt sich damit direkt der Frequenzgang angeben. In diesem Fall handelt es sich praktisch immer um rationale Funktionen in s beziehungsweise f.

Der Frequenzgang eines Systems muß jedoch nicht notwendigerweise analytisch gegeben sein, sondern kann beispielsweise auch meßtechnisch bestimmt werden (Systemidentifikation im Frequenzbereich).

Beim Frequenzgang handelt es sich im allgemeinen um eine komplexe Funktion einer reellen Variablen, weswegen die Darstellung nicht direkt in gewohnter Weise zweidimensional erfolgen kann. Prinzipiell wäre eine dreidimensionale Darstellung wie in Bild 2.12 von Seite 23 möglich. Diese ist allerdings wenig übersichtlich und besitzt keinerlei direkte anschauliche Bedeutung. Besser geeignet sind hier Projektionen auf zwei Dimensionen mit mehr Aussagekraft.

Hier bietet sich die Darstellung von Betrag und Phase (in jeweils getrennten Diagrammen) an. Die entsprechenden Funktionen bezeichnet man als *Betragsfrequenzgang* (oder *Amplitudengang*) und *Phasengang*. Diese Aufteilung ist uns prinzipiell bereits aus der komplexen Wechselstromrechnung (Abschnitt 5.6.2) und dem nachrichtentechnischen Beispiel (Abschnitt 5.7.2) bekannt. Es handelt sich dabei um die zentrale Darstellungsart in der Nachrichtentechnik. Dabei spielt der Betragsfrequenzgang die übergeordnete Rolle und ist in vielen Fällen sogar allein ausreichend zur System- und Signalbeschreibung. Die Darstellung erfolgt häufig im doppeltlogarithmischen Maßstab als *Bode-Diagramm*, welches wir in Abschnitt 7.2.1 behandeln.

In der Regelungstechnik findet außerdem die Ortskurvendarstellung Anwendung. Hier wird die dreidimensionale Frequenzgangsfunktion auf die komplexe Ebene projiziert. Diese Darstellungsart werden wir in Abschnitt 7.2.2 kennenlernen. Prinzipiell wäre auch eine Darstellung des Frequenzganges nach Real- und Imaginärteil denkbar, was jedoch aufgrund fehlender anschaulicher Bedeutung keine praktische Relevanz hat.

Bevor wir fortfahren, wollen wir uns nochmals die Symmetrieeigenschaften der Fourier-Transformation aus Abschnitt 6.3.2 in Erinnerung rufen: Sind die betrachteten Signale und Systeme reellwertig, so ist der Realteil der Transformierten eine gerade und der Imaginärteil eine ungerade Funktion. Hieraus folgt, daß der Betragsverlauf gerade und der Phasenverlauf ungerade ist.

7.1.2   Betragsfrequenzgang und Phasengang

Die Darstellung des Frequenzganges nach Betrag und Phase (d.h. in Polarkoordinaten) lautet

$$H(f) = |H(f)| \cdot e^{j \sphericalangle H(f)} \tag{7.3}$$

und liefert uns direkt den

Betragsfrequenzgang oder Amplitudengang:

$$|H(f)| = \sqrt{\operatorname{Re}\{H(f)\}^2 + \operatorname{Im}\{H(f)\}^2} \tag{7.4}$$

und den

Phasengang:

$$\varphi(f) = \sphericalangle H(f) = \arctan\left(\frac{\operatorname{Im}\{H(f)\}}{\operatorname{Re}\{H(f)\}}\right). \tag{7.5}$$

Man beachte, daß in der Literatur die Phase häufig auch negativ definiert ist, d.h. zu $\varphi(f) = -\sphericalangle H(f)$.

Für die Beziehung zwischen Ausgangs- und Eingangssignal gilt damit

$$|Y(f)| = |H(f)| \cdot |X(f)| \quad \text{und} \quad \sphericalangle Y(f) = \sphericalangle H(f) + \sphericalangle X(f), \tag{7.6}$$

d.h. die Amplituden multiplizieren sich und die Phasen addieren sich. Dies ist uns bereits aus der komplexen Wechselstromrechnung aus Abschnitt 5.6.2 bekannt, wobei hier jedoch die Laufvariable f anstelle des Frequenzparameters f_0 auftritt.

Ist die Systemfunktion in rationaler Form gegeben, so läßt sich der Frequenzgang nach folgender Berechnungsvorschrift bestimmen: Man teilt jeweils das Zähler- und Nennerpolynom in gerade und ungeraden Anteil auf

$$H_{\mathcal{L}}(s) = \frac{B_g(s) + B_u(s)}{A_g(s) + A_u(s)} \tag{7.7}$$

und nutzt dann die Eigenschaft aus, daß $A_g(j2\pi f)$ bzw. $B_g(j2\pi f)$ jeweils rein reell sind und $A_u(j2\pi f)$ bzw. $B_u(j2\pi f)$ jeweils rein imaginär sind.

Für Realteil (gerade) und Imaginärteil (ungerade) gilt dann

$$\text{Re}\{H(f)\} = \frac{B_g(s)\,A_g(s) - B_u(s)\,A_u(s)}{A_g^2(s) - A_u^2(s)} \bigg|_{s=j2\pi f} \tag{7.8}$$

$$\text{Im}\{H(f)\} = \frac{1}{j} \cdot \frac{B_u(s)\,A_g(s) - B_g(s)\,A_u(s)}{A_g^2(s) - A_u^2(s)} \bigg|_{s=j2\pi f} \tag{7.9}$$

und für Betrag (gerade) und Phase (ungerade)

$$|H(f)| = \sqrt{\frac{B_g^2(s) + B_u^2(s)}{A_g^2(s) - A_u^2(s)}} \bigg|_{s=j2\pi f} \tag{7.10}$$

$$\varphi(f) = \sphericalangle H(f) = \arctan\left(\frac{1}{j} \frac{B_u(s)\,A_g(s) - B_g(s)\,A_u(s)}{B_g(s)\,A_g(s) - B_u(s)\,A_u(s)} \bigg|_{s=j2\pi f} \right). \tag{7.11}$$

Einen ersten Überblick über den Betragsverlauf verschafft man sich mit Hilfe der Grenzwerte für $f = 0$ und $f = \infty$, die man direkt aus $H_{\mathcal{L}}(s)$ für $s = 0$ und $s = \infty$ bestimmen kann. Der Betragswert für $f = 0$ ist ein endlicher Wert ungleich null, sofern die Systemfunktion weder Nullstelle noch Pol im Ursprung aufweist. Befindet sich dort eine Nullstelle ist der Wert null, bei einem Pol unendlich. Für $f = \infty$ ist der Wert endlich, falls Zähler- und Nennergrad gleich sind. Bei größerem Nennergrad ist der Wert null, bei größerem Zählergrad unendlich.

Der Phasenverlauf startet für $f = 0$ bei null, falls sich weder Nullstelle noch Pol im Ursprung befinden, bei einer Nullstelle bei $\varphi_0 = \pi/2$ und bei einem Pol bei $\varphi_0 = -\pi/2$. Für $f = \infty$

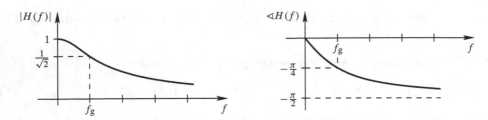

Bild 7.1: Betragsfrequenzgang und Phasengang eines Tiefpaßes erster Ordnung

beträgt die Phase $\varphi_\infty = -(N-M) \cdot \pi/2$, wobei N der Nennergrad, M der Zählergrad und somit $N-M$ der Gradüberschuß des Nenners darstellt. Zu diesen Werten ist jeweils π zu addieren, falls $H_\mathcal{L}(0)$ negativ ist.

Beispiel 7.1:   Frequenzgang Tiefpaß erster Ordnung (RC-Glied)

Wir betrachten einen Tiefpaß erster Ordnung mit der Grenzfrequenz f_g, der durch die System-funktion

$$H_\mathcal{L}(s) = \frac{1}{1+Ts}, \quad T = \frac{1}{2\pi f_g}$$

gegeben ist und beispielsweise durch ein RC-Glied nach Beispiel 5.4 realisiert werden kann. Der Frequenzgang lautet

$$H(f) = \frac{1}{1+j2\pi fT} = \frac{1}{1+j\frac{f}{f_g}},$$

der Betragsfrequenzgang (Amplitudengang)

$$|H(f)| = \frac{1}{\sqrt{1+(2\pi fT)^2}} = \frac{1}{\sqrt{1+\left(\frac{f}{f_g}\right)^2}}$$

und der Phasengang

$$\varphi(f) = \sphericalangle H(f) = \arctan\left(\frac{-2\pi fT}{1}\right) = -\arctan\left(\frac{f}{f_g}\right).$$

Charakteristische Werte ergeben sich für die Frequenzen null und unendlich, sowie für die Grenz-frequenz $f = f_g$. Sie sind in nachfolgender Tabelle zusammengefaßt und die Funktionsverläufe in Bild 7.1 graphisch dargestellt.

f	0	f_g	∞
$|H(f)|$	1	$\frac{1}{\sqrt{2}}$	0
$\sphericalangle H(f)$	0	$-\frac{\pi}{4}$	$-\frac{\pi}{2}$

■

7.1.3   Abschätzung des Frequenzganges anhand des Pol-Nullstellen-Diagramms

Eine einfache qualitative Abschätzung des prinzipiellen Verlaufs des Frequenzganges läßt sich anhand des Pol-Nullstellen-Diagramms durchführen. Ausgangspunkt ist hierfür die Produktdarstellung der Systemfunktion nach (5.64) von Seite 129:

$$H_{\mathcal{L}}(s) = \frac{b_M \prod\limits_{i=1}^{M} (s - \beta_i)}{a_N \prod\limits_{i=1}^{N} (s - \alpha_i)} . \tag{7.12}$$

Der Betragsfrequenzgang ergibt sich aus dieser Darstellungsform direkt als Produkt der Beträge der einzelnen Faktoren zu

$$|H(f)| = \left| \frac{b_M}{a_N} \right| \cdot \frac{\prod\limits_{i=1}^{M} |j2\pi f - \beta_i|}{\prod\limits_{i=1}^{N} |j2\pi f - \alpha_i|} . \tag{7.13}$$

Die einzelnen Terme können graphisch als Abstand des betrachteten Frequenzpunktes auf der imaginären Achse von den Polen und Nullstellen ermittelt werden. Auf den konstanten Faktor $|b_M/a_N|$ sind die Abstände von allen Nullstellen zu multiplizieren und durch die Abstände von allen Polen zu dividieren. Bild 7.2 a zeigt dies anhand eines Beispiels.

Wir erkennen, daß Nullstellen lokale Minima und Pole lokale Maxima erzeugen, die jeweils umso ausgeprägter sind, je näher diese an der imaginären Achse liegen. Befinden sich diese direkt auf der imaginären Achse, so führen diese zu Null- bzw. Polstellen im Betragsfrequenzgang.

Den Phasengang können wir auf ähnliche Weise abschätzen, wobei wir hierfür die Darstellung

$$\sphericalangle H(f) = \sphericalangle \left(\frac{b_M}{a_N} \right) + \sum_{i=1}^{M} \sphericalangle (j2\pi f - \beta_i) - \sum_{i=1}^{N} \sphericalangle (j2\pi f - \alpha_i) \tag{7.14}$$

zugrundelegen. Hier addieren sich die jeweiligen Phasen der einzelnen Terme, wobei die Beiträge von Nullstellen positiv und die Beiträge von Polen negativ eingehen, siehe hierzu das Beispiel in Bild 7.2 b. Aus dieser graphischen Konstruktion sehen wir außerdem, daß eine Null- bzw. Polstelle auf der imaginären Achse (und somit im Betragsfrequenzgang) stets einen Phasensprung um π bei der entsprechenden Frequenz bewirkt.

Bisher haben wir den Frequenzgang in linearer Darstellung behandelt. In vielen Fällen ist allerdings ein logarithmischer Maßstab vorteilhafter, wie wir bereits in Abschnitt 5.7.2 gesehen haben (logarithmische Darstellung der Frequenzachse, siehe Bild 5.29 von Seite 166).

7.1.4   Komplexes Übertragungsmaß

Eine in Ordinatenrichtung logarithmische Darstellung liefert das komplexe

Übertragungsmaß:

$$g(f) = \ln H(f) = a(f) + j\,b(f) . \tag{7.15}$$

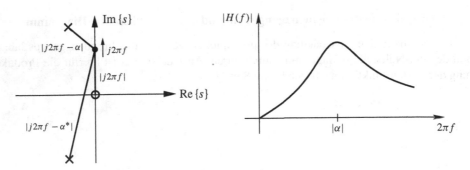

a: Amplitudengang

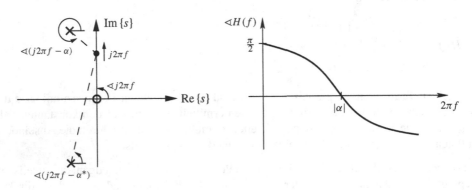

b: Phasengang

Bild 7.2: Abschätzung des Frequenzganges über die Pol- und Nullstellenlage

Dabei beschreibt der (gerade) Realteil mit (vergleiche (A.15) und (7.3))

$$a(f) = \text{Re}\{g(f)\} = \ln|H(f)| \tag{7.16}$$

die *Verstärkung* (englisch: gain) des Systems und wird in der Pseudoeinheit Np (Nepper) angegeben. Der (ungerade) Imaginärteil entspricht mit

$$b(f) = \text{Im}\{g(f)\} = \sphericalangle H(f) = \varphi(f) \tag{7.17}$$

der *Phase* des Systems, was direkt aus der inversen Darstellung ersichtlich ist:

$$H(f) = e^{g(f)} = e^{a(f)} \cdot e^{jb(f)} . \tag{7.18}$$

Man beachte, daß das komplexe Übertragungsmaß in der Literatur auch häufig über $g(f) = -\ln H(f)$ negativ definiert ist. In diesem Fall beschreibt $a(f) = -\ln|H(f)|$ die *Dämpfung* (englisch: attenuation, loss) des Systems. Oft ist auch die Definition in ω anstelle f üblich.

Für die Angabe der Verstärkung verwendet man heute nicht mehr die ursprüngliche Definition über den natürlichen Logarithmus in Nepper, sondern mit

$$a(f) = 20 \lg|H(f)| = 10 \lg|H(f)|^2 \tag{7.19}$$

die Definition über den Zehnerlogarithmus mit der Einheit dB (Dezibel).

Pegel	0 dB	3 dB	4.8 dB	7 dB	10 dB	20 dB
Betrag	1	$\sqrt{2}$	$\sqrt{3}$	$\sqrt{5}$	$\sqrt{10}$	10
Leistung	1	2	3	5	10	100

Tabelle 7.1: Elementare Umrechnungen von Pegel in Betrags- und Leistungsgrößen

Diese Darstellungsart hat insbesondere in der Nachrichtentechnik große praktische Bedeutung, da damit auch große Dynamikbereiche übersichtlich darstellbar sind (so ist beispielsweise im Funk die Empfangsleistung um viele Größenordnungen kleiner als die Sendeleistung). Außerdem ergeben sich rechentechnische Vorteile, da die Multiplikation mit der Systemfunktion in eine Addition mit dem Übertragungsmaß übergeht.

Allgemein bezeichnet man das in obiger Weise logarithmierte Verhältnis zweier gleichartiger Größen (wie z.B. das Ausgangssignal zum Eingangssignal beim Verstärkungsmaß) als *Pegel*, wobei für Betragsgrößen (z.B. Signalamplitude)

$$a = 20 \lg \frac{Y}{X} \tag{7.20}$$

und für Leistungsgrößen (z.B. Signalleistung)

$$a = 10 \lg \frac{Y}{X} \tag{7.21}$$

gilt und die Bezugsgröße jeweils im Nenner steht. Man beachte, daß durch obige Definition die Pegelangabe stets eindeutig eine System- bzw. Signaleigenschaft beschreibt. Eine Verstärkung von 20 dB bedeutet eine Amplitudenverstärkung von 10 und damit eine Leistungsverstärkung um Faktor 100. Die wichtigsten elementaren Umrechnungswerte enthält Tabelle 7.1. Weitere Werte lassen sich direkt daraus ableiten: So entspricht ein Leistungsfaktor $6 = 2 \cdot 3$ einem Pegel von $3 + 4.8 = 7.8$ dB. Positive Pegelwerte bedeuten stets eine Verstärkung, negative eine Dämpfung. Ein Pegel von -3 dB entspricht also einem Leistungsfaktor von $1/2$.

7.1.5   Phasen- und Gruppenlaufzeit

Betrachten wir ein System mit einer harmonischen Schwingung $x(t)$ als Eingangssignal, so erfährt diese lediglich eine Amplituden- und Phasenänderung (siehe dazu Bild 5.18 auf Seite 146). Dabei kann die durch das System hervorgerufene Phasenverschiebung $\varphi_0 = \sphericalangle H(j2\pi f_0)$ als Laufzeit t_0 des Systems aufgefaßt werden:

$$x(t) = x_0 \cdot \cos(2\pi f_0 t)$$
$$y(t) = y_0 \cdot \cos(2\pi f_0 t + \varphi_0) = y_0 \cdot \cos\left(2\pi f_0 \left[t + \frac{\varphi_0}{2\pi f_0}\right]\right)$$
$$= y_0 \cdot \cos(2\pi f_0 [t - t_0]) = c \cdot x(t - t_0).$$

Dies führt uns zunächst auf die Definition der

Phasenlaufzeit:

$$t_{\text{ph}}(f) = -\frac{\varphi(f)}{2\pi f}. \tag{7.22}$$

Aufgrund der Vieldeutigkeit der Phase in 2π ist diese Definition jedoch physikalisch fraglich. Zur Beschreibung der Systemlaufzeit verwendet man daher folgende Definition, bei der die Vieldeutigkeit der Phase keine Auswirkung hat:

Gruppenlaufzeit:

$$t_g(f) \;=\; -\tfrac{1}{2\pi} \tfrac{d}{df}\, \varphi(f) \;=\; -\tfrac{1}{2\pi}\, \varphi'(f)\,. \hspace{2cm} (7.23)$$

Die Gruppenlaufzeit beschreibt die *Signallaufzeit* einer Frequenzgruppe durch ein System (z.B. Bandpaßsignal durch Filter) und findet daher hauptsächlich in der Nachrichtentechnik Anwendung.

Für rationale Systemfunktionen läßt sich die Gruppenlaufzeit auch über folgende Beziehung berechnen:

$$t_g(f) \;=\; \mathrm{Re}\left\{ -\frac{\frac{d}{ds}H(s)}{H(s)}\bigg|_{s=j2\pi f} \right\}, \hspace{2cm} (7.24)$$

wobei die Realteilbildung über die Beziehung (7.8) von Seite 209 erfolgen kann.

Zum Beweis gehen wir von der Darstellung des Übertragungsmaßes zu

$$\ln H_{\mathcal{L}}(s)\big|_{s=j2\pi f} = \ln H(f) = a(f) + j\cdot b(f) = a(f) + j\cdot \varphi(f)$$

aus und leiten linke und rechte Seite nach $j2\pi f$ ab:

$$\frac{d}{ds}\ln H_{\mathcal{L}}(s)\bigg|_{s=j2\pi f} = \frac{\frac{d}{ds}H(s)}{H(s)}\bigg|_{s=j2\pi f} = \frac{d}{d(j2\pi f)}\,a(f) + \underbrace{j\frac{d}{d(j2\pi f)}\,\varphi(f)}_{-t_g(f)}\,.$$

Auf der rechten Seite ist der linke Term rein imaginär und der rechte Term durch das Wegkürzen von j rein reell und entspricht genau der (negativen) Gruppenlaufzeit.

Zur Veranschaulichung der Definition der Gruppenlaufzeit betrachten wir das Bandpaßsignal in komplexer Signaldarstellung (vergleiche Seite 190)

$$x(t) \;=\; \mathrm{Re}\left\{ f(t)\cdot e^{j2\pi f_0 t} \right\},$$

wobei $f(t)$ auf f_g bandbegrenzt sei und $f_g \ll f_0$ gelte. Das Spektrum $X(f)$ hat dann prinzipiell einen Verlauf wie in Bild 7.3 dargestellt.

Dieses Signal durchlaufe ein System mit Frequenzgang $H(f)$. Da das Signal nur Spektralanteile um die Frequenz f_0 besitzt, führen wir für die Betrachtung folgende Näherungen durch: Der Betragsfrequenzgang wird im entsprechenden Bereich als konstant behandelt[1]

$$|H(f)| \;\approx\; |H(f_0)| = a_0\,, \quad |f - f_0| \le f_g$$

---

[1] Diese Annahme wird dadurch gerechtfertigt, daß wir den Fall betrachten, in dem das Signal das System passieren kann und sich daher spektral im Durchlaßbereich des Systems befindet.

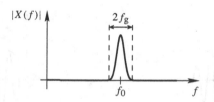

Bild 7.3: Spektrum Bandpaßsignal

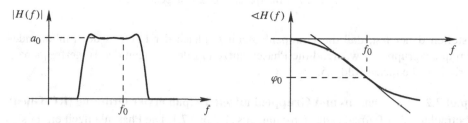

Bild 7.4: Betragsfrequenzgang und Phasengang Bandpaßsystem

und der Phasengang durch eine Taylor-Reihe erster Ordnung approximiert (siehe Bild 7.4):

$$\varphi(f) \approx \varphi(f_0) + (f - f_0) \cdot \varphi'(f_0)$$
$$= -2\pi f_0 t_{ph}(f_0) - 2\pi(f - f_0) \cdot t_g(f_0), \quad |f - f_0| \le f_g. \qquad (7.25)$$

Der Einfachheit halber führen wir folgende Betrachtungen mit dem komplexen Eingangssignal durch (die Realteilbildung der Ausdrucke führt auf das entsprechende reelle Signal):

$$x(t) = f(t) \cdot e^{j2\pi f_0 t} \quad \circ\!\!-\!\!\bullet \quad X(f) = F(f - f_0). \qquad (7.26)$$

Das Ausgangssignal ergibt sich damit zu

$$Y(f) = H(f) \cdot X(f) \approx a_0 \cdot e^{j\varphi(f)} \cdot F(f - f_0)$$

und mit Gleichung (7.25) erhalten wir

$$Y(f) \approx a_0 \, e^{-j2\pi[f_0 t_{ph} + (f - f_0) t_g]} \, F(f - f_0) = a_0 \, e^{-j2\pi f_0 t_{ph}} \, F(f - f_0) \, e^{-j2\pi(f - f_0) t_g}.$$

Die Rücktransformation erfolgt mit Hilfe der Korrespondenz

$$F(f - f_0) \cdot e^{-j2\pi(f - f_0) t_g} \quad \bullet\!\!-\!\!\circ \quad f(t - t_g) \cdot e^{j2\pi f_0 t},$$

die wir durch Anwendung der Verschiebungsregel im Zeitbereich auf (7.26) erhalten. Damit ergibt sich als Ausgangssignal

$$y(t) \approx a_0 \cdot e^{-j2\pi f_0 t_{ph}} \cdot f(t - t_g) \cdot e^{j2\pi f_0 t} = a_0 \, f(t - t_g) \cdot e^{j[2\pi f_0(t - t_{ph})]}.$$

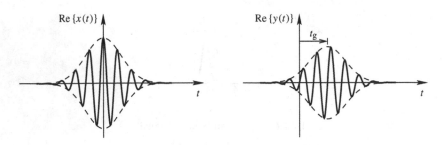

Bild 7.5: Zur Interpretation der Gruppenlaufzeit

Wir stellen daher fest, daß die Gruppenlaufzeit t_g gleich der Laufzeit der Einhüllenden $f(t)$ der Frequenzgruppe ist, während die Phasenlaufzeit t_{ph} der Laufzeit der Trägerfrequenz $e^{j2\pi f_0 t}$ entspricht, siehe hierzu Bild 7.5.

Beispiel 7.2:   Phasen- und Gruppenlaufzeit Tiefpaß erster Ordnung (RC-Glied)
Wir betrachten den Tiefpaß erster Ordnung aus Beispiel 7.1. Die Phasenlaufzeit ergibt sich zu

$$t_{ph}(f) = \frac{\arctan\left(\frac{f}{f_g}\right)}{2\pi f}$$

und die Gruppenlaufzeit zu

$$t_g(f) = \frac{T}{1+(2\pi f T)^2} = \frac{1}{2\pi f_g} \cdot \frac{1}{1+\left(\frac{f}{f_g}\right)^2} \cdot$$

Die charakteristischen Werte sind in nachfolgender Tabelle zusammengefaßt und die Funktionsverläufe in Bild 7.6 dargestellt.

f	0	f_g	∞
$t_{ph}(f)$	$\frac{1}{2\pi f_g}$	$\frac{1}{8 f_g}$	0
$t_g(f)$	$\frac{1}{2\pi f_g}$	$\frac{1}{4\pi f_g}$	0

Man beachte, daß zur Berechnung der Phasenlaufzeit für $f = 0$ die Regel von L'Hospital anzuwenden ist. Wendet man diese auf die allgemeine Form (7.22) so stellt man fest, daß $t_{ph}(0) = t_g(0)$ ist.   ■

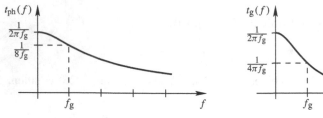

Bild 7.6: Phasen- und Gruppenlaufzeit eines Tiefpaßes erster Ordnung

7.2 Darstellungsformen

7.2.1 Bode-Diagramme

In diesem Abschnitt werden wir mit den Bode-Diagrammen eine graphische Methode zur schnellen und näherungsweisen Darstellung des Frequenzganges aus den Polen und Nullstellen der Systemfunktion kennenlernen. Die Hauptidee ist dabei die Darstellung des Betragsfrequenzganges im doppeltlogarithmischen Maßstab, was eine Zerlegung komplizierterer Systemfunktionenen in einfache Elementarterme mit anschließender Überlagerung der Teilergebnisse ermöglicht.

Früher waren Bode-Diagramme die Standardmethode, um aus der Systemfunktion zu einer Darstellung des Frequenzganges zu gelangen. Heute führt man diese Aufgabe mit Rechnern durch, die dies schneller und genauer erledigen. Allerdings vermittelt diese Methode einen weiteren Einblick in die Auswirkungen von Pol- und Nullstellenlagen auf das Systemverhalten und den Frequenzgang, womit die Kenntnis dieser Methode für das systemtheoretische Verständnis nach wie vor wichtig ist.

Der Ausgangspunkt für die nachfolgenden Betrachtungen ist die Produktdarstellung einer rationalen Systemfunktion eines reellen Systems in der Form

$$H_{\mathcal{L}}(s) = \frac{b_M}{a_N} \cdot \frac{s^{M_0} \cdot \prod\limits_{i=1}^{M_1}(s - \beta_i) \cdot \prod\limits_{i=M_1+1}^{M_1+M_2}\left(s^2 + s\frac{|\beta_i|}{Q_{\beta_i}} + |\beta_i|^2\right)}{s^{N_0} \cdot \prod\limits_{i=1}^{N_1}(s - \alpha_i) \cdot \prod\limits_{i=N_1+1}^{N_1+N_2}\left(s^2 + s\frac{|\alpha_i|}{Q_{\alpha_i}} + |\alpha_i|^2\right)}. \tag{7.27}$$

Im Vergleich zur Darstellung (5.64) von Seite 129 unterscheiden wir hier die Nullstellen bzw. Pole bezüglich ihrer Lage: Die Systemfunktion weise M_0 Nullstellen im Ursprung, M_1 reelle von Null verschiedene Nullstellen und M_2 konjugiert komplexe Nullstellenpaare auf. Damit ergeben sich insgesamt $M = M_0 + M_1 + 2\,M_2$ Nullstellen. Entsprechendes gilt für die Pole, deren Anzahl mit N_0, N_1 und N_2 bezeichnet ist.

Bei konjugiert komplexen Pol- bzw. Nullstellenpaaren tritt der Parameter Q_α bzw. Q_β auf, der als Pol- bzw. Nullstellen*güte* bezeichnet wird:

$$Q_\alpha = \frac{|\alpha|}{2|\mathrm{Re}\,\{\alpha\}|} = \frac{1}{2|\cos(\varphi)|} = \frac{1}{2|\sin(\theta)|}. \tag{7.28}$$

Dabei beschreibt $\varphi = \sphericalangle\alpha$ das Argument des Poles (Winkel zur reellen Achse) beziehungsweise θ den Winkel zur imaginären Achse, siehe Bild 7.7. Die Güte nimmt dabei Werte zwischen 0.5 und ∞ an. Der erste Fall liegt vor, wenn der Imaginärteil gegen Null geht, was einem Übergang zu einem doppelten reellen Polpaar entspricht. Der Grenzfall $Q_\alpha = \infty$ ergibt sich für ein rein imaginäres Polpaar.

Für die weitere Betrachtung formulieren wir Darstellung (7.27) um zu

$$H_{\mathcal{L}}(s) = H_0 \cdot s^{M_0-N_0} \cdot \frac{\prod\limits_{i=1}^{M_1}\left(\frac{s}{\beta_i} - 1\right) \cdot \prod\limits_{i=M_1+1}^{M_1+M_2}\left(\frac{s^2}{|\beta_i|^2} + \frac{s}{Q_{\beta_i}\,|\beta_i|} + 1\right)}{\prod\limits_{i=1}^{N_1}\left(\frac{s}{\alpha_i} - 1\right) \cdot \prod\limits_{i=N_1+1}^{N_1+N_2}\left(\frac{s^2}{|\alpha_i|^2} + \frac{s}{Q_{\alpha_i}\,|\alpha_i|} + 1\right)} \tag{7.29}$$

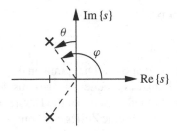

Bild 7.7: Definition des Winkels θ der Polgüte

indem wir die Pol- und Nullstellen ausklammern und der Konstanten

$$H_0 = \frac{b_M \cdot \prod\limits_{i=1}^{M_1} \beta_i \cdot \prod\limits_{i=M_1+1}^{M_1+M_2} |\beta_i|^2}{a_N \cdot \prod\limits_{i=1}^{M_1} \alpha_i \cdot \prod\limits_{i=N_1+1}^{N_1+N_2} |\alpha_i|^2} \tag{7.30}$$

zuschlagen. Dabei gilt

$$|H_0| = \left| H_{\mathcal{L}}(s) \cdot s^{N_0-M_0} \big|_{s=0} \right|, \tag{7.31}$$

was unmittelbar aus dem Vergleich von (7.30) mit (7.27) folgt und eine direkte Bestimmung bei in Polynomdarstellung gegebenen Systemfunktionen ermöglicht.

Die Verstärkung des Systems erhalten wir durch Logarithmieren der Systemgleichung (7.29) nach Definition (7.19), wobei die Produkte in Summen übergehen:

$$\begin{aligned}
a(f) &= 20 \lg |H(f)| = 20 \lg |H_{\mathcal{L}}(j2\pi f)| \\
&= 20 \lg |H_0| + (M_0 - N_0)\, 20 \lg |j2\pi f| \\
&\quad + \sum_{i=1}^{M_1} 20 \lg \left| \frac{j2\pi f}{\beta_i} - 1 \right| + \sum_{i=M_1+1}^{M_1+M_2} 20 \lg \left| \frac{-(2\pi f)^2}{|\beta_i|^2} + \frac{j2\pi f}{Q_{\beta_i}|\beta_i|} + 1 \right| \\
&\quad - \sum_{i=1}^{N_1} 20 \lg \left| \frac{j2\pi f}{\alpha_i} - 1 \right| - \sum_{i=N_1+1}^{N_1+N_2} 20 \lg \left| \frac{-(2\pi f)^2}{|\alpha_i|^2} + \frac{j2\pi f}{Q_{\alpha_i}|\alpha_i|} + 1 \right|.
\end{aligned} \tag{7.32}$$

Dabei setzt sich der Ausdruck aus sechs verschiedenen Elementartermen zusammen, die wir im folgenden diskutieren werden.

Der Term $20 \lg |H_0| = a_0$ beschreibt eine über der Frequenz konstante Verstärkung, die sogenannte Grundverstärkung (siehe Bild 7.8 a).

Pole und Nullstellen im Ursprung führen auf den Term $(M_0 - N_0)\, 20 \lg |j2\pi f|$, der in der doppeltlogarithmischen Darstellung auf eine Gerade führt, welche pro Polstelle (bzw. Gradüberschuß des Nenners) eine Steigung von -20 dB pro Frequenzdekade aufweist, siehe Bild 7.8 b.

Reelle Nullstellen liefern zur Gesamtverstärkung den Beitrag

$$a_{\beta_i}(f) = 20 \lg \left| \tfrac{j 2\pi f}{\beta_i} - 1 \right| = 20 \lg \left| j \tfrac{f}{f_{\beta_i}} - 1 \right| \quad \text{mit} \quad f_{\beta_i} = \tfrac{|\beta_i|}{2\pi}. \tag{7.33}$$

Für niedrige Frequenzen (bezüglich f_{β_i}) läßt sich hierfür die Näherung

$$a_{\beta_i}(f) \approx 20 \lg |-1| \, , \quad \tfrac{f}{f_{\beta_i}} \ll 1 \tag{7.34}$$

angeben, was einem konstanten Verstärkungswert von 0 dB entspricht. Für hohe Frequenzen gilt die Näherung

$$a_{\beta_i}(f) \approx 20 \lg \left| j \tfrac{f}{f_{\beta_i}} \right| \, , \quad \tfrac{f}{f_{\beta_i}} \gg 1 \, , \tag{7.35}$$

was einer Verstärkungszunahme von 20 dB pro Dekade entspricht. Der gesamte Verlauf setzt sich aus diesen beiden Asymptoten zusammen, die sich im Punkt $f = f_{\beta_i}$, der sogenannten Eckfrequenz schneiden, siehe Bild 7.8 c. Bei dieser Eckfrequenz beträgt die Verstärkung gerade 3 dB.

Reelle Polstellen liefern prinzipiell den gleichen Beitrag, lediglich mit negativem Vorzeichen, siehe Bild 7.8 e.

Bei konjugiert komplexen Nullstellenpaaren lautet der Elementarterm

$$a_{\beta_i}(f) = 20 \lg \left| 1 + j \tfrac{1}{Q_{\beta_i}} \tfrac{f}{f_{\beta_i}} - \left(\tfrac{f}{f_{\beta_i}} \right)^2 \right| \quad \text{mit} \quad f_{\beta_i} = \tfrac{|\beta_i|}{2\pi}. \tag{7.36}$$

Für niedrige Frequenzen $f \ll f_{\beta_i}$ ergibt sich auch hier näherungsweise eine konstante Verstärkung von 0 dB, während für hohe Frequenzen

$$a_{\beta_i}(f) \approx 20 \lg \left| \left(\tfrac{f}{f_{\beta_i}} \right)^2 \right| \, , \quad \tfrac{f}{f_{\beta_i}} \gg 1 \, , \tag{7.37}$$

die Verstärkung um 40 dB pro Dekade ansteigt. Die Eckfrequenz liegt ebenfalls bei $f = f_{\beta_i}$, wobei der Verlauf im Übergangsbereich hier stark von der Güte Q_{β_i} abhängt. Für $Q_{\beta_i} > 1/\sqrt{2}$ (bzw. $\theta < \pi/4$) ergibt sich ein Extremum bei der Frequenz

$$\hat{f}_{\beta_i} = f_{\beta_i} \cdot \sqrt{1 - \tfrac{1}{2Q_{\beta_i}^2}} \quad \text{mit} \quad \hat{a}_{\beta_i} = a_{\beta_i}(\hat{f}_{\beta_i}) = 10 \lg \tfrac{Q_{\beta_i}^2 - \frac{1}{4}}{Q_{\beta_i}^4}. \tag{7.38}$$

Für höhere Güten liegt das Extremum in etwa bei der Eckfrequenz, bei der die Verstärkung

$$a_{\beta_i}(f_{\beta_i}) = -20 \lg Q_{\beta_i} \tag{7.39}$$

beträgt, siehe hierzu Bild 7.8 d.

Konjugiert komplexe Polstellenpaare liefern wieder den entsprechenden negativen Beitrag, siehe Bild 7.8 f.

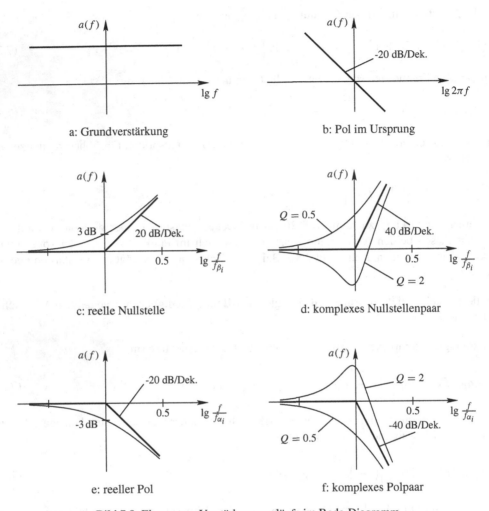

Bild 7.8: Elementare Verstärkungsverläufe im Bode-Diagramm

Die Erstellung von Bode-Diagrammen komplexerer Systemfunktionen erfolgt durch die additive Überlagerung der einzelnen Elementarterme. Dabei werden zunächst die Asymptoten eingetragen und anschließend die Übergänge anhand charakteristischer Werte approximiert.

Hierzu bietet sich folgende Vorgehensweise an:

- Pole und Nullstellen der Systemfunktion bestimmen, daraus Grundverstärkung und Eckfrequenzen berechnen

- asymptotische Verläufe bei niedrigen Frequenzen beginnend zeichnen:

    - waagrechte Gerade mit Grundverstärkung, falls weder Nullstelle noch Pol bei $s = 0$

    - Gerade mit Steigung $\pm 20\,\text{dB/Dek.}$ und Grundverstärkung, falls Nullstelle bzw. Pol bei $s = 0$

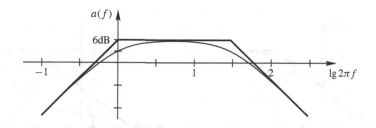

Bild 7.9: Bode-Diagramm für Beispiel 7.3

- bei jeder Eckfrequenz die Steigung um 20 dB/Dek. pro Pol (bzw. 40 dB/Dek. pro Polpaar) verringern bzw. pro Nullstelle vergrößern
- abschließend die Übergänge bei den Eckfrequenzen mit Hilfe charakteristischer Werte (bei reeller Nullstelle bzw. Pol ±3 dB, bei konjugiert komplexen Paar entsprechend Formel (7.38) bzw. (7.39)) abrunden

Beispiel 7.3:   Verstärkungsverlauf im Bode-Diagramm
Wir betrachten die Systemfunktion

$$H(s) = \frac{60\,s}{(s+1)(s+30)},$$

welche eine Nullstelle im Ursprung und die beiden reellen Pole $\alpha_1 = -1$ und $\alpha_2 = -30$ besitzt. Die Grundverstärkung berechnet sich mit (7.30) zu

$$a_0 = 20\lg|H_0| = 20\lg\frac{60}{1\cdot30} = 6\,\text{dB},$$

die Eckfrequenzen betragen $\lg 2\pi f_{\alpha 1} = \lg 1 = 0$ und $\lg 2\pi f_{\alpha 2} = \lg 30 = 1.477$.
Der Verstärkungsverlauf beginnt mit einem Anstieg von 20 dB/Dek. (Nullstelle im Ursprung) und einer Grundverstärkung von 6 dB. Bei den Eckfrequenzen $f_{\alpha 1}$ und $f_{\alpha 2}$ verringert sich die Steigung jeweils um 20 dB/Dek. (Pole), was ab $f_{\alpha 1}$ auf einen konstanten Verlauf und ab $f_{\alpha 2}$ zu einem Abfall von 20 dB/Dek. führt. Der exakte Wert bei den Eckfrequenzen liegt jeweils 3 dB unterhalb der Asymptoten (reelle Pole), siehe Bild 7.9.   ■

Für den Phasengang lassen sich im logarithmischen Frequenzmaßstab ebenfalls asymptotische Näherungen angeben, womit sich dieser in ähnlicher Weise konstruieren läßt. Ausgangspunkt ist hier die Gleichung (7.27), woraus wir folgende Darstellung für den Phasengang erhalten:

$$b(f) = \sphericalangle H(f) = \sphericalangle H_{\mathcal{L}}(j2\pi f)$$

$$= \sphericalangle \frac{b_M}{a_N} + (M_0 - N_0)\cdot\frac{\pi}{2}\cdot\text{sgn}(f)$$

$$+ \sum_{i=1}^{M_1}\sphericalangle(j2\pi f - \beta_i) + \sum_{i=M_1+1}^{M_1+M_2}\sphericalangle\left(-(2\pi f)^2 + \frac{j2\pi f|\beta_i|}{Q_{\beta_i}} + |\beta_i|^2\right)$$

$$- \sum_{i=1}^{N_1}\sphericalangle(j2\pi f - \alpha_i) - \sum_{i=N_1+1}^{N_1+N_2}\sphericalangle\left(-(2\pi f)^2 + \frac{j2\pi f|\alpha_i|}{Q_{\alpha_i}} + |\alpha_i|^2\right). \qquad (7.40)$$

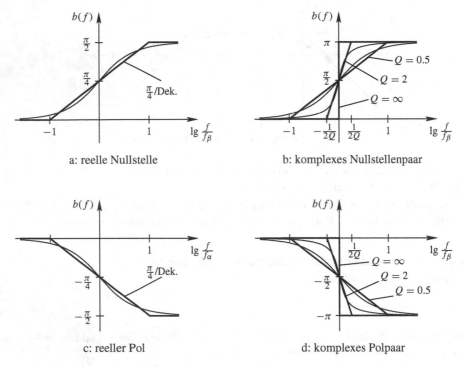

a: reelle Nullstelle

b: komplexes Nullstellenpaar

c: reeller Pol

d: komplexes Polpaar

Bild 7.10: Elementare Phasenverläufe im Bode-Diagramm (minimalphasiges System)

Der Term b_M / a_N liefert bei negativem Vorzeichen einen konstanten Phasenbeitrag von π. Pole und Nullstellen im Ursprung führen auf einen Beitrag von $-\pi/2$ pro überschüssiger Polstelle.

Reelle Nullstellen führen auf den Phasenterm

$$b_{\beta_i}(f) = \sphericalangle (j2\pi f - \beta_i) = -\arctan\left(\frac{2\pi f}{\beta_i}\right), \tag{7.41}$$

wobei hier zu unterscheiden ist, ob β_i negativ oder positiv ist, d.h. die Nullstelle links oder rechts der imaginären Achse liegt.[2]

Liegen alle Nullstellen links oder höchstens auf der imaginären Achse spricht man von einem *minimalphasigen* System, wie wir am Ende dieses Abschnitts sehen werden. Man beachte, daß die entsprechende Eigenschaft bezüglich der Lage der Polstellen die Stabilität darstellt, die wir hier in diesem Kapitel stets voraussetzen.

Damit ergibt sich für reelle Nullstellen (in linker s-Halbebene) folgender Beitrag zum Phasenverlauf

$$b_{\beta_i}(f) = \arctan\left(\frac{f}{f_{\beta_i}}\right) \quad \text{mit} \quad f_{\beta_i} = \frac{|\beta_i|}{2\pi}. \tag{7.42}$$

2 Man beachte, daß zur Berechnung der Verstärkung diese Unterscheidung nicht notwendig ist, vergleiche (7.32).

Im logarithmischen Frequenzmaßstab kann der Verlauf durch eine Gerade mit der Steigung $\pi/4$ pro Dekade approximiert werden, die sich über zwei Dekaden (symmetrisch zur Eckfrequenz) erstreckt und damit insgesamt eine Phasenerhöhung um $\pi/2$ bewirkt. Bei der Eckfrequenz gilt $b(f_{\beta_i}) = \pi/4$, siehe Bild 7.10 a.

Reelle Polstellen (oder Nullstellen in rechter s-Halbebene) liefern den entsprechenden negativen Beitrag, siehe Bild 7.10 c.

Für konjugiert komplexe Nullstellenpaare (in linker s-Halbebene) gilt

$$b(f) \;=\; \arctan\left(\frac{\frac{1}{Q_{\beta_i}}\frac{f}{f_{\beta_i}}}{1-\left(\frac{f}{f_{\beta_i}}\right)^2} \right) \quad \text{mit} \quad f_{\beta_i} = \frac{|\beta_i|}{2\pi}. \tag{7.43}$$

Hier beträgt die gesamte Phasenerhöhung π und die Asymptotensteigung hängt von der Güte ab. Die Steigung beträgt $Q_{\beta_i}\cdot\pi$ pro Dekade im Intervall $\pm\frac{1}{2Q_{\beta_i}}$ um die Eckfrequenz im logarithmischen Maßstab, siehe Bild 7.10 b. Für Nullstellen auf der imaginären Achse ($Q_{\beta_i}=\infty$) tritt daher an der Stelle $f = f_{\beta_i}$ ein Phasensprung um π auf.

Konjugiert komplexe Polstellenpaare (oder Nullstellenpaare in rechter s-Halbebene) liefern wieder den entsprechenden negativen Beitrag, siehe Bild 7.10 d.

Der Phasenverlauf kann in ähnlicher Weise wie der Betragsverlauf konstruiert werden. Man startet bei niedrigen Frequenzen mit der Grundphase, die sich aus π, falls b_M/a_N negatives Vorzeichen besitzt und $\pm\pi/2$ pro Nullstelle bzw. Pol zusammensetzt. Jede reelle Nullstelle erhöht und jeder reelle Pol erniedrigt die Phase um $\pi/2$ über einen Bereich von 2 Dekaden symmetrisch zur Eckfrequenz. Konjugiert komplexe Paare verursachen eine Phasenänderung von π über einen Bereich von $1/Q$ Dekaden.

Beispiel 7.4:   Phasenverlauf im Bode-Diagramm

Wir betrachten wieder die Systemfunktion aus Beispiel 7.3 mit

$$H(s) \;=\; \frac{60\,s}{(s+1)(s+30)}.$$

Der Term $b_M/a_N = 60$ ist positiv, so daß sich hieraus kein Phasenbeitrag ergibt. Die Nullstelle im Ursprung liefert den konstanten Beitrag $\pi/2$. Die beiden Pole führen jeweils zu einem Abfall von $\pi/4$ pro Dekade, der sich jeweils über zwei Dekaden symmetrisch um die jeweilige Eckfrequenz erstreckt, siehe Bild 7.11. ∎

Betrachten wir die gesamte Phasenänderung Δb, die zwischen $f = 0^+$ und $f = \infty$ auftritt, so stellen wir fest, daß

- jede Nullstelle in der linken s-Halbebene einen Beitrag von $+\frac{\pi}{2}$ liefert und
- jeder Pol (in der linken s-Halbebene) und jede Nullstelle in der rechten s-Halbebene einen Beitrag von $-\frac{\pi}{2}$ liefern.

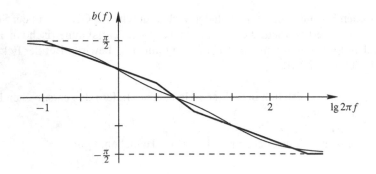

Bild 7.11: Phasenverlauf für Beispiel 7.4

Bei gegebener Anzahl Pol- und Nullstellen weist daher ein System ohne Nullstellen rechts der imaginären Achse die geringste (negative) Phasendifferenz auf und wird daher als *minimalphasig* bezeichnet. Es folgt, daß damit auch die Gruppenlaufzeit minimal wird und somit das System eine minimale Signallaufzeit (Signalverzögerung) besitzt (siehe hierzu Abschnitt 7.3.2).

7.2.2   Ortskurven

Eine weitere Möglichkeit zur Darstellung des Systemverhaltens im Frequenzbereich ist die Ortskurve. Hierbei werden die Punkte des Frequenzganges $H(f)$ in der komplexen Ebene dargestellt, während der Parameter f den Bereich von 0 bis ∞ durchläuft. Dadurch ergibt sich eine Kurve in der komplexen Ebene,[3] deren Laufrichtung in Richtung steigender Frequenz durch einen Pfeil gekennzeichnet wird. Gegebenenfalls werden zusätzlich charakteristische Frequenzpunkte markiert.

Einen Überblick über den Verlauf der Ortskurve verschafft man sich am besten anhand der Frequenzgangwerte für $f = 0$ und $f = \infty$, sowie eventuell eines zusätzlichen charakteristischen Wertes. Oft hilft auch die Betrachtung der Ortskurve des reziproken Frequenzganges $1/H(f)$ unter Zuhilfenahme der Eigenschaften der zugrundeliegenden konformen Abbildung der Inversion (Spiegelung am Einheitskreis und reeller Achse) weiter, die in Tabelle 7.2 zusammengefaßt sind.

$\frac{1}{H(f)}$	$H(f)$
Gerade durch Ursprung	Gerade durch Ursprung
Kreis durch Ursprung	Gerade nicht durch Ursprung
Gerade nicht durch Ursprung	Kreis durch Ursprung
Kreis nicht durch Ursprung	Kreis nicht durch Ursprung

Tabelle 7.2: Eigenschaften der konformen Abbildung der Inversion

---

3 Ausgehend von einer dreidimensionale Darstellung des Frequenzganges ähnlich Bild 2.12 von Seite 23 entspricht dies einer Projektion auf die komplexe Ebene.

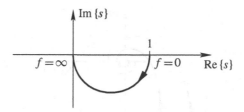

Bild 7.12: Ortskurve Tiefpaß erster Ordnung

Beispiel 7.5:   Ortskurve Tiefpaß erster Ordnung (RC-Glied)

Wir bestimmen die Ortskurve des Tiefpaßes aus Beispiel 7.1 mit dem Frequenzgang

$$H(f) \;=\; \frac{1}{1+j\frac{f}{f_g}} \;.$$

Die Ortskurve der reziproken Funktion besteht aus einer Geraden, die für $f = 0$ im Punkt $1 + j \cdot 0$ startet und parallel zur imaginären Achse verläuft. Nach Tabelle 7.2 handelt es sich daher bei der Ortskurve von $H(f)$ um einen Kreis durch den Ursprung, der für $f = 0$ im Punkt $1 + j \cdot 0$ startet, für $f = f_g$ durch den Punkt $(1 - j)/\sqrt{2}$ verläuft und für $f = \infty$ im Ursprung endet, siehe Bild 7.12.   ∎

Die Darstellungsart der Ortskurve findet insbesondere in der Regelungstechnik bei Stabilitätsuntersuchungen Anwendung. Im Gegensatz zu der Methode aus Abschnitt 5.5.2.4 können mit Hilfe der Ortskurve auch nichtrationale Systemfunktionen (z.B. bei Systemen mit Totzeit) auf Stabilität untersucht werden. Außerdem läßt sich hiermit auch eine grobe Abschätzung der 'Qualität' der Stabilität treffen.

Die Ortskurvenverfahren gehen von der Übertragungsfunktion des *offenen* Regelkreises aus, den man durch Aufschneiden des geschlossenen Kreises direkt vor der Rückkopplung erhält. Bei der Regelkreisdarstellung nach Bild 5.22 von Seite 156 entspricht dies der Gesamtübertragungsfunktion von Regler, Strecke und Meßeinrichtung und bei der prinzipiellen Darstellung der Rückkopplung nach Tabelle 5.2 von Seite 139 der Funktion $H_0(s) = H_1(s) \cdot H_2(s)$.

Die Stabilitätsuntersuchung erfolgt anhand des *Nyquist-Kriteriums*, welches besagt, daß der geschlossene Regelkreis genau dann stabil ist, wenn die Ortskurve $H_0(f)$ des offenen Kreises den Punkt -1 der komplexen Ebene in Richtung wachsender Frequenz *links* liegen läßt.

Beispiel 7.6:   Stabilitätsuntersuchung mittels Ortskurve

Wir betrachten einen Regelkreis bestehend aus Integrationsglied $H_1(s) = \frac{k}{s}$ und Totzeitglied $H_2(s) = e^{-T_t s}$. Die Übertragungsfunktion des offenen Regelkreises lautet

$$H_0(s) \;=\; H_1(s) \cdot H_2(s) \;=\; \frac{k}{s}\, e^{-T_t s} \;.$$

Der prinzipielle Verlauf der Ortskurve

$$H_0(f) \;=\; \frac{k}{j2\pi f}\, e^{-j2\pi f T_t} \;=\; \frac{k}{2\pi f}\, e^{-j(2\pi f T_t + \frac{\pi}{2})}$$

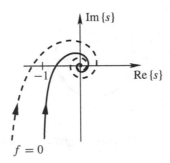

Bild 7.13: Ortskurven offener Regelkreis mit Totzeit

ist in Bild 7.13 dargestellt. Zur Untersuchung der Stabilität des geschlossenen Kreises ist der (erste) Schnittpunkt der Ortskurve mit der reellen Achse zu berechnen. Dazu setzen wir das Argument der Ortskurve gleich $-\pi$ und bestimmen zunächst die entsprechende Kreisfrequenz:

$$\triangleleft H_\mathrm{o}(f_k) = -\left(2\pi f_k T_t + \tfrac{\pi}{2}\right) \overset{!}{=} -\pi \quad \Rightarrow \quad f_k = \tfrac{1}{4T_t} \,.$$

Der zugehörige Ortskurvenwert ergibt sich damit zu

$$H_\mathrm{o}(f_k) = \tfrac{k}{2\pi f_k} \, e^{-j\pi} = -\tfrac{2kT_t}{\pi} \,.$$

Der geschlossene Regelkreis ist stabil, wenn dieser Wert 'rechts' der -1 liegt und somit der Punkt -1 von der Ortskurve 'links' liegen gelassen wird. Dies ist der Fall für

$$H_\mathrm{o}(f_k) = -\tfrac{2kT_t}{\pi} < -1 \quad \Rightarrow \quad k < \tfrac{\pi}{2T_t} \,.$$

In Bild 7.13 sind die Ortskurven für die Fälle Stabilität (durchgezogen) und Instabilität (gestrichelt) dargestellt. Der Verlauf der Ortskurve relativ zu dem kritischen Punkt -1 liefert dabei eine Aussage über die 'Qualität' der Stabilität: Je näher die Ortskurve an diesem Punkt vorbeiläuft, desto mehr tendiert der geschlossene Regelkreis in Richtung Instabilität.   ∎

7.3   Filter und Allpässe

7.3.1   Prinzipielle Filtertypen

In der Nachrichtentechnik werden oft Systeme benötigt, die Signale in einem bestimmten Frequenzbereich möglichst unverändert durchlassen und in anderen Frequenzbereichen möglichst gut sperren. Solche frequenzselektiven Systeme bezeichnet man als *Filter* und werden zur Trennung von Signalen oder Signalanteilen (z.B. Nutzanteil und Störanteil) eingesetzt.

Filter werden hauptsächlich durch den Verlauf des Betragsfrequenzganges definiert. Entsprechend ihrem prinzipiellen Übertragungsverhalten unterscheidet man die vier Grundtypen *Tiefpaß*, *Hochpaß*, *Bandpaß* und *Bandsperre*. Tabelle 7.14 stellt jeweils den Frequenzgang für die vier elementaren Filtertypen in ihrer Idealform dar.

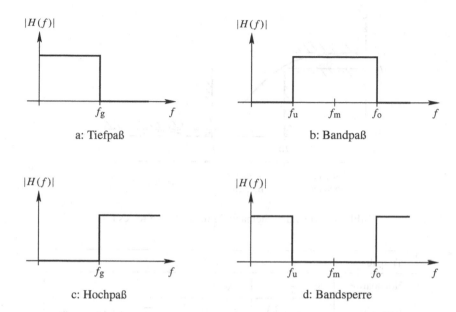

Bild 7.14: Idealer Frequenzgang der elementaren Filtertypen

Der Tiefpaß ist ein Filter, das alle Frequenzanteile unterhalb einer *Grenzfrequenz* f_g passieren läßt und oberhalb dieser Frequenz sperrt. Umgekehrt läßt der Hochpaß alle Frequenzanteile oberhalb der Grenzfrequenz f_g passieren und sperrt die Frequenzen unterhalb. Der Bandpaß hat als Durchlaßbereich ein Frequenzband um die Mittenfrequenz f_m, das sich von der unteren Grenzfrequenz f_u zur oberen Grenzfrequenz f_o erstreckt. Die Bandsperre schließlich sperrt ein entsprechendes Frequenzband.

> Diese Bezeichnungsweise verwendet man auch bei Signalen zur Charakterisierung ihrer spektralen Eigenschaften: Enthält ein Signal Frequenzanteile bis zu einer bestimmten Grenzfrequenz, bezeichnet man es als *Tiefpaßsignal*, enthält es Frequenzen innerhalb eines Frequenzbandes um eine Mittenfrequenz als *Bandpaßsignal*.

Der Betragsfrequenzgang eines idealen Tiefpasses weist an der Stelle f_g einen Sprung auf, d.h. an dieser Stelle geht der *Durchlaßbereich* abrupt in den *Sperrbereich* des Filters über. Ideale Filter mit unendlich steiler Flanke sind nicht realisierbar, reale Systeme haben stets einen mehr oder weniger breiten *Übergangsbereich* mit endlicher Flankensteilheit. Bild 7.15 zeigt den prinzipiellen Verlauf eines realen Filters in einem sogenannten Toleranzschema mit den Parametern Durchlaßfrequenz f_D und Sperrfrequenz f_S, sowie (maximale) Durchlaßdämpfung H_D und (minimale) Sperrdämpfung H_S. Als Grenzfrequenz f_g bezeichnet man hier oft die Frequenz, bei der die Verstärkung auf -3 dB, d.h. die Signalleistung auf die Hälfte und die Amplitude auf $1/\sqrt{2}$ abgefallen ist (3 dB-Grenzfrequenz).

> Die gewünschte Flankensteilheit (bezogen auf die Grenzfrequenz) und Sperrdämpfung bestimmen maßgeblich den Aufwand bei der Filterrealisierung und damit die notwendige Filterordnung (Systemordnung). Beim Filterentwurf versucht man das geforderte Toleranzschema mit möglichst wenig Aufwand (geringe

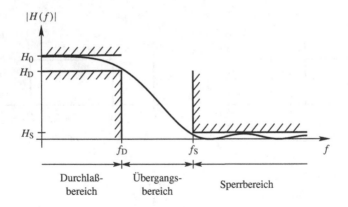

Bild 7.15: Toleranzschema und Frequenzgang reales Filter

Tiefpaß	s	$\omega_g = 1$
Hochpaß	$\frac{1}{s}$	$\omega_g = 1$
Bandpaß	$\frac{1}{B}\left(s + \frac{1}{s}\right)$	$\omega_m = 1 = \sqrt{\omega_u\,\omega_o}\,, \quad B = \omega_o - \omega_u$
Bandsperre	$\frac{B}{s + \frac{1}{s}}$	$\omega_m = 1 = \sqrt{\omega_u\,\omega_o}\,, \quad B = \omega_o - \omega_u$

Tabelle 7.3: Frequenztransformationen

Filterordnung) zu erfüllen, wofür unterschiedliche Standardverfahren bekannt sind. Beispiele hierfür sind Butterworth oder Tschebycheff; letzterer erreicht durch 'mehrfaches Ausnützen' der Toleranzbänder (vergleiche Sperrbereich von Bild 7.15) die gleichen Filtereigenschaften bei geringerer Systemordnung.

Filter verwendet man zur Trennung von Signalen oder Signalanteilen, meist Nutz- und Störanteile. Ein klassisches Beispiel hierfür ist die Funkübertragung, bei der mit Hilfe von Filtern der gewünschte Kanal auf einer bestimmten Frequenz (Nutzsignal) selektiert, und alle anderen Frequenzen (Störsignale) unterdrückt werden. Auch eine einfache Mittelung, z.B. von gestörten Meßwerten, stellt systemtheoretisch eine Filterung dar: Der Meßwert (Nutzsignal) ist in der Regel nur langsam veränderlich (Tiefpaßsignal mit geringer Grenzfrequenz) und wird von einer breitbandigeren Störkomponente (Rauschen, Meßfehler) überlagert. Durch die Mittelungsoperation, die prinzipiell eine Tiefpaßfilterung darstellt, lassen sich die Störungen außerhalb des *Nutzbandes* beseitigen.

Mit Hilfe der sogenannten *Frequenztransformation* lassen sich aus einem Tiefpaß alle anderen Filtertypen ableiten. Diese Methode wird beispielsweise beim Filterentwurf benutzt, indem zunächst ein Tiefpaß mit den entsprechenden Eigenschaften entworfen und dieser anschließend in das gewünschte System transformiert wird. Die jeweiligen Transformationsvorschriften faßt Tabelle 7.3 zusammen. Ausgangspunkt ist stets die auf die Grenzfrequenz $\omega_g = 1$ normierte

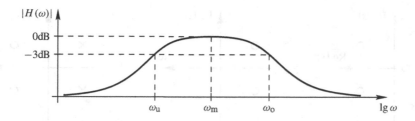

Bild 7.16: Frequenzgang Bandpaß

Systemfunktion des Tiefpaßes. Durch die Substitution von s durch den jeweiligen Ausdruck der zweiten Spalte erhält man die Systemfunktion des gewünschten Filtertyps. Anschließend bringt man das Filter durch die Skalierung $s' - s/\omega_0$ auf die gewünschte Grenz- bzw. Mittenfrequenz.

Beispiel 7.7:   Tiefpaß-Bandpaß-Transformation
Wir entwerfen einen Bandpaß durch Frequenztransformation des bekannten Tiefpaßes erster Ordnung aus Beispiel 7.1. Für $T = 1$ ist dieser auf die Grenzfrequenz $\omega_g = 1$ normiert mit der Systemfunktion

$$H(s) = \tfrac{1}{1+s} \,.$$

Wir wählen die Grenzfrequenzen des Bandpaßes zu $\omega_u = 0.1$ und $\omega_0 = 10$. Die Mittenfrequenz ist damit nach Tabelle 7.3 ebenfalls auf $\omega_m = 1$ normiert, die Bandbreite beträgt $B = 10 - 0.1 = 9.9$. Damit ergibt sich für den Bandpaß die Systemfunktion

$$H(s) = \frac{1}{1+\frac{1}{B}\left(s+\frac{1}{s}\right)} = \frac{Bs}{s^2+Bs+1} = \frac{9.9s}{s^2+9.9s+1} \,.$$

Der resultierende Frequenzgang ist in Bild 7.16 dargestellt.   ∎

7.3.2   Allpässe und minimalphasige Systeme

Besitzt ein System Nullstellen in der rechten s-Halbebene und ist daher nicht minimalphasig, so läßt sich dieses stets in einen minimalphasigen Systemanteil $H_M(s)$ und einen sogenannten Allpaßanteil $H_A(s)$ zerlegen:

$$H(s) = H_M(s) \cdot H_A(s) \,.$$

Ein solches System bezeichnet man daher auch als *allpaßhaltig* und ein minimalphasiges als *allpaßfrei*. Den minimalphasigen Anteil erhält man, indem man die Nullstellen aus der rechten s-Halbebene auf die linke Seite spiegelt. Diese werden durch Pole an der gleichen Stelle im Allpaßanteil 'kompensiert', der außerdem die Nullstellen aus der rechten s-Halbebene enthält, siehe hierzu Bild 7.17.

Hieraus ergibt sich die allgemeine Definition eines *Allpasses* als ein System, das zu jedem Pol in der linken s-Halbebene spiegelbildlich eine Nullstelle in der rechten s-Halbebene besitzt. Mit

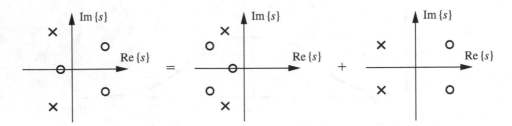

Bild 7.17: Zerlegung eines allpaßhaltigen Systems

den Überlegungen von Seite 211 und Gleichung (7.13) folgt direkt die Eigenschaft eines stets konstanten Betragsfrequenzganges. Ein Allpaß hat daher stets nur phasendrehende Wirkung und bewirkt damit eine (frequenzselektive) Signalverzögerung.

Bei einem minimalphasigen, d.h. allpaßfreien System sind Betragsverlauf und Phasenverlauf stets voneinander abhängig. Ist ein Verlauf bekannt, so läßt sich der andere daraus berechnen (vergleiche Beziehung zwischen Real- und Imaginärteil aus Abschnitt 6.3.3). Da viele praktische Systeme allpaßfrei sind oder entworfen werden, kann dies zu Einschränkungen führen. So kann beispielsweise beim Filterentwurf nicht gleichzeitig Betrags- und Phasenverlauf vorgegeben werden. Entspricht in diesem Fall der resultierende Phasenverlauf nicht den Anforderungen, so ist dieser durch Allpässe anschließend zu korrigieren (Phasenentzerrung). Minimalphasige Systeme besitzen stets minimale Gruppenlaufzeit und weisen damit minimale Signallaufzeit (Signalverzögerung) auf.

7.3.3   Verzerrungsfreie Systeme

Ziel der Übertragungstechnik ist es, Signale möglichst unverfälscht vom Sender zum Empfänger zu übertragen. Hierfür definiert man das *verzerrungsfreie System*, welches die Signale bis auf eine Laufzeit und Skalierung unverändert passieren läßt. Damit entspricht es einem idealen Totzeitglied mit

$$h(t) \; = \; H_0 \cdot \delta_0(t - t_0) \quad \circ\!\!-\!\!\bullet \quad H(f) \; = \; H_0 \cdot e^{-j 2\pi t_0 f} \; .$$

Der Frequenzgang weist damit einen konstanten Betrag und eine frequenzproportionale (lineare) Phase bzw. eine konstante Gruppenlaufzeit auf und charakterisiert so das verzerrungsfreie System im Frequenzbereich. Abweichungen von den idealen Eigenschaften führen dann zu Betrags- oder Phasenverzerrungen des Signals.

In der Praxis hat man es stets mit bandbegrenzten Signalen zu tun, die entweder Tiefpaß- oder Bandpaßcharakter haben. Hier ist es ausreichend, wenn das System innerhalb des interessierenden Frequenzbereichs (Durchlaß- und ggf. Übergangsbereich) die Eigenschaften eines konstanten Betrages und konstanter Gruppenlaufzeit aufweist.

reelles Signal oder System	spektrale Symmetrieeigenschaften: Realteil gerade, Imaginärteil ungerade Betrag gerade, Phase ungerade
Kausalität	eindeutige Beziehung zwischen Real- und Imaginärteil des Spektrums über Hilbert-Transformation
Minimal- phasigkeit	Nullstellen der Systemfunktion nur in linker s-Halbebene: eindeutige Beziehung zwischen Betrag und Phase minimale Gruppenlaufzeit
Stabilität	Pole der Systemfunktion nur in linker s-Halbebene: absolut integrierbare Impulsantwort
Tiefpaß-System	Zählergrad < Nennergrad bei der Systemfunktion

Tabelle 7.4: Übersicht Systemeigenschaften

7.4   Zusammenfassung

In diesem Kapitel haben wir die Darstellung von Signalen und Systemen im Frequenzbereich behandelt. Die Systemübertragungsfunktion ist hier eine komplexe Funktion der reellen Frequenzvariablen f und wird als *Frequenzgang* bezeichnet. Die Darstellung erfolgt als Betrags- und Phasenverlauf über der Frequenz und wird oft logarithmisch oder doppeltlogarithmisch (Bode-Diagramm) aufgetragen. Aus dem Phasenverlauf leitet sich die *Gruppenlaufzeit* ab, die die Signallaufzeit durch das System beschreibt. Eine weitere Darstellungsform für den Frequenzgang ist die Ortskurve.

Die Darstellung im Frequenzbereich ist sehr gut geeignet zur Beschreibung frequenzselektiver Systeme (Filter). Dabei ist hauptsächlich der Betragsfrequenzgang bedeutend, anhand dessen sich die prinzipiellen Filtertypen Tiefpaß, Hochpaß, Bandpaß und Bandsperre unterscheiden lassen.

Eine abschließende Übersicht über elementare Systemeigenschaften und deren Bedeutungen und Auswirkungen im Frequenzbereich liefert Tabelle 7.4.

7.5   Aufgaben

Aufgabe 7.1:

Gegeben sei der Tiefpaß 2. Ordnung aus Aufgabe 5.8 mit der Übertragungsfunktion

$$H(s) = \frac{1}{LCs^2 + \frac{L}{R}s + 1} \; .$$

Skizzieren Sie den Betrags- und Phasenverlauf im Bodediagramm für

a) $RC = \frac{1}{22\pi}$ und $\frac{L}{R} = \frac{11}{20\pi}$ b) $RC = \frac{1}{12\pi}$ und $\frac{L}{R} = \frac{1}{3\pi}$ c) $RC = \frac{1}{10\pi}$ und $\frac{L}{R} = \frac{1}{40\pi}$

Aufgabe 7.2:

Gegeben sei der Bandpaß aus Beispiel 7.7 mit der Übertragungsfunktion

$$H(s) = \frac{9.9s}{s^2+9.9s+1} \ .$$

Bestimmen und skizzieren Sie den Verlauf von Betrag, Phase und Gruppenlaufzeit.

Aufgabe 7.3:

Gegeben sei das System aus Aufgabe 5.9 für $RC = 0.1$ mit der resultierenden Übertragungsfunktion

$$H(s) = \frac{s^2+100}{s^2+40s+100} \ .$$

Skizzieren Sie das Bodediagramm für Betrag und Phase. Um welchen Filtertyp handelt es sich?

Aufgabe 7.4:

Gegeben sei das System mit der Übertragungsfunktion

$$H(s) = \frac{1-Ts}{1+Ts} \ .$$

Skizzieren Sie den Verlauf von Betrag, Phase und Gruppenlaufzeit. Um welche Art von System handelt es sich?

Aufgabe 7.5:

Skizzieren Sie jeweils die Ortskurven für den Impedanz- und Admittanzverlauf folgender Zweipole:

a)    b)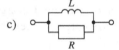

c) 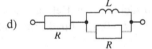   d)

8 Zusammenhang zwischen diskreten und kontinuierlichen Signalen und Systemen

Diskrete Signale und Systeme haben wir in Kapitel drei, kontinuierliche in Kapitel fünf behandelt. Wir wollen in diesem Kapitel die Verbindung zwischen diesen beiden 'Welten' herstellen, und damit die systemtheoretische Grundlage der digitalen Signalverarbeitung (DSV) schaffen. Diese hat in letzter Zeit große praktische Bedeutung erlangt und in viele Bereiche der Signalverarbeitung Einzug gehalten. Beispiele hierfür finden sich im Multimediabereich mit digitaler Verarbeitung und Speicherung von Audio- und Videosignalen (CD, DVD, Foto), der Nachrichtenübertragung (ISDN, DSL, digitaler Mobilfunk) sowie der Regelungs- und Automatisierungstechnik.

8.1 Signalabtastung und -rekonstruktion

Im folgenden Abschnitt wird der Übergang von kontinuierlichen zu diskreten Signalen (Signalabtastung), sowie der umgekehrte Vorgang (Signalrekonstruktion) beschrieben. Hierbei wird unter anderem die Frage geklärt, unter welchen Bedingungen sich kontinuierliche Signale durch diskrete Abtastwerte eindeutig darstellen und wieder rekonstruieren lassen.

8.1.1 Ideale Abtastung und Rekonstruktion

Gegeben sei das kontinuierliche Signal $x(t)$, das wir *abtasten*, indem wir im Zeitabstand T 'Signalproben' in Form von aktuellen Amplitudenwerten entnehmen und diese als Folge darstellen:

$$x[k] = x(t)\big|_{t=kT}, \quad k \in \mathbb{Z}. \tag{8.1}$$

Die einzelnen Werte $x[k]$ bezeichnet man als *Abtastwerte* oder *Samples*,[1] den Zeitabstand T zwischen zwei Samples als *Abtastintervall* und den reziproken Wert $f_a = 1/T$ als *Abtastrate* oder *Abtastfrequenz*.

Zu einer systemtheoretischen Beschreibung gelangt man, indem man den Abtastvorgang als Multiplikation des Signals mit einem Impulskamm darstellt:

$$x_a(t) = x(t) \cdot \amalg_T(t) = \sum_{k=-\infty}^{\infty} x(kT) \cdot \delta(t - kT) = \sum_{k=-\infty}^{\infty} x[k] \cdot \delta(t - kT). \tag{8.2}$$

Dabei ist $x_a(t)$ die *kontinuierliche* Darstellung des abgetasteten Signals, d.h. ein kontinuierliches Signal, das bis auf die Abtastzeitpunkte $t = kT$ verschwindet und nur zu den Abtastzeitpunkten den Amplitudenwert des ursprünglichen Signals in Form des *Gewichtes* von Diracimpulsen enthält. Damit ist dieses Signal direkt durch eine Folge, d.h. ein diskretes Signal $x[k]$, darstellbar.

---

1 englisch: sample = Probe, to sample = Proben entnehmen

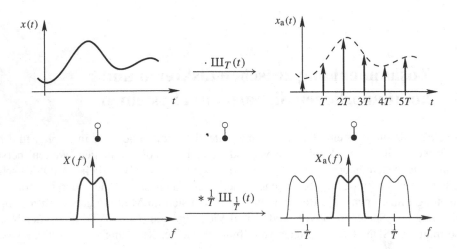

Bild 8.1: Ideale Abtastung eines Signals

Dieser durch Gleichung (8.2) gegebene Zusammenhang zwischen einem diskreten Signal und dessen Darstellung als kontinuierliches, abgetastetes Signal dient uns im folgenden dazu, diskreten Signalen entsprechende Eigenschaften wie den kontinuierlichen Signalen (z.B. ein Spektrum) zuzuordnen. Wenn wir also beispielsweise vom Spektrum eines diskreten Signals $x[k]$ reden, meinen wir damit das Spektrum des über Gleichung (8.2) gegebenen kontinuierlichen Signals.

Unter Anwendung der Multiplikationsregel der Fourier-Transformation und der Korrespondenz der Kammfunktion erhalten wir für das Spektrum des abgetasteten Signals

$$X_a(f) = X(f) * \tfrac{1}{T} \, \text{Ш}_{\frac{1}{T}}(f) = \tfrac{1}{T} \sum_{n=-\infty}^{\infty} X\left(f - \tfrac{n}{T}\right), \qquad (8.3)$$

d.h. das Spektrum des kontinuierlichen Signals wird mit einer Kammfunktion (Diracimpulsreihe) gefaltet. Dies entspricht einer (skalierten) periodischen Fortsetzung des ursprünglichen Spektrums im Abstand $f = 1/T$, d.h. mit der Abtastfrequenz $f_a = 1/T$. Bild 8.1 verdeutlicht diesen Sachverhalt graphisch. Zur Unterscheidung von den periodischen Wiederholungen bezeichnet man das ursprüngliche Spektrum $X(f)$ bzw. den Term für $n = 0$ in Gleichung (8.3) auch als *Basisbandspektrum*. Es wird im folgenden in den Bildern durch eine dickere Strichstärke hervorgehoben.

Umgekehrt kommt man von dem abgetasteten Signal $x_a(t)$ zu dem ursprünglichen Signal $x(t)$, indem man die periodischen Fortsetzungen des Spektrums 'beseitigt', d.h. mit Hilfe eines Tiefpasses wegfiltert. Hierzu verwendet man am besten einen idealen Tiefpaß mit der Grenzfrequenz gleich der halben Frequenz der periodischen Fortsetzung, d.h. der halben Abtastfrequenz (siehe Bild 8.2):

$$H_{\text{IP}}(f) = T \cdot \text{rect}\left(\tfrac{f}{f_a}\right) = T \cdot \text{rect}(f \cdot T) \quad \bullet\!\!-\!\!\circ \quad h_{\text{IP}}(t) = \text{si}\left(\pi \tfrac{t}{T}\right). \qquad (8.4)$$

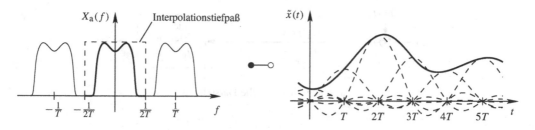

Bild 8.2: Signalrekonstruktion aus den Abtastwerten

Durch diese Filterung *rekonstruiert* man einen stetigen Signalverlauf $\tilde{x}(t)$ aus dem abgetasteten Signal $x_a(t)$, der unter Einhaltung gewisser Bedingungen (Abtasttheorem, siehe Abschnitt 8.1.2) dem ursprünglichen Signal $x(t)$ entspricht:

$$\widetilde{X}(f) = X_a(f) \cdot H_{IP}(f)$$

$$\tilde{x}(t) = x_a(t) * h_{IP}(t) = \left[\sum_{k=-\infty}^{\infty} x[k] \cdot \delta(t - kT) \right] * \text{si}\left(\pi \frac{t}{T}\right) .$$

Ausgeschrieben ergibt dies

$$\tilde{x}(t) = \sum_{k=-\infty}^{\infty} x[k] \cdot \text{si}\left(\pi \frac{t-kT}{T}\right) , \qquad (8.5)$$

was einer *Interpolation* der Abtastwerte entspricht. Daher bezeichnet man $H_{IP}(t)$ als Rekonstruktions- oder Interpolationsfilter bzw. -tiefpaß.

Die Interpolation der Abtastwerte $x(kT) = x[k]$ erfolgt dabei nach Formel (8.5) mit einer si-Funktion, d.h. das kontinuierliche Signal läßt sich als Summe mit den Abtastwerten gewichteter si-Funktionen darstellen. Man beachte, daß diese im Abtastzeitraster kT (bis auf $kT = 0$) Nullstellen aufweisen, woraus sich an diesen Stellen der ursprüngliche Signalwert $\tilde{x}(kT) = x[k] = x(kT)$ ergibt. Bild 8.2 veranschaulicht diesen Zusammenhang graphisch.

Bild 8.3 zeigt den kompletten Vorgang der Abtastung und Rekonstruktion in systemtheoretischer Darstellungsweise und als ideale technische Realisierung. Die Abtastung wird hierbei durch einen im Abtasttakt T infinitesimal kurz schließenden Schalter dargestellt, an dessen Ausgang die Abtastwerte $x[k]$ anliegen. Nach einer eventuellen digitalen Verarbeitung werden diese mit einem idealen Diracimpuls-Generator zum kontinuierlichen abgetasteten Signal $x_a(t)$ 'moduliert' und anschließend mit einem idealen Interpolationsfilter der stetige Signalverlauf $\tilde{x}(t)$ rekonstruiert.

8.1.2   Abtasttheorem

Wir wollen uns nun mit der Frage beschäftigen, unter welchen Bedingungen wir ein kontinuierliches Signal eindeutig durch seine Abtastwerte darstellen beziehungsweise aus diesen wieder fehlerfrei rekonstruieren können.

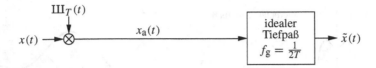

a: systemtheoretische Darstellung

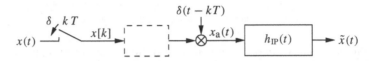

b: technische Realisierung

Bild 8.3: Ideale Abtastung und Rekonstruktion

Tastet man ein auf f_g bandbegrenztes Signal $x(t)$ mit der Abtastrate $f_a = 1/T$ ab, entspricht dies im Frequenzbereich der periodischen Fortsetzung des Signalspektrums $X(f)$ (Basisband-spektrum) mit f_a. Dabei lassen sich folgende zwei Fälle unterscheiden:

- Ist die Abtastrate größer als die doppelte Grenzfrequenz f_g des Signals, d.h. gilt $f_a > 2f_g$, so überlappen sich die periodischen Fortsetzungen *nicht* mit dem Basisbandspektrum. Das ursprüngliche Signal $x(t)$ mit Spektrum $X(f)$ kann daher mit Hilfe eines geeigneten Tiefpasses aus dem abgetasteten Signal $x_a(t)$ (bzw. den Abtastwerten $x[k]$) wieder fehlerfrei rekonstruiert werden (siehe Bild 8.4 a).

- Ist die Abtastrate kleiner als die doppelte Grenzfrequenz des Signals, d.h. gilt $f_a < 2f_g$, so überlappen sich die Spektralanteile. Diesen Sachverhalt bezeichnet man als spektrale *Überfaltung* oder *Aliasing*. Da in diesem Fall das Basisbandspektrum $X(f)$ nicht mehr unverändert im Spektrum des abgetasteten Signals $X_a(f)$ enthalten ist, läßt sich hier das ursprüngliche Signal $x(t)$ *nicht mehr fehlerfrei* rekonstruieren (siehe Bild 8.4 b).

Die durch diese Betrachtung hervorgehende Bedingung für eindeutige und fehlerfreie Darstell-barkeit kontinuierlicher Signale durch Abtastwerte wird zentral im Abtasttheorem formuliert:

Abtasttheorem:

Jedes *bandbegrenzte* Signal $x(t)$ läßt sich eindeutig mit Hilfe von Abtastwerten $x[k] = x(kT)$ darstellen. Die Abtastrate $f_a = 1/T$ muß dazu größer als die doppelte Grenzfrequenz f_g (maximale Frequenz) des Signals gewählt werden:

$$f_a > 2f_g.$$

Die doppelte Grenzfrequenz $2f_g$ (= minimale Abtastrate) bezeichnet man auch als *Nyquist-Frequenz*.

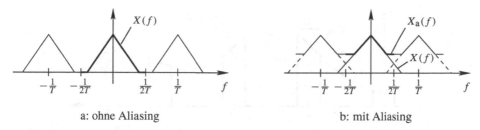

a: ohne Aliasing   b: mit Aliasing

Bild 8.4: Spektren bei Abtastung

Je nach Wahl der Abtastrate können folgende Fälle auftreten:

- Ist die Abtastrate größer als die Nyquistfrequenz, d.h. gilt $f_a > 2f_g$, so spricht man von *Überabtastung*. Das ursprüngliche Signal ist fehlerfrei rekonstruierbar.

- Ist die Abtastrate f_a kleiner als die Nyquistfrequenz, d.h. gilt $f_a < 2f_g$, so spricht man von *Unterabtastung*. In diesem Fall entsteht Aliasing durch die Überfaltung der Spektren und das ursprüngliche Signal läßt sich im allgemeinen *nicht mehr fehlerfrei* aus den Abtastwerten rekonstruieren. Den Grenzfall $f_a = 2f_g$ bezeichnet man als *kritische Abtastung*.

Die zentrale Bedingung für die 'Abtastbarkeit' eines Signals ist also die Bandbegrenzung. Daher wird in der Regel der Abtastung ein Tiefpaß vorgeschaltet, den man als *Anti-Aliasing-Tiefpaß* bezeichnet. Die Grenzfrequenz dieses Tiefpasses ist dabei kleiner als die halbe Abtastrate zu wählen, wobei gegebenenfalls die nicht ideal abfallenden Flanken praktischer Filterimplementierungen zu berücksichtigen sind. Zur Digitalisierung eines Sprachsignals in Telefonqualität (Abtastrate $f_a = 8$ kHz) wählt man beispielsweise die Grenzfrequenz des Tiefpasses zu etwa 3.5 kHz.

Aufgrund der Dualität zwischen Zeit- und Frequenzbereich läßt sich auch ein entsprechendes Abtasttheorem für den Frequenzbereich angeben: Jedes auf T_p *zeitbegrenzte* (bzw. T_p-periodische) Signal $x(t)$ läßt sich eindeutig mit Hilfe von Abtastwerten seines Spektrums $X[n] = X(n/T_p)$ darstellen (siehe Fourier-Reihe, Abschnitt 8.2.2).

8.1.3   Nichtideale Abtastung und Rekonstruktion

Die Betrachtung der Signalabtastung und -rekonstruktion in Abschnitt 8.1.1 basierte auf idealen Komponenten (Dirac-Abtaster und Dirac-Impulsgenerator), welche technisch jedoch nicht realisierbar sind. Im folgenden Abschnitt wollen wir uns daher mit der Problematik realer, nichtidealer Komponenten beschäftigen, die wir zunächst geeignet modellieren und anschließend die daraus resultierenden Auswirkungen systemtheoretisch diskutieren.

8.1.3.1   Nichtideale Abtastung

In der Regel realisiert man die Abtastung mit Hilfe eines *Abtasthaltegliedes* (Sample-and-Hold-Glied, S&H-Glied), das aus einem elektronischen Schalter besteht, der periodisch für eine kurze, endliche Zeitdauer ΔT schließt und während dieser Zeitspanne einen Kondensator auf die Signalspannung lädt. Die nach Öffnen des Schalters resultierende Kondensatorspannung stellt den

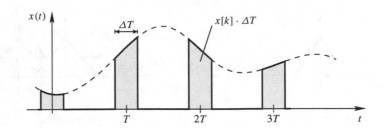

Bild 8.5: Reale Abtastung eines Signals

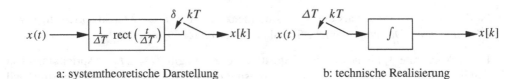

a: systemtheoretische Darstellung   b: technische Realisierung

Bild 8.6: Realer Abtastvorgang

Signalwert für die nachfolgende Analog-Digital-Wandlung (AD-Wandlung) und somit den 'Abtastwert' $x[k]$ dar. Der Wert ergibt sich durch Kurzzeitintegration über die Zeitdauer ΔT (siehe Bild 8.5 und vergleiche Formel (5.54) von Seite 126) zu

$$x[k] = \frac{1}{\Delta T} \int\limits_{kT-\frac{\Delta T}{2}}^{kT+\frac{\Delta T}{2}} x(t)\, dt = x(t) * \frac{1}{\Delta T} \operatorname{rect}\left(\frac{t}{\Delta T}\right)\Big|_{t=kT}.$$

Bild 8.6 stellt die systemtheoretische Beschreibung und die technische Realisierung dar. Der Unterschied zur idealen Abtastung nach Gleichung (8.1) besteht also in einer zusätzlichen Faltung des Signals mit einer sogenannten Abtastfunktion, in unserem Fall ein Rechteckimpuls.

Entsprechend den Gleichungen (8.2) und (8.3) bei idealer Abtastung läßt sich nun das real abgetastete Signal und sein Spektrum wie folgt darstellen:

$$x_a(t) = \left[x(t) * \frac{1}{\Delta T} \operatorname{rect}\left(\frac{t}{\Delta T}\right) \right] \cdot \quad \text{III}_T(t)$$

$$X_a(f) = \left[X(f) \cdot \operatorname{si}(\pi\,\Delta T f) \right] * \frac{1}{T}\,\text{III}_{\frac{1}{T}}(f).$$

Hieraus erkennt man, daß der durch den nichtidealen Abtastvorgang verursachte Fehler im Frequenzbereich eine Gewichtung des Spektrums mit einer si-Funktion verursacht (siehe Bild 8.7). Da die Abtastdauer ΔT nicht länger als das Abtastintervall T gewählt werden kann, folgt für die

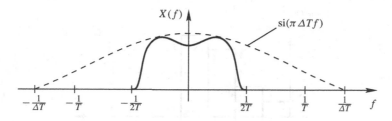

Bild 8.7: Spektrum bei realer Abtastung

erste Nullstelle dieser si-Funktion

$$f = \frac{1}{\Delta T} \geq \frac{1}{T} = f_{\mathrm{a}},$$

d.h. sie liegt stets über (oder maximal auf) der Abtastrate. Je kleiner die Abtastdauer ΔT gewählt wird, desto weiter verschiebt sich dieser Wert (Nullstelle) nach oben (Verbreiterung der si-Funktion), womit sich der resultierende Spektralfehler reduziert. Der maximale Fehler entsteht bei der größten Abtastdauer $\Delta T = T$ bei der höchsten Signalfrequenz ($f_{\mathrm{a}}/2$ nach dem Abtasttheorem) und beträgt

$$\mathrm{si}(\pi \Delta T f) = \mathrm{si}\left(\pi T \frac{f_{\mathrm{a}}}{2}\right) = \mathrm{si}\left(\frac{\pi}{2}\right) = \frac{2}{\pi} \approx 0.637.$$

Da die Abtastdauer in der Regel erheblich kürzer ist, kann der durch die nichtideale Abtastung verursachte Fehler in vielen Fällen vernachlässigt werden. Es besteht allerdings auch die Möglichkeit, diesen Fehler durch ein nachgeschaltetes digitales Filter mit dem entsprechend inversen Frequenzgang wieder zu korrigieren. Im Gegensatz dazu können die durch die Analog-Digital-Umsetzung entstehenden Quantisierungsfehler der Amplitude nachträglich nicht mehr korrigiert werden.

8.1.3.2 Nichtideale Rekonstruktion

Bei der idealen Signalrekonstruktion wird der Übergang von den diskreten Abtastwerten $x[k]$ auf den kontinuierlichen Signalverlauf $x_{\mathrm{a}}(t)$ mit Hilfe von Dirac-Impulsen erreicht. Diese nicht realisierbaren Impulse sind technisch auch nicht sinnvoll approximierbar, was neben ihrer unendlichen Bandbreite (infinitesimale Zeitdauer) vor allem durch ihre große (idealerweise unendliche) Amplitude, die jedes reale System übersteuern würde, begründet ist. Bei realen Digital-Analog-Wandlern versucht man daher nicht, den idealen kontinuierlichen Signalverlauf $x_{\mathrm{a}}(t)$ mit hohen, schmalen Impulsen anzunähern, sondern erzeugt aus den Abtastwerten $x[k]$ mit Hilfe eines Haltegliedes ein treppenförmiges Ausgangssignal $x_{\mathrm{tr}}(t)$, siehe Bild 8.8.

Systemtheoretisch läßt sich dieser Signalverlauf durch die Faltung des mit den Abtastwerten gewichteten Impulskammes, d.h. dem Signal $x_{\mathrm{a}}(t)$ mit einem kausalen Rechteckimpuls der Dauer T beschreiben:

$$x_{\mathrm{tr}}(t) = x_{\mathrm{a}}(t) * \frac{1}{T} \mathrm{rect}\left(\frac{t}{T} - \frac{1}{2}\right).$$

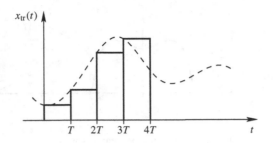

Bild 8.8: Signalverlauf am Ausgang eines realen Digital-Analog-Wandlers

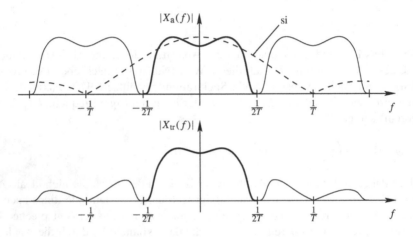

Bild 8.9: Signalspektrum bei nichtidealer Rekonstruktion mit Halteglied

Das korrespondierende Spektrum berechnet sich daraus zu

$$X_{\mathrm{tr}}(f) \;=\; X_{\mathrm{a}}(f) \;\cdot\; \mathrm{si}\,(\pi T f) \cdot e^{-j\pi T f}\,,$$

d.h. das periodische Signalspektrum $X_{\mathrm{a}}(f)$ wird mit einer si-Funktion gewichtet, deren erste Nullstelle bei der Abtastfrequenz liegt, siehe Bild 8.9. Durch diese Abtastwerte-Interpolation mit Rechteckimpulsen werden also die (ungewollten) periodischen Spektrumsfortsetzungen bereits stark gedämpft; allerdings erfährt auch das (gewünschte) Basisbandspektrum wieder eine spektrale Veränderung, die als *si-Verzerrung* bezeichnet wird. Der resultierende Fehler entspricht genau dem bei der nichtidealen Abtastung diskutierten Grenzfall, d.h. die höchsten Signalfrequenzen werden um den Faktor $2/\pi$ abgesenkt. Diese Signalverzerrung kann durch eine entsprechende *si-Korrektur* rückgängig gemacht werden, wobei diese in der Regel bereits im Digitalen als Vorentzerrung durchgeführt wird.

Die verbleibenden periodischen Spektrumsfortsetzungen (bzw. die Sprungstellen im Zeitsignal) können mit Hilfe eines nachgeschalteten Tiefpasses beseitigt werden. Dabei ist zu beachten, daß der hierfür optimale Frequenzgang eines idealen Tiefpasses technisch ebenfalls nur approximiert werden kann (siehe Abschnitt 7.3.1). Eine fehlerfreie Rekonstruktion diskreter Signale ist aber

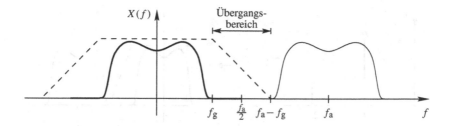

Bild 8.10: Signalrekonstruktion mit nichtidealem Tiefpaß

auch bei nichtidealen Interpolations- bzw. Rekonstruktionsfiltern mit Übergangsbereich möglich, sofern man die Abtastrate entsprechend höher als die Nyquistrate wählt (Überabtastung). Die Spektraldarstellung in Bild 8.10 erläutert diesen Sachverhalt graphisch. Man erkennt, daß sich der Übergangsbereich des realen Tiefpasses von f_g bis $f_a - f_g$ erstrecken, d.h. die Breite $f_a - 2f_g = f_a - f_{a,min}$ besitzen darf.

> Die Approximation und Realisierung von Frequenzgängen mit analogen Filtern wird relativ schnell aufwendig und ist oft nur mit Einschränkungen möglich. Außerdem sind solche Schaltungen, insbesondere die von 'guten' Filtern mit steilen Übergangsbereichen, recht empfindlich gegenüber Bauteiltoleranzen und Temperaturdrifts. Der Aufwand und die Kosten analoger Filter steigen daher überproportional stark mit ihrer Güte und Genauigkeit an. Im Gegensatz dazu läßt sich mit digitalen Filtern praktisch jeder Frequenzgang mit beliebiger Genauigkeit approximieren, wobei der Aufwand nur etwa linear mit den Güteanforderungen anwächst. Aus diesem Grunde verlagert man gerne Filterprobleme vom analogen in den digitalen Bereich.

Beispiel 8.1: Signalrekonstruktion mit Überabtastung

Das auf einer CD gespeicherte Audiosignal enthält Frequenzen bis etwa $f_g = 20\,\text{kHz}$, wobei die Abtastfrequenz $f_a = 44.1\,\text{kHz}$ beträgt. Zur fehlerfreien Rekonstruktion wird ein (analoger) Tiefpaß benötigt, dessen Übergangsbereich sich von $f_g = 20\,\text{kHz}$ bis $f_a - f_g = 24.1\,\text{kHz}$ erstreckt, d.h. eine relative Breite von etwa $4.1\,\text{kHz}/20\,\text{kHz} \approx 20\%$ aufweist. Bei verdoppelter Abtastrate $f_a' = 2f_a$ (2-fache Überabtastung, 2-times over sampling) darf sich der Übergangsbereich bis zu $f_a' - f_g = 68.2\,\text{kHz}$ erstrecken, siehe Bild 8.11. Neben der einfacheren und unkritischeren Realisierung verursacht ein solches Filter mit breiterem Übergangsbereich auch weniger Verzerrungen im Durchlaßbereich, wodurch sich die Signalqualität verbessert. ∎

> Die Darstellung und Speicherung eines Signals mit einer deutlich höheren Abtastrate als die Nyquistrate ist aus Aufwandsgründen (Speicherbedarf) nicht sinnvoll und außerdem auch nicht nötig, da das Abtasttheorem in jedem Fall die fehlerfreie Signalrekonstruktion sicherstellt. So lassen sich durch die Auswertung der Interpolationsformel (8.5) von Seite 235 die für eine 'digitale' Abtastratenerhöhung benötigten Zwischenwerte $x(kT + T/2)$ exakt berechnen. Im Spektralbereich betrachtet, bedeutet dies eine Filterung mit einem idealen Tiefpaß. Die exakte Auswertung der Interpolationsformel ist jedoch aufgrund der unendlichen Summe nicht möglich und eine Näherungslösung ist durch die vielen zu berücksichtigenden Terme (langsam abklingende si-Funktion) relativ rechenintensiv. Man benutzt daher stattdessen digitale Filter, die den Frequenzgang eines idealen Tiefpasses approximieren und einen Kompromiß zwischen Genauigkeit und Rechenaufwand darstellen.

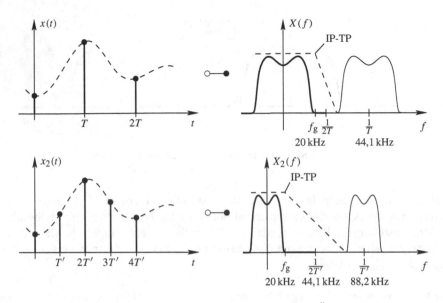

Bild 8.11: Signalrckonstruktion ohne und mit 2-facher Überabtastung

Bild 8.12 stellt den prinzipiellen Vorgang der digitalen Überabtastung systemtheoretisch dar. Ausgangspunkt sind die originalen Abtastwerte im Zeitabstand T, deren Spektrum daher die Periodizität $1/T$ aufweist. Durch Upsampling, d.h. dem Einfügen von je einem Nullsample zwischen zwei Abtastwerten, verdoppelt man die Abtastrate bzw. halbiert die Länge des Abtastintervalls auf $T' = T/2$. Das Spektrum des dadurch repräsentierten kontinuierlichen Signals ändert sich nicht, da die eingefügten Nullsamples Dirac-Impulsen mit dem Gewicht null entsprechen. Allerdings verdoppelt sich hierdurch die (zwangsläufige) Periodizität des Spektrums auf $f_a' = 1/T' = 2/T$, so daß mit dem eingezeichneten digitalen Filter die erste periodische Basisbandfortsetzung bei $1/T$ unterdrückt werden kann. Im Zeitbereich entspricht dies der Zwischenwert-Interpolation, wodurch man ein Signal mit der gegenüber dem ursprünglichen Signal verdoppelten Abtastrate bekommt.

8.2   Diskrete Fourier-Transformationen

Im letzten Abschnitt haben wir mit der Abtastung eine Verbindung zwischen der kontinuierlichen und diskreten 'Welt' kennengelernt. Wir wissen nun, wie und unter welchen Bedingungen sich kontinuierliche Signale (Funktionen) als diskrete Folgen darstellen (und verarbeiten) lassen, beziehungsweise umgekehrt sich Zahlenfolgen in analoge Signale wandeln lassen.

Neben der Laplace-Transformation, der im Diskreten die z-Transformation entspricht, verfügen wir mit der Fourier-Transformation über ein weiteres wichtiges Hilfsmittel zur Darstellung und Berechnung kontinuierlicher Signale und Systeme. Im folgenden wollen wir ihr Pendant für zeitdiskrete Signale, die *zeitdiskrete Fourier-Transformation* behandeln. Zusätzlich werden wir entsprechende Transformationen für Signale mit diskretem Spektrum (Abtastung im Frequenzbereich) kennenlernen.

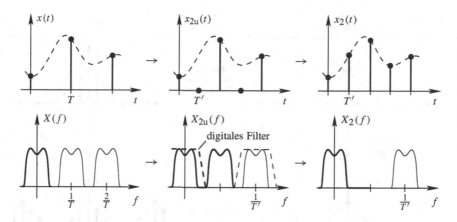

Bild 8.12: Realisierung der digitalen Abtastratenerhöhung

Im letzten Abschnitt haben wir gesehen, daß abgetastete (diskrete) Signale ein periodisches Spektrum aufweisen. Die hierzu duale Beziehung ist uns schon aus Abschnitt 6.3.4 bekannt, nämlich als Tatsache, daß zu einem periodischen Signal ein (diskretes) Linienspektrum gehört:

Abgetastetes Signal	○—●	Periodisches Spektrum
Periodisches Signal	○—●	Linienspektrum

Hieraus folgt die weitere Beziehung, daß ein periodisches, abgetastetes Signal ein periodisches Linienspektrum besitzt. Zusammen mit dem allgemeinen Fall (kontinuierliches nicht periodisches Signal) ergeben sich daher insgesamt vier Fälle, welche in Bild 8.13 zusammenfassend dargestellt sind.

Für jeden dieser vier Fälle existiert eine entsprechende Transformation zur Beschreibung der Beziehung zwischen Zeit- und Frequenzbereich. Tabelle 8.1 stellt diese wieder in der Form von Bild 8.13, d.h. als Kombinationen kontinuierlicher und diskreter Funktionen von Zeit- und Frequenzbereich dar. Von diesen vier Transformationen ist uns bisher nur die Fourier-Transformation bekannt, die jedoch den allgemeinen Fall (beliebige kontinuierliche Signale) abdeckt. Die anderen Transformationen lassen sich hieraus ableiten, was Gegenstand der folgenden Abschnitte sein wird.

8.2.1   Zeitdiskrete Fourier-Transformation

8.2.1.1   Herleitung und Definition

Die zeitdiskrete Fourier-Transformation beschreibt den Zusammenhang zwischen Zeit- und Frequenzbereich für diskrete Signale. Dabei basiert die Zuordnung eines Spektrums zu einer diskreten Signal*folge* auf ihrer (kontinuierlichen) Darstellung als abgetastete Signal*funktion* nach

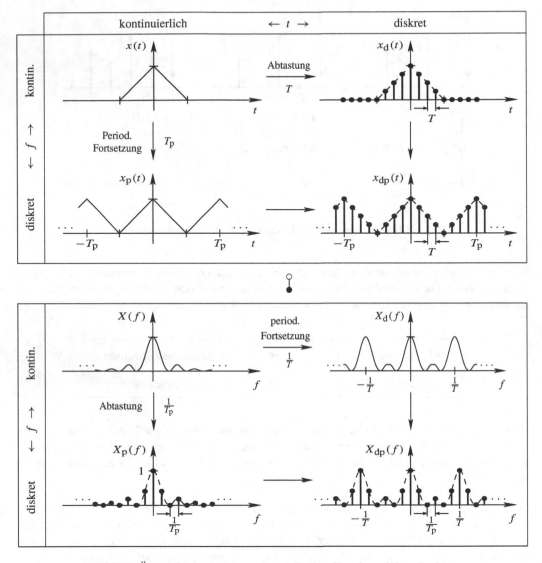

Bild 8.13: Übersicht abgetasteter und periodischer Signale und ihrer Spektren

		Zeitbereich	
		kontinuierlich	diskret (periodisches Spektrum)
Frequenzbereich	kontin.	Fourier- Transformation	Zeitdiskrete Fourier-Transformation
	diskret (per. Signal)	Fourier- Reihe	Diskrete Fourier-Transformation

Tabelle 8.1: Übersicht Transformationen für abgetastete und periodische Signale

Abschnitt 8.1.1. Hierdurch wird die Definition des Spektrums eines diskreten Signals auf den bekannten kontinuierlichen Fall, d.h. die Fourier-Transformation zurückgeführt.

Wir ordnen daher der Folge $x[k]$ als Spektrum $X(f)$ die Fourier-Transformierte des korrespondierenden abgetasteten Signals $x_a(t)$ zu:

$$x[k] \quad \overset{\mathcal{F}_z}{\circ\!\!-\!\!\bullet} \quad X(f) \; := \; X_a(f) \quad \bullet\!\!-\!\!\circ^{\mathcal{F}} \quad x_a(t) \,,$$

wobei der Zusammenhang zwischen Folge $x[k]$ und Signal $x_a(t)$ durch Gleichung (8.2) von Seite 233 beschrieben wird:

$$x_a(t) \; = \; \sum_{k=-\infty}^{\infty} x[k] \cdot \delta(t - kT) \,.$$

Die Fourier-Transformation dieses Ausdrucks liefert:

$$X_a(f) \; = \; \int_{-\infty}^{\infty} x_a(t) \cdot e^{-j2\pi ft} dt \; = \; \int_{-\infty}^{\infty} \sum_{k=-\infty}^{\infty} x[k] \, \delta(t - kT) \, e^{-j2\pi ft} dt$$

$$= \; \sum_{k=-\infty}^{\infty} x[k] \int_{-\infty}^{\infty} \delta(t - kT) \, e^{-j2\pi ft} \, dt \; = \; \sum_{k=-\infty}^{\infty} x[k] \, e^{-j2\pi fTk} \,.$$

Man beachte, daß dieser Ausdruck große Ähnlichkeit mit der Definition der (zweiseitigen) z-Transformation

$$X_z(z) \; = \; \sum_{k=-\infty}^{\infty} x[k] \, z^{-k}$$

besitzt und sich daher über die Variablensubstitution

$$z = e^{j2\pi Tf}$$

direkt aus ihr berechnen läßt. Die für abgetastete Signale bekannte Periodizitätseigenschaft ergibt sich durch den komplexen Exponentialterm, der für Werte $Tf = n$, $n \in \mathbb{Z}$ stets den selben Wert annimmt, wodurch das Ergebnis mit $f = 1/T$ periodisch wird. Es genügt daher im Regelfall die Betrachtung einer Periode, wobei sich hierfür die Grundperiode, d.h. der Funktionsverlauf im Bereich $-1/2T \leq f < 1/2T$ anbietet.

Häufig stellt man die zeitdiskrete Fourier-Transformierte nicht über der absoluten Frequenz f, sondern über die auf die Abtastfrequenz normierte diskrete Kreisfrequenz Ω dar (vergleiche Seite 23).

Diskrete Kreisfrequenz:

$$\Omega = 2\pi \frac{f}{f_a} = 2\pi Tf \,. \tag{8.6}$$

Die Grundperiode $-\frac{1}{2T} < f < \frac{1}{2T}$ entspricht dann $-\pi < \Omega < \pi$.

Über diese Darstellung wird das Spektrum der Folge, genau wie die Folge selbst, unabhängig von der Abtastrate (und dimensionslos) beschrieben.

Damit kommen wir zu folgender Definition:

Zeitdiskrete Fourier-Transformation:

$$X_{\mathcal{F}_z}(f) = \mathcal{F}_z\{x[k]\} = \sum_{k=-\infty}^{\infty} x[k]\, e^{-j2\pi Tfk} = X_z(z)\Big|_{z=e^{j2\pi Tf}} \tag{8.7}$$

$$X_{\mathcal{F}_z}(\Omega) = \mathcal{F}_z\{x[k]\} = \sum_{k=-\infty}^{\infty} x[k]\, e^{-j\Omega k} = X_z(z)\Big|_{z=e^{j\Omega}} \,. \tag{8.8}$$

Die der zeitdiskreten Fourier-Transformation entsprechend inverse Beziehung ist die

---

Inverse zeitdiskrete Fourier-Transformation:

$$x[k] = T \int\limits_{-1/2T}^{1/2T} X_{\mathcal{F}_z}(f)\, e^{j2\pi Tfk}\, df = \frac{1}{2\pi} \int\limits_{-\pi}^{\pi} X_{\mathcal{F}_z}(\Omega)\, e^{j\Omega k}\, d\Omega \,. \tag{8.9}$$

Dies kann direkt durch Einsetzen von Gleichung (8.7) bzw. (8.8) gezeigt werden:

$$x[k] = \frac{1}{2\pi} \int\limits_{-\pi}^{\pi} \sum_{l=-\infty}^{\infty} x[l]\, e^{-j\Omega l} \cdot e^{j\Omega k} df = \sum_{l=-\infty}^{\infty} x[l] \underbrace{\frac{1}{2\pi} \int\limits_{-\pi}^{\pi} e^{j\Omega(k-l)}\, df}_{\substack{= \,\delta[k-l] \\ \uparrow \\ (A.84)}} = x[k].$$

Neben dem bereits erwähnten engen Zusammenhang mit der z-Transformierten existiert auch eine Verbindung zur Fourier-Transformierten kontinuierlicher Signale. Entsteht nämlich das diskrete Signal durch Abtastung eines kontinuierlichen Signals $x(t)$, so ergibt sich nach Gleichung (8.3) von Seite 234 die zeitdiskrete Fourier-Transformierte des diskreten Signals $x[k] = x(kT)$ als periodische Fortsetzung des Spektrums $X_{\mathcal{F}}(f)$ $\bullet\!\!-\!\!\circ$ $x(t)$ mit $1/T$ (siehe dazu Beispiel 8.2):

$$X_{\mathcal{F}_z}(f) = \frac{1}{T} \sum_{n=-\infty}^{\infty} X_{\mathcal{F}}\left(f - \frac{n}{T}\right). \tag{8.10}$$

Man beachte, daß dieser Zusammenhang auch dann gilt, wenn das Abtasttheorem *nicht* eingehalten wird, sofern die dadurch entstehenden Überfaltungen berücksichtigt werden. In diesem Fall entspricht jedoch die Grundperiode des resultierenden Spektrums $X_{\mathcal{F}_z}(f)$ nicht dem Spektrum $X_{\mathcal{F}}(f)$ des kontinuierlichen Signals (Basisbandspektrum), vergleiche Bild 8.4.

Aus Gründen der Übersichtlichkeit verzichtet man oft auf die explizite Darstellung der Periodizität und gibt in den Ausdrücken nur die Grundperiode an:

$$X_{\mathcal{F}_z}(f) = \frac{1}{T} X_{\mathcal{F}}(f), \quad -\frac{1}{2T} < f < \frac{1}{2T}. \tag{8.11}$$

Man beachte jedoch den Faktor $1/T$ zwischen der kontinuierlichen und zeitdiskreten Fourier-Transformierten, der sich aus der Beziehung (8.10) ergibt.

Beispiel 8.2:   **Zeitdiskrete Fourier-Transformation der Kosinusfolge**

Die zeitdiskrete harmonische Schwingung

$$x[k] = \cos(2\pi T f_0 k) = \cos(\Omega_0 k)$$

entsteht durch Abtastung des kontinuierlichen Signals

$$x_k(t) = \cos(2\pi f_0 t) \quad \circ\!\!-\!\!\overset{\mathcal{F}}{\bullet} \quad X_k(f) = \frac{1}{2}\big[\delta(f + f_0) + \delta(f - f_0)\big]$$

und hat daher die zeitdiskrete Fourier-Transformierte (siehe Bild 8.14)

$$X_{\mathcal{F}_z}(f) = \frac{1}{2}\big[\delta(f + f_0) + \delta(f - f_0)\big] * \frac{1}{T}\,\text{Ш}_{\frac{1}{T}}(f)$$

$$= \frac{1}{2T}\big[\delta(f + f_0) + \delta(f - f_0)\big], \quad -\frac{1}{2T} < f < \frac{1}{2T}$$

bzw.

$$X(\Omega) = \pi\,[\delta(\Omega + \Omega_0) + \delta(\Omega - \Omega_0)], \quad -\pi < \Omega < \pi. \qquad \blacksquare$$

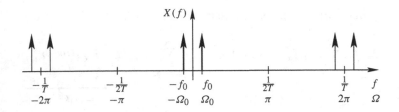

Bild 8.14: Spektrum einer abgetasteten Kosinus-Schwingung (Frequenz f_0)

kontinuierlich	$x(t)$	$\overset{\mathcal{F}}{\circ\!\!-\!\!\bullet}$	$X_{\mathcal{F}}(f)$
abgetastet	$\begin{aligned}x_{\mathrm{a}}(t) &= x(t) \cdot \text{Ш}_T(t) \\ &= \sum_k x[k] \cdot \delta(t - kT)\end{aligned}$	$\overset{\mathcal{F}}{\circ\!\!-\!\!\bullet}$	$X_{\mathrm{a}}(f) = \frac{1}{T}\sum_n X_{\mathcal{F}}\left(f - \frac{n}{T}\right)$
diskret	$x[k]$	$\overset{\mathcal{F}_z}{\circ\!\!-\!\!\bullet}$	$X_{\mathcal{F}_z}(f) = X_{\mathrm{a}}(f) = X_z(e^{j2\pi Tf})$

Tabelle 8.2: Zusammenhang zwischen kontinuierlichen und diskreten Signalen und ihren Spektren

Zusammenfassend lassen sich folgende drei Möglichkeiten zur Berechnung der zeitdiskreten Fourier-Transformation angeben:

- direkt über die Transformationsformel (8.7) bzw. (8.8)
- über die z-Transformierte $X_z(z)$ des diskreten Signals mit der Beziehung
  $$X_{\mathcal{F}_z}(f) = X_z(e^{j2\pi Tf}) \text{ bzw. } X_{\mathcal{F}_z}(\Omega) = X_z(e^{j\Omega}) \text{ oder}$$
- aus der Fourier-Transformierten $X_{\mathcal{F}}(f)$ einer entsprechenden kontinuierlichen Zeitfunktion mit $x(kT) = x[k]$ über die Beziehung
  $$X_{\mathcal{F}_z}(f) = \frac{1}{T}\sum_{n=-\infty}^{\infty} X_{\mathcal{F}}\left(f - \frac{n}{T}\right).$$

Der Zusammenhang zwischen den unterschiedlichen Signaldarstellungen von kontinuierlich bis diskret und ihren jeweiligen Spektren wird in Tabelle 8.2 zusammengefaßt.

Abschließend wollen wir die Korrespondenz der periodischen Impulsfolge $\text{Ш}_N[k]$ herleiten:

$$\text{Ш}_N[k] = \sum_{n=-\infty}^{\infty} \delta[k - nN] \quad \circ\!\!-\!\!\bullet \quad \sum_{n=-\infty}^{\infty} z^{-nN}\Big|_{z=e^{j2\pi Tf}} = \sum_{n=-\infty}^{\infty} e^{-j2\pi nNTf}.$$

Mit den Beziehungen (A.83) und (A.87) von Seite 324 erhalten wir das Ergebnis

$$\text{Ш}_N[k] \quad \circ\!\!-\!\!\bullet \quad \text{Ш}(fNT) = \frac{1}{NT}\text{Ш}_{\frac{1}{NT}}(f) = \frac{2\pi}{N}\text{Ш}_{\frac{2\pi}{N}}(\Omega). \tag{8.12}$$

Eine Zusammenfassung aller wichtiger Korrespondenzen findet sich in der Korrespondenztabelle im Anhang auf Seite 347.

8.2.1.2 Eigenschaften und Rechenregeln

Über den Zusammenhang mit der Fourier- und z-Transformation lassen sich viele Eigenschaften und Rechenregeln direkt aus den uns dafür bekannten Regeln herleiten. Eine Übersicht findet sich wieder im Anhang auf Seite 346.

Von zentraler Bedeutung ist wieder die

Faltungsregel:

$$x[k] * y[k] \quad \circ\!\!-\!\!\bullet \quad X(f) \cdot Y(f) \tag{8.13}$$

$$x[k] * y[k] \quad \circ\!\!-\!\!\bullet \quad X(\Omega) \cdot Y(\Omega) . \tag{8.14}$$

Wie bei der Fourier-Transformation ist die Systemantwort einfach über den Spektralbereich berechenbar: Das Spektrum des Ausgangssignals ergibt sich aus dem Spektrum des Eingangssignals und dem *Frequenzgang* des Systems.

Beispiel 8.3:   Mittelungsfilter mit harmonischer Schwingung am Eingang

Wir betrachten das diskrete System (digitale Filter) mit der Impulsantwort

$$h[k] = \tfrac{1}{3} \operatorname{rect}_3[k+1] = \tfrac{1}{3}\left(\delta[k+1] + \delta[k] + \delta[k-1]\right) ,$$

welches den gleitenden Mittelwert der Länge 3 berechnet (symmetrisch, akausal).

Den Frequenzgang erhalten wir durch die zeitdiskrete Fourier-Transformation:

$$H(\Omega) = H_z(z)\Big|_{z=e^{j\Omega}} = \tfrac{1}{3}\Big[1 + \underbrace{e^{j\Omega} + e^{-j\Omega}}_{2\cos(\Omega)}\Big] = \tfrac{1}{3}\left[1 + 2\cos(\Omega)\right] .$$

Als Eingangssignal nehmen wir die Schwingung aus Beispiel 8.2

$$x[k] = \cos(\Omega_0 k) \quad \circ\!\!-\!\!\bullet \quad X(\Omega) = \pi\left[\delta(\Omega + \Omega_0) + \delta(\Omega - \Omega_0)\right] .$$

Der Ausgang ergibt sich nach der Faltungsregel zu:

$$Y(\Omega) = H(\Omega) \cdot X(\Omega) = \pi\left[H(-\Omega_0)\,\delta(\Omega + \Omega_0) + H(\Omega_0)\,\delta(\Omega - \Omega_0)\right] .$$

Da in unserem speziellen Fall $H(\Omega)$ eine gerade Funktion ist, läßt sich der Ausdruck vereinfachen zu

$$Y(\Omega) = \pi\, H(\Omega_0)\left[\delta(\Omega + \Omega_0) + \delta(\Omega - \Omega_0)\right] ,$$

woraus sich das Zeitsignal ($H(\Omega_0)$ skalar)

$$y[k] = H(\Omega_0) \cdot \cos(\Omega_0 k) = \tfrac{1}{3}\left[1 + 2\cos(\Omega_0)\right] \cdot \cos(\Omega_0 k)$$

ergibt. Bild 8.15 veranschaulicht das Verhalten des digitalen Filters anhand der Eingangs- und Ausgangssignale in vier Beispielen, zu denen folgende Tabelle die betrachteten Signalfrequenzen

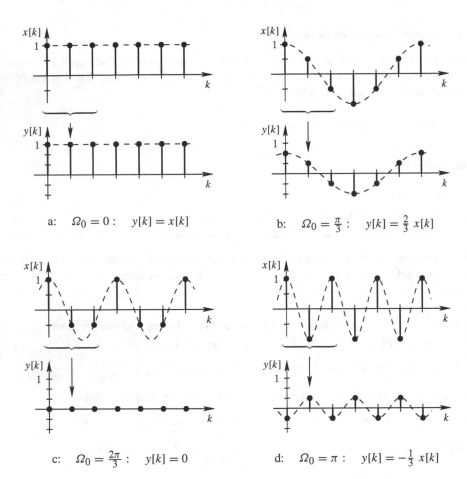

Bild 8.15: Digitale Filterung von Schwingungen unterschiedlicher Frequenz

mit den zugehörigen Frequenzgangwerten enthält:

Ω_0	0	$\frac{\pi}{3}$	$\frac{2\pi}{3}$	π
$H(\Omega_0)$	1	$\frac{2}{3}$	0	$-\frac{1}{3}$

■

Die Faltungsregel wird für komplexe Exponentialfolgen, welche die Eigenfolgen von diskreten LTI-Systemen darstellen (siehe Abschnitt 3.4.5), wieder besonders einfach. Das Signal

$$x[k] = e^{j\Omega_0 k} \quad \circ\!\!-\!\!\bullet \quad X(\Omega) = 2\pi\,\delta(\Omega - \Omega_0)\,, \quad \pi < \Omega < \pi$$

am Eingang eines (beliebigen linearen) Systems $H(\Omega)$ führt am Ausgang zu

$$Y(\Omega) = H(\Omega) \cdot X(\Omega) = H(\Omega_0) \cdot X(\Omega)$$

und, weil $H(\Omega_0)$ skalar ist, weiter zu

$$y[k] = H(\Omega_0) \cdot x[k].$$ (8.15)

Das Ausgangssignal entspricht damit bis auf eine Skalierung mit $H(\Omega_0)$ dem Eingangssignal (vergleiche Zusammenhang mit komplexer Wechselstromrechnung nach Abschnitt 6.3.7).

Einer Erläuterung bedarf noch die Regel der

Multiplikation im Zeitbereich:

$$x[k] \cdot y[k] \quad \circ\!\!-\!\!\bullet \quad T \cdot X(f) \circledast Y(f)$$ (8.16)

$$x[k] \cdot y[k] \quad \circ\!\!-\!\!\bullet \quad \frac{1}{2\pi} \cdot X(\Omega) \circledast Y(\Omega).$$ (8.17)

Der Multiplikation im Zeitbereich entspricht die *periodische* Faltung (siehe Abschnitt 5.4.5) im Frequenzbereich. Dies erscheint logisch, da hier die Spektren periodisch sind.

Die Herleitung führen wir mit Hilfe der Beziehung (8.10) über die Fourier-Transformierte der entsprechenden kontinuierlichen Signale durch und wenden dabei die Multiplikationsregel (6.40) von Seite 185 an:

$$\mathcal{F}_z\{x[k] \cdot y[k]\} = \frac{1}{T} \sum_{n=-\infty}^{\infty} \mathcal{F}\{x(t) \cdot y(t)\}\Big|_{f=f-\frac{n}{T}} = \frac{1}{T} \sum_{n=-\infty}^{\infty} X_{\mathcal{F}}(f) * Y_{\mathcal{F}}(f)\Big|_{f=f-\frac{n}{T}}$$

$$= \frac{1}{T} \sum_{n=-\infty}^{\infty} \int_{-\infty}^{\infty} X_{\mathcal{F}}(\nu) \cdot Y_{\mathcal{F}}\left(f - \frac{n}{T} - \nu\right) d\nu.$$

Die Vertauschung von Summe und Integral führt uns mit Beziehung (8.10) auf.

$$\mathcal{F}_z\{x[k] \cdot y[k]\} = \int_{-\infty}^{\infty} X_{\mathcal{F}}(\nu) \cdot Y_{\mathcal{F}_z}(f - \nu) d\nu.$$

Wir spalten nun das Integral in Abschnitte der Länge $f_a = \frac{1}{T}$ auf und führen anschließend im Integral die Variablensubstitution $\nu' = \nu - \frac{n}{T}$ durch:

$$\mathcal{F}_z\{x[k] \cdot y[k]\} = \sum_{n=-\infty}^{\infty} \int_{n/T}^{n+1/T} X_{\mathcal{F}}(\nu) \cdot Y_{\mathcal{F}_z}(f - \nu) d\nu$$

$$= \sum_{n=-\infty}^{\infty} \int_{0}^{1/T} X_{\mathcal{F}}\left(\nu' + \frac{n}{T}\right) \cdot Y_{\mathcal{F}_z}\left(f - \nu' - \frac{n}{T}\right) d\nu'$$

$$= T \int_{0}^{1/T} X_{\mathcal{F}_z}(\nu') \cdot Y_{\mathcal{F}_z}(f - \nu') d\nu'.$$ (8.18)

Im letzten Schritt haben wir wieder Summe und Integral vertauscht, Beziehung (8.10) angewandt und die Periodizität von $Y_{\mathcal{F}_z}$ ausgenützt. Man erkennt, daß der letzte Ausdruck die *periodische Faltung* nach Gleichung (5.57) von Seite 127 im Frequenzbereich darstellt, was uns direkt auf die Multiplikationsregel (8.16) beziehungsweise nach Variablensubstitution $\Omega = 2\pi T f$ auf die Form (8.17) führt.

Ersetzen wir in Gleichung (8.18) das Signal $y[k]$ durch sein konjugiert komplexes Pendant $y^*[k]$, so erhalten wir

$$\mathcal{F}_z\left\{x[k] \cdot y^*[k]\right\} \;=\; T \int\limits_{-1/2T}^{1/2T} X_{\mathcal{F}_z}(\nu) \cdot Y_{\mathcal{F}_z}(\nu - f)\,d\nu \;=\; \sum_{k=-\infty}^{\infty} x[k] \cdot y^*[k]\,e^{-j2\pi T f k}\,.$$

Der rechte Term stellt die ausgeschriebene Definition des linken Terms dar. Für $f = 0$ erhalten wir das Parsevalsche Theorem für diskrete Signale (vergleiche hierzu Abschnitt 6.3.6):

Parsevalsches Theorem für diskrete Signale:

$$\sum_{k=-\infty}^{\infty} x[k] \cdot y^*[k] \;=\; T \int\limits_{-1/2T}^{1/2T} X(f) \cdot Y^*(f)\,df \;=\; \tfrac{1}{2\pi} \int\limits_{-\pi}^{\pi} X(\Omega) \cdot Y^*(\Omega)\,d\Omega\,. \qquad (8.19)$$

Für $y[k] = x[k]$ leitet sich hieraus wieder eine Beziehung für die Signalenergie ab:

$$E_x \;=\; \sum_{k=-\infty}^{\infty} |x[k]|^2 \;=\; T \int\limits_{-1/2T}^{1/2T} |X(f)|^2\,df \;=\; \tfrac{1}{2\pi} \int\limits_{-\pi}^{\pi} |X(\Omega)|^2\,d\Omega\,. \qquad (8.20)$$

Die Berechnung läßt sich, wie im Kontinuierlichen, entweder im Zeitbereich oder im Frequenzbereich durchführen.

Mit Hilfe dieser Form des Parsevalschen Theorems können wir nun einfach den Zusammenhang zur Energie des zugehörigen kontinuierlichen Signals $x(t)$ herstellen. Dessen Energie berechnet sich nach der entsprechenden Formel (6.58) von Seite 195 zu

$$E_x^{(k)} \;=\; \int\limits_{-\infty}^{\infty} |x(t)|^2\,dt \;=\; \int\limits_{-\infty}^{\infty} |X_{\mathcal{F}}(f)|^2\,df\,.$$

Die Beziehung zwischen diskreten und kontinuierlichen Signalen und ihren Spektren mache man sich nochmals anhand Tabelle 8.2 von Seite 248 klar. Bei Einhaltung des Abtasttheorems ist das Signal $x(t)$ auf $1/2T$ bandbegrenzt und es folgt mit Gleichung (8.10) bzw. (8.11) von Seite 247

$$E_x^{(k)} \;=\; \int\limits_{-1/2T}^{1/2T} |X_{\mathcal{F}}(f)|^2\,df \;=\; T^2 \int\limits_{-1/2T}^{1/2T} |X_{\mathcal{F}_z}(f)|^2\,df \;=\; T \sum_{k=-\infty}^{\infty} |x[k]|^2 \;=\; T \cdot E_x^{(d)}\,.$$

Damit ergibt sich folgende Beziehung zwischen 'kontinuierlicher' und 'diskreter' Energie:

$$E_x^{(k)} = T \cdot E_x^{(d)}. \tag{8.21}$$

Diesen Zusammenhang kann man sich durch eine Näherung des Integrals über die Rechteckregel plausibel machen (vergleiche Bild 8.8 für $|x(t)|^2$). Der Faktor T ergibt sich aus dem 'dt' über das Abtastintervall.

8.2.1.3   Frequenzgang und Gruppenlaufzeit

Die Darstellung des Frequenzganges $H(f)$ bzw. $H(\Omega)$ erfolgt prinzipiell in gleicher Weise wie im Kontinuierlichen, d.h. in der Regel nach Betrag und Phase als *Betragsfrequenzgang* und *Phasengang* (siehe Abschnitt 7.1.2).

Der Zusammenhang zur z-Transformierten ist uns aus dem letzten Abschnitt bekannt zu

$$H(f) = H_z(z)\big|_{z=e^{j2\pi Tf}} \qquad \text{bzw.} \qquad H(\Omega) = H_z(z)\big|_{z=e^{j\Omega}}, \tag{8.22}$$

und ist, im Gegensatz zum Kontinuierlichen, transzendent. Aus diesem Grunde ist hier die Darstellung des Funktionsverlaufes etwas aufwendiger und es existieren keine einfachen Konstruktionsmethoden wie z.B. Bode-Diagramme. Die Darstellung erfolgt hier außerdem stets im linearen Frequenzmaßstab und beschränkt sich auf das Basisbandspektrum. In Ordinatenrichtung verwendet man je nach Anwendung eine lineare oder logarithmische Einteilung.

Auch im Diskreten läßt sich der qualitative Verlauf des Frequenzganges aus dem Pol Nullstellen Diagramm der z-Ebene ablesen. Die Vorgehensweise entspricht der des Kontinuierlichen (siehe Abschnitt 7.1.3), wobei man hier mit dem Frequenzpunkt den Einheitskreis (anstelle der imaginären Achse) entlangfährt. Die zugrundeliegende Berechnungsvorschrift lautet für den Betragsfrequenzgang (vergleiche Bild 8.16 a)

$$|H(\Omega)| = \left|\frac{b_M}{a_N}\right| \cdot \frac{\prod\limits_{i=1}^{M} |e^{j\Omega} - \beta_i|}{\prod\limits_{i=1}^{N} |e^{j\Omega} - \alpha_i|} \tag{8.23}$$

und für den Phasengang (vergleiche Bild 8.16 b)

$$\sphericalangle H(\Omega) = \sphericalangle\left(\frac{b_M}{a_N}\right) + \sum_{i=1}^{M} \sphericalangle(e^{j\Omega} - \beta_i) - \sum_{i=1}^{N} \sphericalangle(e^{j\Omega} - \alpha_i). \tag{8.24}$$

Die Gruppenlaufzeit berechnet sich wie im Kontinuierlichen aus der negativen Ableitung des Phasenganges (siehe Abschnitt 7.1.5) zu

$$t_g(f) = -\frac{1}{2\pi} \frac{d}{df} \varphi(f) = -T \frac{d}{d\Omega} \varphi(\Omega)\bigg|_{\Omega=2\pi \frac{f}{f_a}}. \tag{8.25}$$

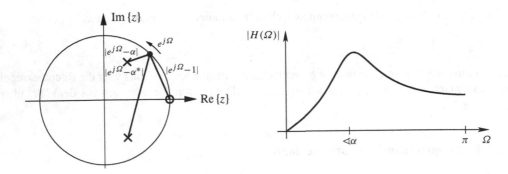

a: Amplitudengang

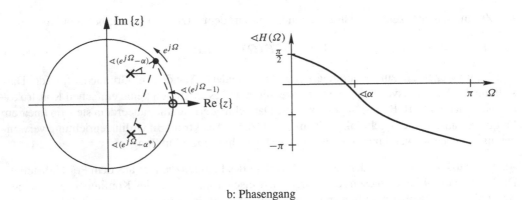

b: Phasengang

Bild 8.16: Abschätzung des Frequenzganges über die Pol- und Nullstellenlage

Eine von der Abtastrate unabhängige und dimensionslose Beschreibung für diskrete Systeme erreicht man durch die Definition

Diskrete Gruppenlaufzeit:

$$t_{\mathrm{G}}(\Omega) = -\frac{d}{d\Omega}\,\varphi(\Omega)\,. \qquad (8.26)$$

Dabei gilt folgender Zusammenhang zu der bekannten Definition (7.23) von Seite 214:

$$t_{\mathrm{g}}(f) = T \cdot t_{\mathrm{G}}(\Omega)\Big|_{\Omega = 2\pi \frac{f}{f_{\mathrm{a}}}}\,. \qquad (8.27)$$

Beispiel 8.4:   Frequenzgang Mittelungsfilter

Das System aus Beispiel 8.3 besitzt den Betragsfrequenzgang

$$|H(\Omega)| = \tfrac{1}{3}\,|1 + 2\cos(\Omega)|\,,$$

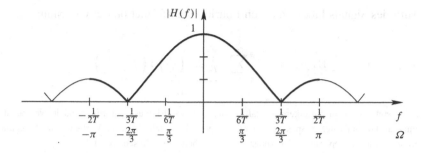

Bild 8.17: Frequenzgang des Mittelungsfilters von Beispiel 8.3

welcher in Bild 8.17 graphisch dargestellt ist. Wir sehen, daß das System prinzipiell Tiefpaß-charakter besitzt. Der Phasengang ist konstant null und springt lediglich an der Nullstelle des Frequenzganges um π (vergleiche Bemerkung zu Gleichung (7.14) auf Seite 211). Somit ist die Gruppenlaufzeit auch konstant null[2] und das System bewirkt keine Signalverzögerung; dies kann man gut in Bild 8.15 erkennen.   ∎

An diesem Beispiel können wir eine wesentliche Eigenschaft der Mittelungsoperation im Spek-tralbereich erkennen: Eine Mittelung entspricht prinzipiell einer Tiefpaßfilterung und führt damit zu einer Dämpfung oder Unterdrückung von breitbandigen Störungen (vergleiche Darstellung auf Scitc 228).

8.2.2   Fourier-Reihe

Die Fourier-Reihe stellt, wie wir bereits aus Abschnitt 6.3.4 wissen, eine Beschreibungsform für periodische (kontinuierliche) Signale dar. Aufgrund der Periodizität im Zeitbereich sind die Spektren diskret. Es handelt sich damit also um die zur zeitdiskreten Fourier-Transformation duale Problemstellung. Man mache sich diesen Zusammenhang nochmals anhand Tabelle 8.1 klar.

Wir betrachten das periodische Zeitsignal $x(t)$ und stellen dies über seine Grundperiode $x_p(t)$ dar (vergleiche Abschnitt 5.4.4):

$$x(t) = x_p(t) * \text{Ш}_{T_p}(t).$$ (8.28)

Die Grundperiode definieren wir dabei im zum Nullpunkt symmetrischen Intervall zu

$$x_p(t) = \begin{cases} x(t) & -\frac{T_p}{2} \le t < \frac{T_p}{2} \\ 0 & \text{sonst}. \end{cases}$$ (8.29)

Man beachte, daß es sich hierbei um ein auf $\pm T_p/2$ *zeit*begrenztes Signal handelt, was die Dualität zur Bandbegrenzung bei der zeitdiskreten Fourier-Transformation widerspiegelt.

---

2 Der Phasensprung hat keine Auswirkung, da der Betrag an dieser Stelle null ist.

Das Spektrum des Signals läßt sich durch Fourier-Transformation der Gleichung (8.28) berechnen zu:

$$X(f) = X_{\mathrm{p}}(f) \cdot \tfrac{1}{T_{\mathrm{p}}} \, \mathrm{III}_{\frac{1}{T_{\mathrm{p}}}}(f) = \sum_{n=-\infty}^{\infty} \underbrace{\tfrac{1}{T_{\mathrm{p}}} X_{\mathrm{p}}\left(\tfrac{n}{T_{\mathrm{p}}}\right)}_{=:\, X_n} \delta\left(f - \tfrac{n}{T_{\mathrm{p}}}\right) . \tag{8.30}$$

An der Darstellung ist gut zu erkennen, daß es sich um ein diskretes Spektrum handelt, welches durch Abtastung des kontinuierlichen Spektrums der Grundperiode entsteht. Man vergleiche dies nochmal mit der Darstellung der dualen Operation, der Abtastung im Zeitbereich, in Abschnitt 8.1.1.

Die direkte Rücktransformation des letzten Ausdrucks von (8.30) liefert die Darstellung des periodischen Zeitsignals als (komplexe)

Fourier-Reihe:

$$x(t) = \sum_{n=-\infty}^{\infty} X_n \cdot e^{j 2\pi n \frac{t}{T_{\mathrm{p}}}} . \tag{8.31}$$

Über die Definition der Fourier-Transformation ergibt sich

$$X_n = \tfrac{1}{T_{\mathrm{p}}} X_{\mathrm{p}}\left(\tfrac{n}{T_{\mathrm{p}}}\right) = \tfrac{1}{T_{\mathrm{p}}} X_{\mathrm{p}}(f)\Big|_{f=\frac{n}{T_{\mathrm{p}}}} = \tfrac{1}{T_{\mathrm{p}}} \int_{-\infty}^{\infty} x_{\mathrm{p}}(t) \, e^{-j 2\pi \frac{n}{T_{\mathrm{p}}} t} \, dt .$$

und mit Gleichung (8.29) erhält man die (komplexen)

Fourier-Koeffizienten:

$$X_n = \tfrac{1}{T_{\mathrm{p}}} X\left(\tfrac{n}{T_{\mathrm{p}}}\right) = \tfrac{1}{T_{\mathrm{p}}} \int_{-T_{\mathrm{p}}/2}^{T_{\mathrm{p}}/2} x(t) \, e^{-j 2\pi n \frac{t}{T_{\mathrm{p}}}} \, dt . \tag{8.32}$$

Das Integrationsintervall läßt sich aufgrund der Periodizität des Signals $x(t)$ beliebig verschieben. Daher wählt man die Integrationsgrenzen am besten so, daß die Auswertung des Integrals möglichst einfach wird.

Über die Dualitätsbeziehung läßt sich aus dem Parsevalschen Theorem für diskrete Signale (siehe Seite 252) direkt das entsprechende Pendant für periodische Signale angeben:

Parsevalsches Theorem für periodische Signale:

$$\tfrac{1}{T_{\mathrm{p}}} \int_{-T_{\mathrm{p}}/2}^{T_{\mathrm{p}}/2} x(t) \cdot y^*(t) \, dt = \sum_{n=-\infty}^{\infty} X_n \cdot Y_n^* . \tag{8.33}$$

Mit $y(t) = x(t)$ ergibt sich hieraus folgende Beziehung zur Berechnung der Leistung periodischer Signale über die Fourier-Koeffizienten:

$$P_x = \frac{1}{T_p} \int_{-T_p/2}^{T_p/2} |x(t)|^2 \, dt = \sum_{n=-\infty}^{\infty} |X_n|^2 \, . \tag{8.34}$$

Für *reell*wertige Signale läßt sich mit Hilfe der Symmetrieeigenschaften der Fourier-Transformation eine Darstellung mit rein reellen Koeffizienten und Basisfunktionen finden. In diesem Fall ist der Realteil von $X(f)$ bzw. X_n gerade und der Imaginärteil ungerade, d.h. es gilt mit $X_{n,\mathrm{R}} = \mathrm{Re}\{X_n\}$ und $X_{n,\mathrm{I}} = \mathrm{Im}\{X_n\}$

$$X_{n,\mathrm{R}} = X_{-n,\mathrm{R}} \quad \text{und} \quad X_{n,\mathrm{I}} = -X_{-n,\mathrm{I}} \, . \tag{8.35}$$

Die Fourier-Reihe läßt sich nun darstellen zu:

$$x(t) = \sum_{n=-\infty}^{\infty} X_n \cdot e^{j2\pi n \frac{t}{T_p}} = \sum_{n=-\infty}^{\infty} (X_{n,\mathrm{R}} + j\,X_{n,\mathrm{I}}) \left[\cos\left(2\pi n \tfrac{t}{T_p}\right) + j \sin\left(2\pi n \tfrac{t}{T_p}\right) \right]$$

$$= \sum_{n=-\infty}^{\infty} X_{n,\mathrm{R}} \cdot \cos\left(2\pi n \tfrac{t}{T_p}\right) - X_{n,\mathrm{I}} \cdot \sin\left(2\pi n \tfrac{t}{T_p}\right)$$

$$+ \, j \sum_{n=-\infty}^{\infty} X_{n,\mathrm{I}} \cdot \cos\left(2\pi n \tfrac{t}{T_p}\right) + X_{n,\mathrm{R}} \cdot \sin\left(2\pi n \tfrac{t}{T_p}\right) \, .$$

Durch Zusammenfassen der Indizes $\pm n$ folgt mit den Symmetriebeziehungen (8.35)

$$x(t) = X_{0,\mathrm{R}} + \sum_{n=1}^{\infty} 2\,X_{n,\mathrm{R}} \cdot \cos\left(2\pi n \tfrac{t}{T_p}\right) - 2\,X_{n,\mathrm{I}} \cdot \sin\left(2\pi n \tfrac{t}{T_p}\right) \, .$$

Mit der Bezeichnung

$$a_n = 2\,\mathrm{Re}\{X_n\} \, , \quad b_n = -2\,\mathrm{Im}\{X_n\} \tag{8.36}$$

ergibt sich die Darstellung von $x(t)$ als

Reelle Fourier-Reihe:

$$x(t) = \frac{a_0}{2} + \sum_{n=1}^{\infty} a_n \cdot \cos\left(2\pi n \tfrac{t}{T_p}\right) + b_n \cdot \sin\left(2\pi n \tfrac{t}{T_p}\right) \, . \tag{8.37}$$

Die a_n, b_n ergeben sich aus Gleichung (8.32) mit Beziehung (8.36) als

---

Reelle Fourier-Koeffizienten:

$$a_n = \frac{2}{T_p} \int_{-T_p/2}^{T_p/2} x(t) \cdot \cos\left(2\pi n \tfrac{t}{T_p}\right) dt \, , \quad b_n = \frac{2}{T_p} \int_{-T_p/2}^{T_p/2} x(t) \cdot \sin\left(2\pi n \tfrac{t}{T_p}\right) dt \, . \tag{8.38}$$

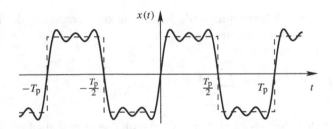

Bild 8.18: Darstellung eines periodischen Rechtecksignals über die ersten drei Glieder der Fourier-Reihe

Beispiel 8.5:   Fourier-Reihe periodisches Rechtecksignal

Wir bestimmen die Fourier-Reihe des periodischen Rechtecksignals $x(t) = \operatorname{sgn}\left(\sin\left(2\pi \frac{t}{T_\mathrm{p}}\right)\right)$.
Die komplexen Fourier-Koeffizienten berechnen sich zu

$$X_n = \frac{1}{T_\mathrm{p}} \int\limits_{-T_\mathrm{p}/2}^{T_\mathrm{p}/2} x(t) \cdot e^{-j2\pi n \frac{t}{T_\mathrm{p}}}\, dt = \frac{1}{T_\mathrm{p}} \int\limits_{-T_\mathrm{p}/2}^{0} -e^{-j2\pi n \frac{t}{T_\mathrm{p}}}\, dt + \frac{1}{T_\mathrm{p}} \int\limits_{0}^{T_\mathrm{p}/2} e^{-j2\pi n \frac{t}{T_\mathrm{p}}}\, dt$$

$$= \frac{1}{T_\mathrm{p}} \left[-\frac{T_\mathrm{p}}{-j2\pi n} e^{-j2\pi n \frac{t}{T_\mathrm{p}}}\right]_{-\frac{T_\mathrm{p}}{2}}^{0} + \frac{1}{T_\mathrm{p}} \left[\frac{T_\mathrm{p}}{-j2\pi n} e^{-j2\pi n \frac{t}{T_\mathrm{p}}}\right]_{0}^{\frac{T_\mathrm{p}}{2}}$$

$$= -\frac{j}{2\pi n}\left[1 - (-1)^n\right] + \frac{j}{2\pi n}\left[(-1)^n - 1\right] = \frac{j}{\pi n}\left[(-1)^n - 1\right].$$

Für gerades n verschwindet der Term, für ungerades n gilt:

$$X_n = -j\frac{2}{\pi n} \qquad \text{bzw.} \qquad a_n = 0 \quad \text{und} \quad b_n = \frac{4}{\pi n}\,.$$

Damit lautet die komplexe bzw. reelle Fourier-Reihendarstellung

$$x(t) = \sum_{n \text{ ungerade}} -j\frac{2}{\pi n} \cdot e^{j2\pi n \frac{t}{T_\mathrm{p}}} = \sum_{n \text{ ungerade}} \frac{4}{\pi n} \cdot \sin\left(2\pi n \frac{t}{T_\mathrm{p}}\right).$$

Bild 8.18 zeigt das Signal und dessen approximierte Darstellung durch die ersten drei Glieder der Fourier-Reihe.   ∎

8.2.3   Diskrete Fourier-Transformation (DFT)

In diesem Abschnitt wollen wir nun die Kombination der in den beiden vorigen Abschnitten behandelten Fälle betrachten, d.h. abgestastete periodische Zeitsignale (vergleiche Tabelle 8.1). Dies führt uns zunächst auf die Signaldarstellung als *zeitdiskrete Fourier-Reihe*, die formal der (besser bekannten) diskreten Fourier-Transformation (DFT) entspricht.

Da hier sowohl der Zeit- als auch der Frequenzbereich diskret ist, läßt sich diese Transformation direkt auf einem Digitalrechner implementieren und hat daher in der digitalen Signalverarbeitung (insbesondere in ihrer recheneffizienten Realisierung als Fast Fourier-Transformation, FFT) eine große Bedeutung.

8.2.3.1 Zeitdiskrete Fourier-Reihe

Die Herleitung führen wir analog zum letzten Abschnitt bei der Fourier-Reihe durch. Wir betrachten das Zeitsignal $x[k]$ mit Periode N in der Darstellung durch die Grundperiode (siehe Abschnitt 3.3.4)

$$x[k] = \sum_{n=-\infty}^{\infty} x_\mathrm{p}[k - nN] = x_\mathrm{p}[k] * \mathrm{III}_N[k], \tag{8.39}$$

wobei die Grundperiode hier vom Nullpunkt beginnend definiert ist

$$x_\mathrm{p}[k] = \begin{cases} x[k] & 0 \leq k \leq N-1 \\ 0 & \text{sonst}. \end{cases} \tag{8.40}$$

Das Spektrum von $x_\mathrm{p}[k]$ berechnet sich zu

$$X_\mathrm{p}(f) = \mathcal{F}_z\{x_\mathrm{p}[k]\} = \sum_{k=-\infty}^{\infty} x_\mathrm{p}[k] \cdot e^{-j2\pi fTk} = \sum_{k=0}^{N-1} x[k] \cdot e^{-j2\pi fTk}. \tag{8.41}$$

Über die Fourier-Transformation der Darstellung (8.39) und mit Hilfe der Korrespondenz (8.12) von Seite 248 ergibt sich das Spektrum von $x[k]$ zu

$$X(f) = X_\mathrm{p}(f) \cdot \tfrac{1}{NT} \mathrm{III}_{\frac{1}{NT}}(f) = X_\mathrm{p}(f) \cdot \tfrac{1}{NT} \sum_{n=-\infty}^{\infty} \delta\left(f - \tfrac{n}{NT}\right)$$

$$= \sum_{n=-\infty}^{\infty} \tfrac{1}{NT} X_\mathrm{p}\left(\tfrac{n}{NT}\right) \delta\left(f - \tfrac{n}{NT}\right). \tag{8.42}$$

Das Spektrum setzt sich also wieder aus diskreten Werten zusammen und läßt sich daher als Folge

$$X[n] = X_\mathrm{p}\left(\tfrac{n}{NT}\right) = X_\mathrm{p}(f)\Big|_{f=\frac{n}{NT}} = \sum_{k=0}^{N-1} x[k]\, e^{-j2\pi \frac{kn}{N}} \tag{8.43}$$

darstellen, wobei diese periodisch mit N ist. Bild 8.19 veranschaulicht die Zusammenhänge anhand eines Beispiels.

Zur vollständigen Darstellung des Spektrums genügen N Werte, genau wie im Zeitbereich, der ebenfalls durch N Werte vollständig beschrieben ist. Diese 'Symmetrie' zwischen den beiden Bereichen ist plausibel, da die Beschreibungen gleichwertig sind. Mathematisch ist dies dadurch begründet, daß die beiden Bereiche durch eine *Orthogonaltransformation* (der Dimension N) verknüpft sind.

Die Beziehung zwischen der 'analogen' und der diskreten Darstellung des Spektrums lautet nach Gleichung (8.42) und (8.43)

$$X(f) = \tfrac{1}{NT} \sum_{n=-\infty}^{\infty} X[n] \cdot \delta\left(f - \tfrac{n}{T}\right) \tag{8.44}$$

und entspricht (bis auf den Normierungsfaktor) der Darstellung zeitdiskreter Signale nach Gleichung (8.2) von Seite 233.

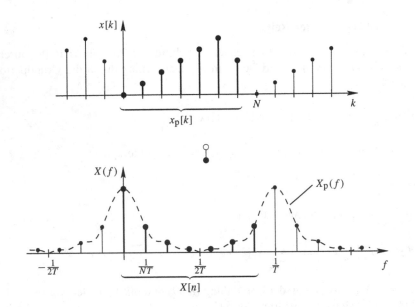

Bild 8.19: Diskretes periodisches Zeitsignal mit zugehörigem diskreten Spektrum

Zur kompakteren Schreibweise im weiteren bietet sich folgende Definition an:

$$\textbf{Komplexer Drehfaktor:} \qquad W_N = e^{-j\frac{2\pi}{N}}. \tag{8.45}$$

Damit läßt sich die Beziehung zwischen diskretem Spektrum und Zeitfolge nach Gleichung (8.43) darstellen durch

$$X[n] = \sum_{k=0}^{N-1} x[k]\, e^{-j2\pi\frac{kn}{N}} = \sum_{k=0}^{N-1} x[k]\, W_N^{kn}. \tag{8.46}$$

Die umgekehrte Beziehung ergibt sich durch 'Auflösen' nach $x[k]$, wozu wir beide Seiten der Gleichung mit W_N^{-nl} multiplizieren und anschließend über n aufsummieren:

$$\sum_{n=0}^{N-1} X[n]\, W_N^{-nl} = \sum_{n=0}^{N-1}\sum_{k=0}^{N-1} x[k]\, W_N^{nk} \cdot W_N^{-nl} = \sum_{k=0}^{N-1} x[k] \underbrace{\sum_{n=0}^{N-1} W_N^{n(k-l)}}_{N \cdot \delta[\,(k-l)_N\,]} = N \cdot x[l],$$

wobei $x[l]$ periodisch mit N ist.[3] Die zu Gleichung (8.46) inverse Beziehung lautet damit:

$$x[k] = \frac{1}{N}\sum_{n=0}^{N-1} X[n]\, e^{j2\pi\frac{kn}{N}} = \frac{1}{N}\sum_{n=0}^{N-1} X[n]\, W_N^{-kn}.$$

---

3 Dies entspricht wieder der ursprünglichen Darstellung nach Gleichung (8.39), nachdem bei der Berechnung des Spektrums nach Gleichung (8.46) nur die Grundperiode einging.

Mit $X_n := \frac{1}{N} X[n]$ erhalten wir die Darstellung eines diskreten periodischen Zeitsignals als

---

Zeitdiskrete Fourier-Reihe:

$$x[k] = \sum_{n=0}^{N-1} X_n\, e^{j2\pi \frac{kn}{N}} = \sum_{n=0}^{N-1} X_n\, W_N^{-kn} \tag{8.47}$$

mit den Koeffizienten

$$X_n = \frac{1}{N} \sum_{k=0}^{N-1} x[k]\, e^{-j2\pi \frac{kn}{N}} = \frac{1}{N} \sum_{k=0}^{N-1} x[k]\, W_N^{kn}. \tag{8.48}$$

Dabei ist das Signal beziehungsweise das Spektrum mit jeweils N Werten vollständig beschrieben. Zur Auswertung der Gleichungen sind daher nur die Werte der Grundperiode erforderlich. Diese kann ein beliebiges, entsprechend zeitbegrenztes Signal darstellen. Dadurch lassen sich die in diesem Abschnitt für periodische Signale hergeleiteten Zusammenhänge und Eigenschaften auf zeitbegrenzte Signale übertragen. Dies führt uns im nächsten Abschnitt auf die Definition der diskreten Fourier-Transformation für zeitbegrenzte Signale, welche formal identisch mit der zeitdiskreten Fourier-Reihe ist.

8.2.3.2 Definition der DFT und Eigenschaften

Für zeitbegrenzte diskrete Signale definiert man die

Diskrete Fourier-Transformation (DFT)

$$X[n] = \mathcal{F}_D\{x[k]\} = \sum_{k=0}^{N-1} x[k]\, e^{-j2\pi \frac{kn}{N}} = \sum_{k=0}^{N-1} x[k]\, W_N^{kn} = X_z(z)\Big|_{z=W_N^{-n}} \tag{8.49}$$

Inverse diskrete Fourier-Transformation (IDFT)

$$x[k] = \mathcal{F}_D^{-1}\{x[k]\} = \frac{1}{N} \sum_{n=0}^{N-1} X[n]\, e^{j2\pi \frac{kn}{N}} = \frac{1}{N} \sum_{n=0}^{N-1} X[n]\, W_N^{-kn} \tag{8.50}$$

mit $0 \leq k,\, n \leq N-1$.

Die diskrete Fourier-Transformation bildet ein diskretes Zeitsignal der Länge N auf entsprechend viele diskrete Frequenzwerte ab. Sowohl der Ursprungs- als auch der Bildbereich sind also diskret. Damit stellt sie das diskrete Pendant zur Fourier-Transformation, jedoch mit der Einschränkung auf zeitbegrenzte Signale, dar.

Als diskrete Transformation hat die DFT eine große Bedeutung in der Signalverarbeitung mittels Digitalrechner. Die Hauptanwendung liegt dabei in der *numerischen* Auswertung der Transformationsformeln. Dabei ist zu beachten, daß in der Praxis eine Reihe von 'Schmutzeffekten' auftreten können, die zumeist aus der Zeitbegrenzung der DFT resultieren. So müssen beispielsweise länger andauernde Signale zur Bearbeitung segmentiert werden, wodurch sich sogenannte *Fenster-* oder *Leckeffekte* ergeben können. Die Behandlung solcher Themen ist u.a. Aufgabe der digitalen Signalverarbeitung (z.B. [5], [14], [18], [2]).

Die DFT ist formal als Transformation für zeitbegrenzte Folgen definiert, leitet sich jedoch systemtheoretisch aus der zeitdiskreten Fourier-Reihe periodischer Folgen ab. Man 'arbeitet' sozusagen in der Grundperiode des periodischen Signals. Diesem Zusammenhang sollte man sich immer bewußt sein. Viele Eigenschaften und Rechenregeln sind aus diesem Grund periodisch (zyklisch) definiert, was kompakt über den modulo-Operator auf das Zeit- bzw. Frequenzargument (siehe Abschnitt 2.1.4) dargestellt werden kann.

Eine *periodische Zeitverschiebung* um k_0 Werte nach rechts wird beschrieben durch

$$x[\,(k - k_0)_N\,]\,,$$

eine *periodische Zeitinversion* durch

$$x[\,(-k)_N\,] = x[\,N - k\,]\,.$$

Die entsprechenden Regeln leiten sich von den bekannten Transformationen ab und sind im Anhang C.6 auf Seite 348 wieder in tabellarischer Form zusammengefaßt.

Exemplarisch wollen wir die Faltungsregel herleiten, die hier auf eine periodische Faltung führt. Wir transformieren dazu das Produkt der Spektren $X[n]$ und $Y[n]$ mit der IDFT in den Zeitbereich zurück:

$$z[k] = \mathcal{F}_D^{-1}\{X[n] \cdot Y[n]\} = \frac{1}{N} \sum_{n=0}^{N-1} \left[\sum_{i=0}^{N-1} x[i]\, W_N^{in} \cdot \sum_{l=0}^{N-1} y[l]\, W_N^{ln} \right] W_N^{-kn}$$

$$= \sum_{i=0}^{N-1} \sum_{l=0}^{N-1} x[i]\, y[l]\, \frac{1}{N} \sum_{n=0}^{N-1} W_N^{(i+l-k)n}\,.$$

Nach Anwendung der Beziehung (A.85) von Seite 324 und Ausnutzung der Ausblendeigenschaft erhalten wir

$$z[k] = \sum_{i=0}^{N-1} \sum_{l=0}^{N-1} x[i]\, y[l]\, \delta[\,(i + l - k)_N\,] = \sum_{i=0}^{N-1} x[i]\, y[\,(k - i)_N\,]$$

und damit die Definition der periodischen Faltung nach Abschnitt 3.3.5.

Wir erhalten somit die

Faltungsregel der DFT:

$$x[k] \circledast y[k] \quad \circ\!\!-\!\!\bullet \quad X[n] \cdot Y[n]\,. \tag{8.51}$$

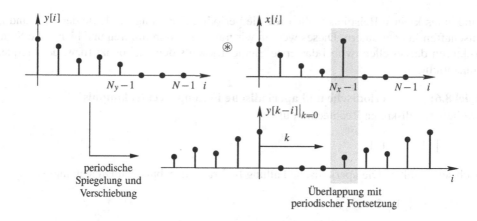

Bild 8.20: Anschauliche Darstellung der diskreten periodischen Faltung

Der Multiplikation im Frequenzbereich der DFT entspricht also die *periodische* Faltung im Zeit-bereich, wohingegen zur Berechnung von Systemantworten die *aperiodische* Faltung benötigt wird. Diese Tatsache ist zu beachten, wenn man die Faltung mit Hilfe der DFT im Bildbereich durchführen will. Die Bedingung für Gleichheit von periodischer und aperiodischer Faltung hatten wir bereits auf Seite 67 mit Gleichung (3.73) angegeben. Auf den Fall hier übertragen, lautet sie

$$N \geq N_x + N_y - 1, \tag{8.52}$$

d.h. die periodische Faltung über die DFT entspricht der aperiodischen, falls die DFT-Länge N größer oder gleich der Länge des (aperiodischen) Faltungsproduktes ist.

Bild 8.20 veranschaulicht die periodische Faltung nochmals entsprechend der Darstellung der aperiodischen Faltung nach Bild 3.7 von Seite 49. Wir betrachten eine periodische Faltung der Länge bzw. Periode N mit den Signalen $x[k]$ und $y[k]$ mit Länge N_x bzw. N_y.

Entsprechend der Definition (3.42) von Seite 51 ist hier (im Gegensatz zur aperiodischen Faltung) das Signal $y[k]$ periodisch zu behandeln. Hierdurch kann sich, wie in Bild 8.20 dargestellt ist, eine zusätzliche Überlappung mit Werten des Signals $x[k]$ ergeben. Tritt eine solche Überlappung der periodischen Fortsetzung nicht auf, so sind periodische und aperiodische Faltung identisch.

In unserem Beispiel ist dies mit $N = 8$, $N_x = 5$, $N_y = 5$ und somit $N_{x*y} = 9$ gerade nicht erfüllt, so daß sich die Ergebnisse für $k = 0$ unterscheiden. Man spricht hier von *Überfaltung*, was das Zeitbereichspendant des Aliasing darstellt (vergleiche hierzu Bild 8.4).

Des weiteren erkennen wir anhand des Beispiels aus Bild 8.20, daß der zuätzliche durch die periodische Überlappung entstandene Anteil bei $k = 0$ exakt dem Wert der aperiodischen Faltung bei $k = N$ entspricht. Dies führt uns auf folgenden Zusammenhang zwischen diskreter periodischer und aperiodischer Faltung:

$$z_p[k] = z[k] + z[k + N], \quad 0 \leq k \leq N - 1, \tag{8.53}$$

wobei $z_p[k]$ das periodische, und $z[k]$ das aperiodische Faltungsprodukt darstellt.

Anhand eines kleinen Beispiels wollen wir die periodische Faltung mit Hilfe der DFT und ihre Eigenschaften kurz erläutern. Dieses werden wir numerisch durchführen und hierzu die Signale als Vektoren darzustellen, wobei das erste Element jeweils dem Zeitpunkt (bzw. der Frequenz) null entspricht.

Beispiel 8.6:   **Periodische und aperiodische Faltung Rechteckimpuls**
Wir wollen den diskreten Rechteckimpuls

$$x = \begin{bmatrix} 1 & 1 & 1 \end{bmatrix}$$

mit sich selbst falten. Die aperiodische Faltung liefert als Ergebnis den Dreieckimpuls

$$x * x = \begin{bmatrix} 1 & 2 & 3 & 2 & 1 \end{bmatrix}.$$

Nun führen wir die Faltung über die DFT durch, wobei wir zunächst eine DFT der Länge 4 verwenden:

$$x = \begin{bmatrix} 1 & 1 & 1 & 0 \end{bmatrix} \quad \circ\!\!-\!\!\bullet \quad \begin{bmatrix} 3 & -j & 1 & j \end{bmatrix} = X.$$

Das Spektrum X ist nun mit sich selbst zu multiplizieren und das Ergebnis wieder zurückzutransformieren:

$$X \cdot X = \begin{bmatrix} 9 & -1 & 1 & -1 \end{bmatrix} \quad \bullet\!\!-\!\!\circ \quad \begin{bmatrix} 2 & 2 & 3 & 2 \end{bmatrix} = x \circledast x.$$

Wir erkennen die Überfaltung des ersten Signalsamples, dem durch die periodische Faltung das fünfte Sample überlagert ist.

Die Überfaltung können wir verhindern indem wir die Länge der DFT vergrößern. Mit einer DFT-Länge von 6 ergibt sich

$$\begin{bmatrix} 1 & 1 & 1 & 0 & 0 & 0 \end{bmatrix} \quad \circ\!\!-\!\!\bullet \quad \begin{bmatrix} 3 & 1-\sqrt{3}j & 0 & 1 & 0 & 1+\sqrt{3}j \end{bmatrix},$$

und nach der Quadration des Spektrums und der Rücktransformation:

$$\begin{bmatrix} 1 & 2 & 3 & 2 & 1 & 0 \end{bmatrix} \quad \circ\!\!-\!\!\bullet \quad \begin{bmatrix} 9 & -2-\sqrt{12}j & 0 & 1 & 0 & -2+\sqrt{12}j \end{bmatrix}.$$

In diesem Fall stimmt die periodische Faltung (über die DFT) mit der aperiodischen Faltung überein.   ∎

Mit Hilfe der DFT lassen sich zeitbegrenzte Signale verarbeiten, wobei die Länge der DFT passend zu wählen ist, damit alle Signale (insbesondere das Ergebnissignal) eindeutig darstellbar sind. Dies entspricht der dualen Problemstellung zum Abtasttheorem: Bei einem bandbegrenzten Signal können wir die Abtastrate so wählen, daß wir das Signal durch eine abgetastete Version fehlerfrei darstellen können.

Auch für die diskrete Fourier-Transformation läßt sich wieder ein entsprechendes Parsevalsches Theorem formulieren:

Parsevalsches Theorem für diskrete periodische Signale:

$$\sum_{k=0}^{N-1} x[k] \cdot y^*[k] \;=\; \frac{1}{N} \sum_{n=0}^{N-1} X[n] \cdot Y^*[n]. \tag{8.54}$$

Zusammen mit den entsprechenden Beziehungen von den Seiten 195, 252 und 256 kennen wir damit die Formulierung für alle vier mögliche Fälle von Signalklassen (vergleiche Tabelle 8.1 von Seite 245).

Mit $y[k] = x[k]$ ergibt sich wieder eine Beziehung zur Berechnung der Leistung diskreter periodischer Signale im Frequenzbereich:

$$P_x \;=\; \frac{1}{N_p} \sum_{k=0}^{N_p-1} |x[k]|^2 \;=\; \frac{1}{N^2} \sum_{n=0}^{N_p-1} |X[n]|^2 \;=\; \sum_{n=0}^{N_p-1} |X_n|^2. \tag{8.55}$$

Der rechte Term ergibt sich aus der Defintion (8.48) der zeitdiskreten Fourier-Reihe.

Der Vergleich mit der Leistung des entsprechenden kontinuierlichen Signals nach Gleichung (8.34) von Seite 257 liefert zwischen 'kontinuierlicher' und 'diskreter' Leistung die Beziehung

$$P_x^{(k)} \;=\; P_x^{(d)}. \tag{8.56}$$

Man beachte, daß hier im Gegensatz zur entsprechenden Energiebeziehung nach Gleichung (8.21) von Seite 253 kein Faktor T auftritt. Dieser ist in den jeweiligen Vorfaktoren der Leistungsdefinition ($1/N_p$ bzw. $1/T_p$) enthalten.

Da sowohl Ursprungs- wie Bildbereich bei der DFT diskret und begrenzt sind, läßt sich die Operation auch kompakt in Matrizenschreibweise darstellen:

$$
\begin{bmatrix} X[0] \\ X[1] \\ X[2] \\ \vdots \\ X[N-1] \end{bmatrix}
=
\begin{bmatrix}
W^0 & W^0 & W^0 & \cdots & W^0 \\
W^0 & W^1 & W^2 & \cdots & W^{N-1} \\
W^0 & W^2 & W^4 & \cdots & W^{2(N-1)} \\
\vdots & \vdots & \vdots & \cdots & \vdots \\
W^0 & W^{N-1} & W^{2(N-1)} & \cdots & W^{(N-1)^2}
\end{bmatrix}
\cdot
\begin{bmatrix} x[0] \\ x[1] \\ x[2] \\ \vdots \\ x[N-1] \end{bmatrix}.
$$

$$\underbrace{}_{X} \qquad \underbrace{}_{F} \qquad \underbrace{}_{x}$$

Die Matrix F bezeichnet man als *Fouriermatrix*. Sie besitzt die besondere Eigenschaft, daß alle Spalten und Zeilen paarweise orthogonal zueinander sind und wird daher als *Orthogonalmatrix* bezeichnet. Orthogonale Matrizen sind stets invertierbar und die Inverse ist wieder eine Orthogonalmatrix, die hier der IDFT zu $x = F^{-1} \cdot X$ entspricht mit

$$
F^{-1} = \frac{1}{N} \cdot
\begin{bmatrix}
W^0 & W^0 & W^0 & \dots & W^0 \\
W^0 & W^{-1} & W^{-2} & \dots & W^{-(N-1)} \\
W^0 & W^{-2} & W^{-4} & \dots & W^{-2(N-1)} \\
\vdots & \vdots & \vdots & \dots & \vdots \\
W^0 & W^{-(N-1)} & W^{-2(N-1)} & \dots & W^{-(N-1)^2}
\end{bmatrix} .
$$

8.2.3.3   Fast Fourier Transformation (FFT)

Bei der Implementierung auf einem Digitalrechner ist der Rechenaufwand oft die begrenzende Größe, weswegen man stets nach möglichst recheneffizienten Implementierungen sucht. Die schnelle Fourier-Transformation (*Fast Fourier Transformation*, FFT) ist ein bekanntes Beispiel für eine aufwandsgünstige Realisierung der DFT.

Aus der Matrixdarstellung der DFT ist zu erkennen, daß für die Berechnung einer DFT der Länge N genau $N \cdot N$ komplexe Multiplikationen und $N \cdot (N - 1)$ komplexe Additionen durchzuführen sind. Dabei wird eine komplexe Multiplikation auf dem Digitalrechner mittels 4 reellen Multiplikationen und 2 reellen Additionen nach Beziehung (A.11) realisiert, womit für die DFT insgesamt etwa $4N^2$ reelle Multiplikationen und Additionen benötigt werden.

Im folgenden soll die prinzipielle Idee zur Aufwandsreduzierung durch den FFT-Algorithmus an einem sehr einfachen Beispiel mit $N = 4$ vermittelt werden. Hierzu wird die Periodizität des komplexen Drehfaktors $W_N^N = W_N^0$ und die daraus resultierenden Symmetrien innerhalb der Fouriermatrix ausgenutzt. So läßt sich die Fouriermatrix für $N = 4$ wie folgt darstellen:

$$
\begin{bmatrix}
W^0 & W^0 & W^0 & W^0 \\
W^0 & W^1 & W^2 & W^3 \\
W^0 & W^2 & W^4 & W^6 \\
W^0 & W^3 & W^6 & W^9
\end{bmatrix}
=
\begin{bmatrix}
W^0 & W^0 \cdot W^0 & W^0 & W^0 \cdot W^0 \\
W^0 & W^1 \cdot W^0 & W^2 & W^1 \cdot W^2 \\
W^0 & W^2 \cdot W^0 & W^0 & W^2 \cdot W^0 \\
W^0 & W^3 \cdot W^0 & W^2 & W^3 \cdot W^2
\end{bmatrix} .
$$

In den Spalten 2 und 4 (entsprechend $x[1]$ und $x[3]$) läßt sich ein gemeinsamer Vektor abspalten, der verbleibende Rest entspricht der Struktur der Spalten 1 und 3 ($x[0]$ und $x[2]$). Hieraus läßt sich die in Bild 8.21 als Signalflußgraph dargestellte aufwandsreduzierte Signalverarbeitungsstruktur ableiten. Die erste Stufe entspricht der gemeinsamen Struktur der Spalten 1 und 3 bzw. 2 und 4, die folgende Stufe dem abgespaltenen Vektor. Allgemein läßt sich eine DFT der Länge N in ld N Stufen zerlegen, wobei pro Stufe genau N komplexe Multiplikationen und Additionen durchzuführen sind. Der Gesamtaufwand reduziert sich daher von N^2 auf $N \cdot \log_2 N$ komplexe Multiplikationen und Additionen.

Eine weitere Aufwandsreduzierung läßt sich für den oft auftretenden Fall von reellen Signalen erreichen. Hierzu nutzt man die Symmetrieeigenschaften der DFT für Real- und Imaginärteil des Zeitsignals aus. So lassen sich gleichzeitig zwei reelle Signale der Länge N mit einer FFT der Länge N transformieren, wenn man die Signale dem Real- bzw. Imaginärteil zuordnet und das Spektrum nach der FFT entsprechend in konjugiert geraden und ungeraden Anteil zerlegt (siehe Aufgabe 8.7).

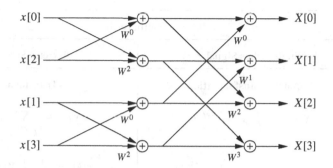

Bild 8.21: Signalflußgraph einer FFT der Länge 4

8.3   Zusammenhang der Transformationen

Nachdem uns nun mit den diskreten Fourier-Transformationen auch die Frequenzbereichstransformationen für diskrete Signale (und Spektren) bekannt sind, wollen wir uns abschließend die
Beziehungen und Zusammenhänge aller Transformationen zusammenfassend klar machen.

Zur systemtheoretischen Beschreibung, Analyse von Systemeigenschaften und Berechnung von
Systemantworten auf allgemeine deterministische Eingangssignale verwendet man

* die Laplace-Transformation $\mathcal{L}$ für kontinuierliche Signale und
* die z-Transformation $\mathcal{Z}$ für diskrete Signale.

Sie stellen das allgemeine Hilfsmittel zur Lösung der Systemgleichungen dar, d.h. von linearen
Differentialgleichungen im Kontinuierlichen und von linearen Differenzengleichungen im Diskreten.

Diese Transformationen bilden das Zeitsignal jeweils in einen *komplexen* Bildbereich ab und
existieren als ein- oder zweiseitige Variante. In der Praxis finden meistens die einseitigen Transformationen Anwendung, die eine einfache Beschreibung der hauptsächlich auftretenden Problemstellungen ('Schaltvorgänge') erlauben. Die Analyse bezieht sich in der Regel auf das Einschwingverhalten des Zeitsignals, wobei auch Anfangsbedingungen berücksichtigt werden können.

Zur Beschreibung und Analyse des Systemverhaltens bei stationären, periodischen oder stochastischen Signalen verwendet man

* die Fourier-Transformation $\mathcal{F}$ für kontinuierliche Signale,
* die Fourier-Reihe für periodische kontinuierliche Signale,
* die zeitdiskrete Fourier-Transformation $\mathcal{F}_z$ für diskrete Signale und
* die diskrete Fourier-Transformation $\mathcal{F}_D$ für zeitbegrenzte (bzw. periodische) diskrete Signale.

Zeitbereich		
	kontinuierliches Signal $x(t)$	diskretes Signal $x[k]$
Bildbereich / **komplex**	**Laplace-Transformation** $$X(s) = \int\limits_{-\infty}^{\infty} x(t)\, e^{-st}\, dt$$ $$x(t) = \frac{1}{2\pi j} \int\limits_{\sigma-j\infty}^{\sigma+j\infty} X(s)\, e^{st}\, ds$$	**z-Transformation** $$X(z) = \sum\limits_{k=-\infty}^{\infty} x[k]\, z^{-k}$$ $$x[k] = \frac{1}{2\pi j} \oint\limits_{C} X(z)\, z^{k-1}\, dz$$
Frequenzbereich / **kontinuierlich**	**Fourier-Transformation** $$X(f) = \int\limits_{-\infty}^{\infty} x(t)\, e^{-j2\pi ft}\, dt$$ $$x(t) = \int\limits_{-\infty}^{\infty} X(f)\, e^{j2\pi ft}\, df$$	**Zeitdiskrete Fourier-Transformation** $$X(f) = \sum\limits_{k=-\infty}^{\infty} x[k]\, e^{-j2\pi Tfk}$$ $$x[k] = T \int\limits_{-1/2T}^{1/2T} X(f)\, e^{j2\pi Tfk}\, df$$
Frequenzbereich / **diskret**	**Fourier-Reihe** $$X_n = \frac{1}{T_p} \int\limits_{-T_p/2}^{T_p/2} x(t)\, e^{-j2\pi \frac{nt}{T_p}}\, dt$$ $$x(t) = \sum\limits_{n=-\infty}^{\infty} X_n\, e^{j2\pi \frac{nt}{T_p}}$$	**Diskrete Fourier-Transformation** $$X[n] = \sum\limits_{k=0}^{N-1} x[k]\, e^{-j2\pi \frac{kn}{N}}$$ $$x[k] = \frac{1}{N} \sum\limits_{n=0}^{N-1} X[n]\, e^{j2\pi \frac{kn}{N}}$$

Tabelle 8.3: Übersicht der Transformationen

Hierüber ist eine Einbeziehung von stochastischen Signalen in die Systemtheorie möglich.

Diese Transformationen bilden das Zeitsignal auf eine *reelle* Frequenzbereichsvariable ab, die entweder kontinuierlich oder diskret sein kann. Die Analyse bezieht sich hier in erste Linie auf den eingeschwungenen Zustand und das Signalspektrum.

Tabelle 8.3 zeigt die Übersicht über alle Transformationen. Zur Erläuterung und zum Vergleich sind jeweils die entsprechenden Definitionen inklusive der inversen Transformationen angegeben. Die Zusammenhänge und Beziehungen zwischen den einzelnen Transformierten sind in Bild 8.22 dargestellt. Diese ergeben sich in der Regel direkt aus dem Vergleich der jeweiligen Definitionen und wurden meist schon bei den entsprechenden Transformationen angesprochen. Dabei sind die kontinuierlichen Zeitsignale links und die diskreten rechts dargestellt. Von oben nach unten sind nacheinander die Zeitsignale, ihr komplexer Bildbereich, ihr kontinuierlicher und ihr diskreter Frequenzbereich angeordnet.

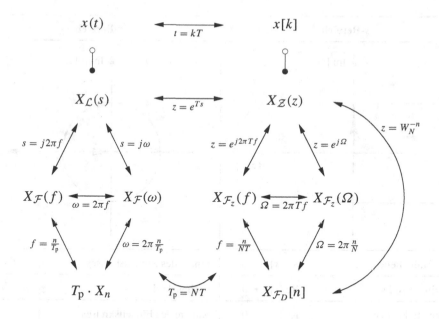

Bild 8.22: Zusammenhang der Transformationen

Die Beziehung zwischen kontinuierlichem und entsprechendem diskreten Signal wurde bereits in Abschnitt 8.1.1 ausführlich für das Zeitsignal und das Signalspektrum diskutiert. Abschließend wollen wir nun den Zusammenhang der entsprechenden Systemfunktionen, der Laplace- und z-Transformierten klären. Dazu setzen wir die kontinuierliche Darstellung des diskreten Signals nach Gleichung (8.2) in die Definitionsgleichung der Laplace-Transformation ein:

$$X(s) = \int_{-\infty}^{\infty} \sum_{k=-\infty}^{\infty} x[k]\, \delta(t - kT) \cdot e^{-st} dt = \sum_{k=-\infty}^{\infty} x[k]\, e^{-skT} = X_z(z)\Big|_{z=e^{Ts}}.$$

Wir erhalten hieraus die formale Beziehung $z = e^{Ts}$ zwischen den beiden komplexen Bildbereichen. Die daraus resultierenden Eigenschaften und Zusammenhänge stellt Tabelle 8.4 zusammenfassend dar.

Die Beziehung $z = e^{Ts}$ stellt die Abbildung eines zur reellen Achse parallelen und $2\pi/T$ breiten Streifens der komplexen s-Ebene auf die gesamte komplexe z-Ebene dar. Die imaginäre Achse der s-Ebene bildet sich dabei auf den Einheitskreis der z-Ebene ab, das Gebiet links davon auf das Innere, und das Gebiet rechts davon auf das Äußere des Einheitskreises.

Dieser Zusammenhang ergibt sich über die Darstellung von s nach Real- und Imaginärteil, was direkt auf die Polardarstellung von z führt:

$$z = e^{Ts} = \underbrace{e^{T\operatorname{Re}\{s\}}}_{|z|} \cdot \underbrace{e^{jT\operatorname{Im}\{s\}}}_{\sphericalangle z}.$$

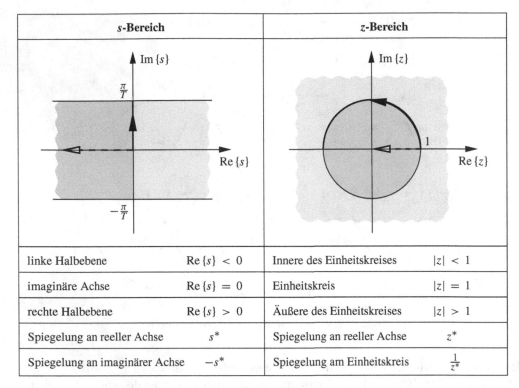

s-Bereich		z-Bereich	
linke Halbebene	Re $\{s\} < 0$	Innere des Einheitskreises	$|z| < 1$
imaginäre Achse	Re $\{s\} = 0$	Einheitskreis	$|z| = 1$
rechte Halbebene	Re $\{s\} > 0$	Äußere des Einheitskreises	$|z| > 1$
Spiegelung an reeller Achse	s^*	Spiegelung an reeller Achse	z^*
Spiegelung an imaginärer Achse	$-s^*$	Spiegelung am Einheitskreis	$\frac{1}{z^*}$

Tabelle 8.4: Zusammenhang zwischen s- und z-Bereich

Der Realteil von s bestimmt also den Betrag von z, und der Imaginärteil von s die Phase von z. Aufgrund der Vieldeutigkeit der Phase in 2π ist die Abbildung nicht eindeutig; es wird jeder $2\pi/T$ breite zur reellen Achse parallele Streifen auf die komplette z-Ebene abgebildet. Umgekehrt bedeutet dies eine Periodizität im s-Bereich, welche uns bereits aus dem Frequenzbereich bekannt ist.

Dieser Zusammenhang zwischen s- und z-Bereich findet sich in Analogien bei entsprechenden Systemeigenschaften von kontinuierlichen und diskreten Systemen wieder. So wird die Stabilität durch die Lage der Pole der Systemfunktion in der komplexen Bildebene bestimmt. Die Voraussetzung für Stabilität beim kontinuierlichen System ist die Polfreiheit der rechten Halbebene (siehe Seite 133), und beim diskreten System die Polfreiheit außerhalb des Einheitskreises (siehe Seite 61).

Eine entsprechende Beziehung zeigt sich beim Frequenzgang, der sich aus der Systemfunktion anhand der Beziehung $s = j2\pi f$ bzw. $z = e^{Ts} = e^{j2\pi Tf}$ ableitet. In der s-Ebene entspricht dies dem Verlauf entlang der imaginären Achse, und in der z-Ebene entlang dem Einheitskreis.

Eine zusätzliche anschauliche Verdeutlichung des Zusammenhanges zwischen s- und z-Bereich liefert der Vergleich der Bilder 3.11 und 5.12 von Seite 58 bzw. 131 zusammen mit den jeweiligen Beschreibungen dazu.

Man beachte, daß es sich bei der Beziehung zwischen s- und z-Bereich um eine *transzendente* Funktion handelt. Somit bilden sich Polynome in s bzw. z in transzendente Funktionen im anderen Bereich ab und umgekehrt. Die Methoden der Systemtheorie basieren jedoch im allgemeinen auf Polynomdarstellungen, weswegen diese Abbildungsvorschrift ungeeignet ist, um Signaldarstellungen oder Systemrealisierungen in den anderen Bereich zu übertragen. In solchen Fällen verwendet man gerne die

---

Bilineare Transformation

$$z \;=\; \frac{1 + Ts}{1 - Ts} \qquad \text{bzw.} \qquad s \;=\; \frac{1}{T} \cdot \frac{z - 1}{z + 1}. \tag{8.57}$$

Diese bildet die gesamte s-Ebene auf die gesamte z-Ebene ab und ist daher im Unterschied zur Beziehung $z = e^{Ts}$ eindeutig. Dabei bildet sich die imaginäre Achse der s-Ebene wieder auf den Einheitskreis der z-Ebene ab, das Gebiet links davon auf das Innere, und das Gebiet rechts davon auf das Äußere.

Die Beziehung zwischen den jeweiligen Frequenzvariablen f und Ω ergibt sich über

$$z\big|_{s=j2\pi f} \;=\; \frac{1 + Ts}{1 - Ts}\bigg|_{s=j2\pi f} \;=\; \underset{\underset{\text{(A.17)}}{\uparrow}}{\frac{1 + j\,2\pi Tf}{1 - j\,2\pi Tf}} \;=\; e^{\,j2\arctan(2\pi Tf)} \;=\; e^{\,j\Omega} \tag{8.58}$$

zu

$$\Omega \;=\; 2\arctan(2\pi Tf) \qquad \text{bzw.} \qquad f \;=\; \frac{1}{2\pi T}\tan\!\left(\tfrac{\Omega}{2}\right). \tag{8.59}$$

Die bilineare Transformation bildet daher den gesamten Frequenzbereich $f \in [\,0\,;\,\infty\,]$ im Kontinuierlichen auf den Bereich $\Omega \in [\,0\,;\,\pi\,]$ im Diskreten ab, womit der Frequenzmaßstab zwangsläufig nichtlinear 'verzerrt' wird.

Die Länge des Abtastintervalls T hat bei der bilinearen Transformation, anders als bei der Beziehung $z = e^{Ts}$, keine wichtige systemtheoretische Bedeutung, sondern beeinflußt als Parameter lediglich die Abbildung zwischen den Frequenzachsen. Daher läßt man Faktor T bei der Anwendung der bilinearen Transformation in der Regel weg und führt gegebenenfalls eine Frequenznormierung auf andere Weise durch.

Anwendung findet die bilineare Transformation beispielsweise beim Entwurf digitaler Filter aus bekannten kontinuierlichen Standardentwürfen, oder aber bei der Anwendung von Stabiltätskriterien aus dem s-Bereich (Hurwitzpolynom) auf den z-Bereich.

8.4 Zusammenfassung

Wir haben in diesem Kapitel den systemtheoretischen Zusammenhang zwischen diskreten und kontinuierlichen Signalen und Systemen behandelt. Von zentraler Bedeutung ist hierbei das *Abtasttheorem*, das die Bedingung für eine eindeutige Beziehung zwischen diskretem und kontinuierlichem Bereich vorgibt. Es leitet sich aus der Tatsache ab, daß die Abtastung eines kontinuierlichen Signals eine periodische Fortsetzung des Spektrums mit der Abtastfrequenz bewirkt. Aus diesem Grunde muß das kontinuierliche Signal bandbegrenzt und die Abtastrate größer als die doppelte Grenzfrequenz sein.

Über diesen Zusammenhang ist es möglich, auch für diskrete Signale und Systeme den Begriff des Spektrums zu definieren. Das Pendant zur Fourier-Transformation kontinuierlicher Signale ist die *zeitdiskrete Fourier-Transformation*, die diskreten Signalen ein (kontinuierliches, periodisches) Frequenzspektrum zuordnet. Diese Transformation ist damit dual zur Fourier-Reihe, die ein periodisches Zeitsignal über diskrete Frequenzkoeffizienten darstellt.

Für die digitale Signalverarbeitung ist neben dem diskreten Zeitsignal auch die diskrete Darstellbarkeit des Spektrums von großer Bedeutung. Den entsprechenden Zusammenhang beschreibt die *diskrete Fourier-Transformation*, der allerdings systemtheoretisch abgetastete, periodische Zeitsignale zugrundeliegen. Unter Berücksichtigung der daraus resultierenden Eigenschaften läßt sich diese aber auch bei allgemeinen Problemstellungen einsetzen.

Abschließend haben wir die Beziehungen zwischen den in diesem Buch behandelten Transformationen dargestellt und uns hieran nochmals die Zusammenhänge klargemacht. Die Grundlage stellen die z- und die Laplace-Transformation mit ihrem komplexen Bildbereich dar. Diese sind bei Einhaltung des Abtasttheorems über die Beziehung $z = e^{Ts}$ miteinander verknüpft. Die entsprechenden Frequenzbereichstransformationen lassen sich über die Beziehungen $z = e^{j\Omega}$ und $s = j2\pi f$ ableiten.

8.5   Aufgaben

Aufgabe 8.1:

Berechnen Sie mit Hilfe der zeitdiskreten Fourier-Transformation die Frequenzgänge der Systeme:

a) $h_1[k] = \text{rect}_N[k]$ b) $h_2[k] = \text{rect}_N\left[k + \frac{N-1}{2}\right]$, N ungerade

Skizzieren Sie jeweils den Betrags-, Phasen- und Gruppenlaufzeitverlauf für $N = 5$.

Aufgabe 8.2:

Gegeben sei der zeitdiskrete Tiefpaß erster Ordnung in der allgemeinen Form

$$H(z) = c \cdot \frac{z}{z-a} \, .$$

a) Normieren Sie den Tiefpaß auf Verstärkung eins im Durchlaßbereich und geben sie den zulässigen Wertebereich des Parameters a an.

b) Bestimmen Sie allgemein den Betragsfrequenzgang. Berechnen und skizzieren Sie die 3 dB-Grenzfrequenz und die maximale Dämpfung in Abhängigkeit von a.

c) Skizzieren Sie den Betragsfrequenzgang für die Werte $a = 2/3$ und $a = 0.95$. Welcher Frequenzgang würde sich für die entsprechenden negativen Werte ergeben?

Aufgabe 8.3:

Im folgenden soll die Problemstellung der Aufgaben 4.11 und 4.12 im Frequenzbereich untersucht werden.

a) Berechnen und skizzieren Sie die Spektren der Nutz- und der Störkomponente des Eingangssignals.
b) Bestimmen und skizzieren Sie den Betragsfrequenzgang der beiden Systeme (digitale Filter).
c) Bestimmen Sie hieraus jeweils qualitativ die Ausgangssignale und vergleichen Sie mit den genauen Ergebnissen der Aufgaben 4.11 und 4.12.

Aufgabe 8.4:

Berechnen Sie die zeitdiskreten Fourier-Transformierten der Signum- und Sprungfolge

$$x[k] = \text{sgn}[k] \quad \text{und} \quad y[k] = \varepsilon[k].$$

Gehen Sie dabei entsprechend der Herleitung der Fourier-Transformierten im Kontinuierlichen nach Abschnitt 6.4.1 vor.

Aufgabe 8.5:

Gegeben sei das Sägezahnsignal $x(t) = x_\text{p}(t) * \text{III}_{T_\text{p}}(t)$ mit

$$x_\text{p}(t) = \frac{t}{T_\text{p}}, \quad 0 \le t < T_\text{p}.$$

Stellen Sie das Signal als komplexe Fourierreihe dar. Überführen Sie diese in die reelle Form und skizzieren Sie die Approximation durch die ersten drei Glieder. Skizzieren Sie das Spektrum $X(f) \bullet\!\!-\!\!\circ x(t)$.

Aufgabe 8.6:

Im folgenden soll eine digitale Abtastratenerhöhung (entsprechend Beispiel 8.1) durch lineare Interpolation der Samples im Zeitbereich (als sehr einfache Approximation eines IP-Tiefpasses) untersucht werden.

a) Beschreiben Sie die Zeitbereichsoperation der linearen Interpolation als diskretes System (digitales Filter) und geben Sie die Impulsantwort und den Frequenzgang an.
b) Skizzieren Sie die Spektren vor und nach der Operation anhand eines (bereits vor der Abtastratenerhöhung) um $\beta = 2$ überabgetasteten Signals mit rechteckförmigem Spektrum.
c) Welche Fehler ergeben sich im Vergleich zu einer idealen Realisierung? Bestimmen Sie den maximalen Fehler und die Energie des Fehlersignals in Abhängigkeit des Überabtastfaktors β.

Aufgabe 8.7:

Berechnen Sie mit Hilfe einer komplexen FFT gleichzeitig die diskrete Fourier-Transformation der reellen Signale

$$x[k] = \begin{bmatrix} 1 & 0 & -1 & 0 \end{bmatrix} \quad \text{und} \quad y[k] = \begin{bmatrix} 1 & 2 & 3 & 4 \end{bmatrix}.$$

9 Lösungen der Aufgaben

Lösung 2.1:

a) $\delta[k]$ gerade   kausal $E = 1$

b) $\varepsilon[k]$ kausal   rechtsseitig $P = 0.5$

    $\varepsilon[-k]$ linksseitig $P = 0.5$

    $\varepsilon[1-k]$ antikausal   linksseitig $P = 0.5$

c) $\operatorname{sgn}[k]$ ungerade   zweiseitig $P = 1$

d) $\operatorname{rect}_I(t)$ gerade $E = T$

e) $\Lambda_T(t)$ gerade $E = \frac{2}{3}T$

f) $\operatorname{si}(t)$ gerade   zweiseitig $E = \pi$

g) $e^{ak}\varepsilon[k]$ kausal   rechtsseitig $E = \frac{1}{1-e^{2\operatorname{Re}\{a\}}}$, $\operatorname{Re}\{a\}<0$; $P = 0.5$, $\operatorname{Re}\{a\}=0$

Berechnung der Energie-/Leistungswerte:

b) $\varepsilon[k]$: $P = \lim\limits_{n\to\infty} \frac{1}{2n+1} \sum\limits_{k=-n}^{n} \varepsilon^2[k] = \lim\limits_{n\to\infty} \frac{1}{2n+1} \sum\limits_{k=0}^{n} 1 = \lim\limits_{n\to\infty} \frac{n+1}{2n+1} = \frac{1}{2}$

d) $\operatorname{rect}_T(t)$: $E = \int\limits_{-\infty}^{\infty} \operatorname{rect}_T^2(t)\,dt = \int\limits_{-T/2}^{T/2} dt = T$

e) $\Lambda_T(t)$: $E = \int\limits_{-\infty}^{\infty} \Lambda_T^2(t)\,dt \underset{(2.6)}{=} 2\cdot \int\limits_{0}^{T} \left(1-\frac{t}{T}\right)^2 dt = 2\cdot\left[-\frac{T}{3}\left(1-\frac{t}{T}\right)^3\right]_0^T = \frac{2}{3}T$

f) $\operatorname{si}(t)$: $E = \int\limits_{-\infty}^{\infty} \operatorname{si}^2(t)\,dt \underset{(2.6)}{=} 2\cdot \int\limits_{0}^{\infty} \frac{\sin^2(t)}{t^2}\,dt \underset{(A.90)}{=} \pi$

g) $e^{ak}\varepsilon[k]$: $E = \sum\limits_{k=-\infty}^{\infty} \left|e^{ak}\varepsilon[k]\right|^2 = \sum\limits_{k=0}^{\infty} e^{(a+a^*)k} = \sum\limits_{k=0}^{\infty} e^{2\operatorname{Re}\{a\}k} = \sum\limits_{k=0}^{\infty} \left(e^{2\operatorname{Re}\{a\}}\right)^k \underset{(A.78)}{=} \frac{1}{1-e^{2\operatorname{Re}\{a\}}}$ für $\operatorname{Re}\{a\}<0$

Für $\operatorname{Re}\{a\} = 0$ (Schwingung) ist es ein Leistungssignal mit $P = \lim\limits_{n\to\infty} \frac{1}{2n+1} \sum\limits_{k=0}^{n} e^0 = \lim\limits_{n\to\infty} \frac{n+1}{2n+1} = \frac{1}{2}$.

Für $\operatorname{Re}\{a\} > 0$ (aufklingende Schw.) ergibt sich $P = \infty$, d.h. es handelt sich um kein Leistungssignal.

Lösung 2.2:

$\operatorname{Re}\{x(t)\} = \frac{1}{2}\left[x(t)+x^*(t)\right] = \frac{1}{2}\left[\frac{1}{1+jt}+\frac{1}{1-jt}\right] = \frac{1}{2}\frac{1-jt+1+jt}{1+t^2} = \frac{1}{1+t^2}$

$\operatorname{Im}\{x(t)\} = \frac{1}{2j}\left[x(t)-x^*(t)\right] = \frac{1}{2j}\frac{1-jt-1-jt}{1+t^2} = -\frac{t}{1+t^2}$

$x_{g^*}(t) = \frac{1}{2}\left[x(t)+x^*(-t)\right] = \frac{1}{2}\left[\frac{1}{1+jt}+\left(\frac{1}{1-jt}\right)^*\right] = \frac{1}{1+jt}$, $x_{u^*}(t) = \frac{1}{2}\left[x(t)-x^*(-t)\right] = 0$

Lösung 2.3:

$x(t) = \cos(\omega_0 t + \varphi_0) \underset{(A.72)}{=} \underbrace{\cos(\omega_0 t)\cdot\cos(\varphi_0)}_{x_g(t)} - \underbrace{\sin(\omega_0 t)\cdot\sin(\varphi_0)}_{x_u(t)}$

$y_{g^*}(t) = \frac{1}{2}\left[y(t)+y^*(-t)\right] = \frac{1}{2}\left[e^{j(\omega_0 t+\varphi_0)}+e^{-j(-\omega_0 t+\varphi_0)}\right] = e^{j\omega_0 t}\cdot\frac{1}{2}\left[e^{j\varphi_0}+e^{-j\varphi_0}\right] = e^{j\omega_0 t}\cdot\cos(\varphi_0)$

$$y_{u*}(t) = \tfrac{1}{2}\left[y(t) - y^*(-t)\right] = \tfrac{1}{2}\left[e^{j(\omega_0 t + \varphi_0)} - e^{-j(-\omega_0 t + \varphi_0)}\right] = e^{j\omega_0 t} \cdot \tfrac{1}{2}\left[e^{j\varphi_0} - e^{-j\varphi_0}\right] = j\,e^{j\omega_0 t} \cdot \sin(\varphi_0)$$

Für $\varphi_0 = 0$ gilt: $y_{g*}(t) = y(t)$ und $y_{u*}(t) = 0$, d.h. die komplexe Schwingung $e^{j\omega_0 t}$ ist eine konjugiert gerade Funktion.

Lösung 2.4:

Damit $\mathrm{rect}_T(t)$ eine gerade Funktion ist, muß gelten $\mathrm{rect}_T(t) = \mathrm{rect}_T(-t)$, insbesondere an der Stelle $t = \pm\frac{T}{2}$:

$$\mathrm{rect}_T\left(\tfrac{T}{2}\right) = \mathrm{rect}_T\left(-\tfrac{T}{2}\right) \underset{\underset{(2.29)}{\uparrow}}{\Rightarrow} \varepsilon(T) - \varepsilon(0) = \varepsilon(0) - \varepsilon(-T) \Rightarrow \varepsilon(0) = \tfrac{1}{2}$$

Lösung 2.5:

a) $x(t) = 2\,\varepsilon(t+2) - \varepsilon(t) - \tfrac{1}{2}\,\varepsilon(t-1) - \tfrac{1}{2}\,\varepsilon(t-4)$

b) $x(t) = \rho(t) - \varepsilon(t) - \rho(t-2) - \tfrac{1}{2}\,\rho(t-4) + \tfrac{1}{2}\,\rho(t-6)$

Lösung 2.6:

$$\varphi_{xx}[\kappa] = \begin{bmatrix} 7 & 0 & -1 & 0 & -1 & 0 & -1 \end{bmatrix}, \quad \kappa = 0, 1, 2, \ldots$$

Bei der Folge handelt es sich um eine sogenannte Barker-Folge [16], deren Autokorrelationsfunktion sehr gute Impulseigenschaften aufweist und sich daher z.B. gut für Radaranwendungen eignet (vergleiche Beispiel 2.4). Die All-Einsen-Folge hingegen verfügt über relativ schlechte Korrelationseigenschaften:

$$\varphi_{11}[\kappa] = \begin{bmatrix} 7 & 6 & 5 & 4 & 3 & 2 & 1 \end{bmatrix}, \quad \kappa = 0, 1, 2, \ldots$$

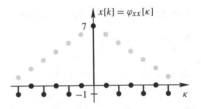

Lösung 2.7:

Beide Signale sind mit $T_p = \frac{2\pi}{\omega_0}$ periodisch:

$$\varphi_{xy}^L(\tau) = \frac{1}{T_p}\int\limits_{-T_p/2}^{T_p/2} \cos(\omega_0 t) \cdot \sin(\omega_0(t+\tau))\,dt \underset{\underset{(A.72)}{\uparrow}}{=} \frac{1}{T_p}\int\limits_{-T_p/2}^{T_p/2} \cos(\omega_0 t) \cdot \left[\sin(\omega_0 t)\cos(\omega_0\tau) + \cos(\omega_0 t)\sin(\omega_0\tau)\right]dt$$

$$= \frac{1}{T_p}\int\limits_{-T_p/2}^{T_p/2} \underbrace{\cos(\omega_0 t)\,\sin(\omega_0 t)}_{\text{ungerade}}\cos(\omega_0\tau) + \underbrace{\cos^2(\omega_0 t)}_{\text{gerade}}\sin(\omega_0\tau)\,dt \underset{\underset{(2.6)}{\uparrow}}{=} \sin(\omega_0\tau) \cdot \frac{2}{T_p}\int\limits_{0}^{T_p/2}\cos^2(\omega_0 t)\,dt$$

$$\underset{\underset{(A.75)}{\uparrow}}{=} \sin(\omega_0\tau) \cdot \frac{1}{T_p}\int\limits_{0}^{T_p/2} 1 + \cos(2\omega_0 t)\,dt = \sin(\omega_0\tau) \cdot \frac{1}{T_p}\Big[t\Big]_0^{T_p/2} = \tfrac{1}{2}\sin(\omega_0\tau).$$

Für $\tau = 0$ ist die Kreuzkorrelationsfunktion null, d.h. die Signale Kosinus und Sinus sind zueinander orthogonal. Für größer werdendes τ werden sich die Signale immer ähnlicher, bis sie für $\omega_0\tau = \pi/2$ identisch sind. In der Korrelationsfunktion wird dies durch ein Ansteigen bis zu ihrem Maximum bei $\omega_0\tau = \pi/2$ sichtbar. Umgekehrt werden sich die Signale für $\tau < 0$ immer 'entgegengesetzt' ähnlicher, bis sie für $\omega_0\tau = -\pi/2$ gerade zueinander negiert sind.

Lösung 2.8:

Da $\omega_1 \neq \omega_2$ weisen die beiden Leistungssignale i.a. keine gemeinsame Periodizität auf, weswegen die Auswertung nach Definition (2.60) erfolgen muß:

$$\varphi_{xy}^L(\tau) = \lim_{T\to\infty} \frac{1}{2T} \int_{-T}^{T} x^*(t) \cdot y(t+\tau)\, dt = \lim_{T\to\infty} \frac{1}{2T} \int_{-T}^{T} \sin(\omega_1 t) \cdot \sin(\omega_2(t+\tau))\, dt$$

$$\underset{\underset{(A.72)}{\uparrow}}{=} \lim_{T\to\infty} \frac{1}{2T} \int_{-T}^{T} \sin(\omega_1 t) \left[\sin(\omega_2 t) \cdot \cos(\omega_2 \tau) + \cos(\omega_2 t) \cdot \sin(\omega_2 \tau) \right] dt$$

$$\underset{\underset{(2.6)}{\uparrow}}{=} \cos(\omega_2 \tau) \lim_{T\to\infty} \frac{1}{2T} 2\int_{0}^{T} \sin(\omega_1 t) \sin(\omega_2 t)\, dt \underset{(A.72)}{=} \cos(\omega_2 \tau) \lim_{T\to\infty} \frac{1}{2T} \int_{0}^{T} \cos\left((\omega_1-\omega_2)t\right) - \cos\left((\omega_1+\omega_2)t\right)\, dt$$

$$= \cos(\omega_2 \tau) \lim_{T\to\infty} \frac{1}{2T} \left[\frac{1}{\omega_1-\omega_2} \sin((\omega_1-\omega_2)t) - \frac{1}{\omega_1+\omega_2} \sin((\omega_1+\omega_2)t) \right]_0^T = 0$$

$x(t)$ und $y(t)$ sind orthogonal zueinander für $\omega_1 \neq \omega_2$.

Lösung 2.9:

$$\varphi_{zz}(\tau) = \int z^*(t)\, z(t+\tau)\, dt = \int \left[x(t) - jy(t) \right] \left[x(t+\tau) + jy(t+\tau) \right] dt$$

$$= \int x(t)\, x(t+\tau) + y(t)\, y(t+\tau) + j\left[x(t)\, y(t+\tau) - y(t)\, x(t+\tau) \right] dt = \underbrace{\varphi_{xx}(\tau) + \varphi_{yy}(\tau)}_{\mathrm{Re}\{\varphi_{zz}(\tau)\}} + j\underbrace{\left[\varphi_{xy}(\tau) - \varphi_{yx}(\tau) \right]}_{\mathrm{Im}\{\varphi_{zz}(\tau)\}}$$

Lösung 3.1:

$x[k] = x_1[k] + x_2[k]$ mit $x_1[k] = c$ und $x_2[k] = \sin(\Omega_0 k)$

a) $\mathcal{H}\{x_1[k]\} = c + c = 2c$ \qquad $\mathcal{H}\{x_2[k]\} = \sin(\Omega_0 k) + \sin(\Omega_0(k-1))$
$\mathcal{H}\{x[k]\} - c + \sin(\Omega_0 k) + c + \sin(\Omega_0(k-1)) = \mathcal{H}\{x_1[k]\} + \mathcal{H}\{x_2[k]\}$
Superpositionsprinzip gültig, d.h. lineares System.

b) $\mathcal{H}\{x_1[k]\} = c^2$ \qquad $\mathcal{H}\{x_2[k]\} = \sin^2(\Omega_0 k)$
$\mathcal{H}\{x[k]\} = (c + \sin(\Omega_0 k))^2 = c^2 + 2c\sin(\Omega_0 k) + \sin^2(\Omega_0 k) \neq \mathcal{H}\{x_1[k]\} + \mathcal{H}\{x_2[k]\}$
Superpositionsprinzip gilt nicht, d.h. kein lineares System.

Lösung 3.2:

a) LTI-System
b) linear, da $\mathcal{H}\{a_1 x_1[k] + a_2 x_2[k]\} = a_1\mathcal{H}\{x_1[k]\} + a_2\mathcal{H}\{x_2[k]\}$;
   nicht zeitinvariant, da $\mathcal{H}\{x[k-k_0]\} = k \cdot x[k-k_0] \neq y[k-k_0]$.
c) zeitinvariant; *nicht* linear, da $\mathcal{H}\{ax[k]\} = ax[k] \cdot ax[k-1] \neq a \cdot \mathcal{H}\{x[k]\}$
d) zeitinvariant; *nicht* linear, da $\mathcal{H}\{ax[k]\} = c + ax[k] \neq a'\mathcal{H}\{x[k]\}$
e) linear; *nicht* zeitinvariant (siehe b))
f) linear; *nicht* zeitinvariant (lineare Differenzengleichung, aber keine konstanten Koeffizienten)
g) zeitinvariant; *nicht* linear
h) LTI-System (lineare Differenzengleichung mit konstanten Koeffizienten $\tilde{b}_i = i + 1$)

Lösung 3.3:

$$(b \cdot x[k]) * (c \cdot y[k]) = \sum_{i=-\infty}^{\infty} (b \cdot x[i])(c \cdot y[k-i]) = b \cdot c \cdot \sum_{i=-\infty}^{\infty} x[i]\, y[k-i] = b \cdot c \cdot (x[k] * y[k])$$

$$(f[k] \cdot x[k]) * (f[k] \cdot y[k]) = \sum_{i=-\infty}^{\infty} (f[i] \cdot x[i])(f[k-i] \cdot y[k-i]) = \sum_{i=-\infty}^{\infty} f[i]\, f[k-i]\, x[i]\, y[k-i] \neq f[k] \cdot (x[k] * y[k])$$

$\Rightarrow$ Konstanten dürfen aus der Faltungsoperation ausgeklammert werden, Signale im allgemeinen nicht.
Einen Spezialfall stellt das Exponentialsignal $f[k] = a^k$ dar:

$$(a^k \cdot x[k]) * (a^k \cdot y[k]) = \sum_{i=-\infty}^{\infty} (a^i x[i])(a^{k-i} y[k-i]) = a^k \sum_{i=-\infty}^{\infty} x[i]\, y[k-i] = a^k \cdot (x[k] * y[k])$$

Lösung 3.4:

Das System ist nicht kausal, da $h(-1) \neq 0$. Es ist stabil, da die Impulsantwort endlich und beschränkt ist.

a)
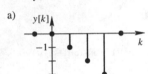

b)
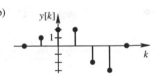

c)
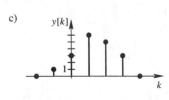

d)
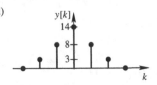

Lösung 3.5:

$y[k] = y[k-1] + y[k-2] + x[k] \quad \circ\!\!-\!\!\bullet \quad Y(z) = z^{-1}Y(z) + z^{-2}Y(z) + X(z)$

$H(z) = \frac{Y(z)}{X(z)} = \frac{z^2}{z^2 - z - 1}$,

doppelte Nullstelle bei $z = 0$, Pole bei $z = \frac{1}{2}(1 \pm \sqrt{5})$

Pol außerhalb des Einheitskreises $\Rightarrow$ nicht stabil.

$x[k] = 5(\delta[k] - \varepsilon[k-2]) \quad \circ\!\!-\!\!\bullet \quad X(z) = 5 \cdot \frac{z^2 - z - 1}{z(z-1)}$

$Y(z) = H(z) \cdot X(z) = 5 \cdot \frac{z}{z-1} \quad \bullet\!\!-\!\!\circ \quad y[k] = 5 \cdot \varepsilon[k]$

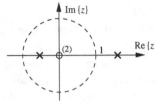

Lösung 3.6:

a) $Y(z)\left[1 - \sqrt{2}\,z^{-1} + z^{-2}\right] = X(z) \;\Rightarrow\; H(z) = \frac{X(z)}{Y(z)} = \frac{z^2}{z^2 - \sqrt{2}\,z + 1}$

   Pole bei $z_{1/2} = \frac{\sqrt{2}}{2} \pm \sqrt{\frac{2}{4} - 1} = \frac{1}{\sqrt{2}}(1 \pm j)$ mit $|z_{1/2}| = 1 \;\Rightarrow\;$ 2 einfache Pole auf Einheitskreis $\;\Rightarrow\;$ quasistabil

b) stabil, da FIR-System

c) stabil, da FIR-System

d) $h[k] = \begin{cases} 1, & 0 \leq k < k_0 \\ 0, & \text{sonst} \end{cases} \;\Rightarrow\;$ stabil, da FIR-System

e) Pole bei $z_{1/2} = -1 \pm \sqrt{1-1} = -1 \;\Rightarrow\;$ doppelter Pol auf Einheitskreis $\;\Rightarrow\;$ instabil

f) Pole bei $z_1 = 0$ und $x_{2/3} = 0.75 \pm \sqrt{0.75^2 - 0.5} = 0.75 \pm 0.25$

   $\;\Rightarrow\;$ einfacher Pol auf Einheitskreis, restliche Pole innerhalb des Einheitskreis $\;\Rightarrow\;$ quasistabil

Lösung 3.7:

a) $H(z) = \frac{(z+0.5)^2}{z(z-0.5)^2}$, stabil

b) $H(z) = \frac{z^2\left(z - \frac{2}{3}j\right)\left(z + \frac{2}{3}j\right)}{(z-1)^2(z-0.5)(z+0.5)}$, instabil (doppelter Pol auf Einheitskreis)

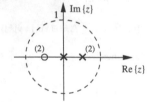

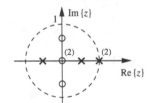

Lösung 3.8:

$x[k] = \delta[k] + 2\delta[k-1] + \delta[k-2] \; \circ\!\!-\!\!\bullet \; X(z) = 1 + \frac{2}{z} + \frac{1}{z^2} = \frac{z^2+2z+1}{z^2}$

$y[k] = 2\delta[k] + 3\delta[k-1] + \delta[k-2] + \delta[k-3] + \delta[k-4] \; \circ\!\!-\!\!\bullet \; Y(z) = \frac{2z^4+3z^3+z^2+z+1}{z^4}$

$H(z) = \frac{Y(z)}{X(z)} = \frac{2z^2-z+1}{z^2} \; \bullet\!\!-\!\!\circ \; h[k] = 2\delta[k] - \delta[k-1] + \delta[k-2]$

Lösung 3.9:

a) $y[k] = h_2[k] * (h_1[k] * x[k]) = \underbrace{h_2[k] * h_1[k]}_{h[k]} * x[k]$ bzw. $\; Y(z) = \underbrace{H_2(z) \cdot H_1(z)}_{H(z)} \cdot X(z)$

$H_1(z) = \frac{z}{z-a}$, $H_2(z) = \frac{z}{z+a} \;\Rightarrow\; H(z) = \frac{z^2}{z^2-a^2} \;\Rightarrow\; \frac{H(z)}{z} = \frac{r_1}{z-a} + \frac{r_2}{z+a}$

$r_1 = \text{Res}\left\{ \frac{H(z)}{z} ; a \right\}\Big|_{z=a} = (z-a) \cdot \frac{H(z)}{z}\Big|_{z=a} = \frac{1}{2}$, $r_2 = \frac{1}{2}$

$\Rightarrow\; H(z) = \frac{1}{2}\left(\frac{z}{z-a} + \frac{z}{z+a} \right)$

$\begin{matrix} \circ \\ \bullet \end{matrix}$

$h[k] = \frac{1}{2}\left(a^k + (-a)^k \right) \cdot \varepsilon[k] = \begin{cases} a^k & k > 0, \text{ gerade} \\ 0 & \text{sonst} \end{cases}$

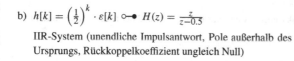

b) $h[k] = \delta[k] \; \circ\!\!-\!\!\bullet \; H(z) = 1 = H_1(z) \cdot H_2(z) \;\Rightarrow\; H_2(z) = \frac{1}{H_1(z)} = \frac{z-a}{z} = 1 - \frac{a}{z} \; \bullet\!\!-\!\!\circ \; h_2[k] = \delta[k] - a\,\delta[k-1]$

$\mathcal{H}_2$ ist das zu $\mathcal{H}_1$ *inverse* System.

Lösung 3.10:

a) $h[k] = \delta[k] + \frac{1}{2}\delta[k-1] + \frac{1}{4}\delta[k-2] + \frac{1}{8}\delta[k-3]$

$H(z) = 1 + \frac{1}{2}z^{-1} + \frac{1}{4}z^{-2} + \frac{1}{8}z^{-3} = \frac{z^3+\frac{1}{2}z^2+\frac{1}{4}z+\frac{1}{8}}{z^3}$

FIR-System (endliche Impulsantwort, Pole nur im Ursprung)

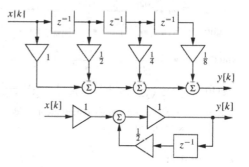

b) $h[k] = \left(\frac{1}{2}\right)^k \cdot \varepsilon[k] \; \circ\!\!-\!\!\bullet \; H(z) = \frac{z}{z-0.5}$

IIR-System (unendliche Impulsantwort, Pole außerhalb des Ursprungs, Rückkoppelkoeffizient ungleich Null)

Lösung 3.11:

a) $z[k] = b \cdot \left[c \cdot y[k] + x[k] \right]$

$y[k] = z[k-1] + a \cdot x[k] = b \cdot \left[c \cdot y[k-1[+[x[k-1]] \right] + a \cdot x[k] = bc\,y[k-1] + ax[k] + bx[k-1]$

b) $Y(z)\left[1 - bc \cdot z^{-1}\right] = X(z)\left[a + b \cdot z^{-1}\right] \;\Rightarrow\; H(z) = \frac{Y(z)}{X(z)} = \frac{a+bz^{-1}}{1-bcz^{-1}} = \frac{az+b}{z-bc}$

Pol bei $z = bc$, d.h. System ist stabil für $|bc| < 1$.

c) $\tilde{H}(z) = \frac{H(z)}{z} = \frac{az+b}{z(z-bc)} = \frac{-\frac{1}{c}}{z} + \frac{a+\frac{1}{c}}{z-bc}$, $\quad H(z) = -\frac{1}{c} + \frac{\left(a+\frac{1}{c}\right)z}{z-bc} \; \bullet\!\!-\!\!\circ \; h[k] = -\frac{1}{c}\delta[k] + \left(a + \frac{1}{c}\right)(bc)^k \cdot \varepsilon[k]$

Sprungantwort: $Y(z) = H(z) \cdot X(z)$ mit $X(z) = \frac{z}{z-1} \; \bullet\!\!-\!\!\circ \; \varepsilon[k]$

$\tilde{Y}(z) = \frac{Y(z)}{z} = \frac{az+b}{(z-1)(z-bc)} = \frac{\frac{a+b}{1-bc}}{z-1} + \frac{(abc+b)(bc-1)}{z-bc}$

$Y(z) = \frac{1}{1-bc}\left[\frac{(a+b)z}{z-1} - \frac{b(ac+1)z}{z-bc} \right] \; \bullet\!\!-\!\!\circ \; y[k] = \frac{1}{1-bc}\left[a + b - b(ac+1)(bc)^k \right]\varepsilon[k]$

Lösung 3.12:

$h[k] = \text{rect}_2[k] = \delta[k] + \delta[k-1] \Rightarrow y[k] = x[k] + x[k-1] = a^k + a^{(k-1)} = a^k \underbrace{\left(1 + \tfrac{1}{a}\right)}_{\lambda}$

$\Rightarrow \; x[k]$ ist Eigenfolge des Systems $h[k]$ mit Eigenwert $\lambda = 1 + \tfrac{1}{a}$.

Der Eigenwert läßt sich auch über die Beziehung $\lambda = H(z)\big|_{z=a}$ berechnen:

$Y(z) = X(z)\,(1 + z^{-1}) \;\Rightarrow\; H(z) = \frac{Y(z)}{X(z)} = 1 + \frac{1}{z} \underset{z \overset{!}{=} a}{=} 1 + \frac{1}{a} = \lambda$

Das einseitige Signal $\tilde{x}[k]$ ist keine Eigenfunktion:

$\tilde{y}[k] = \tilde{x}[k] + \tilde{x}[k-1] = a^k\,\varepsilon[k] + a^{(k-1)} \underbrace{\varepsilon[k-1]}_{\varepsilon[k]-\delta[k]} = a^k\left(1 + \tfrac{1}{a}\right)\varepsilon[k] + a^{k-1}\,\delta[k]$

Lösung 3.13:

k	0	1	2	3	4	5	$\cdots$
$y[k]$	1.0	-0.6	0.4	-0.2	0.1	-0.1	± 0.1

Das System ist *nicht* linear, da $\tilde{x}[k] = 2 \cdot x[k] \;\Rightarrow\; \tilde{y}[k] \neq 2 \cdot y[k]$

Da es sich um kein lineares System handelt, können wir über die Stabilität keine Aussage treffen.

Das entsprechende wertkontinuierliche System ist linear und stabil (absolut summierbare Impulsantwort $h[k] = (-0.6)^k \cdot \varepsilon[k]$.

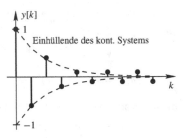
Einhüllende des kont. Systems

Lösung 4.1:

$\sin(\Omega_0 k) = \frac{1}{2j}\left(e^{j\Omega_0 k} - e^{-j\Omega_0 k}\right) \qquad \cos(\Omega_0 k) = \frac{1}{2}\left(e^{j\Omega_0 k} + e^{-j\Omega_0 k}\right)$

Es gilt: $e^{j\Omega_0 k} = \left(e^{j\Omega_0}\right)^k \;\circ\!\!-\!\!\bullet\; \frac{z}{z - e^{j\Omega_0}}, \; |z| > \left|e^{j\Omega_0}\right| = 1$

$\sin(\Omega_0 k) \;\circ\!\!-\!\!\bullet\; \frac{1}{2j}\left(\frac{z}{z - e^{j\Omega_0}} - \frac{z}{z - e^{-j\Omega_0}}\right) = \frac{1}{2j}\frac{z\left(e^{j\Omega_0} - e^{-j\Omega_0}\right)}{z^2 - z\left(e^{j\Omega_0} + e^{-j\Omega_0}\right) + 1} = \frac{z \cdot \sin(\Omega_0)}{z^2 - 2z\cos(\Omega_0) + 1}, \; |z| > 1$

$\cos(\Omega_0 k) \;\circ\!\!-\!\!\bullet\; \frac{1}{2}\left(\frac{z}{z - e^{j\Omega_0}} + \frac{z}{z - e^{-j\Omega_0}}\right) = \frac{z[z - \cos(\Omega_0)]}{z^2 - 2z\cos(\Omega_0) + 1}, \; |z| > 1$

Die zweiseitige Transformierte existiert nicht, da der linksseitige Anteil nur für $|z| < 1$, und der rechtsseitige Anteil nur für $|z| > 1$ konvergiert.

Lösung 4.2:

a) $X(z) = -z \cdot \frac{d}{dz}\left[-z \cdot \frac{d}{dz}\left(\frac{z}{z-1}\right)\right] = \frac{z(z+1)}{(z-1)^3}, \; |z| > 1$

b) $X(z) = -z \cdot \frac{d}{dz}\left[z^{-k_0} \cdot \frac{z}{z-a}\right] = \frac{a(1-k_0) + k_0 z}{z^{k_0 - 1}(z-a)^2}, \; |z| > a$

c) $X(z) = a^{-k_0}(-z) \cdot \frac{d}{dz}\left[\frac{z}{z-a}\right] = \frac{z}{a^{k_0 - 1}(z-a)^2}, \; |z| > a$

d) $X(z) = -z \cdot \frac{d}{dz}\left[\frac{\frac{z}{e^{-2}}\sin(\Omega_0)}{\left(\frac{z}{e^{-2}}\right)^2 - 2\frac{z}{e^{-2}}\cos(\Omega_0) + 1}\right] = \frac{e^2 z \cdot (e^4 z^2 - 1)\sin(\Omega_0)}{(e^4 z^2 - 2e^2 z\cos(\Omega_0) + 1)^2}, \; |z| > e^{-2}$

Lösung 4.3:

a) $x_a[k] = \delta[k-1] + 2 \cdot \delta[k-2] + \delta[k-3]$

$X_a(z) = \sum_{k=-\infty}^{\infty} x[k] \cdot z^{-k} = 1 \cdot z^{-1} + 2 \cdot z^{-2} + 1 \cdot z^{-3} = \frac{(z+1)^2}{z^3}, \;$ konv. für $|z| > 0$.

b) $X_b(z) = 1 - z^{-4} = \frac{z^4-1}{z^4}$, konv. für $|z| > 0$.

c) $x_c[k] = x_a[k] * x_b[k] \circ\!\!-\!\!\bullet X_c(z) = X_a(z) \cdot X_b(z) = \frac{z^4-1}{z^4} \cdot \frac{(z+1)^2}{z^3}$, $|z| > 0$

d) $X_d(z) = 1 - z^{-4} + z^{-8} - z^{-12} + \ldots = \sum\limits_{i=0}^{\infty} \left(-z^{-4}\right)^i = \frac{z^4}{z^4+1}$, $|z| > 1$

e) $x_e[k] = x_a[k] * x_d[k] \circ\!\!-\!\!\bullet X_e(z) = X_a(z) \cdot X_d(z) = \frac{z(z+1)^2}{z^4+1}$, $|z| > 1$

Lösung 4.4:

Partialbruchzerlegung von $\frac{X(z)}{z}$:

$\tilde{X}(z) = \frac{X(z)}{z} = \frac{3z-4}{z^2-3z+2} = \frac{3z-4}{(z-1)(z-2)}$, $\quad \mathrm{Res}\left\{\tilde{X}(z);1\right\} = \frac{3z-4}{z-2}\Big|_{z=1} = 1$, $\quad \mathrm{Res}\left\{\tilde{X}(z);2\right\} = \frac{3z-4}{z-1}\Big|_{z=2} = 2$

$\Rightarrow \quad X(z) = \frac{z}{z-1} + \frac{2z}{z-2} \quad \bullet\!\!-\!\!\circ \quad x[k] = [1 + 2 \cdot 2^k] \cdot \varepsilon[k]$

Partialbruchzerlegung von $X(z)$:

Da der Zählergrad gleich dem Nennergrad ist, muß zunächst eine Polynomdivision durchgeführt werden:

$$
\begin{array}{l}
(3z^2 - 4z) : (z^2 - 3z + 2) = 3 + \dfrac{5z-6}{\underbrace{z^2 - 3z + 2}_{\hat{X}(z)}} \\
\underline{z^2 - 9z + 6} \\
\qquad 5z - 6
\end{array}
$$

Partialbruchzerlegung von $\hat{X}(z)$:

$\hat{X}(z) = \frac{5z-6}{z^2-3z+2} = \frac{5z-6}{(z-1)(z-2)}$, $\quad \mathrm{Res}\left\{\hat{X}(z);1\right\} = \frac{5z-6}{z-2}\Big|_{z=1} = \frac{-1}{-1} = 1$, $\quad \mathrm{Res}\left\{\hat{X}(z);2\right\} = \frac{5z-6}{z-1}\Big|_{z=2} = \frac{4}{1} = 4$

$\Rightarrow \quad X(z) = 3 + \frac{1}{z-1} + \frac{4}{z-2}$

$\qquad x[k] = 3\delta[k] + [1 + 4 \cdot 2^{k-1}] \cdot \underbrace{\varepsilon[k-1]}_{\varepsilon[k] - \delta[k]} = [3 - 1 - 2] \cdot \delta[k] + [1 + 4 \cdot 2^{k-1}] \cdot \varepsilon[k] = [1 + 2 \cdot 2^k] \cdot \varepsilon[k]$

Lösung 4.5:

a) $x[k] = \sum\limits_{\alpha_i \in \mathcal{A}} \mathrm{Res}\left\{X(z) \cdot z^{k-1}; \alpha_i\right\} = \sum\limits_{\alpha_i \in \mathcal{A}} \mathrm{Res}\left\{\frac{z^k(z-2)^2}{(z-1)^3}; \alpha_i\right\}$

Für $k \geq 0$ (dreifacher Pol bei $z = 1$):

$x[k] = \mathrm{Res}\left\{\frac{z^k(z-2)^2}{(z-1)^3}; 1\right\} = \frac{1}{2}\frac{d^2}{dz^2}\left[z^k(z-2)^2\right]\Big|_{z=1} = \frac{1}{2}\frac{d}{dz}\left[2(z-2)z^k + k(z-2)^2 z^{k-1}\right]\Big|_{z=1}$

$\quad = z^k + 2k(z-2)z^{k-1} + \frac{k}{2}(z-2)^2[k-1]z^{k-2}\Big|_{z=1} = 1 - 2k + \frac{k}{2}(k-1) \quad k \geq 0$

Für $k < 0$ Berechnung über (A.41) und (A.40) mit $k' = -k \geq 1$:

$x[k] = \sum\limits_{\alpha_i \in \mathcal{A}} \mathrm{Res}\left\{\frac{z^k(z-2)^2}{(z-1)^3}; \alpha_i\right\} = -\mathrm{Res}\left\{\frac{(z-2)^2}{z^{k'}(z-1)^3}; \infty\right\} = \frac{\tilde{b}_{k'+2}}{a_{k'+3}} = \frac{0}{1} = 0$

b) $x[k] = \sum\limits_{\alpha_i \in \mathcal{A}} \mathrm{Res}\left\{X(z) \cdot z^{k-1}; \alpha_i\right\} = \sum\limits_{\alpha_i \in \mathcal{A}} \mathrm{Res}\left\{\frac{z^k}{(z-a)^{m+1}}; \alpha_i\right\}$

Für $k \geq 0$ nur $(m+1)$-facher Pol bei $z = a$:

$x[k] = \frac{1}{m!} \cdot \frac{d^m}{dz^m}\left[z^k\right]\Big|_{z=a} = \frac{1}{m!} \cdot k(k-1)\cdots(k-m+1) \cdot z^{k-m}\Big|_{z=a} = \frac{1}{m!} \cdot \frac{k!}{(k-m)!} \cdot z^{k-m}\Big|_{z=a} = \binom{k}{m} \cdot a^{k-m}$

Für $k < 0$: $x[k] = -\mathrm{Res}\left\{\frac{1}{z^{k'}(z-a)^{m+1}}; \infty\right\} = \frac{\tilde{b}_{k'+m}}{a_{k'+m+1}} = \frac{0}{1} = 0$

Lösung 4.6:

rechtsseitige Zeitfolgen $\Rightarrow$ Konvergenzgebiet der z-Transformierten liegt außerhalb eines Kreises, d.h. $|z| > r$.

a) $X(z) = \frac{(z+1)^2}{z^2} = 1 + \frac{2}{z} + \frac{1}{z^2}$ $\bullet\!\!-\!\!\circ$ $x[k] = \delta[k] + 2\,\delta[k-1] + \delta[k-2]$, $|z| > 0$

b) $X(z) = \frac{z^2(z+1)}{z^2-1} = \frac{z^2(z+1)}{(z+1)(z-1)} = z \cdot \frac{z}{z-1}$, $x[k]$ rechtsseitig bei Konvergenz für $|z| > 1$ $\Rightarrow$ $x[k] = \varepsilon[k+1]$

c) $X(z) = \frac{z^3 + z^2\left(\frac{\sqrt{3}}{2} - 1\right) + z\left(1 + \frac{\sqrt{3}}{2}\right)}{z^3 + 1} = \frac{z}{z+1} + \frac{z\frac{\sqrt{3}}{2}}{z^2 - z + 1}$,   Konv. für $|z| > 1$ $\Rightarrow$ $x[k] = \left[(-1)^k + \sin\left(\frac{\pi}{3}k\right)\right] \cdot \varepsilon[k]$

d) Pole bei: $\alpha_{1/2} = 1 \pm 2j$, $\alpha_3 = -1$

$$\tilde{X}(x) = \frac{X(z)}{z} = \frac{3z^2 - 8z + 5}{z^3 - z^2 + 3z + 5} = \frac{r_1}{z - \alpha_1} + \frac{r_1^*}{z - \alpha_1^*} + \frac{r_2}{z - \alpha_3}$$

$$r_1 = (z - \alpha_1)\,\tilde{X}(x)\big|_{z=\alpha_1} = (z - 1 - 2j)\frac{3z^2 - 8z + 5}{(z-1-2j)(z-1+2j)(z+1)}\Big|_{z=1+2j} = \frac{3z^2 - 8z + 5}{(z-1+2j)(z+1)}\Big|_{z=1+2j} = 0.5 + j$$

$$r_2 = (z - \alpha_3)\,\tilde{X}(x)\big|_{z=\alpha_3} = (z+1)\frac{3z^2 - 8z + 5}{(z-1-2j)(z-1+2j)(z+1)}\Big|_{z=-1} = \frac{3z^2 - 8z + 5}{(z-1-2j)(z-1+2j)}\Big|_{z=-1} = 2$$

$$X(z) = \frac{z(0.5+j)}{z-1-2j} + \frac{z(0.5-j)}{z-1+2j} + \frac{2z}{z+1} = \frac{z(z-5)}{z^2-2z+5} + \frac{2z}{z+1}$$

$$x[k] = \sqrt{5}^{k+1}\cos\left(63.4°k + 63.4°\right) \cdot \varepsilon[k] + 2 \cdot (-1)^k \cdot \varepsilon[k]$$

Lösung 4.7:

Berechnung über Umkehrintegral:

Konvergenz für $|z| > |a|$ (siehe Beispiel 4.14): $x[k] = \frac{1}{2\pi j}\oint X(z) \cdot z^{k-1}\,dz = \frac{1}{2\pi j}\oint \frac{z^k}{z-a}\,dz = a^k \cdot \varepsilon[k]$

Konvergenz für $|z| < |a|$: Integrationsweg ist Kreis mit Radius $r < |a|$:

$k \geq 0$: kein Pol innerhalb, d.h. $\oint \ldots = 0$

$k < 0$: k'-facher Pol bei $z = 0$ ($k' = k$):

$$x[k] = \text{Res}\left\{\frac{1}{z^{k'}(z-a)}\,;\,0\right\} = \frac{1}{(k'-1)!} \cdot \frac{d^{k'-1}}{dz^{k'-1}}\left[(z-a)^{-1}\right]\Big|_{z=0}$$

$$= \frac{1}{(k'-1)!} \cdot (-1)^{k'-1} \cdot (k'-1)! \cdot (z-a)^{-k'}\big|_{z=0} = (-1)^{k'-1} \cdot (-a)^{-k'} = -a^{-k'} = -a^k$$

$$\Rightarrow x[k] = -a^k \cdot \varepsilon(-k-1)$$

Berechnung über geometrische Reihe:

$$|z| > |a| : X(z) = \frac{z}{z-a} = \frac{1}{1-\frac{a}{z}} \underset{\substack{\uparrow \\ |\frac{a}{z}| < 1}}{=} \sum_{i=0}^{\infty}\left(\frac{a}{z}\right)^i = \sum_{i=0}^{\infty} a^i z^{-i} \Rightarrow x[k] = a^k \cdot \varepsilon[k]$$

$$|z| < |a| : X(z) = \frac{z}{z-a} = -\frac{z}{a} \cdot \frac{1}{1-\frac{z}{a}} \underset{\substack{\uparrow \\ |\frac{z}{a}| < 1}}{=} -\frac{z}{a} \cdot \sum_{i=0}^{\infty}\left(\frac{z}{a}\right)^i = -\sum_{i=0}^{\infty}\left(\frac{z}{a}\right)^{i+1} \underset{\substack{\uparrow \\ l = -(i+1)}}{=} -\sum_{l=-1}^{-\infty} a^l z^{-l}$$

$$\Rightarrow x[k] = -a^k \cdot \varepsilon(-k-1)$$

Lösung 4.8:

$$X(z) = \frac{2z^2 - 3z}{z^2 - 3z + 2} = \frac{z}{z-2} + \frac{z}{z-1}$$

Konvergenzgebiet $|z| > 2$: $x[k] = (1 + 2^k) \cdot \varepsilon[k]$ (kausale Folge)

Konvergenzgebiet $1 < |z| < 2$: $x[k] = \varepsilon[k] - 2^k \cdot \varepsilon(-k-1)$ (zweiseitige Folge)

Konvergenzgebiet $|z| < 1$: $x[k] = -(1 + 2^k) \cdot \varepsilon(-k-1)$ (antikausale Folge)

Lösung 4.9:

$x[k] = a^k \cdot \varepsilon[k]$ $\circ\!\!-\!\!\bullet$ $X(z) = \frac{z}{z-a}$, $|z| > |a|$

$$\varphi_{xx}^E[k] \;\circ\!\!-\!\!\bullet\; X\left(\frac{1}{z}\right) \cdot X(z) = \frac{\frac{1}{z}}{\frac{1}{z}-a} \cdot \frac{z}{z-a} = \frac{z}{(1-az)(z-a)} = -\frac{1}{a}\frac{z}{\left(z-\frac{1}{a}\right)(z-a)}$$

$X\left(\frac{1}{z}\right)$ konv. für $|z| < |\frac{1}{a}|$ $\Rightarrow$ resultierendes Konvergenzgebiet $\mathcal{K}$: $|a| < |z| < |\frac{1}{a}|$

Der Vergleich mit dem Ergebnis von Beispiel 4.1 liefert das Ergebnis $\varphi_{xx}^E[k] = \frac{a^{|k|}}{1-a^2}$.

Lösung 4.10:

a) $b_0 = 0$, $b_1 = 0$, $b_2 = 1$, $a_0 = 1$, $a_1 = -2$, $a_2 = 1$, $x[-2] = 0$, $x[-1] = 0$

Rekursive Lösung: $x[k] = \frac{1}{a_2}\left[b_{2-k} - \sum_{i=1}^{2} a_{2-i} \cdot x[k-i]\right]$

$$
\begin{array}{rclclcl}
x[0] & = & 1 & + & 2x[-1] & - & x[-2] & = & 1 \\
x[1] & = & & & 2x[0] & - & x[-1] & = & 2 \\
x[2] & = & & & 2x[1] & - & x[0] & = & 3 \\
x[3] & = & & & 2x[2] & - & x[1] & = & 4 \\
x[4] & = & & & 2x[3] & - & x[2] & = & 5
\end{array}
$$

Analytische Lösung: $\dfrac{z^2}{z^2-2z+1} = \dfrac{z}{z-1} + \dfrac{z}{(z-1)^2}$ $\bullet\!\!-\!\!\circ$ $\varepsilon[k] + k \cdot \varepsilon[k] = (k+1) \cdot \varepsilon[k]$

b) Rekursive Lösung: Wie a) nur $a_1 = -\sqrt{2}$.

$$
\begin{array}{rclclcl}
x[0] & = & 1 & + & \sqrt{2}\,x[-1] & - & x[-2] & = & 1 \\
x[1] & = & & & \sqrt{2}\,x[0] & - & x[-1] & = & \sqrt{2} \\
x[2] & = & & & \sqrt{2}\,x[1] & - & x[0] & = & 1 \\
x[3] & = & & & \sqrt{2}\,x[2] & - & x[1] & = & 0 \\
x[4] & = & & & \sqrt{2}\,x[3] & - & x[2] & = & -1
\end{array}
$$

Analytische Lösung: Rücktransformation mit Korrespondenz 13 von Seite 341:

$b = \sqrt{2}$, $c = 1$, $d = 0$, $\Rightarrow a = 1$, $\Omega_0 = \arccos\left(\frac{\sqrt{2}}{2}\right) = \frac{\pi}{4}$, $\varphi_0 = \arctan\left(\frac{-\sqrt{2}}{\sqrt{2}}\right) = -\frac{\pi}{4}$

$\dfrac{z^2}{z^2-\sqrt{2}z+1} = \dfrac{z(z-d)}{z^2-bz+c}$ $\bullet\!\!-\!\!\circ$ $a^k \cdot \dfrac{\cos(\Omega_0 k + \varphi_0)}{\cos(\varphi_0)} \cdot \varepsilon[k] = \sqrt{2} \cdot \cos\left(\frac{\pi}{4}k - \frac{\pi}{4}\right) \cdot \varepsilon[k]$

Lösung 4.11:

a) $H(z) = \frac{1}{4} \cdot \frac{z^3+z^2+z+1}{z^3}$

$h[k] = \frac{1}{4}(\varepsilon[k] - \varepsilon[k-4]) = \text{rect}_4[k]$, FIR-System

Störanteil
Nutzanteil

b) $X(z) = \underbrace{\dfrac{z}{z-1.05}}_{\text{Nutzkomp.}} + \underbrace{\dfrac{z}{z^2+1}}_{\text{Störkomp.}} = \dfrac{z(z^2+z-0.05)}{(z-1.05)(z^2+1)}$

c) $Y(z) = H(z) \cdot X(z) = \frac{1}{4} \cdot \dfrac{(z^2+z-0.05)(z^3+z^2+z+1)}{z^2(z-1.05)(z^2+1)} = \frac{1}{4} \cdot \dfrac{(z^2+z-0.05)(z+1)}{z^2(z-1.05)} = \frac{1}{4} \cdot \dfrac{z^3+2z^2+0.95z-0.05}{z^2(z-1.05)}$

d) $\dfrac{Y(z)}{z} = \frac{1}{4} \dfrac{z^3+2z^2+0.95z-0.05}{z^3(z-1.05)} = \frac{1}{4}\left[\dfrac{a}{z} + \dfrac{b}{z^2} + \dfrac{c}{z^3} + \dfrac{d}{(z-1.05)}\right]$

Die Konstanten bestimmt man über Koeffizientenvergleich zu:

$a = -2.7232$, $b = -0.8594$, $c = 0.0476$, $d = 3.7232$

Nutzanteil

$\Rightarrow y[k] = \frac{a}{4}\delta[k] + \frac{b}{4}\delta[k-1] + \frac{c}{4}\delta[k-2] + \frac{d}{4}1.05^k \cdot \varepsilon[k]$

$= \underbrace{-0.681\,\delta[k] - 0.215\,\delta[k-1] + 0.012\,\delta[k-2]}_{\text{Einschwinganteil des Systems}} + \underbrace{0.931 \cdot 1.05^k \cdot \varepsilon[k]}_{\text{Nutzanteil}}$

Nach Abklingen des Einschwinganteils erscheint am Ausgang nur der (leicht abgeschwächte) Nutzanteil.

Lösung 4.12:

a) Differenzengleichung: $y[k] = \frac{1}{3}x[k] + \frac{2}{3}y[k-1]$, IIR-System

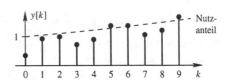

b) $H(z) = \frac{Y(z)}{X(z)} = \frac{1}{3}\frac{z}{z-\frac{2}{3}} = \frac{z}{3z-2}$ $\circ\!\!-\!\!\bullet$ $h[k] = \frac{1}{3}\cdot\left(\frac{2}{3}\right)^k\cdot\varepsilon[k]$

c) $Y(z) = H(z)\cdot X(z) = \frac{1}{3}\cdot\frac{z}{z-\frac{2}{3}}\cdot\frac{z(z^2+z-0.05)}{(z-1.05)(z^2+1)}$

d) $\tilde{Y}(z) = 3\frac{Y(z)}{z} = \frac{z(z^2+z-0.05)}{\left(z-\frac{2}{3}\right)(z-1.05)(z^2+1)} = \frac{-1.2776}{z-\frac{2}{3}} + \frac{2.7391}{z-1.05} + \frac{-0.4615z+0.6923}{z^2+1}$

$$\Rightarrow y[k] = \left[\underbrace{-0.426\cdot\left(\frac{2}{3}\right)^k}_{\text{Einschwinganteil}} + \underbrace{0.913\cdot1.05^k}_{\text{Nutzanteil}} - \underbrace{0.278\cdot\cos\left(\frac{\pi}{2}k+0.313\pi\right)}_{\text{Störanteil}}\right]\cdot\varepsilon[k]$$

Neben dem Einschwinganteil (hier unendlich andauernd) verbleibt ein nicht restlos unterdrückter Anteil der Störung, welcher dem Nutzanteil überlagert ist.

Lösung 4.13:

a) $y[k+1] - 0.5\,y[k] = x[k+1] + 2\,x[k]$, $X(z) = \frac{z}{z+1}$, $y[0] = \frac{4}{3}$

$\Rightarrow\quad a_1 = 1$, $a_0 = -0.5$, $b_1 = 1$, $b_0 = 2$, $N = 1$

Lösung nach (4.57):

$$Y(z) = \frac{b_1 z+b_0}{a_1 z+a_0}X(z) + \frac{(a_1 y_0 - b_1 x[0])z}{a_1 z+a_0} = \frac{z+2}{z-0.5}\cdot\frac{z}{z+1} + \frac{[\frac{4}{3}-1]z}{z-0.5} = \frac{\frac{5}{3}z}{z-0.5} - \frac{\frac{2}{3}z}{z+1} + \frac{\frac{1}{3}z}{z-0.5}$$

$$\Rightarrow Y(z) = \frac{2z}{z-0.5} - \frac{\frac{2}{3}z}{z+1} \quad\bullet\!\!-\!\!\circ\quad y[k] = \left[2\left(\frac{1}{2}\right)^k - \frac{2}{3}(-1)^k\right]\cdot\varepsilon[k]$$

b) Die Anfangszustände der Speicherelemente erhält man aus der Differenzengleichung für $k = 0$:

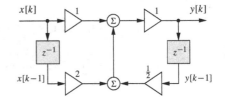

$y[0] = 0.5\,y[-1] + x[0] + 2\,x[-1]$,

d.h. $\frac{4}{3} = 0.5\,y_{-1} + 1 + 2\,x_{-1} \Rightarrow y_{-1} + 4\,x_{-1} = \frac{2}{3}$

Mit $x_{-1} = 0$ ergibt sich $y_{-1} = \frac{2}{3}$.

c) Die Anfangsbedingung lautet wie gerade berechnet: $y_{-1} = \frac{2}{3}$.

Differenzengleichung für $y[k]$ und Eingangssignal $x[k]$ wie in Aufgabenstellung, Lösung nach (4.58):

$$Y(z) = \frac{b_1 z+b_0}{a_1 z+a_0}X(z) + \frac{-a_0\,y_{-1}z}{a_1 z+a_0} = \frac{\frac{5}{3}z}{z-0.5} - \frac{\frac{2}{3}z}{z+1} + \frac{-(-0.5)\frac{2}{3}z}{z-0.5} \Rightarrow y[k] = \left[\underbrace{\frac{5}{3}\left(\frac{1}{2}\right)^k - \frac{2}{3}(-1)^k}_{\text{in Ruhe}} + \underbrace{\frac{1}{3}\left(\frac{1}{2}\right)^k}_{\text{homogen}}\right]\cdot\varepsilon[k]$$

Lösung 5.1:

a) $c = 1$, da hier eine (positive) Achsenskalierung keine Änderung des Signals bedeutet: $\varepsilon(at) = \varepsilon(t)$, $a > 0$

b) $c = 2$, aufgrund Beziehung (5.16)

Beim rect-Signal gibt es keine entsprechende Beziehung, da hier eine Achsenskalierung eine Signaländerung (Zeitdauer) bewirkt: $\text{rect}(at) \neq c\cdot\text{rect}(t)$

Lösung 5.2:

a) $x(t) = \Lambda(\frac{t}{T})$

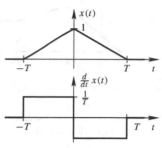

$$\frac{d}{dt}\,x(t) = \begin{cases} 0, & t < -T \\ \frac{1}{T}, & -T < t < 0 \\ -\frac{1}{T}, & 0 < t < T \\ 0, & t > T \end{cases}$$

$$= \frac{1}{T}\left[\operatorname{rect}\left(\frac{t}{T} + \frac{1}{2}\right) - \operatorname{rect}\left(\frac{t}{T} - \frac{1}{2}\right)\right]$$

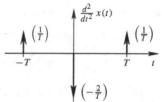

Die Knickstellen von $x(t)$ bei $t = 0$, $\pm T$ führen auf Sprungstellen in der Ableitung.

$$\frac{d^2}{dt^2}\,x(t) = \frac{1}{T}\left[\delta(t + T) - 2\,\delta(t) + \delta(t - T)\right]$$

Die Sprungstellen führen auf entsprechend gewichtete Diracimpulse.

b) $y(t) = |\sin(\omega_0 t)| = \sin(\omega_0 t) \cdot \operatorname{sgn}(\sin(\omega_0 t))$

$$= \begin{cases} \sin(\omega_0 t), & \sin(\omega_0 t) > 0 \\ -\sin(\omega_0 t), & \sin(\omega_0 t) < 0 \end{cases}$$

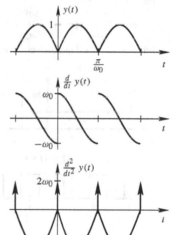

$$\frac{d}{dt}\,y(t) = \begin{cases} \omega_0 \cos(\omega_0 t), & \sin(\omega_0 t) > 0 \\ -\omega_0 \cos(\omega_0 t), & \sin(\omega_0 t) < 0 \end{cases}$$

$$= \omega_0 \cos(\omega_0 t) \cdot \operatorname{sgn}(\sin(\omega_0 t))$$

$$\frac{d^2}{dt^2}\,y(t) = \begin{cases} -\omega_0^2 \sin(\omega_0 t), & \sin(\omega_0 t) > 0 \\ \omega_0^2 \sin(\omega_0 t), & \sin(\omega_0 t) < 0 \\ 2\omega_0\,\delta\!\left(t - k\frac{\pi}{\omega_0}\right), & \sin(\omega_0 t) = 0 \end{cases}$$

$$= -\omega_0^2 |\sin(\omega_0 t)| + 2\omega_0\,\text{III}_{\frac{\pi}{\omega_0}}(t)$$

Lösung 5.3:

a)

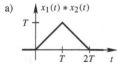

b)

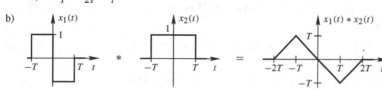

c)

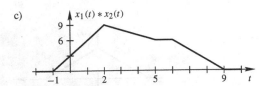

d) $x_1(t) * \varepsilon(t) \underset{\underset{(5.53)}{\uparrow}}{=} \int\limits_{-\infty}^{t} x_1(\tau)\,d\tau = \int\limits_{0}^{t} \tau\,d\tau = \tfrac{1}{2}t^2$

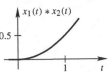

Faltung linearer mit konstanter Funktion ergibt einen quadratischen Funktionsverlauf.

e) Für $0 \le t \le 1$ quadratischer Anstieg, siehe d)

Für $1 \le t \le 2$: $y(t) = \int\limits_{t-1}^{1} \tau\,d\tau = \left[\tfrac{1}{2}\tau^2\right]_{t-1}^{1}$

$= \tfrac{1}{2} - \dfrac{(t-1)^2}{2}$

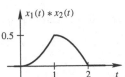

f) Für $-1.5 \le t \le -0.5$ quadratischer Anstieg von 0 auf 0.5.

Für $-0.5 \le t \le 0.5$:

$y(t) = \int\limits_{t-0.5}^{t+0.5} \Lambda(\tau)\,d\tau = \int\limits_{t-0.5}^{0} 1+\tau\,d\tau + \int\limits_{0}^{t+0.5} 1-\tau\,d\tau = 0.75 - t^2$

Für $0.5 \le t \le 1.5$ quadratisch (symmetrisch zu $-1.5 \le t \le -0.5$).

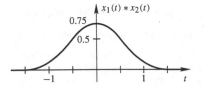

g)

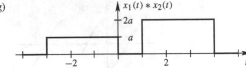

h)

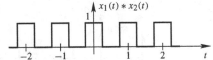

Lösung 5.4:

a) $Q(s) = \underbrace{s}_{\substack{\text{NS} \\ s=0}} \cdot \underbrace{(s^2 + 2s + 2)}_{\substack{\text{Hurwitzpolynom} \\ (a_i > 0; \ N = 2)}} \Rightarrow$ mod. Hurwitzpolynom (Nullstellen bei: 0; $-1 \pm j$)

b) Alle $a_i > 0$, $a_1 a_2 - a_0 a_3 = 11 \cdot 6 - 6 \cdot 1 = 60 > 0 \Rightarrow$ HP (NS: -1; -2; -3)

c) $a_0 < 0 \Rightarrow$ kein HP (NS: 2; $-2 \pm 3j$)

d) $a_3 = 0 \Rightarrow$ kein HP (NS: $-1 \pm j$; $1 \pm 2j$)

e) Alle $a_i > 0$, $a_1(a_2 a_3 - a_1 a_4) - a_0 a_3^2 = 38(6 \cdot 3 - 38 \cdot 1) - 60 \cdot 3^2 = -1300 < 0$

   $\Rightarrow$ kein HP (NS: -2; -3; $1 \pm 3j$)

f) Alle $a_i > 0$, $a_3 a_4 - a_2 a_5 = 2 \cdot 1 - 2 \cdot 1 = 0 \Rightarrow$ kein HP (NS: -1; $\pm j$ (doppelt))

g) Alle $a_i > 0$, $a_3 a_4 - a_2 a_5 = 23 \cdot 6 - 52 \cdot 1 = 86 > 0$

   $(a_1 a_2 - a_0 a_3)(a_3 a_4 - a_2 a_5) - (a_1 a_4 - a_0 a_5)^2 = 109512 > 0 \Rightarrow$ HP (NS: -1 (doppelt) ; -2; $-1 \pm 3j$)

h) Alle $a_i > 0$, Kettenbruchentwicklung:

$$\left.\begin{array}{c|c}
\begin{array}{c}
s^6 + 6s^4 + 9s^2 + 4 \\
s^6 + 5s^4 + 4s^2
\end{array} \\
\hline
2s \quad \begin{array}{c} s^4 + 5s^2 + 4 \end{array}
\end{array}\right|
\begin{array}{c|c}
2s^5 + 10s^3 + 8s & \frac{1}{2}s \\
\hline
2s^5 + 10s^3 + 8s & \\
\hline
0 &
\end{array}$$

Weiter mit $\dfrac{d}{ds}\left[s^4 + 5s^2 + 4\right] = 4s^3 + 10s$

$$\begin{array}{c|c}
\begin{array}{c} s^4 + 5s^2 + 4 \\ s^4 + \frac{5}{2}s^2 \end{array} & 4s^3 + 10s \quad \frac{1}{4}s \\
\hline
\frac{8}{5}s \quad \frac{5}{2}s^2 + 4 & 4s^3 + \frac{32}{5}s \\
\hline
\frac{5}{2}s^2 & \frac{18}{5}s \quad \frac{25}{36}s \\
\hline
\frac{9}{10}s \quad 4 & \frac{18}{5}s \\
\hline
& 0
\end{array}$$

$\Rightarrow$ mod. Hurwitzpolynom (NS: -1 (doppelt); $\pm j$; $\pm 2j$)

Lösung 5.5:

a) $a_i > 0 \Rightarrow c < 3$, $c > -2$; $\quad a_1 a_2 - a_0 a_3 > 0 \Rightarrow 4(3-c) - (2+c) = 10 - 5c > 0 \Rightarrow c < 2$

$\Rightarrow$ für $-2 < c < 2$ stabil

b) $a_i > 0 \Rightarrow c > 0$; $\quad a_1(a_2 a_3 - a_1 a_4) - a_0 a_3^2 > 0 \Rightarrow 3(3c - 3) - 2c^2 = -2c^2 + 9c - 9 = f(c) > 0$

nach unten geöffnete Parabel mit den Nullstellen $c_1 = 3$ und $c_2 = 1.5$, d.h. für $1.5 < c < 3$ wird die Bedingung erfüllt $\Rightarrow$ für $1.5 < c < 3$ stabil

c) $a_i > 0 \Rightarrow c > 0$; $\quad a_3 a_4 - a_2 a_5 > 0 \Rightarrow 2c - c = c > 0 \Rightarrow c > 0$

$(a_1 a_2 - a_0 a_3)(a_3 a_4 - a_2 a_5) - (a_1 a_4 - a_0 a_5)^2 > 0 \Rightarrow (3c - 2c)(2c - c) - (3 - 1)^2 = c^2 - 4 > 0 \Rightarrow |c| > 2$

$\Rightarrow$ für $c > 2$ stabil

d) $a_i > 0 \quad \Rightarrow c > 0$

Kettenbruchentwicklung von $\dfrac{Q_g(s)}{Q_u(s)}$:

$$\begin{array}{c|c}
\begin{array}{c} s^6 + 3s^4 + 3s^2 + c \\ s^6 + 2s^4 + 2s^2 \end{array} & s^5 + 2s^3 + 2s \quad s \\
\hline
s \quad \begin{array}{c} s^4 + s^2 + c \end{array} & s^5 + s^3 + cs \quad s \\
\hline
\begin{array}{c} s^4 + (2-c)s^2 \end{array} & s^3 + (2-c)s \quad s \\
\hline
\frac{s}{c-1} \quad (c-1)s^2 + c & s^3 + \frac{c}{c-1}s \\
\hline
& \frac{-c^2 + 2c - 2}{c-1}s \quad \frac{(c-1)^2}{-c^2 + 2c - 2}s
\end{array}$$

$\Rightarrow c > 1$

$\Rightarrow -c^2 + 2c - 2 = -(c-1)^2 - 1 < 0 \;\forall c \to$ Nenner stets < 0, Zähler > 0,

d.h. negativer Entwicklungskoeffizient unabhängig von $c \quad \Rightarrow$ für keinen Wert von c stabil

Lösung 5.6:

$$H = \begin{bmatrix} a_3 & a_1 & 0 & 0 \\ a_4 & a_2 & a_0 & 0 \\ 0 & a_3 & a_1 & 0 \\ 0 & a_4 & a_2 & a_0 \end{bmatrix}$$

$H_1 = a_3$

$H_2 = a_2 \cdot a_3 - a_1 \cdot a_4$

$H_3 = a_1 \cdot H_2 - a_0 \cdot (a_3^2 - 0 \cdot a_1)$

$\quad = a_1 \cdot (a_2 \cdot a_3 - a_1 \cdot a_4) - a_0 \cdot a_3^2$

$H_4 = a_0 \cdot H_3$

Es ist ausreichend, daß alle ungeraden Hurwitzdeterminanten (H_1, H_3) größer null sind. Nach notwendiger Bedingung ist $H_1 = a_3 > 0$, so daß $H_3 > 0$ als einzige hinreichende Bedingung bleibt.

Lösung 5.7:

a) $H(s) = \dfrac{F(s)\,G(s)}{1 + F(s)\,G(s)} = \dfrac{c}{s - a + c} \quad \Rightarrow$ Polstelle bei $s = a - c$, d.h. für $c > a$ ist das System stabil.

b) Wählt man den Parameter c groß genug, ist eine exakte Kenntnis des Systemparamters a nicht nötig. Für $a \approx 2$ wäre z.B. $c = 5$ eine sichere Wahl.

c) $H_\varepsilon(s) = H(s) \cdot \frac{1}{s} = \frac{c}{s-(a-c)} \cdot \frac{1}{s} = \frac{c}{c-a}\left[\frac{1}{s} - \frac{1}{s-(a-c)}\right]$

$h_\varepsilon(t) = \frac{c}{c-a}\left[1 - e^{(a-c)\,t}\right]\varepsilon(t)$

$h_\varepsilon(0) = 0, \quad \lim\limits_{t\to\infty} h_\varepsilon(t) = \frac{c}{c-a}$

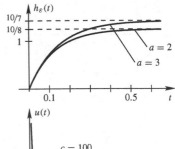

d) Es gilt: $Y(s) = G(s) \cdot U(s)$ und

$Y(s) = H(s) \cdot X(s) = H_\varepsilon(s) = \frac{c}{s[s-(a-c)]}$ ○—● $y(t) = h_\varepsilon(t)$

$U(s) = \frac{Y(s)}{G(s)} = \frac{c(s-a)}{s\,[\,s-(a-c)\,]} = \frac{c}{c-a}\left[\frac{c}{s-(a-c)} - \frac{a}{s}\right]$

$u(t) = \frac{c}{c-a}\left[c\,e^{(a-c)t} - a\right]\varepsilon(t)$

$u(0) = c, \quad \lim\limits_{t\to\infty} u(t) = \frac{-ac}{c-a}$

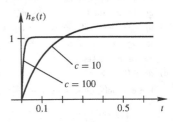

Mit zunehmender Regelverstärkung c verbessert sich das Führungsverhalten des Systems, d.h. das Ausgangssignal (Ist-Signal) folgt dem Eingangssignal (Soll-Signal) immer besser bezüglich Schnelligkeit und stationärem Endwert. Erkauft wird dieses bessere Verhalten durch ein vielfach höheres Aussteuersignal der Strecke (Eingangssignal von $G(s)$). Aufgrund der begrenzten Aussteuerbarkeit von realen Systemen (maximale Aussteuerleistung, Kraft, etc.) läßt sich über die Anhebung der Regelverstärkung das dynamische Verhalten des Systems nur bis zu einem gewissen Grad verbessern.

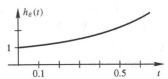

e) $H(s) = F(s) \cdot G(s)$

Damit das Gesamtsystem stabil wird, muß der Pol von $G(s)$ bei $s = a$ beseitigt, d.h. mit Hilfe $F(s)$ gekürzt werden. Eine geeignete Übertragungsfunktion dazu wäre[1] $F(s) = s - a$. Damit ergäbe sich ein stabiles System mit idealem Führungsverhalten ($H(s) = 1$), wozu allerdings der Systemparameter a exakt bekannt sein muß. Bei nicht genau bekanntem (oder driftendem) Parameter a erhält man als resultierende Systemfunktion $H(s) = \frac{s-\hat{a}}{s-a}$, d.h. das System ist weiter instabil!

$H_\varepsilon(s) = H(s) \cdot \frac{1}{s} = \frac{s-\hat{a}}{s-a} \cdot \frac{1}{s} = \frac{1}{a}\left[\frac{\hat{a}}{s} + \frac{a-\hat{a}}{s-a}\right]$

$h_\varepsilon(t) = \left[\frac{\hat{a}}{a} + \left(1 - \frac{\hat{a}}{a}\right)e^{at}\right]\varepsilon(t) \underset{\underset{\hat{a}=2,\ a=3}{\uparrow}}{=} \left[\frac{2}{3} + \frac{1}{3}e^{3t}\right]\varepsilon(t)$

Lösung 5.8:

a) $Z_{RC} = \frac{1}{Cs} \,\|\, R = \frac{\frac{1}{Cs}\cdot R}{\frac{1}{Cs}+R} = \frac{R}{1+RCs}$, $H(s) = \frac{U_2(s)}{U_1(s)}\Big|_{I_2=0} = \frac{Z_{RC}}{Ls+Z_{RC}} = \frac{R}{RLCs^2+Ls+R} = \frac{1}{LC}\frac{1}{s^2+\frac{1}{RC}s+\frac{1}{LC}}$

b) Nullstellen: keine

Pole: $s^2 + \frac{1}{RC}s + \frac{1}{LC} = 0 \;\to\; s_{1/2} = -\frac{1}{2RC} \pm \sqrt{\frac{1}{(2RC)^2} - \frac{1}{LC}} = \frac{-1 \pm \sqrt{1 - 4\frac{R^2C}{L}}}{2RC}$

---

1 Aufgrund des ideal differenzierenden Anteils ist $F(s)$ so nicht realisierbar; man würde daher $F(s) = \frac{s-a}{1+T_D\,s}$ wählen, wobei T_D eine kleine Zeitkonstante darstellt.

Für $c = 4\frac{R^2C}{L} < 1$: 2 reelle Polstellen bei $\quad\quad s = -\frac{1}{2RC}(1 \pm \sqrt{1-c})$

$\quad\quad = 1$: 1 doppelte Polstelle bei $\quad\quad s = -\frac{1}{2RC}$

$\quad\quad > 1$: 1 konj. komplexes Polstellenpaar bei $\quad s = -\frac{1}{2RC}(1 \pm j\sqrt{c-1})$

c) $H(s) = \frac{1}{s^2+2s+1} = \frac{1}{(s+1)^2}$

$|H(j2\pi f)| = \left|\frac{1}{(j2\pi f+1)^2}\right| = \left|\frac{1}{j2\pi f+1}\right|^2 = \frac{1}{(2\pi f)^2+1}$

$\Rightarrow$ Tiefpaß 2. Ordnung bzw. PT$_2$-Glied

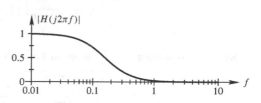

Lösung 5.9:

a) $(R, 2C, R)$-T-Glied: $Z_{11} = \left.\frac{U_1}{I_1}\right|_{I_2=0} = R + \frac{1}{2Cs} = \frac{2RCs+1}{2Cs}$, $\quad Z_{12} = \left.\frac{U_1}{I_2}\right|_{I_1=0} = \frac{1}{2Cs}$

Aus Symmetriegründen gilt $Z_{21} = Z_{12}$ und $Z_{22} = Z_{11}$, damit $\mathbf{Z}_{RCR} = \frac{1}{2Cs}\begin{bmatrix} 2RCs+1 & 1 \\ 1 & 2RCs+1 \end{bmatrix}$

Das $(C, \frac{R}{2}, C)$-T-Glied erhält daraus man durch Substitution $R \to \frac{1}{Cs}$ und $\frac{1}{2Cs} \to \frac{R}{2}$

$\mathbf{Z}_{CRC} = \frac{R}{2}\begin{bmatrix} \frac{2}{RCs}+1 & 1 \\ 1 & \frac{2}{RCs}+1 \end{bmatrix} = \frac{1}{2Cs}\begin{bmatrix} RCs+2 & RCs \\ RCs & 2+RCs \end{bmatrix}$

Es handelt sich jeweils um passive ($\mathbf{Z}^T = \mathbf{Z}$), umkehrbare ($Z_{21} = Z_{12}$) und symmetrische ($Z_{22} = Z_{11}$) Vierpole.

b) $|\mathbf{Z}_{RCR}| = \frac{(2RCs+1)^2-1}{(2Cs)^2} = \frac{R(RCs+1)}{Cs}$, $Y_{11} = \frac{Z_{22}}{|Z|} = \frac{2RCs+1}{2R(RCs+1)}$, $Y_{12} = -\frac{Z_{12}}{|Z|} = \frac{-1}{2R(RCs+1)}$

$\mathbf{Y}_{RCR} = \frac{1}{2R(RCs+1)}\begin{bmatrix} 2RCs+1 & -1 \\ -1 & 2RCs+1 \end{bmatrix}$, $\mathbf{Y}_{CRC} = \frac{Cs}{2(RCs+1)}\begin{bmatrix} RCs+2 & RCs \\ -RCs & RCs+2 \end{bmatrix}$

Parallelschaltung der Vierpole entspricht Addition der Admittanz-Matrizen:

$\mathbf{Y} = \mathbf{Y}_{RCR} + \mathbf{Y}_{CRC} = \frac{1}{2R(RCs+1)}\begin{bmatrix} (RCs)^2+4RCs+1 & -(RCs)^2-1 \\ -(RCs)^2-1 & (RCs)^2+4RCs+1 \end{bmatrix}$

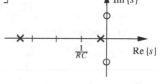

c) $H(s) = \left.\frac{U_2(s)}{U_1(s)}\right|_{I_2=0} = \frac{1}{A_{11}} = -\frac{Y_{21}}{Y_{22}} = \frac{(RCs)^2+1}{(RCs)^2+4RCs+1}$

d) Nullstellen: $(RCs)^2 + 1 = 0 \to s = \pm j\frac{1}{RC}$

Pole: $s^2 + \frac{4}{RC} + \frac{1}{(RC)^2} = 0 \Rightarrow s = -\frac{2}{RC} \pm \sqrt{\frac{4}{(RC)^2} - \frac{1}{(RC)^2}} = \frac{-2\pm\sqrt{3}}{RC}$

e) $\mathbf{Y}_{RL} = \begin{bmatrix} 0 & 0 \\ 0 & \frac{1}{R_L} \end{bmatrix}$, $\quad \mathbf{Y}_L = \mathbf{Y} + \mathbf{Y}_{RL} = \frac{1}{2R(RCs+1)}\begin{bmatrix} (RCs)^2+4RCs+1 & -(RCs)^2-1 \\ -(RCs)^2-1 & (RCs)^2+4RCs+1+2\frac{R}{R_L}(RCs+1) \end{bmatrix}$

$H_L(s) = -\frac{Y_{21}}{Y_{22}} = \frac{(RCs)^2+1}{(RCs)^2+2\left(2+\frac{R}{R_L}\right)RCs+1+2\frac{R}{R_L}}$

Lösung 5.10:

a) Nullstellen bei $s = -2 \pm \sqrt{\frac{1}{2}}$, Pole bei $s = -1$ und $s = -2$

$\Rightarrow$ RC-Impedanz- / RL-Admittanzfunktion (Partialbruchzerl. von $A(s)$; Kettenbruchentw. in s)

$A(s) = 2 + \frac{1}{s+1} + \frac{1}{s+2} = 2 + |\frac{1}{\frac{1}{2}s} + |\frac{4}{3} + |\frac{9}{\frac{1}{2}s} + |\frac{1}{6}$

Partialbruchschaltung: Impedanz $Z(s) = A(s)$ Admittanz $Y(s) = A(s)$

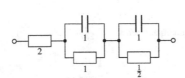

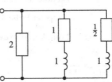

Kettenbruchschaltung: Impedanz $Z(s) = A(s)$ Admittanz $Y(s) = A(s)$

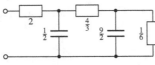

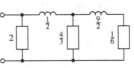

b) Nullstellen bei $s = -1$ und $s = -4$, Pol bei $s = -3$

$\Rightarrow$ RL-Impedanz- / RC-Admittanzfunktion (Partialbruchzerl. von $\frac{B(s)}{s}$; Kettenbruchentw. in $\frac{1}{s}$)

$$B(s) = \left(1 + \frac{\frac{4}{3}}{s} + \frac{\frac{2}{3}}{s+3}\right) \cdot s = \frac{4}{3} + |\frac{9}{11s} + |\frac{121}{6} + |\frac{2}{11s}$$

Partialbruchschaltung: Impedanz $Z(s) = A(s)$ Admittanz $Y(s) = A(s)$

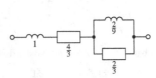

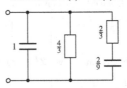

Kettenbruchschaltung: Impedanz $Z(s) = A(s)$ Admittanz $Y(s) = A(s)$

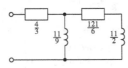

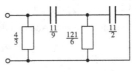

c) Nullstellen bei $s = \pm j\sqrt{\frac{9-\sqrt{17}}{8}}$, $s = \pm j\sqrt{\frac{9+\sqrt{17}}{8}}$ und $s = 0$, Pole bei $s = \pm j\frac{1}{2}$ und $s = \pm j$

$\Rightarrow$ LC-Funktionen (Partialbruchzerl. von $B(s)$; Kettenbruchentw. in s)

$$C(s) = s + \frac{\frac{1}{3}s}{s^2+1} + \frac{\frac{2}{3}s}{s^2+\frac{1}{4}} = s + |s + |2s + |2s + |s$$

Partialbruchschaltung: Impedanz $Z(s) = A(s)$ Admittanz $Y(s) = A(s)$

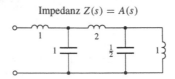

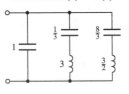

Kettenbruchschaltung: Impedanz $Z(s) = A(s)$ Admittanz $Y(s) = A(s)$

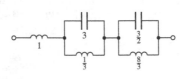

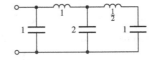

Lösung 6.1:

Nach (6.70) gilt: $e^{j\omega_0 t} \cdot \varepsilon(t) \,\circ\!\!-\!\!\bullet\, \frac{1}{s-j\omega_0}$

$\sin(\omega_0 t) \cdot \varepsilon(t) = \frac{1}{2j}\left[e^{j\omega_0 t} - e^{-j\omega_0 t}\right] \cdot \varepsilon(t) \,\circ\!\!-\!\!\bullet\, \frac{1}{2j}\left[\frac{1}{s-j\omega_0} - \frac{1}{s+j\omega_0}\right] = \frac{\omega_0}{s^2+\omega_0^2}$

$\cos(\omega_0 t) \cdot \varepsilon(t) = \frac{1}{2}\left[e^{j\omega_0 t} + e^{-j\omega_0 t}\right] \cdot \varepsilon(t) \,\circ\!\!-\!\!\bullet\, \frac{1}{2}\left[\frac{1}{s-j\omega_0} + \frac{1}{s+j\omega_0}\right] = \frac{s}{s^2+\omega_0^2}$

Lösung 6.2:

a) $X(s) = \frac{1}{2}\left[\frac{1}{s+3} - \frac{1}{s+5}\right] = \frac{1}{s^2+8s+15}$

b) $X(s) = 4 \cdot \frac{s+7}{(s+7)^2+2^2} = \frac{4(s+7)}{s^2+14s+53}$

c) $X(s) = -\frac{d}{ds}\left[\frac{s}{s^2+\omega_0^2}\right] = -\frac{s^2+\omega_0^2 - s\,(2s)}{(s^2+\omega_0^2)^2} = \frac{s^2-\omega_0^2}{(s^2+\omega_0^2)^2}$

d)

$x(t) = \rho(t) - \rho(t-1) - \rho(t-2) + \rho(t-3)$

$X(s) = \frac{1}{s^2}\left[\,1 \;-\; e^{-s} \;-\; e^{-2s} \;+\; e^{-3s}\,\right]$

e) $x(t) = \cos(\omega_0 t) \cdot [\varepsilon(t) - \varepsilon(t-T)] = \cos(\omega_0 t) \cdot \varepsilon(t) - \cos(\omega_0(t-T)) \cdot \varepsilon(t-T)$

$X(s) = \frac{s}{s^2+\omega_0^2} - \frac{s}{s^2+\omega_0^2}\cdot e^{-Ts} = \frac{s}{s^2+\omega_0^2}\left[1 - e^{-Ts}\right]$

Lösung 6.3:

a) $X(s) = \frac{3s+5}{s^2+4s+3} = \frac{1}{s+1} + \frac{2}{s+3} \,\bullet\!\!-\!\!\circ\, x(t) = \left[e^{-t} + 2e^{-3t}\right]\varepsilon(t)$

b) $X(s) = \frac{2s^2+3s+2}{s^3+3s^2+4s+2} = \frac{1}{s+1} + \frac{s}{s^2+2s+2} \,\bullet\!\!-\!\!\circ\, x(t) = \left[e^{-t} + e^{-t}\frac{\cos(t+\frac{\pi}{4})}{\cos(\frac{\pi}{4})}\right]\varepsilon(t) = \left[1+\sqrt{2}\cos\left(t+\frac{\pi}{4}\right)\right]e^{-t}\,\varepsilon(t)$

c) $X(s) = \frac{5+6s}{s^2} = \frac{5}{s^2} + \frac{6}{s} \,\bullet\!\!-\!\!\circ\, x(t) = 5\rho(t) + 6\varepsilon(t) = (5t+6) \cdot \varepsilon(t)$

d) $X(s) = \frac{1}{s(s^2+1)} = \frac{1}{s} - \frac{s}{s^2+1} \,\bullet\!\!-\!\!\circ\, x(t) = [1-\cos(t)]\,\varepsilon(t)$

e) $X(s) = \frac{s}{(s+4)^3} \,\bullet\!\!-\!\!\circ\, x(t) = \frac{d}{dt}\left[\frac{t^2}{2!}e^{-4t}\right] \cdot \varepsilon(t) = \left[t-2t^2\right]e^{-4t}\cdot\varepsilon(t)$

Lösung 6.4:

a) $X(f) = \int_0^\infty e^{-(a+j2\pi f)t}\,dt = \left[\frac{e^{-(a+j2\pi f)t}}{-(a+j2\pi f)}\right]_0^\infty = \frac{1}{a+j2\pi f}$

$\qquad = \frac{a}{a^2+(2\pi f)^2} - j\frac{2\pi f}{a^2+(2\pi f)^2}$

$|X(f)| = \frac{1}{\sqrt{a^2+(2\pi f)^2}} = \frac{1}{a}\frac{1}{\sqrt{1+\left(2\pi\frac{f}{a}\right)^2}}\,,\quad \left|X\left(\frac{a}{2\pi}\right)\right| = \frac{1}{\sqrt{2}\,a}$

$\sphericalangle X(f) = \arctan\left(\frac{\mathrm{Im}\{X(f)\}}{\mathrm{Re}\{X(f)\}}\right) = \arctan\left(-\frac{2\pi f}{a}\right)\,,\quad \sphericalangle X\left(\frac{a}{2\pi}\right) = -\frac{\pi}{4}$

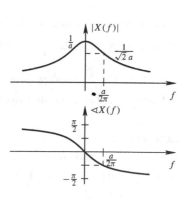

b) $X(f) = \mathrm{si}^2(\pi T(f - f_0))$

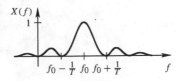

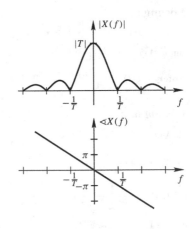

c) $\mathrm{rect}\left(\frac{t}{T}\right) \circ\!\!-\!\bullet\ |T|\,\mathrm{si}(\pi T f)$

$\Rightarrow \mathrm{rect}\left(\frac{t - \frac{T}{2}}{T}\right) \circ\!\!-\!\bullet\ |T|\,\mathrm{si}(\pi T f)\cdot e^{-j2\pi f \frac{T}{2}}$

d) $x(t) = \mathrm{si}\left(\pi \frac{t}{T}\right)\cdot \mathrm{si}^2\left(\pi \frac{t}{T}\right) \circ\!\!-\!\bullet\ X(f) = T\,\mathrm{rect}(Tf) * T\Lambda(Tf)$

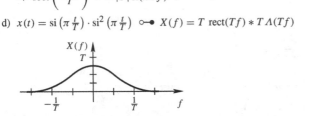

(Faltung von rect und Λ siehe Aufgabe 5.3 f)

e) Darstellung des Signals als periodische Fortsetzung der positiven Halbwelle $\tilde{x}(t)$ des Kosinus:

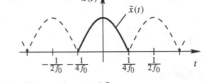

$$x(t) = |\cos(2\pi f_0 t)| = \underbrace{\left[\cos(2\pi f_0 t)\cdot \mathrm{rect}(2f_0 t)\right]}_{\tilde{x}(t)} * \mathrm{III}_{\frac{1}{2f_0}}(t)$$

$$\tilde{X}(f) = \tfrac{1}{2}\left[\delta(f + f_0) + \delta(f - f_0)\right] * \tfrac{1}{2f_0}\,\mathrm{si}\left(\pi \tfrac{f}{2f_0}\right) = \tfrac{1}{4f_0}\left[\mathrm{si}\left(\pi \tfrac{f+f_0}{2f_0}\right) + \mathrm{si}\left(\pi \tfrac{f-f_0}{2f_0}\right)\right]$$

$$X(f) = \tilde{X}(f)\cdot 2f_0\,\mathrm{III}_{2f_0}(f) = \tfrac{1}{4f_0}\left[\mathrm{si}\left(\pi \tfrac{f+f_0}{2f_0}\right) + \mathrm{si}\left(\pi \tfrac{f-f_0}{2f_0}\right)\right]\cdot 2f_0 \sum_{k=-\infty}^{\infty}\delta(f - 2kf_0)$$

$$= \tfrac{1}{2}\sum_{k=-\infty}^{\infty}\left[\mathrm{si}\left(\tfrac{\pi}{2}(2k + 1)\right) + \mathrm{si}\left(\tfrac{\pi}{2}(2k - 1)\right)\right]\cdot \delta(f - 2kf_0)$$

mit $\mathrm{si}\left(\tfrac{\pi}{2}(2k \pm 1)\right) = \dfrac{\sin\left(\frac{\pi}{2}(2k\pm1)\right)}{\frac{\pi}{2}(2k\pm1)} = \dfrac{\pm(-1)^k}{\frac{\pi}{2}(2k\pm1)}$:

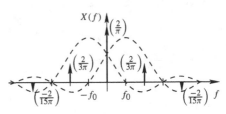

$$X(f) = \tfrac{1}{2}\sum_{k=-\infty}^{\infty}\tfrac{2}{\pi}(-1)^k\left[\tfrac{1}{2k+1} - \tfrac{1}{2k-1}\right]\delta(f - 2kf_0)$$

$$= \tfrac{2}{\pi}\sum_{k=-\infty}^{\infty}\tfrac{(-1)^{k+1}}{(2k+1)(2k-1)}\delta(f - 2kf_0)$$

Die Rücktransformation dieses Ausdrucks liefert das Zeitsignal in der Darstellung:

$$x(t) = \tfrac{2}{\pi}\sum_{k=-\infty}^{\infty}\tfrac{(-1)^{k+1}}{(2k+1)(2k-1)}e^{j2\pi\,2kf_0 t} = \tfrac{2}{\pi}\left[1 + \sum_{k=1}^{\infty}\tfrac{(-1)^{k+1}}{(2k+1)(2k-1)}\left[e^{j2\pi\,2kf_0 t} + e^{-j2\pi\,2kf_0 t}\right]\right]$$

$$= \tfrac{2}{\pi} + \tfrac{4}{\pi}\sum_{k=1}^{\infty}\tfrac{(-1)^{k+1}}{(2k+1)(2k-1)}\cos(2\pi\,2kf_0 t) = \tfrac{2}{\pi} + \tfrac{4}{\pi}\left[\tfrac{\cos(2\pi\,2f_0 t)}{3\cdot1} - \tfrac{\cos(2\pi\,4f_0 t)}{5\cdot3} + \cdots\right]$$

Hierbei handelt es sich um die Darstellung des (periodischen) Signals als Fourier-Reihe.

Lösung 6.5:

a) $x(t) = f_0\cdot \mathrm{si}(\pi t f_0)\cdot f_1\cdot \mathrm{si}^2(\pi t f_1)$

b) $X(f) = \mathrm{rect}\left(\tfrac{f}{2f_0}\right) - \Lambda\left(\tfrac{f}{f_0}\right) \ \bullet\!\!-\!\circ\ x(t) = f_0\left[2\,\mathrm{si}(2\pi f_0 t) - \mathrm{si}^2(\pi f_0 t)\right]$

c) $X(f) = \text{rect}\left(\frac{f}{\Delta f}\right) * \left[\delta(f + f_0) - \delta(f - f_0)\right]$ ●—○ $x(t) = \Delta f \, \text{si}(\pi \Delta f t) \cdot 2 \cos(2\pi f_0 t)$

Lösung 6.6:

a) $X(f) = |T| \, \text{si}(\pi T f)$ → $X^*(f)\, X(f) = |T|^2 \, \text{si}^2(\pi T f)$ ●—○ $\varphi_{xx}^E(t) = |T| \, \Lambda\left(\frac{t}{T}\right)$

b) $X(f) = |T| \, \text{rect}(T f)$ → $X^*(f)\, X(f) = |T|^2 \, \text{rect}(T f)$ ●—○ $\varphi_{xx}^E(t) = |T| \, \text{si}\left(\pi \frac{t}{T}\right)$

c) $X_1(f) = |T| \, \text{si}(\pi T f)\left[e^{j\pi T f} - e^{-j\pi T f}\right]$, $X_2(f) = 2|T| \, \text{si}(2\pi T f)$

$$X_1^*(f)\, X_2(f) = 2|T|^2 \, \text{si}(\pi T f)\,(-2j \sin(\pi T f))\,\frac{\sin(2\pi T f)}{2\pi T f} = 2|T|^2 \, \text{si}(\pi T f)\,(-2j \, \text{si}(\pi T f))\,\frac{\sin(2\pi T f)}{2}$$

$$= -|T|^2 \, \text{si}^2(\pi T f)\left[e^{j2\pi T f} - e^{-j2\pi T f}\right] \text{ ●—○ } |T|\left[\Lambda\left(\frac{t}{T} - 1\right) - \Lambda\left(\frac{t}{T} + 1\right)\right]$$

Graphische Lösung entsprechend Aufgabe 5.3 b. Da $x_1^*(-t) = -x_1(t)$ ergibt sich genau das negierte Ergebnis.

Lösung 6.7:

a) $u_1(t) = U_0 \cdot \varepsilon(t)$ ○—● $U_1(s) = \frac{U_0}{s}$ → $U_2(s) = \frac{U_0}{s(s^2 + 2s + 1)} = \frac{U_0}{s(s+1)^2}$

Partialbruchzerlegung: $U_0\left(\frac{1}{s} - \frac{1}{s+1} - \frac{1}{(s+1)^2}\right)$ ●—○ $U_0\left(\varepsilon(t) - e^{-t}\varepsilon(t) - t e^{-t}\varepsilon(t)\right)$

Damit: $u_2(t) = U_0\left(1 - (1 + t)\, e^{-t}\right)\varepsilon(t)$.

b) $u_1(t) = U_0\, e^{j2\pi f_0 t}\,\varepsilon(t)$ ○—● $U_1(s) = \frac{U_0}{s - j2\pi f_0}$ → $U_2(s) = \frac{U_0}{(s - j2\pi f_0)(s+1)^2}$

Partialbruchzerlegung: $\dfrac{U_0}{(1 + j2\pi f_0)^2}\left(\dfrac{1}{s - j2\pi f_0} - \dfrac{1}{s+1} - \dfrac{1 + j2\pi f_0}{(s+1)^2}\right)$

Damit: $u_2(t) = \dfrac{U_0}{(1 + j2\pi f_0)^2}\left(\underbrace{e^{j2\pi f_0 t}}_{\text{stationärer Anteil}} - \underbrace{(1 + [1 + j2\pi f_0]\, t)\, e^{-t}}_{\text{Einschwinganteil}}\right)\varepsilon(t)$.

c) Stationäre Schwingung, Berechnung mittels komplexer Wechselstromrechnung

$u_2(t) = H(j2\pi f_0)\, u_1(t) = \dfrac{1}{(1 + j2\pi f_0)^2}\, U_0\, e^{j2\pi f_0 t}$, entspricht dem stationären Anteil von b).

Lösung 7.1:

$H(s) = \dfrac{1}{LCs^2 + \frac{L}{R}s + 1}$, $LC = RC\,\frac{L}{R}$, Ausgangspunkt ist Lösung 5.8

a) $RC = \frac{1}{22\pi}$, $\frac{L}{R} = \frac{11}{20\pi}$ → $c = 4\,\dfrac{RC}{\frac{L}{R}} = \dfrac{40}{121}$

$c < 1$: 2 reelle Pole bei
$s = \dfrac{-1}{2RC}\left(1 \pm \sqrt{1 - c}\right) = -\pi(11 \pm 9) = \alpha_{1,2}$
Eckfrequenzen: $f_{\alpha_i} = \frac{|\alpha_i|}{2\pi}$, $f_{\alpha_1} = 1$, $f_{\alpha_2} = 10$
Grundverstärkung: $|H_0| = |H(0)| = 1$,
d.h. $a_0 = 0\,\text{dB}$,
ab $\lg f_{\alpha_1} = 0$ Abfall um 20 dB/Dekade,
ab $\lg f_{\alpha_2} = 1$ insg. 40 dB/Dekade.

Phase: kein Grundbeitrag,
jeweils Abfall um $\frac{\pi}{4}$ pro Dekade im Intervall
$[\lg f_{\alpha_i} - 1,\ \lg f_{\alpha_i} + 1]$ um die beiden Eckfrequenzen.

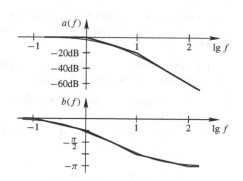

b) $RC = \frac{1}{12\pi}$, $\frac{L}{R} = \frac{1}{3\pi}$ → $c = 4\frac{RC}{\frac{L}{R}} = 1$

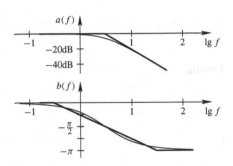

ein doppelter Pol bei $s = \frac{-1}{2RC} = -6\pi$

Eckfrequenz: $f_{\alpha_1} = 3$

Grundverstärkung: $a_0 = 0\,\mathrm{dB}$,

ab $\lg f_{\alpha_1} = 0.477$ Abfall um 40 dB/Dek.

Phase: kein Grundbeitrag,

Abfall um $\frac{\pi}{2}$ pro Dekade im Intervall $[\lg f_{\alpha_1} - 1,\ \lg f_{\alpha_1} + 1]$.

c) $RC = \frac{1}{10\pi}$, $\frac{L}{R} = \frac{1}{40\pi}$ → $c = 4\frac{RC}{\frac{L}{R}} = 16$

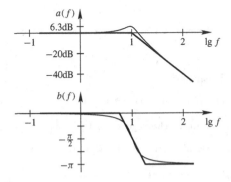

$c > 1$: ein konj. kompl. Polpaar bei

$s = \frac{-1}{2RC}(1 \pm j\sqrt{c-1}) = -5\pi(1 \pm j\sqrt{15})$

Eckfrequenz: $f_{\alpha_1} = \frac{|\alpha_1|}{2\pi} = 10$, Güte: $Q_{\alpha_1} = \frac{|\alpha_1|}{2|\mathrm{Re}\{\alpha_1\}|} = 2$

Max. bei $\hat{f}_{\alpha_1} = f_{\alpha_1}\sqrt{1 - \frac{1}{2Q_{\alpha_1}^2}} = 9.35$

mit $\hat{a}_{\alpha_1} = -10\lg \frac{Q_{\alpha_1}^2 - \frac{1}{4}}{Q_{\alpha_1}^4} = 6.3\,\mathrm{dB}$

Grundverstärkung: $a_0 = 0\,\mathrm{dB}$,

ab $\lg f_{\alpha_1} = 1$ Abfall um 40 dB/Dek.

Phase: kein Grundbeitrag, Abfall um 2π pro Dekade im

Intervall $[\lg f_{\alpha_1} - \frac{1}{4},\ \lg f_{\alpha_1} + \frac{1}{4}]$.

Lösung 7.2:

$H(s) = \frac{9.9s}{s^2 + 9.9s + 1}$

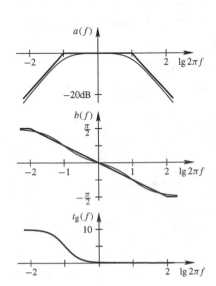

Nullstellen: $s = 0 = \beta_1$

Pole: $s^2 + 9.9s + 1 = 0 → s = -4.95 \pm 4.848 = \alpha_{1,2}$

Eckfrequenzen: $f_{\alpha_i} = \frac{|\alpha_i|}{2\pi}$, $f_{\alpha_1} \approx \frac{0.1}{2\pi}$, $f_{\alpha_2} \approx \frac{10}{2\pi}$

Grundverstärkung: $|H_0| = \left| \frac{H(s)}{s} \right|_{s=0} = 9.9$, d.h. um $a_0 \approx 20\,\mathrm{dB}$

verschobener Anstieg um 20 dB/Dek. und Knicke um -20 dB/Dek. bei

$\lg 2\pi f_{\alpha_i} \Rightarrow$ konstanter Verlauf ab $\lg 2\pi f_{\alpha_1} \approx -1$ und Abfall um

20 dB/Dek. ab $\lg 2\pi f_{\alpha_2} \approx 1$.

Phase: kein Grundbeitrag, $\beta_1 = 0$ liefert $\frac{\pi}{2}$, Abfall um $\frac{\pi}{4}$ pro Dekade

um die Eckfrequenzen, d.h. innerhalb $[-2, 2]$.

Gruppenlaufzeit: Ber. über (7.24) und (7.8): $\frac{d}{ds}H(s) = \frac{-9.9(s^2-1)}{(s^2+9.9s+1)^2}$

$t_g(2\pi f) = \mathrm{Re}\left\{ \frac{s^2-1}{s(s^2+9.9s+1)} \Big|_{s=j2\pi f} \right\} = \frac{-9.9(s^2-1)}{s^4-96.01s^2+1} \Big|_{s=j2\pi f}$

$= \frac{9.9((2\pi f)^2 + 1)}{(2\pi f)^4 + 96.01(2\pi f)^2 + 1}$

Skizze mit Hilfe charakteristischer Werte:

$t_g(0) = 9.9$, $t_g(0.01) = 9.8$, $t_g(0.1) = 5.1$, $t_g(1) = 0.2$

Lösung 7.3:

$$H(s) = \frac{s^2+100}{s^2+40s+100}$$

Nullstellen: $s = \pm 10j = \beta_1$, Pole: $s = -20 \pm 10\sqrt{3} = \alpha_{1,2}$
Eckfrequenzen: $f_{\beta_1} = \frac{10}{2\pi}$, $f_{\alpha_1} \approx \frac{2.7}{2\pi}$, $f_{\alpha_2} \approx \frac{37.3}{2\pi}$,

Güte: $Q_{\beta_1} = \frac{|\beta_1|}{2|\mathrm{Re}\{\beta_1\}|} = \infty$

Extremum bei $\hat{f}_{\beta_1} = f_{\beta_1}$ mit $\hat{a}_{\alpha_1} = -\infty$ dB
Grundverstärkung: $|H_0| = |H(0)| = 1$
bei $\lg 2\pi f_{\alpha_1} \approx 0.43$ Knick um -20 dB/Dek.,
bei $\lg 2\pi f_{\beta_1} = 1$ Knick um $+40$ dB/Dek.,
bei $\lg 2\pi f_{\alpha_2} \approx 1.57$ Knick um -20 dB/Dek. $\Rightarrow$ Bandsperre

Phase: kein Grundbeitrag, jeweils Abfall um $\frac{\pi}{4}$ pro Dekade im Intervall
$[\lg 2\pi f_{\alpha_i} - 1, \lg 2\pi f_{\alpha_i} + 1]$ und Phasensprung um π bei $\lg 2\pi f_{\beta_1}$

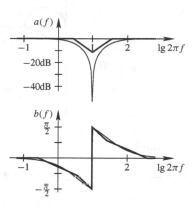

Lösung 7.4:

$$H(s) = \frac{1-Ts}{1+Ts}$$

Nullstellen: $s = \frac{1}{T} = \beta_1$, Pole: $s = -\frac{1}{T} = \alpha_1$
Pole und Nullstellen spiegelbildlich $\Rightarrow$ Allpaß
Grundverstärkung: $|H_0| = |H(0)| = 1$, d.h. konstanter Betragsverlauf
bei 0 dB.

Phase: kein Grundbeitrag, Abfall um $2 \cdot \frac{\pi}{4}$ pro Dekade innerhalb
$[\lg \frac{1}{T} - 1, \lg \frac{1}{T} + 1]$.

Gruppenlaufzeit, Berechnung über (7.24): $\frac{d}{ds} H(s) = \frac{-2T}{(1+Ts)^2}$

$$t_g(2\pi f) = \mathrm{Re}\left\{ \frac{2T}{1-T^2 s^2}\Big|_{s=j2\pi f} \right\} = \frac{2T}{1+T^2(2\pi f)^2}$$

Charakteristische Werte: $t_g(0) = 2T$, $t_g\left(\frac{1}{T}\right) = T$, $t_g(\infty) = 0$

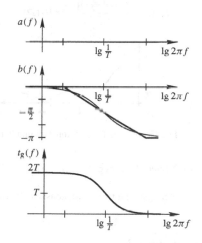

Lösung 7.5:

a) $Z(s) = Ls$

$Y(s) = \frac{1}{Ls}$

b) $Z(s) = R + Ls$

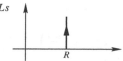

$Y(s) = \frac{1}{R+Ls}$

c) $Z(s) = \frac{RLs}{R+Ls}$

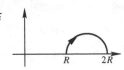

$Y(s) = \frac{1}{R} + \frac{1}{Ls}$

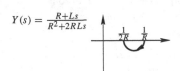

d) $Z(s) = R + \frac{RLs}{R+Ls}$

$= \frac{R^2+2RLs}{R+Ls}$

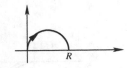

$Y(s) = \frac{R+Ls}{R^2+2RLs}$

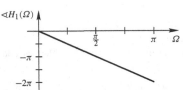

Lösung 8.1:

a) $h_1[k] = \text{rect}_N[k] = \sum_{i=0}^{N-1} \delta[k-i] \; \circ\!\!-\!\bullet \; H_1(z) = \sum_{i=0}^{N-1} z^{-i} = \frac{1-z^{-N}}{1-z^{-1}}$

$$H_1(\Omega) = \frac{1-e^{-j\Omega N}}{1-e^{-j\Omega}} = \frac{e^{-j\frac{\Omega N}{2}}\left(e^{j\frac{\Omega N}{2}} - e^{-j\frac{\Omega N}{2}}\right)}{e^{-j\frac{\Omega}{2}}\left(e^{j\frac{\Omega}{2}} - e^{-j\frac{\Omega}{2}}\right)} = e^{-j\frac{(N-1)\Omega}{2}} \cdot \frac{\sin\left(\frac{\Omega N}{2}\right)}{\sin\left(\frac{\Omega}{2}\right)}, \quad H_1(\Omega=0) = N$$

$$|H_1(\Omega)| = \frac{\left|\sin\left(\frac{\Omega N}{2}\right)\right|}{\left|\sin\left(\frac{\Omega}{2}\right)\right|}, \quad \sphericalangle H_1(\Omega) = b(\Omega) = -\frac{N-1}{2}\Omega, \quad t_G(\Omega) = -\frac{d}{d\Omega}b(\Omega) = \frac{N-1}{2}$$

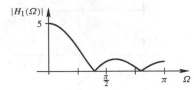

Die Gruppenlaufzeit ist konstant und beträgt $t_G = \frac{N-1}{2} = 2$ Abtastwerte (keine Phasenverzerrungen).

b) Verschiebungsregel: $h_2[k] = h_1\left[k + \frac{N-1}{2}\right] = \; \circ\!\!-\!\bullet \; e^{j\Omega\frac{N-1}{2}} \cdot H_1(\Omega) = \frac{\sin\left(\frac{\Omega N}{2}\right)}{\sin\left(\frac{\Omega}{2}\right)}$

Betragsverlauf wie in a), konstante Phase $b(\Omega) = 0$ und Gruppenlaufzeit $t_G = 0$ (keine Signalverzögerung)

Lösung 8.2:

a) $H(\Omega=0) = H(z=1) = \frac{c}{1-a} \overset{!}{=} 1 \; \rightarrow \; c = 1-a$

Wertebereich: $0 < a < 1$, hierfür ergibt sich eine dem kontinuierlichen Fall für $T > 0$ entsprechende Impulsantwort, für $a \geq 1$ ist das System nicht stabil (stationäre oder aufklingende Impulsantwort), für $a < 0$ ist die Impulsantwort oszillierend).

b) $H(\Omega) = (1-a) \cdot \frac{e^{j\Omega}}{e^{j\Omega}-a}$

$|H(\Omega)|^2 = H(\Omega) \cdot H^*(\Omega) = \frac{(1-a)^2 \cdot e^{j\Omega} \cdot e^{-j\Omega}}{(e^{j\Omega}-a)(e^{-j\Omega}-a)} = \frac{(1-a)^2}{1+a^2-a(e^{j\Omega}+e^{-j\Omega})} = \frac{(1-a)^2}{1+a^2-2a\cos(\Omega)}$, d.h.

$|H(\Omega)| = \frac{|1-a|}{\sqrt{1+a^2-2a\cos(\Omega)}}$

3 dB-Grenzfreq.: $1 + a^2 - 2a\cos(\Omega_g) \overset{!}{=} 2(1 + a^2 - 2a) \; \rightarrow \; \Omega_g = \arccos\left(\frac{4a-a^2-1}{2a}\right)$

Max. Dämpfung (min. Verstärkung) ergibt sich bei $\Omega = \pi$ zu $H_m = \left|\frac{1-a}{1+a}\right|$.

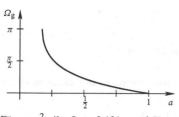

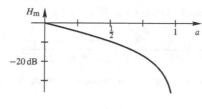

c) Für $a = \frac{2}{3}$ gilt: $\Omega_g = 0.131\,\pi$ und $H_m = 0.2 = -13.98\,\mathrm{dB}$,
für $a = 0.95$ gilt: $\Omega_g = 0.016\,\pi$ und $H_m = 0.026 = -31.82\,\mathrm{dB}$.

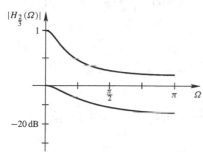

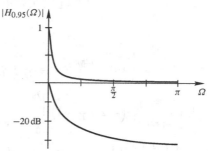

Für die entsprechenden negativen Werte für a ergibt sich der an $\Omega = \frac{\pi}{2}$ gespiegelte Frequenzgang (Hochpaß), da $2\,a\,\cos(\Omega) = 2\,(-a)\,\cos(\pi - \Omega)$ gilt.

Lösung 8.3:

a) Nutzkomponente:
$$X_z(z) = \frac{z}{z - 1.05} \ \rightarrow \ X(\Omega) = \frac{e^{j\Omega}}{e^{j\Omega} - 1.05}$$

Störkomponente:
$$X_z(z) = \frac{z}{z^2 + 1} \ \rightarrow \ X(\Omega) = \frac{e^{j\Omega}}{e^{2j\Omega} + 1}$$

b) Aufgabe 4.11:
FIR-System mit $h[k] = \mathrm{rect}_4[k]$

Frequenzgang siehe Aufgabe 8.1: $|H(\Omega)| = \left| \dfrac{\sin(2\Omega)}{\sin\left(\frac{\Omega}{2}\right)} \right|$

Aufgabe 4.12:
IIR-System (Tiefpaß 1. Ordnung)
Frequenzgang siehe Aufgabe 8.2: $|H(\Omega)| = \dfrac{1}{\sqrt{13 - 12\cos(\Omega)}}$

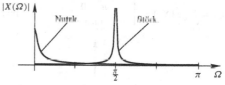

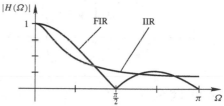

c) Die Nutzkomponente weist nur Spektralanteile um $\Omega = 0$ auf und wird daher in beiden Systemen nahezu ungedämpft übertragen. Die Störkomponente liegt spektral bei $\Omega_0 = \frac{\pi}{2}$. Der Frequenzgang des FIR-Systems weist bei dieser Frequenz gerade eine Nullstelle auf, weswegen die Störkomponente hier restlos unterdrückt wird. Beim IIR-System ergibt sich bei dieser Frequenz ein Betragswert von $|H(\Omega_0)| = 0.277 = -11.1\,\mathrm{dB}$, um den die Störkomponente abgeschwächt wird.

Man beachte, daß es sich hier nur um zwei Beispiele handelt und diese Ergebnisse nicht auf prinzipielle Eigenschaften von FIR- und IIR-Filtern generalisiert werden können.

Lösung 8.4:

$x[k] = \mathrm{sgn}[k]$, die diskrete Ableitung lautet: $x[k] - x[k-1] = \delta[k] + \delta[k-1]$

Damit gilt im Frequenzbereich: $X(\Omega)\left[1 - e^{-j\Omega}\right] = 1 + e^{-j\Omega}$, d.h.

$$X(\Omega) = \frac{1+e^{-j\Omega}}{1-e^{-j\Omega}} = \frac{e^{-j\frac{\Omega}{2}}[e^{j\frac{\Omega}{2}}+e^{-j\frac{\Omega}{2}}]}{e^{-j\frac{\Omega}{2}}[e^{j\frac{\Omega}{2}}-e^{-j\frac{\Omega}{2}}]} = \frac{\cos\left(\frac{\Omega}{2}\right)}{j\sin\left(\frac{\Omega}{2}\right)} = \frac{1}{j\tan\left(\frac{\Omega}{2}\right)} \quad \bullet\!\!-\!\!\circ \quad \text{sgn}[k] = x[k]$$

Die Symmetrieeigenschaften imaginär und ungerade sind erfüllt, so daß die 'Integrationskonstante' richtig gewählt ist.

$$\varepsilon[k] = \tfrac{1}{2}[1 + \text{sgn}[k] + \delta[k]] \quad \circ\!\!-\!\!\bullet \quad \tfrac{1}{2}\left[2\pi\,\delta(\Omega) + \frac{1}{j\tan\left(\frac{\Omega}{2}\right)} + 1\right] = \pi\,\delta(\Omega) + \tfrac{1}{2} + \frac{1}{j2\tan\left(\frac{\Omega}{2}\right)} =$$

$$\pi\,\delta(\Omega) + \tfrac{1}{2}\left[1 + \frac{1+e^{-j\Omega}}{1-e^{-j\Omega}}\right] = \pi\,\delta(\Omega) + \frac{1}{1-e^{-j\Omega}} \quad \bullet\!\!-\!\!\circ \quad \varepsilon[k]$$

Lösung 8.5:

Fourier-Koeffizienten: $X_n = \frac{1}{T_p}\int_0^{T_p} x(t)\,e^{-j2\pi n\frac{t}{T_p}}\,dt = \frac{1}{T_p}\int_0^{T_p} \frac{t}{T_p}\,e^{-j2\pi n\frac{t}{T_p}}\,dt$, mit (A.92) folgt

für $n \neq 0$: $\;X_n = \frac{1}{T_p^2}\left[\frac{e^{-j2\pi n\frac{t}{T_p}}}{-\left(\frac{2\pi n}{T_p}\right)^2}\left(-j2\pi n\frac{t}{T_p}-1\right)\right]_0^{T_p} = \frac{1}{T_p^2}\frac{1}{-\left(\frac{2\pi n}{T_p}\right)^2}\left[(-j2\pi n - 1) - (-1)\right] = \frac{j}{2\pi n}$

für $n = 0$ gilt: $\;X_0 = \frac{1}{T_p^2}\left[\frac{t^2}{2}\right]_0^{T_p} = \frac{1}{2} \;\Rightarrow\; x(t) = \frac{1}{2} + \frac{j}{2\pi}\sum_{n\neq 0}\frac{1}{n}e^{j2\pi nt}, \; X(f) = \sum_{n=-\infty}^{\infty} X_n\,\delta\left(f - \frac{n}{T_p}\right)$

Reelle Fourierreihe:

$$a_n = 2\,\text{Re}\{X_n\} = \begin{cases} 1 & n=0 \\ 0 & \text{sonst} \end{cases}, \; b_n = -2\,\text{Im}\{X_n\} = -\frac{1}{\pi n} \;\Rightarrow\; x(t) = \frac{1}{2} - \frac{1}{\pi}\sum_{n=1}^{\infty}\frac{1}{n}\sin\left(2\pi n\frac{t}{T_p}\right)$$

Lösung 8.6:

a) $x_1[k]$ bezeichne das ursprüngliche Signal und $x_2[k]$ das Signal nach der Abtastratenerhöhung.

Es soll gelten: $x_2[2k] = x_1[k]$ und $x_2[2k+1] = \frac{1}{2}(x_1[k] + x_1[k+1])$.

Durch Einfügen je eines Nullsamples zwischen zwei Werten von $x_1[k]$ erhalten wir zunächst $\tilde{x}_2[k]$, wobei $\tilde{x}_2[2k] = x_1[k]$ und $\tilde{x}_2[2k+1] = 0$ gilt. Das gewünschte Signal erhalten wir daraus mit Hilfe eines digitalen Filters zu $x_2[k] = h[k] * \tilde{x}_2[k]$ mit $h[k] = \delta[k] + \frac{1}{2}(\delta[k-1] + \delta[k+1]) \;\circ\!\!-\!\!\bullet\; 1 + \frac{1}{2}[e^{-j\Omega} + e^{j\Omega}] = 1 + \cos(\Omega)$.

Man beachte, daß ein konstantes Eingangssignal die Abtastratenerhöhung unverändert passiert und somit $H(0) = 1$ gelten muß. Obiger Frequenzgang ist daher um den Faktor $1/2$ zu korrigieren, der durch den Übergang von T nach $T/2$ zustande kommt, vergleiche (8.3). Damit gilt $H(\Omega) = \frac{1}{2}[1 + \cos(\Omega)]$.

b)

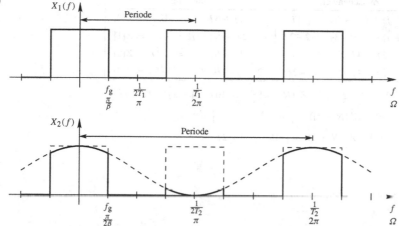

c) Das Basisbandspektrum (Nutzkomponente) erfährt eine frequenzselektive Dämpfung und die periodische Spektrumsfortsetzung (Störkomponente) wird nicht komplett unterdrückt.

Der höchste Nutzfrequenzanteil bei f_g wird mit $H\left(\frac{\pi}{2\beta}\right) = \frac{1}{2}\left[1 + \cos\left(\frac{\pi}{2\beta}\right)\right]$ gedämpft, von der Störkomponente verbleibt ein Anteil von maximal $H\left(\pi - \frac{\pi}{2\beta}\right) = \frac{1}{2}\left[1 - \cos\left(\frac{\pi}{2\beta}\right)\right]$.

Die Energie des Nutzanteils beträgt $E_0 = 2\int\limits_0^{\pi/2\beta} 1^2\, d\Omega = \frac{\pi}{\beta}$ und reduziert sich durch die lineare Interpolation auf

$$E_{\text{Nutz}} = 2\int\limits_0^{\pi/2\beta} \frac{1}{4}[1 + \cos(\Omega)]^2\, d\Omega = \frac{1}{2}\int\limits_0^{\pi/2\beta}\left[\frac{3}{2} + 2\cos(\Omega) + \frac{1}{2}\cos(2\Omega)\right] d\Omega$$

$$= \frac{1}{2}\left[\frac{3}{2}\Omega + 2\sin(\Omega) + \frac{1}{4}\sin(2\Omega)\right]_0^{\frac{\pi}{2\beta}} = \frac{3\pi}{8\beta} + \sin\left(\frac{\pi}{2\beta}\right) + \frac{1}{8}\sin\left(\frac{\pi}{\beta}\right).$$

Die Energie der verbleibenden Störkomponente beträgt

$$E_{\text{Stör}} = 2\int\limits_\pi^{\pi\left(1+\frac{1}{2\beta}\right)} \frac{1}{4}[1 + \cos(\Omega)]^2\, d\Omega = \frac{3\pi}{8\beta} - \sin\left(\frac{\pi}{2\beta}\right) + \frac{1}{8}\sin\left(\frac{\pi}{\beta}\right).$$

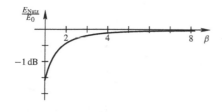

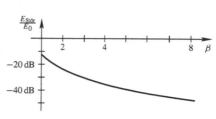

Lösung 8.7:

$z[k] = x[k] + j\cdot y[k] = \begin{bmatrix} 1+j & 2j & -1+3j & 4j \end{bmatrix}$

FFT-Berechnung mittels Signalflußgraph nach Bild 8.21 ($W = -j$):

Eingang	Zwischenwert	Ausgang
$z[0] = 1 + j$	$(1 + j) + (-1 + 3j) = 4j$	$4j + 6j = 10j = Z[0]$
$z[2] = -1 + 3j$	$(1 + j) - (-1 + 3j) = 2 - 2j$	$(2 - 2j) - j(-2j) = -2j = Z[1]$
$z[1] = 2j$	$2j + 4j = 6j$	$4j - 6j = -2j = Z[2]$
$z[3] = 4j$	$2j - 4j = -2j$	$2 - 2j + j(-2j) = 4 - 2j = Z[3]$

$$Z[n] = \begin{bmatrix} 10j & -2j & -2j & 4 - 2j \end{bmatrix}, \quad Z^*[N - n] = \begin{bmatrix} -10j & 4 + 2j & 2j & 2j \end{bmatrix}$$

$$x[k] = \text{Re}\{z[k]\} \circ\!\!-\!\!\bullet \frac{1}{2}(Z[n] + Z^*[N - n]) = \begin{bmatrix} 0 & 2 & 0 & 2 \end{bmatrix} = X[n]$$

$$y[k] = \text{Im}\{z[k]\} \circ\!\!-\!\!\bullet \frac{1}{2j}(Z[n] - Z^*[N - n]) = \begin{bmatrix} 10 & -2 + 2j & -2 & -2 - 2j \end{bmatrix} = Y[n]$$

A   Mathematischer Anhang

A.1   Komplexe Zahlen und Funktionen

Darstellung in kartesischen Koordinaten:

$$x = x_R + j x_I = \operatorname{Re}\{x\} + j \operatorname{Im}\{x\} \tag{A.1}$$

Man nennt dies auch Darstellung nach *Real- und Imaginärteil*.

Real- und Imaginärteil lassen sich über die Beziehungen

$$\operatorname{Re}\{x\} = x_R = \tfrac{1}{2}(x + x^*) \qquad \text{bzw.} \qquad \operatorname{Im}\{x\} = x_I = \tfrac{1}{2j}(x - x^*) \tag{A.2}$$

berechnen, wobei x^* die *konjugiert komplexe* Zahl bezeichnet, siehe (A.7).

Darstellung in Polarkoordinaten:

$$x = r \cdot e^{j\varphi} = |x| \cdot e^{j \sphericalangle x} \tag{A.3}$$

Man nennt dies auch Darstellung nach *Betrag und Phase*.

Der **Betrag** einer komplexen Zahl berechnet sich zu

$$r = |x| = \sqrt{x \cdot x^*} = \sqrt{\operatorname{Re}\{x\}^2 + \operatorname{Im}\{x\}^2} \tag{A.4}$$

und die **Phase** (Winkel, Argument) zu

$$\varphi = \sphericalangle x = \begin{cases} \arctan\left(\frac{\operatorname{Im}\{x\}}{\operatorname{Re}\{x\}}\right) & \text{für } \operatorname{Re}\{x\} > 0 \\[2mm] \arctan\left(\frac{\operatorname{Im}\{x\}}{\operatorname{Re}\{x\}}\right) \pm \pi & \text{für } \operatorname{Re}\{x\} < 0 \end{cases} \quad \in (-\pi \, ; \, \pi\,] \tag{A.5}$$

Umrechnung in kartesische Koordinaten:

$$\operatorname{Re}\{x\} = x_R = |x| \cdot \cos(\varphi) \qquad \text{bzw.} \qquad \operatorname{Im}\{x\} = x_I = |x| \cdot \sin(\varphi) \tag{A.6}$$

Konjugiert komplexe Zahl:

$$x^* = x_R - j x_I = |x| \cdot e^{-j \sphericalangle x} \tag{A.7}$$

$$(x \pm y)^* = x^* \pm y^* \qquad (x \cdot y)^* = x^* \cdot y^* \qquad \left(\frac{x}{y}\right)^* = \frac{x^*}{y^*} \tag{A.8}$$

Addition und Subtraktion:

$$x \pm y = (x_R \pm y_R) + j(x_I \pm y_I) \tag{A.9}$$

Multiplikation und Division:

$$x \cdot y = |x| \cdot |y| \cdot e^{j(\sphericalangle x + \sphericalangle y)} \qquad \frac{x}{y} = \frac{|x|}{|y|} \cdot e^{j(\sphericalangle x - \sphericalangle y)} \tag{A.10}$$

$$\begin{aligned} z = x \cdot y &= (x_R + j\,x_I) \cdot (y_R + j\,y_I) \\ &= (x_R\,y_R - x_I\,y_I) + j\,(x_I\,y_R + x_R\,y_I) = z_R + j\,z_I \end{aligned} \tag{A.11}$$

Potenzen und Wurzeln:

$$x^n = |x|^n \cdot e^{jn\sphericalangle x} \tag{A.12}$$

Die N-te Wurzel liefert N verschiedene Lösungen

$$\sqrt[N]{x} = \sqrt[N]{|x|} \cdot e^{j\frac{\sphericalangle x + 2\pi n}{N}}, \quad n = 0, \ldots, N-1 \tag{A.13}$$

Die N-te Wurzel aus 1 ergibt sich damit zu

$$\sqrt[N]{1} = e^{-j2\pi\frac{n}{N}} = W_N^n \quad \text{mit} \quad W_N = e^{-j\frac{2\pi}{N}}, \tag{A.14}$$

wobei man W_N als komplexen Drehfaktor bezeichnet.

Logarithmus:

$$\ln x = \ln(|x| \cdot e^{j\sphericalangle x}) = \ln|x| + j\sphericalangle x \tag{A.15}$$

$$\ln \frac{x}{x^*} = \ln x - \ln x^* = j\,2\sphericalangle x \tag{A.16}$$

$$\ln \frac{1+jx}{1-jx} = j\,2\arctan(x) \qquad (\ln \frac{1+x}{1-x} = 2\,\text{artanh}(x)) \tag{A.17}$$

Eulersche Gleichung:

$$e^{j\alpha} = \cos(\alpha) + j\sin(\alpha) \tag{A.18}$$

$$\sin(\alpha) = \frac{1}{2j}(e^{j\alpha} - e^{-j\alpha}) \qquad \cos(\alpha) = \frac{1}{2}(e^{j\alpha} + e^{-j\alpha}) \tag{A.19}$$

Alle genannten Darstellungsformen und Regeln gelten jeweils auch für komplexe Funktionen $x(t)$ oder Folgen $x[k]$.

A.2   Polynome und rationale Funktionen

Eine Funktion f mit

$$f(x) = a_0 + a_1 x + \cdots + a_n x^n = \sum_{i=0}^{n} a_i \cdot x^i, \quad n \in \mathbb{N}, \, a_i \in \mathbb{C}, \, a_n \neq 0 \tag{A.20}$$

heißt **Polynom n-ten Grades** oder *ganze rationale Funktion*.

Die Zahl $x_0 \in \mathbb{C}$ heißt **Nullstelle** oder *Wurzel* des Polynoms, wenn $f(x_0) = 0$ gilt. Läßt sich das Polynom in der Form $f(x) = (x - x_0)^k \cdot \tilde{f}(x)$ darstellen, wobei $\tilde{f}(x)$ wieder ein Polynom ist, handelt es sich bei x_0 um eine *Nullstelle k-ter Ordnung*. Man sagt dazu auch Nullstelle mit der **Vielfachheit** k.

Nach dem **Fundamentalsatz der Algebra** besitzt ein Polynom n-ten Grades genau n Nullstellen $\alpha_i \in \mathbb{C}$ und läßt sich daher in der *Produktform* zu

$$f(x) = a_n \cdot (x - \alpha_1)(x - \alpha_2) \dots (x - \alpha_n) = a_n \cdot \prod_{i=1}^{n} (x - \alpha_i) \tag{A.21}$$

darstellen.[1] Polynome mit *reellen* Koeffizienten enthalten stets nur *reelle Nullstellen* oder *konjugiert komplexe Nullstellenpaare*, d.h. wenn $\alpha \in \mathbb{C}$ komplexe Nullstelle von $f(x)$ ist, so gilt dies auch für α^*. Man kann die konjugiert komplexen Nullstellenpaare auch zu reellen Polynomen zweiten Grades zusammenfassen:

$$(x - \alpha)(x - \alpha^*) = x^2 + p x + q, \qquad p, q \in \mathbb{R}. \tag{A.22}$$

Den Quotient zweier Polynome bezeichnet man als *gebrochen rationale* oder **rationale Funktion**:

$$F(x) = \frac{b(x)}{a(x)} = \frac{\sum\limits_{i=0}^{m} b_i x^i}{\sum\limits_{i=0}^{n} a_i x^i} = \frac{b_m x^m + \dots + b_1 x + b_0}{a_n x^n + \dots + a_1 x + a_0}, \qquad a_n, b_m \neq 0. \tag{A.23}$$

Ist der Grad des Zählerpolynoms kleiner als der Grad des Nennerpolynoms ($m < n$), heißt $F(x)$ **echt gebrochen rationale Funktion**, ansonsten ($m \geq n$) *unecht gebrochen rationale Funktion*. Mit Hilfe der **Polynomdivision** läßt sich jede unecht gebrochen rationale Funktion als Summe eines Polynoms (*ganzrationaler Anteil*) und einer echt gebrochen rationalen Funktion darstellen:

$$\frac{\sum\limits_{i=0}^{m} b_i x^i}{\sum\limits_{i=0}^{n} a_i x^i} = \sum_{i=0}^{m-n} g_i x^i + \frac{\sum\limits_{i=0}^{n-1} \tilde{b}_i x^i}{\sum\limits_{i=0}^{n} a_i x^i}, \qquad m \geq n. \tag{A.24}$$

Die rationale Funktion $F(x)$ besitzt in x_0 eine **Nullstelle**, wenn $b(x_0) = 0$ und $a(x_0) \neq 0$ gilt, d.h. das Zählerpolynom eine Nullstelle, das Nennerpolynom aber keine Nullstelle bei x_0 besitzt. Gilt umgekehrt $a(x_0) = 0$ und $b(x_0) \neq 0$, so besitzt $F(x)$ eine **Polstelle** (Pol) in x_0. Es gilt dann $F(x_0) = \infty$. Für das Verhalten im Unendlichen gilt:

- $m < n$: $\quad \lim\limits_{|x| \to \infty} F(x) = 0 \quad \Rightarrow$ Nullstelle im Unendlichen
- $m > n$: $\quad \lim\limits_{|x| \to \infty} F(x) = \pm\infty \quad \Rightarrow$ Polstelle im Unendlichen

---

1 Zur Umwandlung der Polynomform (A.20) in die Produktform (A.21) sind daher zunächst die Nullstellen α_i des Polynoms zu bestimmen, siehe Anhang A.3.

$F(x)$ heißt **reelle Funktion**, wenn

$$F(x) \in \mathbb{R} \quad \text{für} \quad x \in \mathbb{R} \tag{A.25}$$

gilt, was bei rationalen Funktionen äquivalent zu reellen Koeffizienten a_i, b_i ist. Bei reellen Funktionen gilt stets:

$$F(x^*) = (F(x))^* . \tag{A.26}$$

Bei rationalen reellen Funktionen gilt stets, daß Null- bzw. Polstellen stets als *konjugiert komplexe Paare* auftreten; die zu einem konjugiert komplexen Polpaar gehörenden Residuen sind ebenfalls konjugiert komplex:

$$\operatorname{Res}\{f(x)\,;\,\alpha_i\} = r_i \quad \Rightarrow \quad \operatorname{Res}\{f(x)\,;\,\alpha_i^*\} = r_i^* \tag{A.27}$$

Man bezeichnet eine Funktion als **positiv reell**, wenn zusätzlich gilt:

$$\operatorname{Re}\{F(x)\} \geq 0 \quad \text{für} \quad \operatorname{Re}\{x\} \geq 0 \tag{A.28}$$

A.3   Nullstellenbestimmung von Polynomen

Zur Darstellung von Polynomen in Produktform, beziehungsweise zur Partialbruchzerlegung rationaler Funktionen, müssen zunächst alle Polynomnullstellen bestimmt werden. Für Polynome zweiten oder dritten Grades existieren hierfür Lösungsformeln, bei Polynomen höheren Grades ist dies im allgemeinen nur noch numerisch (z.B. mit dem Newton-Verfahren) möglich.

Bei 'akademischen' Problemen besteht allerdings die Möglichkeit, einzelne Nullstellen durch Probieren zu suchen: Erhält man beim Einsetzen *geeigneter* Werte $x = \hat{\alpha}$ in das Polynom $f(x)$ den Wert $f(\hat{\alpha}) = 0$, so hat man mit $\hat{\alpha}$ eine Nullstelle des Polynoms gefunden. Als 'Testwerte' sind die Teiler[2] von a_0/a_n geeignet, da

$$a_0 = a_n \prod_{i=1}^{n} \alpha_i \quad \text{bzw.} \quad \frac{a_0}{a_n} = \prod_{i=1}^{n} \alpha_i \tag{A.29}$$

gilt, was unmittelbar aus dem Vergleich von (A.20) mit (A.21) folgt.

Kennt man eine Nullstelle $x = \alpha_i$ des Polynoms, so läßt sich mit Hilfe einer Polynomdivision durch diese Nullstelle

$$f(x) : (x - \alpha_i) = \tilde{f}(x) \tag{A.30}$$

der Polynomgrad um eins verringern, was direkt aus der Produktdarstellung (A.21) folgt. Mit dem Ergebnispolynom $\tilde{f}(x)$ verfährt man nun entsprechend, beziehungsweise wendet gegebenenfalls eine Lösungsformel zur Bestimmung der restlichen Nullstellen an.

Beispiel A.1:   Nullstellenbestimmung
Gegeben sei das Polynom $f(x) = x^4 - x^3 - 2x - 4$, dessen Produktform gesucht, bzw. dessen Nullstellen zu bestimmen sind. Da es sich um ein Polynom vierten Grades handelt, versuchen wir zunächst eine Nullstelle durch Probieren zu finden, wobei wir hierzu die Teiler von $a_0/a_4 = -4$,

---

2 Man beachte, daß auch die negierten (bzw. mit j multiplizierten) Werte der Teiler, sowie ± 1 oder $\pm j$ mögliche Lösungen darstellen können.

d.h. die Werte $\pm 1, \pm 2, \pm 4$ verwenden. Wir stellen fest, daß $f(-1) = 0$ ist, womit $x = -1 = \alpha_1$ eine Nullstelle des Polynoms darstellt. Diese läßt sich über die Polynomdivision $f(x)/(x - \alpha_1)$ abspalten:

$$
\begin{array}{l}
(x^4 -x^3 \quad\quad -2x-4) : (x+1) = x^3 - 2x^2 + 2x - 4 = \tilde{f}(x) \\
\underline{x^4 +x^3} \\
\quad -2x^3 \\
\quad \underline{-2x^3 -2x^2} \\
\quad\quad 2x^2 \\
\quad\quad \underline{2x^2 +2x} \\
\quad\quad\quad -4x \\
\quad\quad\quad \underline{-4x -4} \\
\quad\quad\quad\quad -
\end{array}
$$

Auf das Restpolynom $\tilde{f}(x)$ vom Grad drei ließe sich nun die (etwas aufwendige) Lösungsformel für kubische Gleichungen (s.u.) anwenden, jedoch stellen wir fest, daß $\tilde{f}(2) = 0$ ist, und wir daher eine weitere Nullstelle $\alpha_2 = 2$ gefunden haben. Die Polynomdivision liefert dann:

$$
\begin{array}{l}
(x^3 -2x^2 +2x-4) : (x-2) = x^2 +2 \\
\underline{x^3 -2x^2} \\
\quad\quad 2x-4 \\
\quad\quad \underline{2x-4} \\
\quad\quad\quad -
\end{array}
$$

Das quadratische Restpolynom liefert uns direkt die beiden letzten Nullstellen $x = +j\sqrt{2} = \alpha_{3/4}$, so daß wir nun das Polynom in Produktform angeben können:

$$
f(x) = (x+1)(x-2)(x+j\sqrt{2})(x-j\sqrt{2}) \qquad\qquad \blacksquare
$$

Quadratische Gleichung

Die Normalform der quadratischen Gleichung

$$
x^2 + bx + c = 0 \tag{A.31}
$$

besitzt die geschlossene Lösung

$$
x_{1/2} = -\tfrac{b}{2} \pm \sqrt{\left(\tfrac{b}{2}\right)^2 - c}. \tag{A.32}
$$

Kubische Gleichung

Die Normalform der kubischen Gleichung

$$
x^3 + bx^2 + cx + d = 0 \tag{A.33}
$$

bringt man durch die Substitution $y = x + \tfrac{b}{3}$ auf die reduzierte Form

$$
y^3 + 3py + 2q = 0 \tag{A.34}
$$

mit $\quad p = \tfrac{1}{3}\left(c - \tfrac{b^2}{3}\right) \quad$ und $\quad q = \tfrac{1}{2}\left(d - \tfrac{bc}{3} + \tfrac{2b^3}{27}\right).$

$D < 0$	$D = 0$	$D > 0$
drei reelle Lösungen	drei reelle Lösungen (eine doppelte oder dreifache)	eine reelle und zwei konjugiert komplexe Lösungen
$\cos(\varphi) = -\dfrac{q}{\sqrt{|p|^3}}$		$u = \sqrt[3]{-q + \sqrt{D}}$ $v = \sqrt[3]{-q - \sqrt{D}}$
$y_1 = 2\sqrt{|p|} \cdot \cos\left(\dfrac{\varphi}{3}\right)$ $y_{2/3} = -2\sqrt{|p|} \cdot \cos\left(\dfrac{\varphi \pm \pi}{3}\right)$	$y_1 = -2\sqrt[3]{q}$ $y_{2/3} = \sqrt[3]{q}$	$y_1 = u + v$ $y_{2/3} = -\dfrac{u+v}{2} \pm j \cdot \sqrt{3}\,\dfrac{u-v}{2}$

Tabelle A.1: Lösungsformeln für kubische Gleichungen mit reellen Koeffizienten

In Abhängigkeit vom Vorzeichen der Diskriminante $D = p^3 + q^2$ bestimmt man die Lösungen anhand der Formeln nach Tabelle A.1. Durch die Rücksubstitution $x_i = y_i - \frac{b}{3}$ erhält man die Lösung des ursprünglichen Problems (A.33).

Da die Lösung in der Regel etwas aufwendig ist, empfiehlt sich zunächst die o.g. Vorgehensweise mit dem 'Durchprobieren' von möglichen Nullstellen.

Beispiel A.2:   Lösung kubische Gleichung
Die kubische Gleichung

$$x^3 - 6x^2 + 21x - 52 = 0$$

überführt man durch $y = x - 2$ in die reduzierte Form (A.34) mit

$$p = \frac{1}{3}\left(21 - \frac{36}{3}\right) = 3\,, \quad q = \frac{1}{2}\left(-52 - \frac{-126}{3} + \frac{-2 \cdot 216}{27}\right) = -13 \quad \text{und} \quad D = p^3 + q^2 = 196\,.$$

Wegen $D > 0$ ergibt sich nach Tabelle A.1 eine reelle Lösung und ein konjugiert komplexes Lösungspaar:

$$u = \sqrt[3]{-q + \sqrt{D}} = \sqrt[3]{13 + 14} = 3\,, \quad v = \sqrt[3]{-q - \sqrt{D}} = -1$$

$$\Rightarrow \quad y_1 = u + v = 2\,, \quad y_{2/3} = -\frac{u+v}{2} \pm j \cdot \sqrt{3}\,\frac{u-v}{2} = -1 \pm j\,2\sqrt{3}\,.$$

Nach Rücksubstitution $x_i = y_i + 2$ erhält man die Lösungen

$$x_1 = 4 \quad \text{und} \quad x_{2/3} = 1 \pm j\,2\sqrt{3}\,.$$

In diesem Fall hätte man die Lösung auch über den Teiler '4' von $d = 52$ bekommen:

$$4^3 - 6 \cdot 4^2 + 21 \cdot 4 - 52 = 64 - 96 + 84 - 52 = 0$$

Das Abspalten dieser Nullstelle $x_1 = 4$ mittels Polynomdivision liefert die quadratische Gleichung

$$(x^3 - 6x^2 + 21x - 52) : (x - 4) = x^2 - 2x + 13\,,$$

und damit das Ergebnis: $x_{2/3} = -\frac{-2}{2} \pm \sqrt{\left(\frac{-2}{2}\right)^2 - 13} = 1 \pm j\,2\sqrt{3}\,.$ ■

Beispiel A.3:   **Lösung kubische Gleichung**

Die kubische Gleichung

$$g(x) = x^3 + 3x^2 - 10x - 24 = 0$$

überführt man durch $y = x + 1$ in die reduzierte Form mit

$$p = \frac{1}{3}\left(-10 - \frac{9}{3}\right) = -\frac{13}{3}, \quad q = \frac{1}{2}\left(-24 - \frac{-30}{3} + \frac{2 \cdot 27}{27}\right) = -6 \quad \text{und} \quad D = -\left(\frac{13}{3}\right)^3 + 36 < 0.$$

Wegen $D < 0$ erhält man drei reelle Lösungen. Mit

$$\cos(\varphi) = -\frac{q}{\sqrt{|p|^3}} \approx \frac{2}{3} \quad \Rightarrow \quad \varphi \approx 0.268\pi$$

erhält man die Lösungen

$$y_1 = 2 \cdot \sqrt{|p|} \cdot \cos\left(\frac{\varphi}{3}\right) = 4$$
$$y_2 = -2 \cdot \sqrt{|p|} \cdot \cos\left(\frac{\varphi + \pi}{3}\right) = -1$$
$$y_3 = -2 \cdot \sqrt{|p|} \cdot \cos\left(\frac{\varphi - \pi}{3}\right) = -3.$$

Nach der Rücksubstitution mit $x_i = y_i - 1$ ergibt sich $x_1 = 3$, $x_2 = -2$ und $x_3 = -4$, d.h. das Polynom $g(x)$ läßt sich damit in Produktform wie folgt darstellen:

$$g(x) = (x - 3)(x + 2)(x + 4).$$ ∎

A.4   Residuensatz

Ist eine Funktion $F(z)$ der komplexen Variable z in einem Gebiet **G** bis auf eine endliche Anzahl von singulären Punkten $a_1, a_2, \ldots, a_n$ analytisch[3] und C eine geschlossene, doppelpunktfreie, stückweise glatte Kurve, die die Singularitäten a_i umschließt und vollständig innerhalb von **G** liegt, dann gilt für das Ringintegral

$$\frac{1}{2\pi j} \oint_C F(z)\,dz = \sum_{i=1}^{n} \text{Res}\{F(z)\,; a_i\}. \tag{A.35}$$

Dabei ist zu beachten, daß die Kurve C im mathematisch positiven Sinn (Gegenuhrzeigersinn) durchlaufen wird. Bei rationalen Funktionen $F(z)$ entsprechen die singulären Stellen den Polen der Funktion.

Als **Residuum** der Funktion $F(z)$ bezüglich des Punktes a wird der Koeffizient c_{-1} der Potenz $(z - a)^{-1}$ der Laurentreihenentwicklung von $F(z)$ um $z = a$ bezeichnet. Man berechnet es für **einfache Pole** zu

$$\text{Res}\{F(z)\,; a\} = \lim_{z \to a} (z - a) \cdot F(z) \tag{A.36}$$

---

3 Eine Funktion $F(z)$ heißt analytisch in einer Umgebung von z_0, wenn sie um diesen Punkt als Potenzreihe $F(z) = \sum_{i=0}^{\infty} c_i (z - z_0)^i$ dargestellt werden kann. Das bedeutet u.a., daß die Funktion in dieser Umgebung beschränkt und beliebig oft stetig differenzierbar ist.

und für **k-fache Pole** zu

$$\text{Res}\{F(z);\, a\} = \lim_{z \to a} \frac{1}{(k-1)!} \cdot \frac{d^{k-1}}{dz^{k-1}}\left[(z-a)^k \cdot F(z)\right]. \tag{A.37}$$

Ein Spezialfall stellt das Residuum bei Unendlich dar, das von Null verschieden sein kann, obwohl kein Pol bei $z = \infty$ vorliegt. Man berechnet es über die Beziehung

$$\text{Res}\{F(z);\, \infty\} = -\text{Res}\left\{\frac{F\left(\frac{1}{z}\right)}{z^2};\, 0\right\}, \tag{A.38}$$

welche man durch die Abbildung des Punktes $z = \infty$ in den Ursprung durch die Substitution $\tilde{z} = z^{-1}$ erhält. Alternativ erhält man das Residuum nach Abspaltung eines eventuell vorhandenen ganz rationalen Anteils

$$F(z) = \sum_{i=0}^{L} g_i\, z^i + \frac{\sum\limits_{i=0}^{n-1} \tilde{b}_i\, z^i}{\sum\limits_{i=0}^{n} a_i\, z^i} \tag{A.39}$$

aus den Koeffizienten des *echt* gebrochen rationalen Anteils zu

$$\text{Res}\{F(z);\, \infty\} = -\frac{\tilde{b}_{n-1}}{a_n}. \tag{A.40}$$

Dies folgt aus der Anwendung von (A.38) auf (A.39).

Ist eine rationale Funktion in der geschlossenen Zahlenebene bis auf endlich viele singuläre Punkte analytisch, so ist die Summe der Residuen aller endlichen Pole und des Residuums im Unendlichen stets Null:

$$\sum_{i=1}^{n} \text{Res}\{F(z);\, a_i\} + \text{Res}\{F(z);\, \infty\} = 0. \tag{A.41}$$

Beispiel A.4:   Berechnung Ringintegral

Die Funktion $F(z) = \frac{2z^2+1}{(z-1)(z-2)^2}$ soll im mathematisch positiven Sinn längs den Kurven $\mathcal{C}_1$, $\mathcal{C}_2$ und $\mathcal{C}_3$ (Kreise mit $|z| = r$) integriert werden.

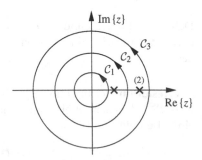

Die Funktion $F(z)$ hat einen einfachen Pol bei $z = 1$ und einen doppelten Pol bei $z = 2$.

Wir berechnen zunächst die Residuen mit Hilfe von Gleichungen (A.36) und (A.37):

$$\text{Res}\{F(z);\, 1\} = (z-1) \cdot F(z)\Big|_{z=1} = \frac{2z^2+1}{(z-2)^2}\Big|_{z=1} = 3$$

$$\text{Res}\{F(z);\, 2\} = \frac{d}{dz}\left[(z-2)^2\, F(z)\right]\Big|_{z=2} = \frac{(z-1)\,4z-(2z^2+1)}{(z-1)^2}\Big|_{z=2} = -1.$$

Mit Hilfe des Residuensatzes (A.35) erhalten wir für die Integrale:

$$\mathcal{C}_1 \ (0 < r < 1) : \quad \oint_{\mathcal{C}_1} F(z)\,dz = 0$$

$$\mathcal{C}_2 \ (1 < r < 2) : \quad \oint_{\mathcal{C}_2} F(z)\,dz = \mathrm{Res}\{F(z);\,1\} = 3$$

$$\mathcal{C}_3 \ (2 < r < \infty) : \quad \oint_{\mathcal{C}_3} F(z)\,dz = \mathrm{Res}\{F(z);\,1\} + \mathrm{Res}\{F(z);\,2\} = 3 - 1 = 2.$$

Das Residuum im Unendlichen berechnet sich in diesem Falle über Gleichung (A.41) zu

$$\mathrm{Res}\{F(z);\,\infty\} = -\sum_{i=1}^{n} \mathrm{Res}\{F(z);\,a_i\} = -2$$

oder über Gleichung (A.40) zu

$$\mathrm{Res}\{F(z);\,\infty\} = -\frac{b_{n-1}}{a_n} = -\frac{2}{1} = -2,$$

was aus der echt gebrochen rationalen Funktion $F(z)$ mit $n = 3$ ablesbar ist. Etwas aufwendiger ist die Bestimmung über Formel (A.38):

$$\mathrm{Res}\{F(z);\,\infty\} = -\mathrm{Res}\left\{\frac{F\left(\frac{1}{z}\right)}{z^2};\,0\right\} = -\mathrm{Res}\left\{\frac{2+z^2}{z\,(1-z)(1-2z)^2};\,0\right\}$$

$$= -\frac{2+z^2}{(1-z)(1-2z)^2}\bigg|_{z=0} = -2. \qquad \blacksquare$$

A.5   Partialbruchzerlegung

Jede *echt* gebrochen rationale Funktion (Zählergrad kleiner Nennergrad)

$$F(x) = \frac{b(x)}{a(x)} = \frac{\sum_{i=0}^{m} b_i\,x^i}{\sum_{i=0}^{n} a_i\,x^i} = \frac{b_m\,x^m + \cdots + b_1\,x + b_0}{a_n\,x^n + \cdots + a_1\,x + a_0}, \quad m < n \tag{A.42}$$

läßt sich als Summe von Partialbrüchen in der Form

$$F(x) = \sum_{i} \frac{r_i}{x - \alpha_i} + \sum_{i} \sum_{l=1}^{k_i} \frac{\tilde{r}_{i,l}}{(x - \tilde{\alpha}_i)^l} \tag{A.43}$$

darstellen, wobei $\alpha_i \in \mathbb{C}$ einfache Pole von $F(z)$ und $\tilde{\alpha}_i \in \mathbb{C}$ Pole mit der Vielfachheit k_i darstellen. Die Koeffizienten $r_i, \tilde{r}_{i,l} \in \mathbb{C}$ lassen sich als Residuen über die Beziehungen

$$r_i = (x - \alpha_i) \cdot F(x)\big|_{x=\alpha_i} \tag{A.44}$$

$$\tilde{r}_{i,l} = \frac{1}{(k-l)!} \cdot \frac{d^{k-l}}{dx^{k-l}}\left[(x - \tilde{\alpha}_i)^k \cdot F(x)\right]\bigg|_{x=\tilde{\alpha}_i} \tag{A.45}$$

berechnen, was aus Beziehungen (A.36) und (A.37) folgt.

Eine andere Methode zur Koeffizientenberechnung besteht darin, Gleichung (A.43) auf den Hauptnenner $a(x)$ zu bringen und einen Koeffizientenvergleich mit dem Zählerpolynom $b(x)$ durchzuführen. Dies führt in der Regel auf ein lineares Gleichungssystem, dessen Lösung die gesuchten Koeffizienten ergibt.

Sind alle Koeffizienten a_i, b_i von $F(x)$ reell, treten nur reelle Pole oder konjugiert komplexe Polpaare α, α^* mit konjugiert komplexen Koeffizienten r, r^* auf. Diese lassen sich über

$$\frac{r}{x-\alpha} + \frac{r^*}{x-\alpha^*} = \frac{p\,x+q}{x^2+\beta\,x+\gamma}, \qquad r,\alpha \in \mathbb{C}, \quad p,q,\beta,\gamma \in \mathbb{R} \qquad \text{(A.46)}$$

in eine rein reelle Darstellung bringen. Man kann daher auch den rein reellen Partialbruchansatz

$$F(x) = \sum_i \frac{r_i}{x-\alpha_i} + \sum_i \sum_{l=1}^{k_i} \frac{\tilde{r}_{i,l}}{(x-\tilde{\alpha}_i)^l} +$$

$$\sum_i \frac{p_i\,x+q_i}{x^2+\beta_i\,x+\gamma_i} + \sum_i \sum_{l=1}^{\tilde{k}_i} \frac{\tilde{p}_{i,l}\,x+\tilde{q}_{i,l}}{(x^2+\tilde{\beta}_i\,x+\tilde{\gamma}_i)^l} \qquad \text{(A.47)}$$

durchführen, wobei dann $\alpha_i, \tilde{\alpha}_i, r_i, \tilde{r}_{i,l} \in \mathbb{R}$ gilt. In diesem Fall ist nur die Methode über den Koeffizientenvergleich zur Koeffizientenberechnung geeignet.

Zur Partialbruchzerlegung einer konkret gegebenen Funktion $F(x)$ bietet sich folgende Vorgehensweise an:

- Überprüfen, ob es sich um eine *echt* gebrochen rationale Funktion mit Zählergrad kleiner Nennergrad handelt, ansonsten Abspaltung des ganzrationalen Anteils mittels Polynomdivision

- Bestimmung der Pole α_i und deren Vielfachheiten k_i der Funktion $F(x)$ über die Nullstellen des Nennerpolynoms $a(x)$.

- Ansatz der Partialbruchsumme gemäß Gleichung (A.43) bzw. (A.47)

- Bestimmung der Koeffizienten der Partialbruchsumme entweder

  - über die Formeln (A.44) und (A.45)   oder

  - über Koeffizientenvergleich der auf den Hauptnenner gebrachten Partialbruchsumme

- Zur Kontrolle des Ergebnis kann man die Partialbrüche wieder auf den Hauptnenner bringen und mit der ursprünglichen Funktion vergleichen.

Beispiel A.5:   Partialbruchzerlegung

Die Funktion $F(x) = \frac{b(x)}{a(x)} = \frac{4x}{x^4+2x^3+2x^2+2x+1}$ soll in Partialbruchform dargestellt werden:

- Zählergrad kleiner Nennergrad, d.h. keine Polynomdivision nötig
- Bestimmung der Pole von $F(x)$, d.h. der Nullstellen von $a(x)$:

$$a(x) = x^4 + 2x^3 + 2x^2 + 2x + 1 = (x+1)^2(x+j)(x-j) = (x+1)^2(x^2+1)$$

$\Rightarrow$ $F(x)$ besitzt einen doppelten Pol bei -1 und ein konjugiert komplexes Polpaar bei $\pm j$.

- Ansatz der Partialbruchsumme nach (A.43):

$$F(x) = \frac{4x}{(x+j)(x-j)(x+1)^2} = \frac{r_1}{x+j} + \frac{r_2}{x-j} + \frac{r_{11}}{x+1} + \frac{r_{12}}{(x+1)^2} \qquad (A.48)$$

- Berechnung der Koeffizienten

  - über Formel (A.44) bzw. (A.45):

$$r_1 = (x+j) \cdot F(x)\Big|_{x=-j} = \frac{4x}{(x-j)(x+1)^2}\Big|_{x=-j} = \frac{-4j}{-2j(1-j)^2} = j$$

$$r_2 = r_1^* = -j$$

$$r_{11} = \frac{d}{dx}\Big[(x+1)^2 \cdot F(x)\Big]\Big|_{x=-1} = \frac{d}{dx}\frac{4x}{x^2+1}\Big|_{x=-1} = \frac{(x^2+1)\,4-4x\,2x}{(x^2+1)^2}\Big|_{x=-1} = 0$$

$$r_{12} = (x+1)^2 \cdot F(x)\Big|_{x=-1} = \frac{4x}{x^2+1}\Big|_{x=-1} = \frac{-4}{2} = -2$$

Die Formel (A.44) zur Koeffizientenberechnung bei einfachem Pol, die direkt der Residuenformel (A.36) entspricht, läßt sich hier wie folgt klar machen:

$$r_1 = (x+j) \cdot F(x)\Big|_{x=-j} = r_1 + r_2\frac{x+j}{x-j} + r_{11}\frac{x+j}{x+1} + r_{12}\frac{x+j}{(x+1)^2}\Big|_{x=-j} = r_1$$

Entsprechendes gilt für die Formel (A.45) für mehrfache Pole:

$$r_{11} = \frac{d}{dx}\Big[(x+1)^2 \cdot F(x)\Big]\Big|_{x=-1} = \frac{d}{dx}\Big[r_1\frac{(x+1)^2}{x+j} + r_2\frac{(x+1)^2}{x-j} + r_{11}(x+1) + r_{12}\Big]\Big|_{x=-1}$$

$$= r_1\frac{2(x+1)(x+j)-(x+1)^2}{(x+j)^2} + r_2\frac{2(x+1)(x-j)-(x+1)^2}{(x-j)^2} + r_{11}\Big|_{x=-1} = r_{11}$$

$$r_{12} = (x+1)^2 \cdot F(x)\Big|_{x=-1} = r_1\frac{(x+1)^2}{x+j} + r_2\frac{(x+1)^2}{x-j} + r_{11}(x+1) + r_{12}\Big|_{x=-1} = r_{12}$$

  - über Koeffizientenvergleich:

Partialbruchansatz (rechten Teil von (A.48)) auf den Hauptnenner bringen und dem Zählerpolynom $b(x)$ gleichsetzen:

$$r_1(x-j)(x+1)^2 + r_2(x+j)(x+1)^2 + r_{11}(x^2+1)(x+1) + r_{12}(x^2+1) =$$

$$(r_1+r_2+r_{11}) \cdot x^3 + (r_1(2-j)+r_2(2+j)+r_{11}+r_{12}) \cdot x^2 + \qquad (A.49)$$

$$(r_1(1-2j)+r_2(1+2j)+r_{11}) \cdot x + (-r_1j+r_2j+r_{11}+r_{12}) \stackrel{!}{=} b(x) = 4x$$

Der Koeffizientenvergleich liefert das lineare Gleichungssystem:

$$
\begin{array}{lrrrrl}
x^0: & -j \cdot r_1 + & j \cdot r_2 + & r_{11} + & r_{12} & = 0 \\
x^1: & (1-2j) \cdot r_1 + & (1+2j) \cdot r_2 + & r_{11} + & & = 4 \\
x^2: & (2-j) \cdot r_1 + & (2+j) \cdot r_2 + & r_{11} + & r_{12} & = 0 \\
x^3: & r_1 + & r_2 + & r_{11} + & & = 0
\end{array}
$$

Die Lösung (z.B. über den Gaußschen Algorithmus) liefert die gesuchten Koeffizienten:

$$r_1 = j, \quad r_2 = -j, \quad r_{11} = 0, \quad r_{12} = -2.$$

Häufig ist das Ausmultiplizieren von (A.49), sowie das Aufstellen und Lösen des Gleichungssystems nicht nötig und das Einsetzen von geeigneten Werten in die Gleichung führt schneller und einfacher zum Ziel. Besonders geeignet zum Einsetzen sind die Polstellen $x = \alpha_i$, da dadurch Summanden zu null werden:

$$
\begin{aligned}
x = -1 : \quad & r_{12}\left((-1)^2 + 1\right) && = \ 4\,(-1) && \Rightarrow\ r_{12} = -2 \\
x = j : \quad & r_2\,(j + j)\,(j + 1)^2 && = \ 4\ j && \Rightarrow\ r_2 = -j \\
x = -j : \quad & r_1\,(-j - j)\,(-j + 1)^2 && = \ 4\,(-j) && \Rightarrow\ r_1 = \ j \\
x = 0 : \quad & r_1\,(-j) + r_2\,j + r_{11} + r_{12} && = \ \ \ 0 && \Rightarrow\ r_{11} = 0\,.
\end{aligned}
$$

Damit ergibt sich die Partialbruchzerlegung von $F(x)$ zu:

$$
F(x) \ = \ \frac{4x}{x^4 + 2x^3 + 2x^2 + 2x + 1} \ = \ \frac{j}{x+j} - \frac{j}{x-j} - \frac{2}{(x+1)^2}\,.
$$

Alternativ kann anstelle von (A.48) der reelle Partialbruchansatz nach (A.43) gewählt werden:

$$
F(x) \ = \ \frac{4x}{x^4 + 2x^3 + 2x^2 + 2x + 1} \ = \ \frac{p_1 x + q_1}{x^2 + 1} + \frac{r_{11}}{x+1} + \frac{r_{12}}{(x+1)^2}\,. \tag{A.50}
$$

Die auf den Hauptnenner gebrachte Partialbruchsumme liefert für die Koeffizienten die Bestimmungsgleichung

$$
(p_1 x + q_1)(x + 1)^2 \ + \ r_{11}\,(x^2 + 1)(x + 1) \ + \ r_{12}(x^2 + 1) \ \overset{!}{=} \ 4x\,,
$$

die uns durch Einsetzen geeigneter Werte die gesuchten Koeffizienten liefert:

$$
\begin{aligned}
x = -1 \quad & r_{12}\left((-1)^2 + 1\right) && = \ -4 && \Rightarrow\ r_{12} = -2 \\
x = j \quad & (p_1\,j + q_1)\,(j + 1)^2 && = \ 4\,j && \Rightarrow\ q_1 = 2\,,\quad p_1 = 0 \\
x = 0 \quad & q_1 + r_{11} + r_{12} && = \ \ \ 0 && \Rightarrow\ r_{11} = 0\,.
\end{aligned}
$$

Damit ergibt sich als Lösung die Partialbruchzerlegung:

$$
F(x) \ = \ \frac{4x}{x^4 + 2x^3 + 2x^2 + 2x + 1} \ = \ \frac{2}{x^2 + 1} - \frac{2}{(x+1)^2}\,. \qquad\blacksquare
$$

A.6   Kettenbruchentwicklung

Eine gebrochen rationale Funktion

$$
F(x) \ = \ \frac{b(x)}{a(x)} \ = \ \frac{\displaystyle\sum_{i=0}^{m} b_i\,x^i}{\displaystyle\sum_{i=0}^{n} a_i\,x^i} \ = \ \frac{b_m\,x^m + \cdots + b_1\,x + b_0}{a_n\,x^n + \cdots + a_1\,x + a_0} \tag{A.51}
$$

läßt sich als Kettenbruch in der Form

$$
F(x) \ = \ q_1(x) + \cfrac{1}{q_2(x) + \cfrac{1}{q_3(x) + \cdots}} \ = \ q_1(x) \ + \ \left|\,q_2(x) \ + \ \right|\,q_3(x) \ + \ \cdots \tag{A.52}
$$

darstellen, wobei die rechte Seite eine abkürzende Schreibweise darstellt.

Anhang

Die Polynome $q_i(x)$ sind in der Regel vom Grad eins und man erhält sie als die Quotienten wiederholter Polynomdivisionen mit Rest nach dem Euklidschen Algorithmus ($r_i(x)$ = Restpolynom):

$$b(x) = a(x)\,q_1(x) + r_1(x) \qquad \text{bzw.} \qquad \frac{b(x)}{a(x)} = q_1(x) + \frac{r_1(x)}{a(x)}$$

$$a(x) = r_1(x)\,q_2(x) + r_2(x) \qquad \text{bzw.} \qquad \frac{a(x)}{r_1(x)} = q_2(x) + \frac{r_2(x)}{r_1(x)}$$

usw. Der letzte von null verschiedene Rest $r_i(x)$ stellt das größte gemeinsame Teilerpolynom (ggT) von $b(x)$ und $a(x)$ dar. Handelt es sich dabei um eine Konstante, dann sind die beiden Polynome teilerfremd, d.h. besitzen keine gemeinsame Nullstellen.

Beispiel A.6:   Kettenbruchentwicklung

Wir untersuchen die gebrochen rationale Funktion

$$F(x) = \frac{b(x)}{a(x)} = \frac{x^2+6x+10}{x^2+5x+8}\,.$$

Die Anwendung des euklidschen Algorithmus liefert:

$$b(x)\,/\,a(x) = (x^2+6x+10) : (x^2+5x+8) = \underbrace{1}_{q_1(x)} + \underbrace{\frac{x+2}{x^2+5x+8}}_{r_1(x)\,/\,a(x)}$$
$$\underline{x^2+5x+8}$$
$$x+2$$

$$a(x)\,/\,r_1(x) = (x^2+5x+8) : (x+2) = \underbrace{x+3}_{q_2(x)} + \underbrace{\frac{2}{x+2}}_{r_2(x)\,/\,r_1(x)}$$
$$\underline{x^2+2x}$$
$$3x+8$$
$$\underline{3x+6}$$
$$2$$

$$r_1(x)\,/\,r_2(x) = (x+2) : 2 = \underbrace{\tfrac{x}{2}+1}_{q_3(x)}, \qquad r_3(x) = 0$$
$$\underline{x+2}$$
$$0$$

Die Polynome $b(x)$ und $a(x)$ sind teilerfremd, da es sich beim letzten von Null verschiedenen Rest $r_2(x) = 2$ um eine Konstante handelt. Die Kettenbruchentwicklung lautet damit:

$$F(x) = 1 + \frac{1}{x+3+\frac{1}{\frac{x}{2}+1}} = 1 + \left|\,x+3\, + \right|\,\tfrac{x}{2}+1$$

■

Weist eines der beiden Polynome nur gerade, und das andere nur ungerade Potenzen auf, so ergibt sich eine Kettenbruchentwicklung in der Form:

$$F(x) = c_1 \cdot x + \cfrac{1}{c_2 \cdot x + \cfrac{1}{c_3 \cdot x + \ldots}} = c_1 \cdot x + \left|\,c_2 \cdot x\, + \right|\,c_3 \cdot x + \ldots$$

Beispiel A.7:   **Kettenbruchentwicklung**

Wir führen die Kettenbruchentwicklung folgender rationaler Funktion durch:

$$F(x) = \frac{x^3 + 4x}{3x^2 + 2}.$$

1. Polynomdivision: $(x^3 + 4x) : (3x^2 + 2) = \frac{1}{3}x + \frac{\frac{10}{3}x}{3x^2 + 2}$

$$\underline{x^3 + \frac{2}{3}x}$$

$$\frac{10}{3}x$$

2. Polynomdivision: $(3x^2 + 2) : \frac{10}{3}x = \frac{9}{10}x + \frac{2}{\frac{10}{3}x}$

$$\underline{3x^2}$$

$$2$$

Damit ergibt sich: $F(x) = \frac{x^3 + 4x}{3x^2 + 2} = \frac{1}{3}x + \frac{1}{\frac{9}{10}x + \frac{1}{\frac{5}{3}x}} = \frac{1}{3}x + \Big|\frac{9}{10}x + \Big|\frac{5}{3}x$

In diesem Fall kann die Kettenbruchentwicklung auch in folgendem kompakten Schema durchgeführt werden:

	$x^3 + 4x$		
	$x^3 + \frac{2}{3}x$	$3x^2 + 2$	$\frac{1}{3}x$
$\frac{9}{10}x$	$\frac{10}{3}x$	$3x^2$	
	$\frac{10}{3}x$	2	$\frac{5}{3}x$
	0		

Man schreibt dazu das Zählerpolynom links und das Nennerpolynom eine Zeile tiefer rechts an und führt wie gewohnt die Polynomdivision durch, wobei man das Ergebnis an den rechten Rand schreibt. Nachdem man das Ergebnis durchmultipliziert und abgezogen hat, führt man die zweite Polynomdivision mit vertauschten Spalten entsprechend durch. ∎

Spaltet man mit dem Algorithmus bei allgemeinen Polynomen $a(x)$ und $b(x)$ (in der Regel gleichen Grades) pro Divisionsschritt jeweils nur ein Glied ab, und zwar abwechlungsweise eine Konstante und ein Glied in x bzw. $1/x$, führt das auf die *Kettenbruchentwicklung erster Art* (Glieder in x):

$$F(x) = c_1 + \cfrac{1}{c_2 \cdot x + \cfrac{1}{c_3 + \dots}} \qquad (A.53)$$

bzw. die *Kettenbruchentwicklung zweiter Art* (Glieder in $1/x$):

$$F(x) = \tilde{c}_1 + \cfrac{1}{\cfrac{\tilde{c}_2}{x} + \cfrac{1}{\tilde{c}_3 + \dots}} \qquad (A.54)$$

In letzterem Fall schreibt man die Polynome nach aufsteigenden Potenzen an und spaltet jeweils die niedrigsten Potenzen ab.

Beispiel A.8:   **Kettenbruchentwicklung**

Wir entwickeln die rationale Funktion

$$F(x) = \frac{x+3}{x+2}.$$

Kettenbruchentwicklung 1.Art: Kettenbruchentwicklung 2.Art:

$$F(x) = 1 + \left|x + \left|\frac{1}{2}\right.\right. = 1 + \frac{1}{x+\frac{1}{2}} \qquad F(x) = \frac{3}{2} + \left|-\frac{4}{x} + \left|-\frac{1}{2}\right.\right. = \frac{3}{2} + \frac{1}{-\frac{4}{x}+\frac{1}{-\frac{1}{2}}} \quad \blacksquare$$

Neben der Kettenbruchentwicklung sind weitere wichtige Anwendungen des Euklidschen Algorithmus

- das Kürzen gebrochen rationaler Funktionen durch Bestimmung (und anschließender Abspaltung mittels Polynomdivision) des ggT (gemeinsame Nullstellen) von Zähler- und Nennerpolynom

- das Prüfen auf bzw. Abspalten von *mehrfacher* Nullstellen eines Polynoms $g(x)$, indem man den ggT ($g(x)$, $\frac{d}{dx}\,g(x)$) bestimmt. Das Ergebnis ist ein Polynom, das alle mehrfachen Nullstellen (mit um eins veringerter Ordnung) enthält.

Letzteres folgt aus der Tatsache, daß ein Polynom $g(x)$ mit k-facher Nullstelle bei $x = \alpha$ sich in der Form

$$g(x) = (x - \alpha)^k \cdot \tilde{g}(x)$$

darstellen läßt, und damit die Ableitung

$$\frac{d}{dx}\,g(x) = \frac{d}{dx}\left[(x - \alpha)^k \cdot \tilde{g}(x)\right] = (x - \alpha)^{k-1} \cdot \left[k \cdot \tilde{g}(x) + (x - \alpha)\frac{d}{dx}\,\tilde{g}(x)\right]$$

besitzt. Das Polynom $(x - \alpha)^{k-1}$ stellt damit einen gemeinsamen Teiler von $g(x)$ und $\frac{d}{dx}g(x)$ dar und ergibt sich als Restpolynom (bzw. als Teilfaktor davon) beim Euklidschen Algorithmus.

A.7   Distributionen

Definition und grundlegende Eigenschaften

Eine Distribution $\psi(t)$ ist implizit über folgende Beziehung definiert:

$$\int\limits_{-\infty}^{\infty} \psi(t) \cdot \phi(t)\, dt \;=\; \langle \psi(t), \phi(t) \rangle \;=\; F[\phi(t)], \quad \forall\, \phi(t) \in C_0^{\infty}(\mathbb{R}^n). \tag{A.55}$$

$\phi(t)$ bezeichnet man als *Testfunktion* und entstammt der Menge $C_0^{\infty}(\mathbb{R}^n)$ aller Funktionen ϕ : $\mathbb{R}^n \to \mathbb{R}$, die

- stetig und
- beliebig oft differenzierbar sind, und
- außerhalb eines endlichen Intervalls verschwinden, d.h. $\phi(t) = 0 \; \forall\, |x| > t_0$.

$F[\phi(t)]$ stellt ein *stetiges lineares Funktional* dar, d.h. eine Abbildung $F : C_0^{\infty}(\mathbb{R}^n) \to \mathbb{R}$ mit den Eigenschaften der

- Linearität: $F[a_1\phi_1(t) + a_2\phi_2(t)] \;=\; a_1\, F[\phi_1(t)] + a_2\, F[\phi_2(t)]$ und
- Stetigkeit: $\lim\limits_{n \to \infty} \phi_n(t) \;=\; \phi(t) \quad \Rightarrow \quad \lim\limits_{n \to \infty} F[\phi_n(t)] \;=\; F[\phi(t)]$,

wobei $\phi_n(t)$ eine Folge von Funktionen darstellt, die punktweise (für alle t) gegen die Funktion $\phi(t)$ konvergiert. Diese Definition ist dabei entsprechend der bekannten Stetigkeitsdefinition von Funktionen gewählt, die besagt, daß eine Funktion $f(x)$ im Punkt x stetig ist, falls für jede in diesen Punkt konvergierende Folge x_n gilt:[4]

$$\lim\limits_{n \to \infty} x_n \;=\; x \quad \Rightarrow \quad \lim\limits_{n \to \infty} f(x_n) \;=\; f(x).$$

Aufgrund der vorausgesetzten Linearität des Funktionals $F[\phi(t)]$ ist die Definition der Distribution selbst linear, d.h. es gilt:

$$\langle \psi(t), a_1\phi_1(t) + a_2\phi_2(t) \rangle \;=\; a_1 \langle \psi(t), \phi_1(t) \rangle + a_2 \langle \psi(t), \phi_2(t) \rangle. \tag{A.56}$$

Darstellung von Distributionen als Funktionen

Da eine Distribution implizit über ihre Wirkung auf eine Testfunktion definiert ist, kann man sie im allgemeinen nicht direkt darstellen.[5] Stellt $f(t)$ eine gewöhnliche Funktion dar und gilt:

$$\int\limits_{-\infty}^{\infty} \psi(t) \cdot \phi(t)\, dt \;=\; \int\limits_{a}^{b} f(t) \cdot \phi(t)\, dt, \quad \forall\, \phi(t), \tag{A.57}$$

so ist $\psi(t) = f(t)$ im Intervall $[a;\, b]$, und die Distribution ist demnach als Funktion darstellbar. Außerdem erkennt man, daß der Distributionsbegriff den Funktionsbegriff einschließt, da sich alle Funktionen über Beziehung (A.57) als Distributionen darstellen lassen.

---

4 Man mache sich dies beispielsweise anhand der Folgen $x_n = \pm 1/n$ für die Sprung- bzw. Rampenfunktion an der Stelle $x = 0$ klar.

5 Man vergleiche dies mit der impliziten Funktionsdefinition. Beispielsweise definiert $y + e^y - x = 0$ eine Funktion $y = f(x)$, die jedoch nicht explizit angebbar ist.

Operationen mit Distributionen:

Verschiebung: $\qquad\qquad \langle \psi(t-t_0), \phi(t) \rangle \;=\; \langle \psi(t), \phi(t+t_0) \rangle$ $\qquad$ (A.60)

Skalierung: $\qquad\qquad \langle \psi(at), \phi(t) \rangle \;=\; \frac{1}{|a|} \langle \psi(t), \phi\left(\frac{t}{a}\right) \rangle$ $\qquad$ (A.61)

Ableitung (Derivation): $\qquad \langle \psi^{(k)}(t), \phi(t) \rangle \;=\; (-1)^k \langle \psi(t), \phi^{(k)}(t) \rangle$ $\qquad$ (A.62)

Verknüpfungen von Distributionen und Funktionen:

Summe: $\qquad\qquad \langle \psi_1(t) + \psi_2(t), \phi(t) \rangle \;=\; \langle \psi_1(t), \phi(t) \rangle + \langle \psi_2(t), \phi(t) \rangle$ $\qquad$ (A.63)

Produkt mit Funktion: $\qquad \langle g(t) \cdot \psi(t), \phi(t) \rangle \;=\; \langle \psi(t), g(t) \cdot \phi(t) \rangle$ $\qquad$ (A.64)

Faltung: $\qquad\qquad \langle \psi_1(t) * \psi_2(t), \phi(t) \rangle \;=\; \langle \psi_1(t), \langle \psi_2(\tau), \phi(\tau+t) \rangle \rangle$ $\qquad$ (A.65)

Tabelle A.2: Rechenregeln für Distributionen

Gleichheit von Distributionen

Aufgrund der Definition über die *Wirkung* auf Testfunktionen ist ein punktweiser Vergleich zweier Distributionen wie bei Funktionen nicht möglich. Die Gleichheit ist daher wieder über die Testfunktionen definiert:

$$\psi_1(t) \quad \psi_2(t) \quad \Leftrightarrow \quad \langle \psi_1(t), \phi(t) \rangle = \langle \psi_2(t), \phi(t) \rangle, \quad \forall\, \phi(t). \qquad (A.58)$$

Gerade und ungerade Distributionen

Eine Distribution $\psi(t)$ heißt gerade (ungerade), wenn für jede ungerade (gerade) Testfunktion $\phi(t)$ gilt:

$$\int_{-\infty}^{\infty} \psi(t) \cdot \phi(t)\, dt \;=\; 0. \qquad (A.59)$$

Rechenregeln

Für Distributionen gelten folgende, in Tabelle A.2 zusammengefaßten Rechenregeln. Sie folgen unmittelbar aus der Definition über das Integral mit Hilfe elementarer Integrationsregeln.

So erhält man beispielsweise die zeitverschobene Distribution zu

$$\langle \psi(t-t_0), \phi(t) \rangle \;=\; \int_{-\infty}^{\infty} \psi(t-t_0) \cdot \phi(t)\, dt$$
$$\underset{t'=t-t_0}{=} \int_{-\infty}^{\infty} \psi(t') \cdot \phi(t'+t_0)\, dt' \;=\; \langle \psi(t), \phi(t+t_0) \rangle.$$

In entsprechender Weise erhält man die weiteren Regeln, wobei sich die Ableitungsregel (A.62) durch partielle Integration nach Gleichung (5.10) von Seite 111 ergibt. Man beachte, daß die Multiplikation *zweier Distributionen* im allgemeinen nicht möglich ist.

Verallgemeinerte Ableitungen

Da jede Distribution über Beziehung (A.62) unendlich oft ableitbar (derivierbar) ist, lassen sich mit ihrer Hilfe auch Funktionen ableiten, die im klassischen Sinne nicht differenzierbar sind, da sie Knick- oder Sprungstellen aufweisen. Durch die formale Darstellung und Ableitung der Funktion als Distribution verliert man jedoch jegliche Anschauung. Aus diesem Grunde zerlegt man die Funktion in einen differenzierbaren Anteil und einen Restanteil, der die Knick- bzw. Sprungstelle enthält und über elementare Distributionen beschreibbar ist. Die Ableitung führt man für beide Anteile getrennt durch, was aufgrund der Linearität von Distributionen zulässig ist.

Zur Darstellung des Restanteils verwendet man die Rampenfunktion für Knickstellen und die Sprungfunktion für Sprungstellen (siehe Abschnitt 5.2.3). Als Distributionen dargestellt erhält man:

$$\text{Rampenfunktion } \rho(t): \quad \langle\,\rho(t), \phi(t)\,\rangle \;=\; \int\limits_{0}^{\infty} t \cdot \phi(t)\,dt$$

$$\text{Sprungfunktion } \varepsilon(t): \quad \langle\,\varepsilon(t), \phi(t)\,\rangle \;=\; \int\limits_{0}^{\infty} \phi(t)\,dt \;=\; \langle\,\rho'(t), \phi(t)\,\rangle$$

$$\text{Dirac-Impuls } \delta(t): \quad \langle\,\delta(t), \phi(t)\,\rangle \;=\; \phi(0) \;=\; \langle\,\varepsilon'(t), \phi(t)\,\rangle$$

und damit: $\quad \frac{d}{dt}\rho(t) \;=\; \rho'(t) \;=\; \varepsilon(t) \quad$ und $\quad \frac{d}{dt}\varepsilon(t) \;=\; \varepsilon'(t) \;=\; \delta(t)\,.$

Verallgemeinerte Grenzwerte

Mit Hilfe von Distributionen lassen sich bestimmte Grenzwerte darstellen, die so im klassischen Sinne nicht existieren.

Grenzwert der komplexen Exponentialfunktion

Der Grenzwert

$$\lim_{\omega\to\infty} e^{j\omega t} \tag{A.66}$$

existiert im klassischen Sinne nicht. Die Darstellung und Auswertung im Distributionssinne ergibt

$$\left\langle\,\lim_{\omega\to\infty} e^{j\omega t}, \varPhi(t)\,\right\rangle \;=\; \int\limits_{-\infty}^{\infty} (\lim_{\omega\to\infty} e^{j\omega t}) \cdot \varPhi(t)\,dt\,, \tag{A.67}$$

wobei das Integral aufgrund der Beschränktheit der Exponentialfunktion und den Eigenschaften der Testfunktion existiert.

Wir erhalten daraus mit Hilfe partieller Integration

$$\lim_{\omega \to \infty} \int_{-\infty}^{\infty} \underbrace{e^{j\omega t}}_{u} \cdot \underbrace{\Phi(t)}_{v'} \, dt = \lim_{\omega \to \infty} \left(\left[\tfrac{1}{j\omega} e^{j\omega t} \right]_{-\infty}^{\infty} \cdot \varphi(t) - \tfrac{1}{j\omega} \int_{-\infty}^{\infty} e^{j\omega t} \cdot \varphi'(t) \, dt \right) = 0 \,,$$

wobei die beiden Terme aufgrund der Vorfaktoren $1/j\omega$ bei der Grenzwertbildung verschwinden.

Der Vergleich mit der Distribution $\Psi(t) \equiv 0$, die über $\langle \varphi(t), \Phi(t) \rangle = 0$ definiert ist, ergibt den *verallgemeinerten* Grenzwert

$$\lim_{\omega \to \infty} e^{j\omega t} = 0. \tag{A.68}$$

Aus der getrennten Betrachtung nach Real- und Imaginärteil folgt sofort:

$$\lim_{\omega \to \infty} \cos(\omega t) = 0 \quad \text{und} \quad \lim_{\omega \to \infty} \sin(\omega t) = 0 \tag{A.69}$$

Darstellung des Dirac-Impulses mittels verallgemeinerter Grenzwerte

In vielen Fällen führen verallgemeinerte Grenzwerte auf den Dirac-Impuls beziehungsweise man benutzt diese zur dessen Darstellung. So führt beispielsweise folgender Grenzwert eines Rechteckimpulses

$$\lim_{T \to 0} \tfrac{1}{T} \operatorname{rect}\left(\tfrac{t}{T}\right)$$

in der Darstellung als Distribution auf

$$\left\langle \lim_{T \to 0} \tfrac{1}{T} \operatorname{rect}\left(\tfrac{t}{T}\right), \phi(t) \right\rangle = \int_{-\infty}^{\infty} \lim_{T \to 0} \tfrac{1}{T} \operatorname{rect}\left(\tfrac{t}{T}\right) \cdot \phi(t) \, dt = \lim_{T \to 0} \tfrac{1}{T} \int_{-T/2}^{T/2} \phi(t) \, dt = \phi(0) \,,$$

d.h. entspricht als verallgemeinerter Grenzwert dem Dirac-Impuls $\delta(t)$.

In entsprechender Weise lassen sich auch andere verallgemeinerte Grenzwerte zur Darstellung des Dirac-Impulses benutzen, Tabelle A.3 zeigt eine entsprechende Auswahl. Alle diesen Grenzwerten zugrundeliegenden Funktionen weisen dabei die beiden Eigenschaften auf, daß sie zum einen im Grenzwert für alle $t \neq 0$ verschwinden (Ausblendeigenschaft), und zum anderen der Wert ihres Integrals jeweils unabhängig vom Parameter den Wert eins annimmt.

Integral der komplexen Exponentialfunktion

Mit Hilfe der Distributionentheorie läßt sich auch das uneigentliche Integral über die komplexen Exponentialfunktion lösen:

$$\int_{-\infty}^{\infty} e^{j2\pi f t} \, df = \lim_{F \to \infty} \int_{-F}^{F} e^{j2\pi f t} \, df = \lim_{F \to \infty} \left[\tfrac{1}{j2\pi t} e^{j2\pi f t} \right]_{-F}^{F}$$

$$= \lim_{F \to \infty} \tfrac{1}{j2\pi t} \left(e^{j2\pi F t} - e^{-j2\pi F t} \right) = \lim_{F \to \infty} \frac{\sin(2\pi F t)}{\pi t}$$

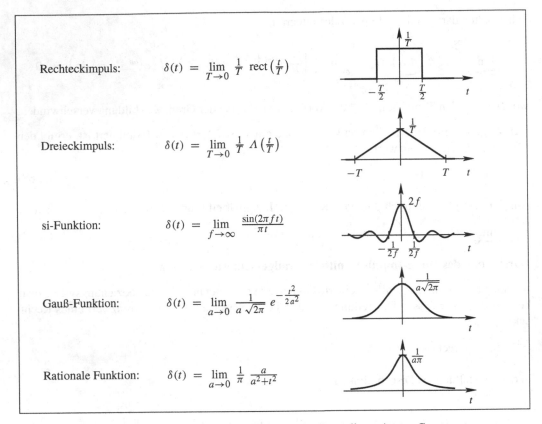

Rechteckimpuls: $\delta(t) = \lim_{T \to 0} \frac{1}{T} \, \text{rect}\left(\frac{t}{T}\right)$

Dreieckimpuls: $\delta(t) = \lim_{T \to 0} \frac{1}{T} \, \Lambda\left(\frac{t}{T}\right)$

si-Funktion: $\delta(t) = \lim_{f \to \infty} \frac{\sin(2\pi f t)}{\pi t}$

Gauß-Funktion: $\delta(t) = \lim_{a \to 0} \frac{1}{a \sqrt{2\pi}} \, e^{-\frac{t^2}{2a^2}}$

Rationale Funktion: $\delta(t) = \lim_{a \to 0} \frac{1}{\pi} \, \frac{a}{a^2 + t^2}$

Tabelle A.3: Darstellung des Dirac-Impulses mittels verallgemeinerter Grenzwerte

Nach Tabelle A.3 stellt dies ein über den Dirac-Impuls beschreibbarer verallgemeinerter Grenzwert dar, so daß wir damit folgende Lösung erhalten:

$$\int_{-\infty}^{\infty} e^{j2\pi f t} \, df = \delta(t).$$ (A.70)

Summe der komplexen Exponentialfunktion

Für die unendliche Summe der komplexen Exponentialfunktion gilt:

$$\sum_{n=-\infty}^{\infty} e^{j2\pi n t} = \text{Ш}(t).$$ (A.71)

Den Beweis führt man am einfachsten mit Hilfe der Fourier-Transformation durch (siehe Abschnitt 6.4.4).

A.8   Trigonometrische Formeln

Summen und Differenzen im Argument:

$$\sin(\alpha \pm \beta) = \sin(\alpha)\,\cos(\beta) \pm \cos(\alpha)\,\sin(\beta)$$
$$\cos(\alpha \pm \beta) = \cos(\alpha)\,\cos(\beta) \mp \sin(\alpha)\,\sin(\beta)$$

(A.72)

Verdopplung und Halbierung des Arguments:

$$\sin(2\alpha) = 2\sin(\alpha)\,\cos(\alpha)$$
$$\cos(2\alpha) = \cos^2(\alpha) - \sin^2(\alpha)$$
$$\sin\left(\tfrac{\alpha}{2}\right) = \pm\sqrt{\tfrac{1-\cos(\alpha)}{2}}$$
$$\cos\left(\tfrac{\alpha}{2}\right) = \pm\sqrt{\tfrac{1+\cos(\alpha)}{2}}$$

(A.73)

Summen und Differenzen von Funktionen:

$$\sin(\alpha) \pm \sin(\beta) = 2\sin\left(\tfrac{\alpha \pm \beta}{2}\right) \cdot \cos\left(\tfrac{\alpha \mp \beta}{2}\right)$$
$$\cos(\alpha) \pm \sin(\alpha) = \sqrt{2}\sin\left(\tfrac{\pi}{4} \pm \alpha\right)$$
$$\cos(\alpha) + \cos(\beta) = 2\cos\left(\tfrac{\alpha+\beta}{2}\right) \cdot \cos\left(\tfrac{\alpha-\beta}{2}\right)$$
$$\cos(\alpha) - \cos(\beta) = -2\sin\left(\tfrac{\alpha+\beta}{2}\right) \cdot \sin\left(\tfrac{\alpha-\beta}{2}\right)$$

(A.74)

Produkte und Potenzen von Funktionen:

$$\sin(\alpha) \cdot \sin(\beta) = \tfrac{1}{2}(\cos(\alpha - \beta) - \cos(\alpha + \beta)) \qquad \sin^2(\alpha) = \tfrac{1}{2}[1 - \cos(2\alpha)]$$
$$\cos(\alpha) \cdot \cos(\beta) = \tfrac{1}{2}(\cos(\alpha - \beta) + \cos(\alpha + \beta)) \qquad \cos^2(\alpha) = \tfrac{1}{2}[1 + \cos(2\alpha)]$$
$$\sin(\alpha) \cdot \cos(\beta) = \tfrac{1}{2}(\sin(\alpha - \beta) + \sin(\alpha + \beta))$$

(A.75)

Spezielle Funktionswerte:

x	0	$\frac{\pi}{6}$	$\frac{\pi}{4}$	$\frac{\pi}{3}$	$\frac{\pi}{2}$	$\frac{2\pi}{3}$	$\frac{3\pi}{4}$	$\frac{5\pi}{6}$	π
$\sin(x)$	0	$\frac{1}{2}$	$\frac{\sqrt{2}}{2}$	$\frac{\sqrt{3}}{2}$	1	$\frac{\sqrt{3}}{2}$	$\frac{\sqrt{2}}{2}$	$\frac{1}{2}$	0
$\cos(x)$	1	$\frac{\sqrt{3}}{2}$	$\frac{\sqrt{2}}{2}$	$\frac{1}{2}$	0	$-\frac{1}{2}$	$-\frac{\sqrt{2}}{2}$	$-\frac{\sqrt{3}}{2}$	-1
$\tan(x)$	0	$\frac{\sqrt{3}}{3}$	1	$\sqrt{3}$	$\pm\infty$	$-\sqrt{3}$	-1	$-\frac{\sqrt{3}}{3}$	0
$\cot(x)$	$\mp\infty$	$\sqrt{3}$	1	$\frac{\sqrt{3}}{3}$	0	$-\frac{\sqrt{3}}{3}$	1	$-\sqrt{3}$	$\mp\infty$

A.9   Wichtige mathematische Formeln

Quadratische Formel:

$$x^2 + bx + c = 0 \qquad \text{Lösung:} \quad x_{1/2} = -\frac{b}{2} \pm \sqrt{\frac{b^2}{4} - c} \qquad (A.76)$$

Geometrische Reihe:

$$\sum_{n=N_0}^{N} q^n = \frac{q^{N_0} - q^{N+1}}{1-q} \qquad \text{bzw.} \qquad \sum_{n=0}^{N} q^n = \frac{1 - q^{N+1}}{1-q} , \qquad q \neq 1 \qquad (A.77)$$

$$\sum_{n=N_0}^{\infty} q^n = \frac{q^{N_0}}{1-q} \qquad \text{bzw.} \qquad \sum_{n=0}^{\infty} q^n = \frac{1}{1-q} , \qquad |q| < 1 \qquad (A.78)$$

Summen:

$$\sum_{n=N_0}^{N} n = \frac{(N - N_0 + 1)(N + N_0)}{2} \qquad \text{bzw.} \qquad \sum_{n=1}^{N} n = \frac{N(N+1)}{2} \qquad (A.79)$$

Rechnen mit Summen:

$$\sum_{i=1}^{N} \sum_{k=1}^{M} a_{ik} = \sum_{k=1}^{M} \sum_{i=1}^{N} a_{ik} \qquad (A.80)$$

$$\sum_{i=1}^{N} \sum_{k=1}^{i} a_{ik} = \sum_{k=1}^{N} \sum_{i=k}^{N} a_{ik} \qquad (A.81)$$

Spezielle Summen und Integrale der komplexen Exponentialfunktion:

$$\int_{-\infty}^{\infty} e^{\pm j\,2\pi f t}\, df = \delta(t) \qquad (A.82)$$

$$\sum_{n=-\infty}^{\infty} e^{\pm j 2\pi n t} = \text{III}(t) \qquad (A.83)$$

$$T \int_{f_0}^{f_0 + 1/T} e^{\pm j\,2\pi f k T}\, df = \frac{1}{2\pi} \int_{\Omega_0}^{\Omega_0 + 2\pi} e^{\pm j\Omega k}\, d\Omega = \delta[k] \qquad (A.84)$$

$$\frac{1}{N} \sum_{n=n_0}^{n_0 + N - 1} e^{\pm j 2\pi \frac{kn}{N}} = \frac{1}{N} \sum_{n=n_0}^{n_0 + N - 1} W_N^{\pm kn} = \text{III}_N[k] = \delta[\,(k)_N\,] \qquad (A.85)$$

Skalierung von Distributionen:

$$\delta(at) \quad = \quad \frac{1}{|a|} \cdot \delta(t) \tag{A.86}$$

$$\text{III}(at) \quad = \quad \frac{1}{|a|} \cdot \text{III}_{\frac{1}{|a|}}(t) \tag{A.87}$$

Binomialkoeffizient:

$$\binom{n}{k} \quad = \quad \frac{n\,(n-1)\,\dots\,(n-k+1)}{k!} \quad = \quad \frac{n!}{k!\,(n-k)!} \tag{A.88}$$

Bestimmte Integrale:

$$\int\limits_0^\infty \frac{\sin(\alpha x)}{x}\, dx \qquad = \quad \frac{\pi}{2}\,\text{sgn}(\alpha) \tag{A.89}$$

$$\int\limits_0^\infty \frac{\sin^2(\alpha x)}{x^2}\, dx \qquad = \quad \frac{\pi}{2}\,|\alpha| \tag{A.90}$$

$$\int\limits_0^\infty e^{-\alpha^2 x^2} \cos(\beta)\, x\, dx \quad = \quad \frac{\sqrt{\pi}}{2\alpha}\, e^{-\frac{\beta^2}{4\alpha^2}}, \quad \alpha > 0 \tag{A.91}$$

Unbestimmte Integrale:

$$\int x\, e^{ax}\, dx \quad = \quad \frac{e^{ax}}{a^2}\,(ax - 1), \quad a \neq 0 \tag{A.92}$$

B Kurzeinführung in Matlab und Octave

Matlab (*Mat*rix *Lab*oratory) ist ein Programm zur numerischen Berechnung von mathematischen Problemen basierend auf einer matrizen- bzw. vektororientierten Darstellungsform. Diese erlaubt eine kompakte und einfache Formulierung und die Lösung vieler Probleme in einer der gewohnten mathematischen Darstellung sehr ähnlichen Weise. Das Programm ist sehr einfach mit eigenen Funktionen erweiterbar, außerdem existieren für viele Anwendungsgebiete spezielle Erweiterungen, die sogenannten Toolboxen. Als unterstützendes Rechnertool ist dieses Programm inzwischen weitverbreitet, beispielsweise in der Signalverarbeitung, Regelungstechnik und vielen anderen Bereichen. *Octave* ist eine zu Matlab weitestgehend kompatible freie Implementierung unter der GNU Public License.

Diese kurze Einführung stellt die wichtigsten Befehle dar und zeigt, wie das Programm zur unterstützenden Behandlung von systemtheoretischen Problemen sinnvoll eingesetzt werden kann. Die zugehörigen Beispiele nehmen direkt Bezug auf entsprechende Stellen im Buch. Elementare Grundlagen von Matlab werden vorausgesetzt. Die Befehle werden jeweils nur kurz vorgestellt, eine genaue Beschreibung inklusive möglicher Optionen und Hinweise auf verwandte Funktionen erhält man über die Online-Hilfe mittels `help`.

B.1 Signaldarstellung

In Matlab werden Daten allgemein mit Hilfe Vektoren und Matrizen beschrieben. In unserem Fall der Systemtheorie bedeutet dies eine Signaldarstellung mittels Vektoren (vergleiche S.15) und (zunächst) die Beschränkung auf zeitbegrenzte und diskrete Signale. Dabei ist es prinzipiell unerheblich, ob die Darstellung als Spalten- oder Zeilenvektor erfolgt. Falls bei manchen Operationen eine bestimmte Darstellungsform notwendig oder vorteilhaft ist, kann diese einfach mit der Transposition-Operation `.'` gewandelt werden. Man beachte, daß in Matlab das erste Vektorelement den Index eins (und nicht null wie bspw. in C) besitzt. Komplexe Zahlen und Berechnungen werden in Matlab vollständig unterstützt (imaginäre Einheit `i` oder `j`).

B.1.1 Polynome

In der Systemtheorie spielen rationale Funktionen eine wichtige Rolle. In Matlab lassen sich diese einfach jeweils über das Zähler- und Nennerpolynom darstellen:

Ein Polynom $a(x)$ der Ordnung N wird durch einen Vektor a der Länge $N + 1$ bestehend aus den Polynomkoeffizienten dargestellt, beginnend mit der *höchsten* Potenz (man beachte daher: $a(1) = a_N$).

$a(x) = a_N x^N + \ldots + a_1 x + a_0$	`a = [a`$_N$` a`$_{N-1}$` ... a`$_1$` a`$_0$`]`

B.1.2   Diskrete Signale

Ein diskretes Signal $x[k]$ wird durch einen Vektor x dargestellt, beginnend mit dem ersten Signalwert. Zusätzlich können die entsprechenden Zeitindizes durch einen seperaten Vektor k dargestellt werden.

$x[k]$, $k = k_1, k_1 + 1, \ldots k_2$	`x = [ x[k₁] x[k₁+1] ... ]` `k = [ k₁ : k₂]`

B.1.3   Kontinuierliche Signale

Ein kontinuierliches Signal wird durch das Vektorpaar Zeit- und Wertevektor dargestellt.

$x(t)$, $t_1 \leq t \leq t_2$	`x = [ x(t₁) x(t₁+ΔT) ... ]` `t = [ t₁ : ΔT : t₂]`

Man beachte, daß diese Darstellung im allgemeinen nicht systemtheoretisch exakt nach dem Abtasttheorem ist. Durch geeignete Wahl der Zeitskalierung wird der Fehler jedoch vernachlässigbar.

B.2   Grundlegende Berechnungen

B.2.1   Polynommultiplikation, diskrete Faltung

Die Polynommultiplikation bzw. diskrete Faltung wird in Matlab über den `conv` -Befehl berechnet:

$c(x) = a(x) \cdot b(x)$	`c = conv(a, b)`
$y[k] = h[k] * x[k] = \sum_i h[i] \cdot x[k - i]$	`y = conv(h, x)`

Siehe hierzu Beispiel 3.5 und 3.6 auf Seite 47f:

```
x = [ 2 4 1 ];
h = [ 3 2 1 ];

conv(x,h)
```

liefert das Ergebnis:

```
ans =

   6    16    13    6    1
```

Man beachte, daß für Beispiel 3.6 die Polynomdarstellung genau umgekehrt zur Matlab Konvention war. Beim verwendeten `conv`-Befehl spielt dies keine Rolle, allerdings ist dies bei Befehlen wie `poly`, `roots` etc. zu beachten.

B.2.2   Polynomdivision

Die Polynomdivision (bzw. diskrete Entfaltung) wird in Matlab über den `deconv`-Befehl berechnet:

$\frac{c(x)}{a(x)} = q(x) + \frac{r(x)}{a(x)}$	$[q, r] = \text{deconv}(c, a)$

Siehe hierzu Beispiel 4.11 auf Seite 88 für Parameter $a = 3$, d.h. $\frac{z^3}{z-3}$:

```
c = [ 1 0 0 ];
a = [ 1 -3 ];        % Beispiel mit Parameter a = 3

[q,r] = deconv(c,a)
```

liefert das Ergebnis

```
q =

    1    3


r =

    0    0    9
```

und entspricht der Lösung $z + 3 + \frac{9}{z-3}$, d.h. $q(z) = z + 3$ und $r(z) = 9$.

B.2.3   Nullstellenbestimmung von Polynomen

Die Nullstellen von Polynomen werden in Matlab über den `roots`-Befehl bestimmt. Die inverse Operation, d.h. die Polynomdarstellung aus den Nullstellen erfolgt mit dem `poly`-Befehl. Man beachte, daß ein eventueller Skalierungsfaktor beim `roots`-Befehl verlorengeht.

$a(x) = \prod_i (x - r_i)$	$r = \text{roots}(a)$ $a = \text{poly}(r)$

Siehe hierzu Beispiel 3.8 auf Seite 56:

```
b = [ 1 -1 0 -2 -4 ];    % Zaehlerpolynom
roots(b)

a = [1 -1 0.5 0 0 ];     % Nennerpolynom
roots(a)
```

liefert die Ergebnisse

```
ans =

   2.0000
   0.0000 + 1.4142i
```

```
  0.0000 - 1.4142i
 -1.0000


ans =

      0
      0
  0.5000 + 0.5000i
  0.5000 - 0.5000i
```

d.h. die Zählernullstellen 2, $\pm j\sqrt{2}$ und -1 und die Nennernullstellen (Pole) 0 (doppelt) und $0.5 \pm 0.5j$.

B.2.4   Umrechnung von Polynom- und Produktdarstellung

Die Umrechnung von Polynom- und Produktdarstellung wird in Matlab über den `tf2zp`-Befehl berechnet. Der inverse Befehl lautet `zp2tf`.

$\frac{b(x)}{a(x)} = k \frac{\prod_i (x-z_i)}{\prod_i (x-p_i)}$	$[\mathrm{b, a}] = \mathrm{zp2tf}(\mathrm{z, p, k})$ $[\mathrm{z, p, k}] = \mathrm{tf2zp}(\mathrm{b, a})$

Man beachte, daß dieser Befehl bei Matlab zur 'Signal Processing Toolbox' gehört.

Siehe hierzu wieder Beispiel 3.8 von Seite 56:

```
b = [ 1 -1 0 -2 -4 ];    % Zaehler
a = [1 -1 0.5 0 0 ];     % Nenner

[z,p,k] = tf2zp(b,a)
```

liefert das Ergebnis

```
z =

   2.0000
   0.0000 + 1.4142i
   0.0000 - 1.4142i
  -1.0000


p =

        0
        0
   0.5000 + 0.5000i
   0.5000 - 0.5000i


k =

    1
```

B.2.5   Partialbruchzerlegung

Die Partialbruchzerlegung wird in Matlab über den `residue`-Befehl berechnet:

$$\frac{b(x)}{a(x)} = \sum_i \frac{r_i}{x - p_i} + \sum_j k_j\, x^j$$	$[r, p, k] = \mathtt{residue}(b, a)$ $[b, a] = \mathtt{residue}(r, p, k)$

Man beachte, daß Octave die zweite Befehlsform (Rückdarstellung) nicht unterstützt. Für die Partialbruchzerlegung von z-Transformierten ist der verwandte `residuez`-Befehl (siehe unten, nicht bei Octave) besser geeignet.

Siehe hierzu Beispiel A.5 auf Seiten 312ff:

```
b = [4 0];              % Zaehler: 4x
a = [1 2 2 2 1];        % Nenner: x^4 + 2x^3 + 2x^2 + 2x + 1

[r,p,k] = residue(b,a)

[b2,a2] = residue(r(3:4),p(3:4),k)
```

liefert das Ergebnis

```
r =

   0.0000
  -2.0000
   0.0000 - 1.0000i
   0.0000 + 1.0000i


p =

  -1.0000
  -1.0000
  -0.0000 + 1.0000i
  -0.0000 - 1.0000i


k =

   []

b2 =

   0.0000    2.0000


a2 =

   1.0000    0.0000    1.0000
```

Der erste Befehl liefert die Darstellung mit konjugiert komplexem Polpaar

$$\frac{0}{x+1} + \frac{-2}{(x+1)^2} + \frac{-j}{x-j} + \frac{j}{x+j},$$

welches mit dem zweiten Befehl (nicht bei Octave) in die reelle Darstellung $\frac{2}{x^2+1}$ überführt wird.

B.2.6   Polynomauswertung

Die Polynomauswertung wird in Matlab über den `polyval`-Befehl durchgeführt:

$y_0 = a(x_0)$	$y_0 = \texttt{polyval(a, x}_0\texttt{)}$

Der Befehl kann auch vektoriell angewandt werden. Vergleiche hierzu Beispiel 3.8 von Seite 56:

```
a = [1 -1 0 -2 -4 ];      % Zaehlerpolynom

x = -3:3

y = polyval(a,x)
```

liefert das Ergebnis

```
x =

    -3    -2    -1     0     1     2     3


y =

   110    24     0    -4    -6     0    44
```

und man erkennt die Nullstellen bei -1 und 2.

B.2.7   Skalarprodukt

Das Skalarprodukt berechnet sich entsprechend der mathematischen Definition (vergleiche Seite 26), wobei zwischen Zeilen- und Spaltenvektor zu unterscheiden ist.

Zeilenvektor	$\boldsymbol{x}^* \cdot \boldsymbol{y}^T$	$\texttt{conj(x) * y.'} = \texttt{conj(x * y')}$
Spaltenvektor	$\boldsymbol{x}^H \cdot \boldsymbol{y}$	$\texttt{x' * y}$

B.3   Berechnung diskreter Systeme

B.3.1   Systemdarstellung

Die Systemdarstellung erfolgt über die gebrochen rationale Systemfunktion $H(z) = b(z)/a(z)$ und wird in Matlab jeweils durch das Zählerpolynom b und Nennerpolynom a beschrieben. Dabei erfolgt die Vektordarstellung anhand des Polynoms in z^{-1}, beginnend mit der Potenz null:

$a(z) = a_0 + a_1 z^{-1} + \ldots + a_N z^{-N}$	$\mathtt{a} = [a_0 \ a_1 \ \ldots \ a_{N-1} \ a_N]$

Dies entspricht der Darstellung nach Gleichung (3.46) von Seite 52. Durch Erweitern mit z^N gelangt man zur Darstellung in z, siehe Gleichung (3.48) bzw. (3.50). Gilt $\tilde{b}_0 \neq 0$ ($M = N$, Systeme mit Durchgriff) ist diese Matlab-Darstellung mit der Konvention der Polynom-Darstellung von Abschnitt B.1.1 identisch. [1]

B.3.2   Berechnung Systemantwort

Die Berechnung der Systemantwort in allgemeiner Form (IIR-System) erfolgt in Matlab über den `filter`-Befehl. Dies entspricht der Auswertung der zugrundeliegenden Differenzengleichung. Mit einem optionalen weiteren Argument lassen sich auch Anfangsbedingungen berücksichtigen. Für FIR Systeme kann auch der `conv`-Befehl verwendet werden.

$y[k] \ \circ\!\!-\!\!\bullet \ \dfrac{b(z)}{a(z)} \cdot X(z)$	$\mathtt{y} = \mathtt{filter(b, a, x)}$

Siehe hierzu Beispiel 3.3 von Seite 39 für Parameter $c = 1.1$, d.h. $H(z) = \frac{z}{z-1.1} = \frac{1}{1-1.1\,z^{-1}}$:

```
b = [1 0];        % Zaehlerpolynom, hier identisch mit [1]
a = [1 -1.1];     % Nennerpolynom

k = 0:6;
x = (-1).^k;

y = filter(b,a,x)
```

liefert das Ergebnis

```
y =

   1.0000    0.1000    1.1100    0.2210    1.2431    0.3674    1.4042
```

---

[1] Man beachte jedoch, daß die 'Referenz'-Potenz null bei der Darstellung in z^{-1} *links* (erstes Vektorelement) und bei Darstellung in z bzw. x *rechts* (letztes Vektorelement) liegt. Daher sind im ersten Fall 'rechtsseitige' und im zweiten Fall 'linksseitige' (führende) Null-Vektorkomponenten bedeutungslos.

B.3.3   Bestimmung Impulsantwort

Die Impulsantwort eines diskreten Systems berechnet (bzw. zeichnet) man in Matlab mit dem `impz` -Befehl:

$h[k] \;\circ\!\!-\!\!\bullet\; \frac{b(z)}{a(z)}$	$\mathtt{h = impz(b, a)}$

Dies entspricht der numerischen Rücktransformation der z-Transformierten nach Abschnitt 4.3.3 auf Seite 97f. Ein Aufruf der Funktion ohne (linksseitige) Ausgangsvariable stellt die Impulsantwort graphisch dar. Dieser Befehl gehört zur 'Signal Processing Toolbox' von Matlab bzw. zu 'Octave Forge'.

Siehe hierzu Beispiel 4.15 von Seite 98 für Parameter $a = \frac{2}{3}$, d.h. $X(z) = \frac{z}{z-\frac{2}{3}} = \frac{1}{1-\frac{2}{3}z^{-1}}$:

```
b = [ 1 0 ];      % hier identisch mit [1]
a = [ 1 -2/3 ];   % Beispiel fuer Parameter a = 2/3

h = impz(b,a)
```

liefert das Ergebnis $x[k] = (\frac{2}{3})^k$, $k \geq 0$:

```
h =

   1.0000
   0.6667
   0.4444
   0.2963
   0.1975
   0.1317
   0.0878
   0.0585
     ...
```

B.3.4   Partialbruchzerlegung von z-Transformierten

Die Partialbruchzerlegung von z-Transformierten wird in Matlab über den `residuez` -Befehl berechnet:

$\frac{b(z)}{a(z)} = \sum_i \frac{r_i \cdot z}{z - p_i} + \sum_j k_j \, z^{-j}$	$\mathtt{[r, p, k] = residuez(b, a)}$ $\mathtt{[b, a] = residuez(r, p, k)}$

Man beachte die unterschiedliche Definition zum `residue`-Befehl: Die Partialbruchzerlegung liefert hier die für die gliedweise z-Rücktransformation geeignete Form (entspricht der Zerlegung von $H(z)/z$ und spaltet keine ganzrationalen Anteile ab (diese sind aufgrund der Definition nach B.3.1 nicht möglich; die z-Transformierte wird stets als kausal vorausgesetzt). Stattdessen werden die Pole bei null getrennt behandelt. Dieser Befehl gehört zur 'Signal Processing Toolbox' von Matlab und ist bei Octave nicht implementiert.

Als Beispiel siehe hierzu die z-Transformierte (3.14) von Seite 37, d.h. $\frac{z^2}{z^2-z-1} = \frac{1}{1-z^{-1}-z^{-2}}$:

```
b = [ 1 0 0 ];      % Zaehlerpolynom, hier identisch mit [1]
a = [ 1 -1 -1];     % Nennerpolynom

[r,p,k] = residuez(b,a)
```

liefert das Ergebnis

```
r =

   0.7236
   0.2764


p =

   1.6180
  -0.6180


k =

   0
```

und entspricht der analytischen Lösung, d.h. Pole bei $\frac{1}{2}\left(1 \pm \sqrt{5}\right) = 1.618, -0.618$ mit den Residuen $\frac{1}{2}\left(1 \pm \frac{1}{\sqrt{5}}\right) = 0.7236, 0.2764$.

B.3.5   Korrelation

Die Auto- oder Kreuzkorrelationsfunktion berechnet man in Matlab mit dem `xcorr`-Befehl:

$z[k] = \sum_i x^*[i] \cdot y[i+k]$	$z = \text{xcorr}(x,y)$

Der Aufruf mit *einem* Argument liefert die Autokorrelationsfunktion. Man beachte, daß die Länge des Ausgangsvektors $N_z = 2 \cdot N_x - 1$ beträgt und der Ausgangswert für $k = 0$ dem Vektorelement in der 'Vektormitte', d.h. `z(length(x))` entspricht. Dieser Befehl gehört zur 'Signal Processing Toolbox' von Matlab bzw. zu 'Octave Forge'.

Siehe hierzu Aufgabe 2.6 auf Seite 31 bzw. 276:

```
x = [ 1 1 1 -1 -1 1 -1 ];
phi_xx = xcorr(x)
```

liefert das Ergebnis

```
phi_xx =

  Columns 1 through 7

   -1.0000    0.0000   -1.0000   -0.0000   -1.0000    0.0000    7.0000

  Columns 8 through 13

    0.0000   -1.0000   -0.0000   -1.0000    0.0000   -1.0000
```

B.4   Berechnung kontinuierlicher Systeme

Matlab ist aufgrund der diskreten numerischen Vektordarstellung in erster Linie für die Behandlung diskreter Systeme geeignet. Mit Hilfe der zusätzlichen 'Control System Toolbox' (to control = regeln) lassen sich jedoch auch kontinuierliche Systeme behandeln. Alle Befehle dieses Abschnittes benötigen daher unter Matlab die 'Control System Toolbox'. Bei Octave entspricht dies der (enthaltenen) Octave Control Systems Toolbox (OCST).

B.4.1   Systemdarstellung

Die Systemdarstellung erfolgt prinzipiell wieder über die gebrochen rationale Systemfunktion $H(s) = b(s)/a(s)$. Allerdings ist diese hier für die Verarbeitung in eine interne Struktur mit

$$H = \mathtt{tf(b, a)} \quad \text{bzw. bei Octave} \quad H = \mathtt{tf2sys(b, a)}$$

zu überführen. Bei der Systemdefinition über die Pol-Nullstellen-Darstellung lautet der Befehl

$$H = \mathtt{zpk(z, p, k)} \quad \text{bzw. bei Octave} \quad H = \mathtt{zp2sys(z, p, k)}.$$

B.4.2   Berechnung Systemantwort

Die (numerische) Berechnung der Systemantwort erfolgt mit dem `lsim`-Befehl.

$y(t) \circ\!\!-\!\!\bullet H(s) \cdot X(s)$	$\mathtt{[y, ty] = lsim(H, x, tx)}$

Ein Aufruf ohne (linksseitige) Ausgangsvariablen stellt die Systemantwort graphisch dar.

Siehe hierzu Beispiel 5.6 von Seite 132:

```
T = 1;
om0 = 1;
H = tf(1,[T 1]);

t = (0:0.1:15)';
x = cos(om0*t);
plot(t,x)

lsim(H,x,t)
```

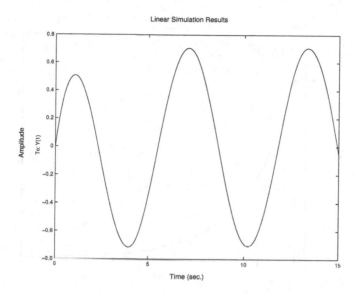

B.4.3 Bestimmung Impuls- und Sprungantwort

Die Impuls- oder Sprungantwort berechnet (bzw. zeichnet) man mit dem `impulse` bzw. `step`-Befehl:

$h(t)$ ○—● $H(s)$	$[\mathtt{h},\mathtt{t}] = \mathtt{impulse(H)}$
$h_\varepsilon(t)$ ○—● $\frac{1}{s}H(s)$	$[\mathtt{he},\mathtt{t}] = \mathtt{step(H)}$

Ein Aufruf der Funktion ohne (linksseitige) Ausgangsvariablen stellt den Verlauf graphisch dar.

Siehe hierzu Beispiel 5.4 auf Seite 118f:

```
RC = 1;
H = tf(1,[RC 1]);

impulse(H)
step(H)
```

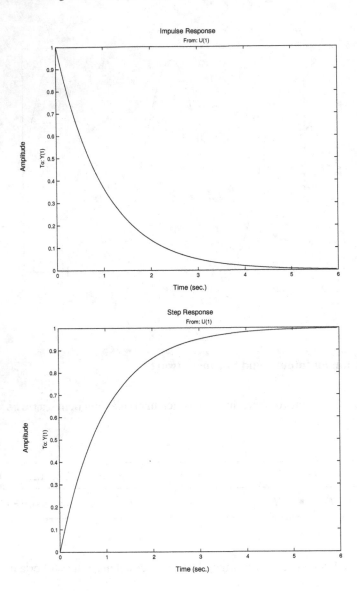

C   Hilfsblätter

C.1   Wichtige Formeln und Definitionen

Wichtige Formeln

Real-/Imaginärteil:
$$\mathrm{Re}\,\{x\} = x_R = \tfrac{1}{2}\,[\,x + x^*\,] \qquad \mathrm{Im}\,\{x\} = x_I = \tfrac{1}{2j}\,[\,x - x^*\,]$$

gerader/ungerader Anteil:
$$x_g(t) = \tfrac{1}{2}\,[\,x(t) + x(-t)\,] \qquad x_u(t) = \tfrac{1}{2}\,[\,x(t) - x(-t)\,]$$

konj. gerader/ungerader Anteil:
$$x_{g^*}(t) = \tfrac{1}{2}\,[\,x(t) + x^*(-t)\,] \qquad x_{u^*}(t) = \tfrac{1}{2}\,[\,x(t) - x^{*}(-t)\,]$$

Definition der Faltung

aperiodisch · periodisch

diskret:
$$x[n] * y[n] = \sum_{i=-\infty}^{\infty} x[i]\cdot y[n-i] \qquad x[n] \circledast y[n] = \sum_{i=n_0}^{n_0+N_p-1} x[i]\cdot y[n-i]$$

kontinuierlich:
$$x(t) * y(t) = \int_{-\infty}^{\infty} x(\tau)\cdot y(t-\tau)\,d\tau \qquad x(t) \circledast y(t) = \int_{t_0}^{t_0+T_p} x(\tau)\cdot y(t-\tau)\,d\tau$$

Defintion der Energie

diskret:
$$E_x^{(d)} = \sum_{k=-\infty}^{\infty} |x[k]|^2 = T\int_{-1/2T}^{1/2T} |X(f)|^2\,df = \frac{1}{2\pi}\int_{-\pi}^{\pi} |X(\Omega)|^2\,d\Omega$$

kontinuierlich:
$$E_x^{(k)} = \int_{-\infty}^{\infty} |x(t)|^2\,dt = \int_{-\infty}^{\infty} |X(f)|^2\,df = \frac{1}{2\pi}\int_{-\infty}^{\infty} |X(j\omega)|^2\,d\omega = T\cdot E_x^{(d)}$$

Defintion der Leistung periodischer Signale

diskret:
$$P_x^{(d)} = \frac{1}{N_p}\sum_{k=0}^{N_p-1} |x[k]|^2 = \sum_{n=0}^{N_p-1} |X_n|^2 = \frac{1}{N^2}\sum_{n=0}^{N_p-1} |X[n]|^2$$

kontinuierlich:
$$P_x^{(k)} = \frac{1}{T_p}\int_{-T_p/2}^{T_p/2} |x(t)|^2\,dt = \sum_{n=-\infty}^{\infty} |X_n|^2 = P_x^{(d)}$$

Definition spezieller Signale

Impulskamm:
$$\text{Ш}_T(t) = \sum_{n=-\infty}^{\infty} \delta(t-nT) = \frac{1}{|T|}\,\text{Ш}\left(\frac{t}{T}\right)$$

periodische Impulsfolge:
$$\text{Ш}_N[k] = \sum_{n=-\infty}^{\infty} \delta[k-nN]$$

C.2 z-Transformation

Definition

zweiseitig:	einseitig:
$$X(z) = \sum_{k=-\infty}^{\infty} x[k]\, z^{-k}$$	$$X(z) = \sum_{k=0}^{\infty} x[k]\, z^{-k}$$
Konvergenzgebiet $\mathcal{K}$: $a < \lvert z \rvert < b$	Konvergenzgebiet $\mathcal{K}$: $\lvert z \rvert > a$

Inverse z-Transformation

$$x[k] = \frac{1}{2\pi j} \oint_{\mathcal{C}} X(z)\, z^{k-1}\, dz = \sum_{\alpha_i \in \mathcal{A}} \operatorname{Res}\left\{ X(z) \cdot z^{k-1} ;\, \alpha_i \right\}$$

$\mathcal{C}$: pos. orientierte Kurve in $\mathcal{K}$. $\mathcal{A}$: Menge aller von $\mathcal{C}$ umschlossenen Pole.

Eigenschaften und Rechenregeln

	Zeitbereich	Bildbereich	Konvergenz
Linearität	$c_1\, x_1[k] + c_2\, x_2[k]$	$c_1\, X_1(z) + c_2\, X_2(z)$	$\mathcal{K}_{x_1} \cap \mathcal{K}_{x_2}$
Faltung	$x[k] * y[k]$	$X(z) \cdot Y(z)$	$\mathcal{K}_x \cap \mathcal{K}_y$
Verschiebung	$x[k - k_0]$	$z^{-k_0}\, X(z)$	$\mathcal{K}_x$
Dämpfung	$a^k \cdot x[k]$	$X\left(\frac{z}{a}\right)$	$\lvert a \rvert \cdot \mathcal{K}_x$
lineare Gewichtung	$k \cdot x[k]$	$-z \cdot \frac{d}{dz} X(z)$	$\mathcal{K}_x$
konj. komplexes Signal	$x^*[k]$	$X^*(z^*)$	$\mathcal{K}_x$
Zeitinversion	$x[-k]$	$X\left(\frac{1}{z}\right)$	$1/\mathcal{K}_x$
diskrete Ableitung	$x[k] - x[k-1]$	$X(z) \cdot \frac{z-1}{z}$	$\mathcal{K}_x$
diskrete Integration	$\sum_{i=\infty}^{k} x[i]$	$X(z) \cdot \frac{z}{z-1}$	$\mathcal{K}_x \cap \{\lvert z \rvert > 1\}$
periodische Fortsetzung	$\sum_{i=0}^{\infty} x[k - i N_{\mathrm{p}}]$	$X(z) \cdot \frac{1}{1 - z^{-N_{\mathrm{p}}}}$	$\mathcal{K}_x \cap \{\lvert z \rvert > 1\}$
Upsampling	$x\left[\frac{k}{N}\right]$	$X(z^N)$	$\sqrt[N]{\mathcal{K}_x}$

Spezielle Eigenschaften der einseitigen z-Transformation

Verschiebung links	$x[k + k_0],\ k_0 > 0$	$z^{k_0}\, X(z) - \sum_{i=0}^{k_0-1} x[i]\, z^{k_0 - i}$
Verschiebung rechts	$x[k - k_0],\ k_0 > 0$	$z^{-k_0}\, X(z) + \sum_{i=-k_0}^{-1} x[i]\, z^{-k_0 - i}$
Anfangswertsatz	$x[0] = \lim\limits_{z \to \infty} X(z),$	falls Grenzwert existiert
Endwertsatz	$\lim\limits_{k \to \infty} x[k] = \lim\limits_{z \to 1} (z-1)\, X(z),$	falls $X(z)$ nur Pole mit $\lvert z \rvert < 1$ oder bei $z = 1$

Rücktransformation durch Partialbruchzerlegung

Die Partialbruchzerlegung von $\widetilde{X}(z) = \frac{X(z)}{z}$ führt auf die Form:

$$X(z) = \sum_{i \geq 1} g_i \cdot z^i + \sum_i \frac{z \cdot r_i}{z - \alpha_i} + \sum_i \sum_{l=1}^{m_i} \frac{z \cdot \tilde{r}_{i,l}}{(z - \tilde{\alpha}_i)^l}, \qquad g_i, \alpha_i, \tilde{\alpha}_i, r_i, \tilde{r}_{i,l} \in \mathbb{C},$$

welche für $\mathcal{K} : |z| > r_0$ mit den Korrespondenzen 2, 5, 6 und 12 gliedweise zurücktransformiert werden kann.

Korrespondenzen der *z*-Transformation

Nr.	$x[k]$	$X(z)$	$\mathcal{K}$
1	$\delta[k]$	1	$z \in \mathbb{C}$
2	$\delta[k - k_0]$	z^{-k_0}	$0 < |z| < \infty$
3	$\varepsilon[k]$	$\frac{z}{z-1}$	$|z| > 1$
4	$k \cdot \varepsilon[k]$	$\frac{z}{(z-1)^2}$	$|z| > 1$
5	$a^k \cdot \varepsilon[k]$	$\frac{z}{z-a}$	$|z| > |a|$
6	$\binom{k}{m} a^{k-m} \cdot \varepsilon[k]$	$\frac{z}{(z-a)^{m+1}}$	$|z| > |a|$
7	$\sin(\Omega_0 k) \cdot \varepsilon[k]$	$\frac{z \cdot \sin(\Omega_0)}{z^2 - 2z \cdot \cos(\Omega_0) + 1}$	$|z| > 1$
8	$\cos(\Omega_0 k) \cdot \varepsilon[k]$	$\frac{z \cdot [z - \cos(\Omega_0)]}{z^2 - 2z \cdot \cos(\Omega_0) + 1}$	$|z| > 1$
9	$a^k \cdot \varepsilon[-k - 1]$	$-\frac{z}{z-a}$	$|z| < |a|$
10	$a^{|k|}, \quad |a| < 1$	$\frac{z \cdot \left(a - \frac{1}{a}\right)}{(z-a)\left(z - \frac{1}{a}\right)}$	$|a| < |z| < |\frac{1}{a}|$
11	$\frac{1}{k!} \cdot \varepsilon[k]$	$e^{\frac{1}{z}}$	$|z| > 0$

Spezielle Korrespondenzen zur Rücktransformation konj. komplexer Polpaare

12	$2|r||\alpha|^k \cos(\sphericalangle \alpha \cdot k + \sphericalangle r) \cdot \varepsilon[k]$	$\frac{z \cdot r}{z - \alpha} + \frac{z \cdot r^*}{z - \alpha^*}$	$|z| > \alpha$
13	$a^k \cdot \frac{\cos(\Omega_0 k + \varphi_0)}{\cos(\varphi_0)} \cdot \varepsilon[k]$	$\frac{z(z-d)}{z^2 - bz + c}, \quad c > \frac{b^2}{4}$	$|z| > \sqrt{c}$

$$a = \sqrt{c}, \quad \Omega_0 = \arccos\left(\frac{b}{2\sqrt{c}}\right), \quad \varphi_0 = \arctan\left(\frac{2d - b}{\sqrt{4c - b^2}}\right)$$

C.3   Laplace-Transformation

Definition

zweiseitig:	einseitig:
$$X(s) = \int\limits_{-\infty}^{\infty} x(t)\, e^{-st}\, dt$$	$$X(s) = \int\limits_{0^-}^{\infty} x(t)\, e^{-st}\, dt$$
Konvergenzgebiet $\mathcal{K}$: $a < \operatorname{Re}\{s\} < b$	Konvergenzgebiet $\mathcal{K}$: $\operatorname{Re}\{s\} > a$

Eigenschaften und Rechenregeln

	Zeitbereich	Bildbereich	Konvergenz
Linearität	$c_1\, x_1(t) + c_2\, x_2(t)$	$c_1\, X_1(s) + c_2\, X_2(s)$	$\mathcal{K}_{x_1} \cap \mathcal{K}_{x_2}$
Faltung	$x(t) * y(t)$	$X(s) \cdot Y(s)$	$\mathcal{K}_x \cap \mathcal{K}_y$
Verschiebung	$x(t - t_0)$	$e^{-st_0} \cdot X(s)$	$\mathcal{K}_x$
Dämpfung	$e^{at} \cdot x(t)$	$X(s - a)$	$\mathcal{K}_x + \operatorname{Re}\{a\}$
lineare Gewichtung	$t \cdot x(t)$	$-\frac{d}{ds} X(s)$	$\mathcal{K}_x$
Differentiation	$\frac{d}{dt} x(t)$	$s \cdot X(s)$	$\mathcal{K}_x$
Integration	$\int\limits_{-\infty}^{t} x(\tau)\, d\tau$	$\frac{1}{s} \cdot X(s)$	$\mathcal{K}_x \cap \{\operatorname{Re}\{s\} > 0\}$
Skalierung	$x(at)$	$\frac{1}{|a|} \cdot X\left(\frac{s}{a}\right)$	$a \cdot \mathcal{K}_x$
konj. komplexes Signal	$x^*(t)$	$X^*(s^*)$	$\mathcal{K}_x$

Spezielle Eigenschaften der einseitigen Laplace-Transformation

Verschiebung links	$x(t + t_0),\ t_0 > 0$	$e^{st_0}\left[X(s) - \int\limits_{0^-}^{t_0} x(t) \cdot e^{-st}\, dt \right]$
Verschiebung rechts	$x(t - t_0),\ t_0 > 0$	$e^{-st_0}\left[X(s) + \int\limits_{-t_0}^{0^-} x(t) \cdot e^{-st}\, dt \right]$
Differentiation	$\frac{d}{dt} x(t)$	$s \cdot X(s) - x(0^-)$
Anfangswertsatz	$x(0^+) = \lim\limits_{s \to \infty} s \cdot X(s),$ falls $x(0^+)$ existiert	
Endwertsatz	$\lim\limits_{t \to \infty} x(t) = \lim\limits_{s \to 0} s \cdot X(s),$ falls $\lim\limits_{t \to \infty} x(t)$ existiert	

Komplexe Umkehrformel der Laplace-Transformation

$$x(t) \;=\; \frac{1}{2\pi j} \int\limits_{\sigma-j\infty}^{\sigma+j\infty} X(s)\cdot e^{st}\,ds\,, \qquad \sigma \in \mathcal{K}$$

Rücktransformation durch Partialbruchzerlegung

$$X(s) \;=\; g_0 \;+\; \sum_i \frac{r_i}{s-\alpha_i} \;+\; \sum_i \sum_{l=1}^{m_i} \frac{\tilde{r}_{i,l}}{(s-\tilde{\alpha}_i)^l}\,, \qquad g_i,\alpha_i,\tilde{\alpha}_i,r_i,\tilde{r}_{i,l} \in \mathbb{C}$$

kann für $\mathcal{K}:\ \mathrm{Re}\,\{s\} > a_0$ mit den Korrespondenzen 1, 4, 5 und 10 gliedweise zurücktransformiert werden.

Korrespondenzen der Laplace-Transformation

Nr.	$x(t)$	$X(s)$	$\mathcal{K}$
1	$\delta(t)$	1	$s \in \mathbb{C}$
2	$\varepsilon(t)$	$\frac{1}{s}$	$\mathrm{Re}\,\{s\} > 0$
3	$\rho(t) = t\cdot\varepsilon(t)$	$\frac{1}{s^2}$	$\mathrm{Re}\,\{s\} > 0$
4	$e^{at}\cdot\varepsilon(t)$	$\frac{1}{s-a}$	$\mathrm{Re}\,\{s\} > \mathrm{Re}\,\{a\}$
5	$\frac{t^m}{m!}\,e^{at}\cdot\varepsilon(t)$	$\frac{1}{(s-a)^{m+1}}$	$\mathrm{Re}\,\{s\} > \mathrm{Re}\,\{a\}$
6	$\sin(\omega_0 t)\cdot\varepsilon(t)$	$\frac{\omega_0}{s^2+\omega_0^2}$	$\mathrm{Re}\,\{s\} > 0$
7	$\cos(\omega_0 t)\cdot\varepsilon(t)$	$\frac{s}{s^2+\omega_0^2}$	$\mathrm{Re}\,\{s\} > 0$
8	$\sin(\omega_0 t + \varphi_0)\cdot\varepsilon(t)$	$\frac{s\cdot\sin(\varphi_0)+\omega_0\cdot\cos(\varphi_0)}{s^2+\omega_0^2}$	$\mathrm{Re}\,\{s\} > 0$
9	$\delta(t-t_0)$	e^{-st_0}	$s \in \mathbb{C}$

Spezielle Korrespondenzen zur Rücktransformation konj. komplexer Polpaare

Nr.	$x(t)$	$X(s)$	$\mathcal{K}$
10	$2|r|e^{\mathrm{Re}\{\alpha\}t}\cos(\mathrm{Im}\,\{\alpha\}\,t+\sphericalangle r)\,\varepsilon(t)$	$\frac{r}{s-\alpha} + \frac{r^*}{s-\alpha^*}$	$\mathrm{Re}\,\{s\} > \mathrm{Re}\,\{\alpha\}$
11	$e^{at}\cdot\frac{\cos(\omega_0 t+\varphi_0)}{\cos(\varphi_0)}\cdot\varepsilon(t)$	$\frac{s-d}{s^2-bs+c}\,,\ c > \frac{b^2}{4}$	$\mathrm{Re}\,\{s\} > \frac{b}{2}$

$$a = \frac{b}{2}\,, \quad \omega_0 = \sqrt{c - \frac{b^2}{4}}\,, \quad \varphi_0 = \arctan\left(\frac{2d-b}{\sqrt{4c-b^2}}\right)$$

C.4   Fourier-Transformation

Definition:	Rücktransformation:
$X(f) = \displaystyle\int\limits_{-\infty}^{\infty} x(t) \cdot e^{-j2\pi f t}\, dt$	$x(t) = \displaystyle\int\limits_{-\infty}^{\infty} X(f) \cdot e^{j2\pi f t}\, df$

Definition über die Kreisfrequenz $\omega = 2\pi f$:

$X(j\omega) = \displaystyle\int\limits_{-\infty}^{\infty} x(t) \cdot e^{-j\omega t}\, dt$	$x(t) = \dfrac{1}{2\pi} \displaystyle\int\limits_{-\infty}^{\infty} X(j\omega) \cdot e^{j\omega t}\, d\omega$

Eigenschaften der Fourier-Transformation

	Zeitbereich	Frequenzbereich	
Linearität	$c_1 x_1(t) + c_2 x_2(t)$	$c_1 X_1(f) + c_2 X_2(f)$	$c_1 X_1(j\omega) + c_2 X_2(j\omega)$
Faltung	$x(t) * y(t)$	$X(f) \cdot Y(f)$	$X(j\omega) \cdot Y(j\omega)$
Multiplikation	$x(t) \cdot y(t)$	$X(f) * Y(f)$	$\frac{1}{2\pi} X(j\omega) * Y(j\omega)$
Verschiebung	$x(t - t_0)$	$X(f) \cdot e^{-j2\pi f t_0}$	$X(j\omega) \cdot e^{-j\omega t_0}$
Modulation	$e^{j2\pi f_0 t} \cdot x(t)$	$X(f - f_0)$	$X(j\,[\omega - \omega_0])$
lineare Gewichtung	$t \cdot x(t)$	$-\frac{1}{j2\pi} \frac{d}{df} X(f)$	$-\frac{d}{d(j\omega)} X(j\omega)$
Differentiation	$\frac{d}{dt} x(t)$	$j2\pi f \cdot X(f)$	$j\omega \cdot X(j\omega)$
Integration	$\displaystyle\int\limits_{-\infty}^{t} x(\tau)\, d\tau$	$\frac{1}{j2\pi f} X(f) +$ $\frac{1}{2} X(0)\,\delta(f)$	$\frac{1}{j\omega} X(j\omega) +$ $\pi X(0)\,\delta(\omega)$
Skalierung	$x(at)$	$\frac{1}{|a|} \cdot X\left(\frac{f}{a}\right)$	$\frac{1}{|a|} \cdot X\left(\frac{j\omega}{a}\right)$
Zeitinversion	$x(-t)$	$X(-f)$	$X(-j\omega)$
konj. komplex	$x^*(t)$	$X^*(-f)$	$X^*(-j\omega)$
Realteil	$x_\mathrm{R}(t)$	$X_{\mathrm{g}*}(f)$	$X_{\mathrm{g}*}(j\omega)$
Imaginärteil	$j\, x_\mathrm{I}(t)$	$X_{\mathrm{u}*}(f)$	$X_{\mathrm{u}*}(j\omega)$
Dualität	$X(t)\ [X(jt)]$	$x(-f)$	$2\pi\, x(-\omega)$
Parsevalsches Theorem	$\displaystyle\int\limits_{-\infty}^{\infty} x(t) \cdot y^*(t)\, dt = \displaystyle\int\limits_{-\infty}^{\infty} X(f) \cdot Y^*(f)\, df = \frac{1}{2\pi} \displaystyle\int\limits_{-\infty}^{\infty} X(j\omega) \cdot Y^*(j\omega)\, d\omega$		

Symmetrieeigenschaften

Zeitbereich	Frequenzbereich
reell	Betrag gerade, Phase ungerade
reell, gerade / ungerade	reell gerade / imaginär ungerade
imaginär, gerade / ungerade	imaginär gerade / reell ungerade
kausal	Realteil gleich Hilberttransf. Imaginärteil

Korrespondenzen der Fourier-Transformation

Nr.	$x(t)$	$X(f)$	$X(j\omega)$
1	$\delta(t)$	1	1
2	1	$\delta(f)$	$2\pi\,\delta(\omega)$
3	$\text{Ш}_T(t)$	$\frac{1}{|T|}\,\text{Ш}_{\frac{1}{T}}(f)$	$\frac{2\pi}{|T|}\,\text{Ш}_{\frac{2\pi}{T}}(\omega)$
4	$\varepsilon(t)$	$\frac{1}{2}\delta(f) + \frac{1}{j2\pi f}$	$\pi\,\delta(\omega) + \frac{1}{j\omega}$
5	$\text{sgn}(t)$	$\frac{1}{j\pi f}$	$\frac{2}{j\omega}$
6	$\frac{1}{\pi t}$	$-j\,\text{sgn}(f)$	$-j\,\text{sgn}(\omega)$
7	$\text{rect}\left(\frac{t}{T}\right)$	$|T| \cdot \text{si}(\pi T f)$	$|T| \cdot \text{si}\left(\frac{T}{2}\,\omega\right)$
8	$\text{si}\left(\pi\frac{t}{T}\right)$	$|T| \cdot \text{rect}(Tf)$	$|T| \cdot \text{rect}\left(\frac{T}{2\pi}\,\omega\right)$
9	$\Lambda\left(\frac{t}{T}\right)$	$|T| \cdot \text{si}^2(\pi T f)$	$|T| \cdot \text{si}^2\left(\frac{T}{2}\,\omega\right)$
10	$\text{si}^2\left(\pi\frac{t}{T}\right)$	$|T| \cdot \Lambda(Tf)$	$|T| \cdot \Lambda\left(\frac{T}{2\pi}\,\omega\right)$
11	$e^{j2\pi f_0 t}$	$\delta(f - f_0)$	$2\pi\,\delta(\omega - \omega_0)$
12	$\cos(2\pi f_0 t)$	$\frac{1}{2}\left[\delta(f + f_0) + \delta(f - f_0)\right]$	$\pi\left[\delta(\omega + \omega_0) + \delta(\omega - \omega_0)\right]$
13	$\sin(2\pi f_0 t)$	$\frac{1}{2}j\left[\delta(f + f_0) - \delta(f - f_0)\right]$	$\pi j\left[\delta(\omega + \omega_0) - \delta(\omega - \omega_0)\right]$
14	$e^{-a^2 t^2}$	$\frac{\sqrt{\pi}}{a}\,e^{-\frac{\pi^2 f^2}{a^2}}$	$\frac{\sqrt{\pi}}{a}\,e^{-\frac{\omega^2}{4a^2}}$
15	$e^{-\frac{|t|}{T}}$	$\frac{2T}{1+(2\pi Tf)^2}$	$\frac{2T}{1+(T\omega)^2}$

C.5   Zeitdiskrete Fourier-Transformation

Definition:	Rücktransformation:
$$X(f) = \sum_{k=-\infty}^{\infty} x[k]\, e^{-j2\pi Tfk}$$	$$x[k] = \int_{-1/2T}^{1/2T} X(f) \cdot e^{j2\pi Tfk}\, df$$

Definition über die diskrete Kreisfrequenz $\Omega = 2\pi Tf = 2\pi \frac{f}{f_a}$, $-\pi < \Omega < \pi$:

$$X(\Omega) = \sum_{k=-\infty}^{\infty} x[k]\, e^{-j\Omega k}$$	$$x[k] = \frac{1}{2\pi} \int_{-\pi}^{\pi} X(\Omega) \cdot e^{j\Omega k}\, d\Omega$$

Eigenschaften der zeitdiskreten Fourier-Transformation

	Zeitbereich	Frequenzbereich	
Linearität	$c_1 x_1[k] + c_2 x_2[k]$	$c_1 X_1(f) + c_2 X_2(f)$	$c_1 X_1(\Omega) + c_2 X_2(\Omega)$
Faltung	$x[k] * y[k]$	$X(f) \cdot Y(f)$	$X(\Omega) \cdot Y(\Omega)$
Multiplikation	$x[k] \cdot y[k]$	$T\, X(f) \circledast Y(f)$	$\frac{1}{2\pi} X(\Omega) \circledast Y(\Omega)$
Verschiebung	$x[k - k_0]$	$X(f) \cdot e^{-j2\pi Tfk_0}$	$X(\Omega) \cdot e^{-j\Omega k_0}$
Modulation	$e^{j2\pi Tf_0 k} \cdot x[k]$	$X(f - f_0)$	$X(\Omega - \Omega_0)$
lineare Gewichtung	$k \cdot x[k]$	$j\frac{1}{2\pi T}\frac{d}{df} X(f)$	$j\frac{d}{d\Omega} X(\Omega)$
Zeitinversion	$x[-k]$	$X(-f)$	$X(-\Omega)$
konj. komplex	$x^*[k]$	$X^*(-f)$	$X^*(-\Omega)$
Realteil	$x_R[k]$	$X_{g*}(f)$	$X_{g*}(j\omega)$
Imaginärteil	$j\, x_I[k]$	$X_{u*}(f)$	$X_{u*}(j\omega)$
Parsevalsches Theorem	$\sum_{k=-\infty}^{\infty} x[k] \cdot y^*[k] = T \int_{-1/2T}^{1/2T} X(f) \cdot Y^*(f)\, df = \frac{1}{2\pi} \int_{-\pi}^{\pi} X(\Omega) \cdot Y^*(\Omega)\, d\Omega$		

Korrespondenzen der zeitdiskreten Fourier-Transformation

Nr.	$x[k]$	$X(f)$	$X(\Omega)$
1	$\delta[k]$	1	1
2	1	$\frac{1}{T}\,\delta(f)$	$2\pi\,\delta(\Omega)$
3	$\text{III}_N[k]$	$\frac{1}{NT}\,\text{III}_{\frac{1}{NT}}(f)$	$\frac{2\pi}{N}\,\text{III}_{\frac{2\pi}{N}}(\Omega)$
4	$\varepsilon[k]$	$\frac{1}{2T}\,\delta(f)+\dfrac{1}{1-e^{-j2\pi Tf}}$	$\pi\,\delta(\Omega)+\dfrac{1}{1-e^{-j\Omega}}$
5	$\text{sgn}[k]$	$\dfrac{1}{j\cdot\tan(\pi Tf)}$	$\dfrac{1}{j\cdot\tan\left(\frac{\Omega}{2}\right)}$
6	$\text{rect}_N[k]$	$e^{-j(N-1)\pi Tf}\cdot\dfrac{\sin(N\pi Tf)}{\sin(\pi Tf)}$	$e^{-j\frac{(N-1)\Omega}{2}}\cdot\dfrac{\sin\left(\frac{N\Omega}{2}\right)}{\sin\left(\frac{\Omega}{2}\right)}$
7	$e^{j2\pi Tf_0k}=e^{j\Omega_0k}$	$\frac{1}{T}\delta(f-f_0)$	$2\pi\,\delta(\Omega-\Omega_0)$
8	$\cos\left(2\pi Tf_0k\right)$ $=\cos\left(\Omega_0k\right)$	$\frac{1}{2T}\left[\delta(f+f_0)\right.$ $\left.+\delta(f-f_0)\right]$	$\pi\left[\delta(\Omega+\Omega_0)\right.$ $\left.+\delta(\Omega-\Omega_0)\right]$
9	$\sin\left(2\pi Tf_0k\right)$ $=\sin\left(\Omega_0k\right)$	$\frac{1}{2T}j\left[\delta(f+f_0)\right.$ $\left.-\delta(f-f_0)\right]$	$\pi j\left[\delta(\Omega+\Omega_0)\right.$ $\left.-\delta(\Omega-\Omega_0)\right]$

Im Frequenzbereich ist teilweise nur die Grundperiode ($-\frac{1}{2T}<f<\frac{1}{2T}$ bzw. $-\pi<\Omega<\pi$) dargestellt, ggf. ist mit $\text{III}_{\frac{1}{T}}(f)$ bzw. $\text{III}_{2\pi}(\Omega)$ zu falten.

C.6   Diskrete Fourier-Transformation

Definition:	Rücktransformation:
$$X[n] = \sum_{k=0}^{N-1} x[k]\ W_N^{kn}$$	$$x[k] = \frac{1}{N} \sum_{n=0}^{N-1} X[n]\ W_N^{-kn}$$

mit $W_N = e^{-j\frac{2\pi}{N}}$ (komplexer Drehfaktor) und $k,\ n = 0 \dots N-1$ (Grundperiode)

Eigenschaften der diskreten Fourier-Transformation

	Zeitbereich	Frequenzbereich (diskret)
Linearität	$c_1\, x_1[k] + c_2\, x_2[k]$	$c_1\, X_1[n] + c_2\, X_2[n]$
Faltung (periodisch)	$x[k] \circledast y[k]$	$X[n] \cdot Y[n]$
Multiplikation	$x[k] \cdot y[k]$	$\frac{1}{N}\, X[n] \circledast Y[n]$
Verschiebung (periodisch)	$x[\,(k-k_0)_N\,]$	$X[n] \cdot W_N^{nk_0}$
Modulation	$W_N^{-n_0 k} \cdot x[k]$	$X[\,(n-n_0)_N\,]$
Zeitinversion (periodisch)	$x[N-k]$	$X[N-n]$
konj. komplex	$x^*[k]$	$X^*[N-n]$
Realteil	$x_R[k]$	$\frac{1}{2}(X[n] + X^*[N-n])$
Imaginärteil	$x_I[k]$	$\frac{1}{2j}(X[n] - X^*[N-n])$
Parsevalsches Theorem	$\sum_{k=0}^{N-1} x[k] \cdot y^*[k]$	$= \frac{1}{N} \sum_{n=0}^{N-1} X[n] \cdot Y^*[n]$

Korrespondenzen der diskreten Fourier-Transformation

Nr.	$x[k]$	$X[n]$
1	$\delta[k]$	1
2	1	$N\,\delta[n]$
3	$\text{Ш}_{\frac{N}{n_0}}[k]$	$n_0\,\text{Ш}_{n_0}[n]$
4	$e^{j2\pi \frac{n_0}{N}k} = W_N^{-n_0 k}$	$N\,\delta[\,(n-n_0)_N\,]$
5	$\cos\left(2\pi \frac{n_0}{N}k\right)$	$\frac{N}{2}\left(\delta[\,(n+n_0)_N\,] + \delta[\,(n-n_0)_N\,]\right)$
6	$\sin\left(2\pi \frac{n_0}{N}k\right)$	$\frac{N}{2}j\left(\delta[\,(n+n_0)_N\,] - \delta[\,(n-n_0)_N\,]\right)$

C.7   Matlab und Octave

Darstellung von Polynomen und Signalen

Mathematische Darstellung	Matlab − Darstellung
$a(x) = a_N x^N + \ldots + a_1 x + a_0$	$\mathtt{a = [a_N\ a_{N-1}\ \ldots\ a_1\ a_0]}$
$x[k], \quad k = k_1, k_1 + 1, \ldots k_2$	$\mathtt{x = [\ x[k_1]\ x[k_1+1]\ \ldots\ ]}$ $\mathtt{k = [\ k_1 : k_2]}$
$x(t), \quad t_1 \leq t \leq t_2$	$\mathtt{x = [\ x(t_1)\ x(t_1+\Delta T)\ \ldots\ ]}$ $\mathtt{t = [\ t_1 : \Delta T : t_2]}$

Grundlegende Berechnungen

Polynommultiplikation, Faltung	$c(x) = a(x) \cdot b(x)$	$\mathtt{c = conv(a, b)}$
Polynomdivision, Entfaltung	$\frac{c(x)}{a(x)} = q(x) + \frac{r(x)}{a(x)}$	$\mathtt{[q, r] = deconv(c, a)}$
Nullstellenbestimmung von Polynomen	$a(x) = \prod_i (x - r_i)$	$\mathtt{r = roots(a)}$ $\mathtt{a = poly(r)}$
Umrechnung von Polynom- und Produktdarstellung	$\frac{b(x)}{a(x)} = k\ \frac{\prod_i (x - z_i)}{\prod_i (x - p_i)}$	$\mathtt{[b, a] = zp2tf(z, p, k)}^{\mathrm{SP}}$ $\mathtt{[z, p, k] = tf2zp(b, a)}^{\mathrm{SP}}$
Partialbruchzerlegung	$\frac{b(x)}{a(x)} = \sum_i \frac{r_i}{x - p_i} + \sum_j k_j x^j$	$\mathtt{[r, p, k] = residue(b, a)}$ $\mathtt{[b, a] = residue(r, p, k)}$
Polynomauswertung an gegebener Stelle	$y_0 = a(x_0)$	$\mathtt{y_0 = polyval(a, x_0)}$

Berechnungen diskreter Systeme

Systemdarstellung	$H(z) = \frac{b(z)}{a(z)}$	$\mathtt{b, a}$
Berechnung Systemantwort (Differenzengleichung)	$y[k] \circ\!\!-\!\bullet \frac{b(z)}{a(z)} \cdot X(z)$	$\mathtt{y = filter(b, a, x)}$
Bestimmung Impulsantwort (numerische Rücktransf.)	$h[k] \circ\!\!-\!\bullet \frac{b(z)}{a(z)}$	$\mathtt{h = impz(b, a)}^{\mathrm{SP}}$
Partialbruchzerlegung für z-Transformierte	$\frac{b(z)}{a(z)} = \sum_i \frac{r_i \cdot z}{z - p_i} + \sum_j k_j z^{-j}$	$\mathtt{[r, p, k] =}$ $\mathtt{residuez(b, a)}^{\mathrm{SP}}$ $\mathtt{[b, a] =}$ $\mathtt{residuez(r, p, k)}^{\mathrm{SP}}$
Korrelation	$z[k] = \sum_i x^*[i] \cdot y[i + k]$	$\mathtt{z = xcorr(x, y)}^{\mathrm{SP}}$

Berechnungen kontinuierlicher Systeme

Systemdarstellung	$H(s) = \frac{b(s)}{a(s)}$	$\mathtt{H = tf(b,a)}$[CS,1]
numerische Berechnung Systemantwort	$y(t) \circ\!\!-\!\!\bullet H(s) \cdot X(s)$	$\mathtt{[y,ty] = lsim(H,x,tx)}$[CS]
Bestimmung Impulsantwort	$h(t) \circ\!\!-\!\!\bullet H(s)$	$\mathtt{[h,t] = impulse(H)}$[CS]
Bestimmung Sprungantwort	$h_\varepsilon(t) \circ\!\!-\!\!\bullet \frac{1}{s} H(s)$	$\mathtt{[he,t] = step(H)}$[CS]

Zusammenschaltung kontinuierlicher Systeme

		Matlab	Octave
Reihenschaltung	$H_1(s) \cdot H_2(s)$	$\mathtt{series(H_1,H_2)}$[CS]	$\mathtt{sysmult(H_1,H_2)}$
Parallelschaltung	$H_1(s) + H_2(s)$	$\mathtt{parallel(H_1,H_2)}$[CS]	$\mathtt{sysadd(H_1,H_2)}$
Rückkopplung	$\frac{H_1(s)}{1+H_1(s)\cdot H_2(s)}$	$\mathtt{feedback(H_1,H_2)}$[CS]	$\mathtt{sysfb(H_1,H_2)}$[2]

Graphische Darstellung

	diskret	kontinuierlich
reelles Signal	$\mathtt{stem(x)}$	$\mathtt{plot(t,x)}$
Ortskurve (komplexes Signal)	–	$\mathtt{plot(x)}$

Berechnung und Darstellung

Pol-Nullstellen-Diagramm	$\mathtt{zplane(b,a)}$[SP]	$\mathtt{pzmap(H)}$[CS]
Frequenzgang	$\mathtt{freqz(b,a)}$[SP]	$\mathtt{freqs(b,a)}$[SP]
Gruppenlaufzeit	$\mathtt{grpdelay(b,a)}$[SP]	–
Bodediagramm	–	$\mathtt{bode(H)}$[CS]
Impulsantwort	$\mathtt{impz(b,a)}$[SP]	$\mathtt{impulse(H)}$[CS]
Sprungantwort	–	$\mathtt{step(H)}$[CS]

Weitere Befehle:

Tiefpaß-Bandpaß-Transformation	$\mathtt{lp2bp}$[SP]
Bilineare Transformation	$\mathtt{bilinear}$[SP]

[SP] bezeichnet Funktionen, die bei Matlab zur 'Signal Processing Toolbox' gehören
[CS] bezeichnet Funktionen, die bei Matlab zur 'Control System Toolbox' gehören

---

1 Bei Octave lautet der Befehl: $\mathtt{tf2sys}$.
2 Als Befehl nicht direkt in Octave vorhanden, entspricht $\mathtt{buildssic([1\ 2;2\ -1],2,2,2,H_2,H_1)}$.

Formelzeichen und Darstellungskonventionen

Formelzeichen

f	Frequenz (Laufvariable)
$f_0 = \frac{1}{T_p}$	Signalfrequenz
f_g	Grenzfrequenz (Filter)
$\omega = 2\pi f$	Kreisfrequenz (Laufvariable)
$f_a = \frac{1}{T}$	Abtastrate
$T = \frac{1}{f_a}$	Abtastintervall
$\Omega = 2\pi \frac{f}{f_a}$	diskrete Kreisfrequenz (Laufvariable)
$T_p = \frac{1}{f_0} = \frac{2\pi}{\omega_0}$	Periodendauer
$N_p = \frac{2\pi}{\Omega_0}$	Periodendauer diskret
$W_N = e^{-j\frac{2\pi}{N}}$	komplexer Drehfaktor
$a(f)$	Verstärkung (logarithmisch)
$b(f)$	Phase
$\varphi(f)$	Phase
$g(f)$	(komplexes) Übertragungsmaß
$t_g(f)$	Grupppenlaufzeit
$t_G(\Omega)$	diskrete Grupppenlaufzeit
$t_{ph}(f)$	Phasenlaufzeit

Transformationsbezeichnungen

$\mathcal{Z}$ $(\mathcal{Z}_I, \mathcal{Z}_{II})$	z-Transformation (einseitig, zweiseitig)
$\mathcal{L}$ $(\mathcal{L}_I, \mathcal{L}_{II})$	Laplace-Transformation (einseitig, zweiseitig)
$\mathcal{F}$	Fourier-Transformation
$\mathcal{F}_z$	zeitdiskrete Fourier-Transformation
$\mathcal{F}_D$	diskrete Fourier-Transformation (DFT, FFT)
$\mathcal{H}$	Hilbert-Transformation

Darstellungskonventionen

Signale (kontinuierlich), Funktionen:	$x(t)$	
Signale (diskret), Folgen:	$x[k]$	
Vektoren:	$\boldsymbol{x}$, $\boldsymbol{x}^T$, $\boldsymbol{x}^H$	transponiert, hermitesch
komplexe Zahlen:	$\underline{x}$, $\underline{x}^*$	konjugiert komplex
modulo:	$(k)_N = k \bmod N$	
Intervall:	$[\,a,\,b\,]$	a, b einschließlich
Grenzwert:	t_0^-, t_0^+	linksseitig, rechtsseitig
Ableitung:	$f'(x)$	
Realteil:	$\mathrm{Re}\,\{x\} = x_\mathrm{R}$	
Imaginärteil:	$\mathrm{Im}\,\{x\} = x_\mathrm{I}$	
gerader Anteil:	$x_\mathrm{g}(t)$	
ungerader Anteil:	$x_\mathrm{u}(t)$	
konjugiert gerader Anteil	$x_{\mathrm{g}*}(t)$	
konjugiert ungerader Anteil:	$x_{\mathrm{u}*}(t)$	

Literaturverzeichnis

[1] Böhme, J.F.: *Stochastische Signale*. B. G. Teubner, Stuttgart, 2. Auflage, 1998.

[2] Brigham, E.O.: *FFT: Schnelle Fourier-Transformation*. Oldenbourg-Verlag, München, 6. Auflage, 1995.

[3] Bronstein, I.N. und K.A. Semendjajew: *Taschenbuch der Mathematik*. Verlag Harri Deutsch, Thun und Frankfurt/Main, 1989.

[4] Clausert, H.: *Elektrotechnische Grundlagen der Informatik*. Oldenbourg-Verlag, München, 1995.

[5] Doblinger, G.: *Matlab-Programmierung in der digitalen Signalverarbeitung*. J. Schlembach Fachverlag, Weil der Stadt, 2001.

[6] Doetsch, G.: *Anleitung zum praktischen Gebrauch der Laplacetransformation und der z-Transformation*. Oldenbourg-Verlag, München, 1981.

[7] Fliege, N.: *Systemtheorie*. B. G. Teubner, Stuttgart, 1991.

[8] Föllinger, O.: *Regelungstechnik*. Hüthig Buch Verlag, Heidelberg, 8. Auflage, 1994.

[9] Föllinger, O.: *Laplace- und Fourier-Transformation*. Hüthig Buch Verlag, Heidelberg, 8. Auflage, 2003.

[10] Girod, B., R. Rabenstein und A. Stenger: *Einführung in die Systemtheorie*. B. G. Teubner, Stuttgart, 2. Auflage, 2003.

[11] Habetha, K.: *Höhere Mathematik für Ingenieure und Physiker*. Klett-Verlag, Stuttgart, 1979.

[12] Hänsler, E.: *Statistische Signale*. Springer-Verlag, Berlin, 3. Auflage, 2001.

[13] Kammeyer, K.D.: *Nachrichtenübertragung*. B. G. Teubner, Stuttgart, 1996.

[14] Kammeyer, K.D. und K. Kroschel: *Digitale Signalverarbeitung*. B. G. Teubner, Stuttgart, 5. Auflage, 2002.

[15] Lüke, H.D.: *Signalübertragung*. Springer-Verlag, 1990.

[16] Lüke, H.D.: *Korrelationssignale*. Springer-Verlag, 1992.

[17] Marko, H.: *Systemtheorie*. Springer-Verlag, 3. Auflage, 1995.

[18] Oppenheim, A.V. und R.W. Schafer: *Discrete-Time Signal Processing*. Prentice Hall, Stuttgart.

[19] Oppenheim, A. und A.S. Willsky: *Signale und Systeme*. Wiley VCH, Weinheim, 1991.

[20] Papoulis, A.: *Probability, Random Variables and Stochastic Processes*. Mc Graw Hill, New York, 1965.

[21] Papoulis, A.: *Signal Analysis*. Mc Graw Hill, New York, 1977.

[22] Papoulis, A.: *Circuits and Systems*. HRW International Editions, 1987.

[23] Phillips, Ch.L. und J.M. Parr: *Signals, Systems and Transforms*. Prentice Hall, 1995.

[24] Rupprecht, W.: *Signale und Übertragungssysteme*. Springer-Verlag, Berlin, 1993.

[25] Scheithauer, R.: *Signale und Systeme*. B. G. Teubner, Stuttgart, 1998.

[26] Schüßler, H.: *Netzwerke, Signale und Systeme 2*. Springer-Verlag, Berlin, 2. Auflage, 1990.

[27] Schüßler, H.: *Netzwerke, Signale und Systeme 1*. Springer-Verlag, Berlin, 3. Auflage, 1991.

[28] Unbehauen, H.: *Regelungstechnik*. Vieweg Verlag, Braunschweig/Wiesbaden, 12. Auflage, 2002.

[29] Unbehauen, R.: *Systemtheorie*. Oldenbourg-Verlag, München, 7. Auflage, 1997.

[30] Wolf, H.: *Nachrichtenübertragung*. Springer-Verlag, Berlin, 2. Auflage, 1987.

[31] Wolf, H.: *Lineare Systeme und Netzwerke*. Springer-Verlag, Berlin, 2. Auflage, 1989.

[32] Wunsch, G.: *Geschichte der Systemtheorie*. Oldenbourg-Verlag, München, 1985.

[33] Zeidler, E. (Herausgeber): *Teubner-Taschenbuch der Mathematik*. B. G. Teubner, Stuttgart, 1996.

Stichwortverzeichnis

Printed in the United States
By Bookmasters